다변수 복소함수론

유계 대칭 영역 및 과결정 일계 미방 입문

한종규 · 박종도 지음

KM 경문사

머리말

본서는 수학과의 대학원 혹은 학부 고학년 과정에서 다변수 복소함수론 교재로 사용할 목적으로 쓴 1장과 1994년부터 2011년까지 서울대학교 다변수 복소함수론 세미나에서 토의되었던 내용 중 세 가지 토픽을 정리하여 소개한 2, 3, 4장과 부록으로 구성되어 있다. 1장과 4장은 본인이, 2장과 3장은 박종도 교수가 각각 집필하였다.

다변수 복소함수론의 역사는 짧게는 정칙함수의 확장에 관한 하르톡스 현상이 발견된 1906년부터, 길게 잡으면 19세기 초 아벨 함수의 발견으로까지 거슬러 올라간다. 아벨 함수는 다중주기를 갖는 복소다변수에 관한 비초등 유리형 함수인데 해석학의 아버지라 불리는 바이어슈트라스를 비롯하여 수많은 19세기 수학자들을 사로잡은 연구주제이었다. 19세기 말에 제기된 쿠젱 문제는 바이어슈트라스의 인수분해 정리와 이에서 영감을 받은 미타그-레플러 정리를 다변수로 확장하는 문제이다. 쿠젱 문제는 해석학의 관심을 복소 일변수로부터 복소 다변수로 자연스럽게 확대하게 한 또 하나의 계기가 되었으며, 대역적 해석학 또는 다양체 위의 해석학의 효시가 되었다. 쿠젱 문제는 또한 오카의 원리, 층(sheaf) 코호몰로지 이론, 코시-리만 복합체 이론($\bar{\partial}$-이론) 등 현대수학의 개념과 방법론들이 창안되는 중요한 동기가 되었다. 20세기 초에 하르톡스 확장현상이 알려짐에 따라 하나의 정칙함수의 고유한 영역이란 의미의 정칙대역(domain of holomorphy)의 개념이 정의되었으며 이를 기하적인 특성으로 규명하라는 레비 문제가 제기되었다. 레비 문제와 쿠젱 문제는 서로 연관되어 반세기 이상 다변수 복소함수론의 중심 연구주제가 되어오다가 1960년대 중반에 완전히 해결됨으로써 다변수 복소함수론은 수학의 타분야, 특히 일변수 복소함수론과 구별된 하나의 독립된 이론체계를 갖추게 되었다. 21세기 초인 오늘날 다변수 복소함수론은 기하학, 대수학, 수론, 이론물리 등 타 분야로 응용, 융합되며 수학의 기본언어로 되어가고 있다고 여겨진다.

본서의 1장은 복소변수에 관한 미적분과 레비 문제의 해를 주로 다루고 있다. 바이어슈트라스 예비정리와 역사부분을 제외하면 한 학기 동안 강의할 수 있을 것이다. 여러 저자들이 다변수 복소함수론의 좋은 입문서를 저술하였다. 본서의 1장은 이들을 대체하는 또 하나의 입문서로 계획한 것이 아니어서 이론체계의 엄밀함이나 완벽성을 추구하지 않았다. 특히

$\bar{\partial}$ 문제의 해의 존재는 회르만더 [1] 로 미루었으며 다만 독자의 이해를 돕기 위한 몇 가지 도움말을 1장의 끝에 보태었다.

4장은 저자가 근자에 연구하고 있는 과결정 일계 편미분 방정식을 소개하고자 집필하였다. 과결정 편미방은 광대한 미개척 영역으로 아직 정립된 이론이나 방법이 없는 형편이다. 과결정방정식의 문제는 크게 두 가지 유형이 있다고 생각된다. 첫째는 방정식들 사이의 무모순성 (compatibility) 을 검증하고 해의 존재와 자유도를 결정하는 대합성 (involutivity) 의 문제이고, 둘째는 가장 합리적인 근사해가 무엇인가 그 개념을 정의하고 이를 구하는 문제, 또는 더 좋은 근사해를 얻도록 계수를 변형시켜 나가는 제어공학적인 문제이다. 첫번째 종류의 문제에 대한 몇 가지 연구결과들을 4장에서 소개하였다. 최근에 과결정 편미분방정식을 연구하는 사람들이 미국과 중국을 위시한 세계 도처에서 그 수가 증가하고 있다. 우리나라에서도 많은 수학 연구자들이 관심을 가지고 가능한 응용을 찾고 이론을 개발해 주기를 바라는 마음에서 본 장을 집필하였다.

한국어로 수학책을 쓴다는 것은 신선하고 즐거운 경험이었다. 용어와 문장이 생경하여 처음에 불편하지만 곧 익숙해질 뿐 아니라 한국어로 생각하는 편안함을 느끼게 될 것이다. 다변수 복소함수론의 역사 부분을 쓰면서 저자는 여러분들로부터 도움을 받았다. 고등과학원 정규락 박사로부터 층 (sheaf) 이론을 비롯한 현대수학의 개념들에 대하여 친절한 가르침을 받았다. 경북대 김호일 교수와 서울대 김혁 교수로부터도 도움을 받았다. 저자는 지금까지 서울대학교에서, 또 그 전에 포항공대에서 미국과 국내에서, 본인으로부터 다변수 복소함수론 입문과 과결정 방정식 토픽과정을 수강해 준 모든 분들에게 깊은 감사를 드린다. 2015년 가을학기에 본서의 조악한 초고를 수정해 가면서 수강한 서울대학교 수학 622 다변수 복소함수론 과목의 수강생 여러분들에게 특별히 감사드린다.

2015 년 12월 한종규

2장은 다변수복소함수의 적분표현법을 다루고, 그 중에서도 특히 버그만 핵함수의 기본적인 성질에 대해서 설명한다. 1장에서 설명한 정칙함수 중에서 L^2 인 함수들의 모임은 힐베르트 공간이 되기 때문에, 일반적인 함수해석학의 이론을 적용할 수 있다. 1장에서 설명한 것처럼, 다변수 복소공간에서는 리만 사상 정리가 성립하지 않는데, 1920년대에 버그만이 다변수 복소공간에서의 유계 영역의 분류 문제를 다루기 위해 버그만 핵함수의 개념을 생각하였다. 버그만 핵함수는 L^2 이고 정칙인 함수공간의 적분표현법을 만족하는 적분 핵함수인데, 일변수 복소변수의 코시 핵함수와는 달리 영역에 따라서 그 형태가 달라진다. 단위구의 버그만 핵함수는 구체적인 유리함수 형태로 구할 수 있다. 하지만, 구체적인 형태를 계산할 수 있는 영역은 그리 많지 않다. 복소타원체의 버그만 핵함수는 가우스 초기하함수나 아펠 초기하함수의 형태로 나타내어 영역의 경계에서의 점근적인 변화량을 계산할 수 있다. 최근에도 버그만 핵함수의 형태를 계산하는 연구가 활발하게 이루어지고 있는데, 여러 가지 계산 방법을 정리하여 소개하였다. 마지막으로 버그만 핵함수의 영점의 존재성을 연구하는 Lu Qi-Keng 문제에 대해서도 간략하게 소개하였다.

3장에서는 유계영역의 분류법 중에서 유계대칭영역의 분류에 대해서 설명한다. 모든 점에서 대칭사상을 갖고 있는 영역을 대칭영역이라고 하는데, 반단순 리대수를 이용한 카르탕의 유계대칭영역의 분류법을 다룬 저서들과는 달리, 본서의 3장에서는 요르단 대수를 이용하여 유계대칭영역을 대수적으로 설명하고자 한다. 요르단 대수는 독일의 물리학자인 요르단(Pascual Jordan)에 의해 연구되었는데, 양자역학(quantum mechanics)과 양자장론(quantum field theory)에 커다란 영향을 주었다. 요르단 대수는 비결합적이지만, 멱결합법칙이 성립하여, 선형대수학의 많은 이론들이 자연스럽게 성립한다. 이를 이용하여 유클리드 요르단 대수가 튜브형의 유계대칭영역과 일대일관계가 있음을 설명한다. 튜브형이 아닌 모든 유계대칭영역에 대응되는 이론은 요르단 삼중계이다. 모든 요르단 대수는 요르단 삼중계 구조를 갖고 또한 그 역도 성립한다. 양의 에르미트 요르단 삼중계와 일반적인 유계대칭영역과 일대일관계가 있음을 설명하고, 6개의 유계대칭영역의 형태를 설명한다.

버그만 핵함수 이론은 저자가 오랫동안 연구해오던 주제인데, 특히 박사학위논문은 2장 7절에 관한 내용을 바탕으로 복소타원체의 버그만 핵함수의 계산에 관련된 연구였다. 이후에도 중국의 북경사범대학의 Qi-Keng Lu 교수님을 비롯한 Loo-Keng Hua 의 학파들과 교류를 시작하면서 하르톡스 영역에 대해서도 관심을 갖기 시작하였다. 요르단 대수에 관한 연구는 책 [48]를 중심으로 진행하였다. 특히, Guy Roos 교수님으로부터 많은 도움을 받았는데, [49] 은 저자에게 요르단 삼중계와 유계동치영역과의 관계를 명확하게 알려준 훌륭한 저서이다. 본 책의 3장은 위의 두 책을 바탕으로 요르단 대수의 초보자도 이해할 수 있도록 정리한 내용이다. 마지막으로 서울대학교 다변수 복소함수론 세미나 시간에 버그만 핵함수나 요르단 대수에 관한 강연을 경청하며 토의해준 모든 구성원분들께 감사드린다.

2015 년 12월 박종도

차 례

1. 다변수 정칙함수

CHAPTER 1

다변수 정칙함수

본 장에서는 다변수 복소함수론의 가장 기본적인 개념인 정칙대역과 의사볼록성을 소개하고 이 두 개념이 동치라고 하는 소위 레비 문제 (Levi problem) 를 다루고자 한다. 그리고 다변수 정칙함수에 관한 음함수정리를 비롯하여 복소함수의 미적분, 구의 정칙동형군, 접코시-리만 방정식 등, 다변수 복소함수론을 이해하고 연구하는데 선행되어야 할 최소한의 기본이론을 공부한다. 본 장의 2절에서는 최초의 다변수 정칙함수인 아벨 함수가 등장하게 되는 19세기 수학사의 배경과 바이어슈트라스 예비정리를, 3절에서는 쿠젱 문제를 해결해 나가는 과정에서 층 코호몰로지 (sheaf cohomology) 이론과 코시-리만 복합체 이론($\overline{\partial}$-이론) 등 현대수학의 주요 방법론들이 창안되고 발전되어간 20세기 중엽까지의 수학사를 각각 간략히 서술하려고 한다. 독자는 2절과 3절을 건너뛰고 읽어 나가도 무방할 것이다.

1.1 멱급수와 코시-리만 방정식

다변수복소변수의 함수 $f(z_1, \ldots, z_n)$ 에 대한 정칙성 (holomorphicity) 은 두 가지 다른 방법으로 정의할 수 있다. 하나는 수렴하는 멱급수로 다른 하나는 연속적으로 미분가능 (C^1) 하며 코시-리만 방정식을 만족하는 함수로 정의하고 이들 두 정의가 동치라는 사실을 먼저 고찰해 보고자 한다. $\mathbb{C}^n$ 을 n 개의 복소변수 $z = (z_1, \ldots, z_n)$, 단 $z_k = x_k + iy_k$, 들의 공간이라 하자. 먼저 다중지표 (multi-index)에 관한 몇 가지 기호를 정해두자. $\mathbb{N}$ 을 음이 아닌 정수들의 집합이라 하고 $\mathbb{N}$ 의 원소 n 개를 늘어세운 $\alpha = (\alpha_1, \ldots, \alpha_n) \in \mathbb{N}^n$ 를

다중지표라 부른다. 다중지표 α에 대하여

$$z^\alpha := z_1^{\alpha_1} \cdots z_n^{\alpha_n}$$

$$|\alpha| := \alpha_1 + \cdots + \alpha_n$$

$$\alpha! := \alpha_1! \cdots \alpha_n!$$

이라 두자.

정의 1.1 (정칙함수 : 수렴하는 멱급수)

열린집합 $\Omega \subset \mathbb{C}^n$에서 정의된 복소함수 $f(z)$가 **정칙** (holomorphic)이라 함은 f가 국소적으로 멱급수로 표현가능함을 말한다. 즉, 임의의 점 $z_0 \in \Omega$에 대하여 다음과 같은 멱급수

$$\sum_{|\alpha|=0}^{\infty} a_\alpha (z - z_0)^\alpha \tag{1.1}$$

가 존재하여 z_0의 적당한 근방 $U \subset \Omega$의 임의의 점 z에서 멱급수 (1.1)이 $f(z)$로 수렴함을 말한다.

복소함수의 미분과 적분, 특히 정칙함수의 해석학을 하기 위하여는 다음 기호들을 사용하면 편리하다. 임의의 $k = 1, \dots, n$에 대하여 $z_k = x_k + iy_k$를

$$\frac{\partial}{\partial z_k} := \frac{1}{2}\left(\frac{\partial}{\partial x_k} - i\frac{\partial}{\partial y_k}\right), \quad \frac{\partial}{\partial \bar{z}_k} := \frac{1}{2}\left(\frac{\partial}{\partial x_k} + i\frac{\partial}{\partial y_k}\right)$$

라 하고,

$$dz_k = dx_k + idy_k, \quad d\bar{z}_k = dx_k - idy_k,$$

라고 정의하자. 그러면

$$dz_j\left(\frac{\partial}{\partial z_k}\right) = \delta_{jk}, \quad dz_j\left(\frac{\partial}{\partial \bar{z}_k}\right) = 0$$
$$d\bar{z}_j\left(\frac{\partial}{\partial \bar{z}_k}\right) = \delta_{jk}, \quad d\bar{z}_j\left(\frac{\partial}{\partial z_k}\right) = 0$$

임을 볼 수 있다. 임의의 연속적으로 미분가능한 (C^1) 복소함수 f에 대하여

$$\begin{aligned} df &= \sum_{k=1}^{n}\left(\frac{\partial f}{\partial x_k}dx_k + \frac{\partial f}{\partial y_k}dy_k\right) \\ &= \sum_{k=1}^{n}\left(\frac{\partial f}{\partial z_k}dz_k + \sum_{k=1}^{n}\frac{\partial f}{\partial \bar{z}_k}d\bar{z}_k\right) \end{aligned} \tag{1.2}$$

이므로 미분작용소 ∂와 $\bar{\partial}$를 각각

$$\begin{aligned} \partial f &:= \sum_{k=1}^{n} \frac{\partial f}{\partial z_k} dz_k \\ \bar{\partial} f &:= \sum_{k=1}^{n} \frac{\partial f}{\partial \bar{z}_k} d\bar{z}_k \end{aligned} \tag{1.3}$$

이라 정의하면

$$df = \partial f + \bar{\partial} f \tag{1.4}$$

이라고 쓸 수 있다.

정의 1.2 (정칙함수: 코시-리만 방정식을 만족하는 함수)

열린집합 $\Omega \subset \mathbb{C}^n$에서 정의된 C^1 함수 f가 방정식

$$\frac{\partial f}{\partial \bar{z}_k} = 0, \quad k = 1, \ldots, n \tag{1.5}$$

을 만족하면 f는 **정칙**(holomorphic)이라 말한다. 이 때, 방정식 (1.5)를 **코시-리만 방정식**(Cauchy-Riemann equation)이라고 한다.

함수값을 실수 부분과 허수 부분으로 나누어 $f = u + iv$라고 쓰면 (1.5)는 실함수 u, v에 대한 연립 일계선형 편미분방정식이다. 두 미지함수에 관한 $2n$개의 방정식이므로 $n \geq 2$이면 (1.5)는 과결정(over-determined) 방정식이다. (1.3)에서 소개한 기호를 쓰면 코시-리만 방정식은

$$\bar{\partial} f = 0 \tag{1.6}$$

라고 쓸 수 있다. 복소평면 $\mathbb{C}$에서 $a \in \mathbb{C}$를 중심으로 반지름 $\rho > 0$인 원의 내부 $|z - a| < \rho$를 $\Delta(a, \rho)$로 표시하자. $\mathbb{C}^n$에서 이러한 원판의 데카르트 곱

$$P(a, \mathbf{r}) := \Delta(a_1, r_1) \times \cdots \times \Delta(a_n, r_n)$$

을 중심 $a = (a_1, \ldots, a_n)$의 **원판곱**(polydisc)이라 부른다. 여기에서 반지름들의 늘어세움 $\mathbf{r} := (r_1, \ldots, r_n)$을 **다중반지름**(polyradius)이라고 부르기로 하자.

정의 1.3 (수렴영역)

복소변수 $z = (z_1, \ldots, z_n)$ 에 관한 멱급수

$$\sum_{\alpha \in \mathbb{N}^n} a_\alpha z^\alpha \tag{1.7}$$

가 수렴하는 z 의 값들의 집합을 생각하여, 그 집합의 내점들(interior points)의 집합을 멱급수 (1.7) 의 **수렴영역(domain of convergence)**이라 부른다.

여기에서 멱급수의 수렴성에 관한 기본적인 몇 개의 사실들을 복습하자.

정리 1.4 (바이어슈트라스 M-테스트)

$\{f_n\}$ 을 집합 E 에서 정의된 복소함수들의 수열이라 하자. 만일 각 $n = 1, 2, \ldots$ 에 대하여

$$|f_n(x)| \le M_n, \ \forall x \in E$$

이고, $\sum M_n$ 이 수렴하면 $\sum f_n$ 은 집합 E 에서 고르게 수렴(uniformly converge)한다.

[증명] $\sum M_n$ 이 수렴하므로 임의의 양수 ε 에 대하여 자연수 m 과 n 이 존재하여 다음을 만족한다.

$$\left|\sum_{j=n}^{m} f_j(x)\right| \le \sum_{j=n}^{m} |f_j(x)| \le \sum_{j=n}^{m} M_j < \varepsilon, \quad \forall x \in E.$$

□

이제 각 변수에 대하여 그 절대값을 대응시키는 사상 $\tau : \mathbb{C}^n \to \mathbb{R}^n$ 을

$$\tau(z) = (|z_1|, \ldots, |z_n|)$$

라고 정의하자.

정리 1.5 (아벨 보조정리)

한 점 $w \in \mathbb{C}^n$ 에 대하여

$$\sup_{\alpha} |a_\alpha w^\alpha| = M < \infty \tag{1.8}$$

라고 가정하자. 그러면, $\mathbf{r} = \tau(w) = (|w_1|, \ldots, |w_n|)$ 이라 하면 멱급수 (1.7) 은 원판곱 $P(O, \mathbf{r})$ 의 임의의 콤팩트 집합에서 고르게 절대 수렴한다.

[증명] 임의의 콤팩트 집합 $K \subset P(0, r)$ 에 대하여 적당한 λ $(0 < \lambda < 1)$ 를 잡아서 K 가 조금 축소된 원판곱 $P(0, \lambda r)$ 에 포함되게 할 수 있다. 이제 임의의 $z \in P(0, \lambda r)$ 에 대하여

$$|a_\alpha z^\alpha| \leq |a_\alpha w^\alpha| \lambda^{|\alpha|} \leq M \lambda^{|\alpha|}, \quad \forall \alpha \in \mathbb{N}^n$$

이다. 한편

$$\sum_{\alpha \in \mathbb{N}^n} \lambda^{|\alpha|} = \left(\sum_{j=0}^{\infty} \lambda^j \right)^n < \infty$$

이므로 원하는 결론을 얻게 된다. □

유클리드 공간의 열린 연결 부분집합(open connected subset)을 **영역(domain)**이라고 부르기로 하자. 복소 유클리드 공간 $\mathbb{C}^n$ 의 영역 Ω 가 각 좌표의 회전운동에 관하여 닫혀 있을 때, 즉 임의의 실수 θ_j, $j = 1, \ldots, n$ 에 대하여 조건

$$z \in \Omega \Longrightarrow (e^{i\theta_1} z_1, \ldots, e^{i\theta_n} z_n) \in \Omega$$

을 만족하면 Ω 를 **라인하르트 영역(Reinhardt domain)**이라 부른다. 조건을 강화하여 절대값이 1보다 작은 임의의 복소수를 각 좌표에 곱하는 작용에 관해 닫혀 있을 때, 즉 임의의 복소수 ζ_j, $|\zeta_j| < 1$, $j = 1, \ldots, n$ 에 대하여 조건

$$z \in \Omega \Longrightarrow (\zeta_1 z_1, \ldots, \zeta_n z_n) \in \Omega$$

을 만족하면 Ω 는 **완비 라인하르트 영역(complete Reinhardt domain)**이라 부른다. 라인하르트 영역은 원들의 합집합이므로 **원으로 된 영역(circled domain)**이라 부르기도 한다.

따름정리 1.6 (멱급수의 수렴영역)

멱급수 (1.7)의 수렴영역을 Ω라고 하자. 그러면 Ω는 공집합이든가 아니면 완비 라인하르트 영역이다. 또한 Ω는 (1.8)을 만족하는 점 $w \in \mathbb{C}^n$ 들의 집합의 내부(interior)이다. 이 때 멱급수 (1.7)은 정규수렴, 즉 Ω의 임의의 콤팩트 부분집합에서 고르게 절대 수렴한다.

연습문제 1.7 (정규수렴)

아벨 보조정리(정리 1.5)에서와 같이 멱급수 $\sum a_\alpha z^\alpha$가 w에 대하여 수렴하고

$$\mathbf{r} = \tau(w) = (|w_1|, \ldots, |w_n|)$$

라고 하자. p를 n개의 변수에 관한 다항식이라 할 때 멱급수

$$\sum_\alpha p(\alpha) a_\alpha z^\alpha \tag{1.9}$$

는 원판곱 $P(0, \mathbf{r})$의 콤팩트 부분집합에서 고르게 절대수렴한다.

먼저 복소변수 $\zeta = x + iy$와 식

$$\frac{\partial}{\partial \zeta} = \frac{1}{2}\left(\frac{\partial}{\partial x} - i\frac{\partial}{\partial y}\right)$$

로부터 임의의 자연수 k에 대해서

$$\frac{\partial}{\partial \zeta}(\zeta^k) = k\zeta^{k-1}$$

가 됨을 관찰하자. 멱급수 (1.7)은 수렴영역 안에서 연속함수이며 모든 $j = 1, \ldots, n$에 대해서 x_j와 y_j에 관한 편도함수는 항별미분과 같으며 이들 항별미분의 급수는 원래의 멱급수와 같은 수렴영역을 갖는다.

연습문제 1.8 (정의 1.1 $\Longrightarrow$ 정의 1.2)

멱급수 (1.1)은 수렴영역 안에서 코시-리만 방정식 (1.5)를 만족한다.

영역 $\Omega \subset \mathbb{C}^n$에서 정의 1.2의 의미로 정칙인 함수는 각 변수에 대하여 정칙이다. 각 변수에 대한 일변수 복소함수론의 코시 적분공식에 의하여 다음 정리를 얻는다.

정리 1.9 (원판곱 위의 코시 적분공식)

함수 f가 영역 $\Omega \subset \mathbb{C}^n$에서 정칙이고 원판곱 $P = \Delta(a_1, r_1) \times \cdots \times \Delta(a_n, r_n)$의 닫힘(closure) $\bar{P}$가 Ω에 포함된다 하자. 그러면 임의의 $z = (z_1, \ldots, z_n) \in P$에 대하여

$$f(z) = \frac{1}{(2\pi i)^n} \int_{|\zeta_n - a_n| = r_n} \cdots \int_{|\zeta_1 - a_1| = r_1} \frac{f(\zeta_1, \ldots, \zeta_n)}{(\zeta_1 - z_1) \cdots (\zeta_n - z_1)} d\zeta_1 \cdots d\zeta_n \quad (1.10)$$

이 성립한다.

[증명] 각 변수에 대하여 코시-적분 공식을 적용한다. □

다중적분 (1.10)은 각 변수의 복소평면에서 원주 위에서의 선적분이다. 이 n개의 원의 데카르트 곱

$$b_0 P = \{\zeta \in \mathbb{C}^n : |\zeta_j - a_j| = r_j, \quad j = 1, \ldots, n\}$$

은 P의 경계면 bP의 부분집합이며 원판곱 P의 **쉴로프 경계**(Shilov boundary), 혹은 **구별된 경계**(distinguished boundary)라고 불리운다.

연습문제 1.10 (쉴로프 경계면)

f와 g가 정의 1.2의 뜻으로 정칙함수들이고 P와 그 경계면이 정리 1.9에서와 같이 f와 g의 영역의 공통부분에 포함된다고 하자. 그러면

i) 모든 $x \in b_0 P$에 대하여 $f(x) = g(x)$이면 모든 $x \in P$에 대하여 $f(x) = g(x)$이다.
ii) $\|f\|_{\bar{P}} = \|f\|_{b_0 P}$가 성립한다. 단 $\|\cdot\|$은 최소상계 노름(supremum norm)이다.

이제 미분형식과 ∂, $\bar{\partial}$를 정의하자. 영역 $\Omega \subset \mathbb{C}^n$에서 정의된 무한히 미분가능한 복소함수들의 집합 $C^\infty(\Omega)$은 가환환(commutative ring)을 이룬다. 각 $r = 1, \ldots, 2n$에 대하여 복소계수를 갖는 모든 r-형식의 집합 $C_r^\infty(\Omega)$는 $C^\infty(\Omega)$-모듈을 이룬다. $\mathbb{C}^n$의 좌표

$$z_j = x_j + iy_j \ (j = 1, \ldots, n)$$

을 사용하면 r-형식 ω는 미분형식

$$dx_{j_1} \wedge \cdots \wedge dx_{j_t} \wedge dy_{k_1} \wedge \cdots \wedge dy_{k_s}, \quad t + s = r \quad (1.11)$$

들의 복소함수를 계수로 하는 일차결합이다. 이제

$$dx_j = \frac{1}{2}(dz_j + d\bar{z}_j), \quad dy_k = \frac{1}{2i}(dz_k - d\bar{z}_k)$$

을 (1.11)에 대입하면 ω는

$$\omega = \sum_{p+q=r} \sum_{|J|=p, |K|=q} a_{JK} dz_J \wedge d\bar{z}_K, \tag{1.12}$$

와 같이 표현된다. 단, J, K 는 다중지표이다. 여기에서

$$\sum_{|J|=p, |K|=q} a_{JK} dz_J \wedge d\bar{z}_K$$

꼴의 미분형식을 (p,q)-형식이라고 부른다. 모든 (p,q)-형식들의 집합 $C^\infty_{p,q}(\Omega)$은 $C^\infty(\Omega)$-모듈이다. 그러므로 모든 복소계수의 미분형식들의 집합은 모듈의 직합

$$C^\infty_r(\Omega) = \bigoplus_{p+q=r} C^\infty_{p,q}(\Omega) \tag{1.13}$$

이다. 영역 Ω는 문맥상 일일이 언급할 필요가 없으면 생략한다. 이제

$$\pi_{p,q} : C^\infty_r \to C^\infty_{p,q}$$

를 투영사상 (projection) 이라 하자. 이제 기본적인 미분작용소 $\partial : C^\infty_{p,q} \to C^\infty_{p+1,q}$ 와 $\bar{\partial} : C^\infty_{p,q} \to C^\infty_{p,q+1}$ 를 각각

$$\partial = \pi_{p+1,q} \circ d,$$

$$\bar{\partial} = \pi_{p,q+1} \circ d$$

라고 정의하자.

이제 다음 명제는 쉽게 증명할 수 있다.

명제 1.11

∂와 $\bar{\partial}$는 역미분(anti-derivation)이다. 즉, 모듈의 덧셈을 보존하고 쐐기곱(wedge product)에 관한 다음과 같은 곱의 공식이 성립한다: 임의의 $\omega \in C^\infty_{p,q}$와 임의의 $\phi \in C^\infty_{r,s}$에 대하여

$$\bar{\partial}(\omega \wedge \phi) = \bar{\partial}\omega \wedge \phi + (-1)^{p+q}\omega \wedge \bar{\partial}\phi, \tag{1.14}$$

이 성립하며 ∂에 관하여도 같은 곱의 공식이 성립한다. 그리고,

i) $d = \partial + \bar{\partial}$

ii) $\partial \circ \partial = \bar{\partial} \circ \bar{\partial} = 0, \quad \partial\bar{\partial} + \bar{\partial}\partial = 0$

이 성립한다.

미분형식의 적분의 의미로, 즉 $(n, 0)$-형식에 대한 n-차원 다양체 b_0P의 위에서의 적분으로 (1.10)을

$$f(z) = \frac{1}{(2\pi)^n}\int_{b_0P} \frac{f(\zeta)d\zeta_1 \wedge \cdots \wedge d\zeta_n}{(\zeta_1 - z_1)\cdots(\zeta_n - z_n)} \tag{1.15}$$

와 같이 쓸 수 있다.

연습문제 1.12 (정의 1.2 $\Longrightarrow$ 정의 1.1)

영역 $\Omega \subset \mathbb{C}^n$에서 정의된 C^1 함수 f가 코시-리만 방정식을 만족하면 f는 국소적으로 수렴하는 멱급수로 표현된다.

힌트: (1.15)의 우변의 피적분함수에서 각 $j = 1, \ldots, n$에 대하여

$$\begin{aligned}\frac{1}{\zeta_j - z_j} &= \frac{1}{(\zeta_j - a_j) - (z_j - a_j)} \\ &= \frac{1}{\zeta_j - a_j}\frac{1}{1 - \frac{z_j - a_j}{\zeta_j - a_j}} \\ &= \frac{1}{\zeta_j - a_j}\sum_{k=0}^{\infty}\left(\frac{z_j - a_j}{\zeta_j - a_j}\right)^k\end{aligned} \tag{1.16}$$

이다.

임의의 부분집합 $A \subset \mathbb{C}^n$에 대하여 A의 열린근방에서 정의된 정칙함수 전체의 집합을 $\mathcal{O}(A)$로 표시하기로 한다. A가 열린집합일 경우에는 $H(A)$로 표기하기도 한다.

정리 1.13 (테일러 급수)

원판곱 $P = P(a, \mathbf{r})$과 정칙함수 $f \in \mathcal{O}(\bar{P})$에 대하여

$$f(z) = \sum_{\alpha} \frac{1}{\alpha!} (\partial^\alpha f)(a)(z-a)^\alpha, \quad \forall z \in P(a, \mathbf{r}) \tag{1.17}$$

이 성립한다. 우변의 급수는 $\bar{P}$에서 고르게 절대수렴한다. 단, $\alpha! := \alpha_1! \cdots \alpha_n!$이고

$$\partial^\alpha f = \left(\frac{\partial}{\partial z}\right)^\alpha f := \left(\frac{\partial}{\partial z_1}\right)^{\alpha_1} \cdots \left(\frac{\partial}{\partial z_n}\right)^{\alpha_n} f$$

를 의미한다.

[증명] $f \in \mathcal{O}(\bar{P})$이므로 적당한 열린 원판곱 $\tilde{P}$를 선택해서 $f \in \mathcal{O}(\tilde{P})$, $\bar{P} \subset \tilde{P}$가 되도록 할 수 있다. 그러면 f는 $\bar{P}$에서 고르게 절대수렴하는 멱급수

$$\sum_{\alpha} a_\alpha (z-a)^\alpha$$

로 표현된다. 임의의 다중지표 $\beta \in \mathbb{N}$에 대하여 편미분 $(\frac{\partial}{\partial z})^\beta f$은 급수의 항별미분의 합과 같고 항별미분은 $\bar{P}$에서 고르게 수렴한다. 편미분의 값을 a에서 구하면

$$\left(\frac{\partial}{\partial z}\right)^\beta f(a) = \beta! a_\beta$$

이므로 (1.17)을 얻는다. □

정리 1.14 (동일성 정리, identity theorem)

Ω는 $\mathbb{C}^n$의 영역, 즉 연결된 열린 부분집합이고 $f \in \mathcal{O}(\Omega)$이라고 하자. 만약 어느 점 $a \in \Omega$에서

$$\left[\left(\frac{\partial}{\partial z}\right)^\alpha f\right](a) = 0, \ \forall \alpha \in \mathbb{N}^n$$

이면 $f(z)$는 Ω에서 항등적으로 영이다. 특히 어떤 열린집합 $U \subset \Omega$가 있어서

$$f(z) = 0, \ \forall z \in U$$

이면 f는 Ω에서 항등적으로 영이다.

[증명] 연결성 논법 (connectedness argument)을 사용한다. Ω의 부분집합

$$A = \left\{\zeta \in \Omega : \left[\left(\frac{\partial}{\partial z}\right)^\alpha f\right](\zeta) = 0, \quad \forall \alpha \in \mathbf{N}^n\right\}$$

를 생각하자. 정리 1.13에 의하여 A는 열린집합이다. 한편 $(\frac{\partial}{\partial z})^\alpha f$의 연속성에 의하여 A는 닫힌집합이다. Ω는 연결집합이므로 $A = \Omega$가 된다. □

정리 1.15 (하르톡스 변수별 정칙성 정리)

함수 f가 열린집합 $\Omega \subset \mathbb{C}^n$에서 각 $j = 1, \ldots, n$에 관하여 다른 변수를 고정시키고, 변수 z_j에 관한 함수로써 정칙이면 f는 Ω에서 정칙이다.

정리 1.15로부터 우리는 함수 f의 정칙성의 정의에서 조건 $f \in C^1$을 가정하지 않아도 무방함을 알 수 있다. 정리 1.15의 증명은 [1]의 1장을 참고하기 바란다. 실변수 함수에서는 변수별 해석성(separate analyticity)으로부터 영역에서의 해석성이 도출되지 않음은 다음의 예제를 보면 알 수 있다. 두 실변수에 관한 함수

$$f(x,y) = \begin{cases} \dfrac{xy}{x^4 + y^4}, & \text{if } (x,y) \neq (0,0) \\ 0, & \text{if } (x,y) = (0,0) \end{cases}$$

를 보면 f는 각 변수에 대하여 다른 변수를 고정시켰을 때 해석적이지만 f는 원점에서 연속조차 되지 못한다.

정리 1.16 (코시의 추정치)

함수 $f \in \mathcal{O}(\overline{P(a, \mathbf{r})})$에 대한 편도함수 $\partial^\alpha f := (\frac{\partial}{\partial z})^\alpha f$는 다음 부등식을 만족한다. 임의의 다중지표 $\alpha \in \mathbb{N}^n$에 대하여

$$|\partial^\alpha f(a)| \leq \frac{\alpha!}{\mathbf{r}^\alpha} \|f\|_{P(a,\mathbf{r})} \tag{1.18}$$

이고

$$|\partial^\alpha f(a)| \leq \frac{\alpha!(\alpha_1+2)\cdots(\alpha_n+2)}{(2\pi)^n \mathbf{r}^{\alpha+2}} \|f\|_{L^1(P(a,r))} \tag{1.19}$$

이다. 단, 여기에서 $\mathbf{r}^{\alpha+2} := r_1^{a_1+2} \cdots r_n^{\alpha_n+2}$ 이다.

[증명] 코시 적분공식 (1.10)을 적분기호 안에서 미분하고 $z = a$에서 값을 구하여

$$\partial^\alpha f(a) = \frac{\alpha!}{(2\pi i)^n} \int_{|\zeta_1 - a_1| = r_1} \cdots \int_{|\zeta_n - a_1| = r_n} \frac{f(\zeta_1, \ldots, \zeta_n) d\zeta_1 \cdots d\zeta_n}{(\zeta_1 - a_1)^{\alpha_1+1} \cdots (\zeta_n - a_1)^{\alpha_n+1}} \tag{1.20}$$

을 얻는다. 그리고 쉽게 추정치

$$|\partial^\alpha f(a)| \le \frac{\alpha!}{\mathbf{r}^\alpha}\|f\|_{b_0 P(a,\mathbf{r})}$$

를 얻을 수 있다. 원판곱의 정칙함수에 관한 최대치 원리 (연습문제 1.10) 에 의하여

$$\|f\|_{b_0 P(a,\mathbf{r})} = \|f\|_{P(a,\mathbf{r})}$$

이므로 결론의 첫 번째 부분이 도출된다. 결론의 둘째 부분을 증명하기 위하여 원판곱 $P(a,\rho) \subset P(a,\mathbf{r})$ 에 (1.20) 을 적용하고, 적분을 극좌표

$$\rho = (\rho_1, \ldots, \rho_n),\ \theta = (\theta_1, \ldots, \theta_n)$$

로 표현하자. 단, 여기에서 임의의 $j = 1, \ldots, n$ 에 대해서, $\zeta_j = \rho_j e^{i\theta_j}$ 이다. 양변에

$$\rho^{\alpha+1} := \rho_1^{\alpha_1+1} \cdots \rho_n^{\alpha_n+1}$$

를 곱하면

$$\partial^\alpha f(a)\rho^{\alpha+1} = \frac{\alpha!}{(2\pi i)^n}\int_0^{2\pi}\cdots\int_0^{2\pi}\frac{f(\zeta(\theta))\rho_1\cdots\rho_n d\theta_1\cdots d\theta_n}{(e^{i\theta_1})^{\alpha_1+1}\cdots(e^{i\theta_n})^{\alpha_n+1}}$$

을 얻고 이로부터

$$|\partial^\alpha f(a)|\rho^{\alpha+1} = \frac{\alpha!}{(2\pi)^n}\int_0^{2\pi}\cdots\int_0^{2\pi}|f(\zeta(\theta))|\rho_1\cdots\rho_n d\theta_1\cdots d\theta_n \qquad (1.21)$$

을 얻는다. 식 (1.21) 을 $0 \le \rho_j \le r_j$, $j = 1, \ldots, n$ 위에서 적분하여 (1.19) 를 얻는다.

□

⊙ 코시 (Augustin-Louis Cauchy, 1789-1857, 프랑스)

⊙ 바이어슈트라스 (Karl Theodor Wilhelm Weierstrass, 1815-1897, 독일)

⊙ 아벨 (Niels Henrik Abel, 1802-1829, 노르웨이)

⊙ 하르톡스 (Friedrich Moritz Hartogs, 1874-1943, 독일계 유대인) 정칙함수의 확장에 관한 하르톡스 현상을 1906 년에 발표하였다.

⊙ 라인하르트 (Karl August Reinhardt, 1895-1941, 독일) 프랑크푸르트 소재 괴테 대학에서 비버바흐 (Ludwig Bieberbach)의 지도로 박사학위, 평면을 다각형으로 쪼개는 타일링 문제를 연구하였다.

⊙ 쉴로프 (Georgii Evgen'evich Shilov, 1917-1975, 구 소련) 함수해석 분야 특히 일반화된 함수 (generalized function) 들의 노름 환 (normed ring) 을 연구하였다.

1.2 19세기의 다변수 복소함수*

이 절에서 우리는 먼저 복소수의 등장과 일변수 복소해석학이 정립되어간 과정을 되돌아보고 다변수 복소함수론이 일변수 복소함수론의 확장으로 수학사의 흐름에서 어떻게 자연스럽게 등장하였는지, 특히 아벨, 야코비, 리우빌, 리만, 바이어슈트라스를 위시한 19세기의 수학자들이 다변수 복소함수에 어떤 기여를 하였나를 살펴보고자 한다.

역사적으로 3차 방정식의 해법으로부터 복소수의 존재가 알려지게 되었다. 르네상스 시대 이탈리아의 수학자 카르다노(Gerlamo Cardano, 1501-1576)가 1545년에 출판한 ≪위대한 술법(Ars Magna)≫에 수록된 3차 방정식의 근과 계수와의 관계식에 의하면 3차방정식

$$x^3 = 15x + 4$$

의 근은

$$x = \sqrt[3]{2+\sqrt{-121}} + \sqrt[3]{2-\sqrt{-121}}$$

인데 허수 부분은 상쇄되어 실제로는 3개의 실근 $4, -2\pm\sqrt{5}$ 를 갖는다. 실근을 구하기 위하여 음수의 제곱근을 취하는 이 과정을 반드시 거쳐야 한다는 것은 봄벨리(Rafael Bombelli, 1526-1572)가 증명하였다. 그럼에도 불구하고 허수의 실재성과 허수 사용의 정당성이 보편적으로 받아들여지기까지 300년이 넘는 시간이 소요되었다. 미적분이 발견되고 근대수학이 시작된 17세기에도 데카르트는 음수의 제곱근을 상상적인 수(imaginary number)라고 불렀으며, 라이프니츠는 "허수란 존재와 비존재의 중간에 위치하여 양쪽의 성질을 함께 갖는 마치 성령과 같은 것"이라 말하였으니 허수에 대한 이해에 진전이 없었음을 말해준다.

18세기는 미적분과 뉴턴 역학으로 전 우주를 설명할 수 있다는 소박하고 낙관적인 합리론과 결정론이 지배한 시대였다. 한편 이 시기에 '함수'가 복소변수로 확장되고 함수의 적분과 미분방정식은 복소변수로 확장하였을 때 더 잘 이해된다는 사실이 알려지기 시작하였다. 1702년 요한 베르누이(Johann Benoulli, 1667-1748)는 허수를 사용한 유리식의 부분분수 분해

$$\frac{1}{1+z^2} = \frac{1}{2}\left(\frac{1}{1-iz} + \frac{1}{1+iz}\right)$$

로부터

$$\arctan z = \frac{1}{i} \ln \sqrt{\frac{1+iz}{1-iz}} \tag{1.22}$$

라는 관계식을 발견하여 역삼각함수와 허수의 로그 사이에 관련이 있음을 보여 주었다. 한편 $y = \cos x + i \sin x$ 라 두면 $y' = iy$ 이므로

$$(\ln y)' = \frac{iy}{y} = i$$

을 얻는다. 양변을 적분하면

$$\ln y = ix + C$$

이고 $y(0) = 1$ 이므로 적분상수 C 는 영이 되어

$$\ln(\cos x + i \sin x) = ix \tag{1.23}$$

을 얻는다. 케임브리지 대학에서 뉴턴의 제자이었던 코츠(Roger Cotes, 1682-1716)는 복소수의 로그에 대한 연구결과인 (1.23)을 1714년에 [37]에서 발표하였는데 그는 33세를 일기로 요절하였다. 그 후 요한 베르누이의 제자인 오일러는 1740년대에 (1.23)을 재발견하여

$$e^{ix} = \cos x + i \sin x \tag{1.24}$$

이라 표현하였다. 오일러가 (1.24)를 이용하여 이미 알려진 함수들을 복소변수로 확장함으로 복소변수의 해석학을 의미하는 '함수론(function theory)'이라는 수학의 분야가 시작되었다고 할 수 있다. 그 후 미적분과 상미분방정식이 발전하고, 퍼텐셜 이론, 변분법, 선형 편미분방정식 등, 해석학의 기본 개념과 테크닉이 전반적으로 발전함에 따라 복소함수론은 19세기에 들어와 가우스, 코시, 리우빌, 리만, 바이어슈트라스 등에 의하여 엄밀한 이론으로 정립되고 심화되었다. 코시가 1821년에 파리 공과대학 (에콜 폴리테크니크) 의 교재로 사용하기 위해 출판한 해석학과정(Cours d'Analyse)에서 처음으로 (ε, δ) 방법이 사용되었다. 무한소(infinitesimal)라는 개념은 영으로 수렴하는 수열로 대체되었다. 오늘날까지도 학부과정의 해석학 개론은 코시의 이론체계를 따르고 있음을 볼 수 있다. 코시가 유수(residue)를 정의하고 그 응용을 소개한 것은 1826년이었다.

오늘날 우리가 배우는 복소함수론의 체계는 구르사(Édouard J. Goursat, 1858-1936)가 세운 것이다. 그는 파리 고등사범학교(l'Eole Normale Supéieure)에서 다르부 교수,

에르미뜨 교수 등으로부터 배웠으며 피카르(Émile Picard)는 그의 학우이었다. 구르사는 고등사범학교 재학시부터 이론을 체계화하고 가르치는 일에 특별한 재능을 보였다. 특히 에르미트 교수의 강의를 들으면서 그의 논리전개의 예술성에 깊은 감명을 받았다고 한다. 구르사는 고등사범학교를 졸업하고 프랑스의 여러 대학에서 가르쳤다. 그는 코시 적분정리

$$\int_C f(z)dz = 0 \tag{1.25}$$

를 $f \in C^1$ 이라는 가정없이, '길이를 갖는(rectifiable)' 임의의 곡선 C에 대하여 증명하였다. 피적분함수 f가 연속적으로 미분가능함(C^1)과 폐곡선 C가 조각으로 미분가능함(piecewise C^1)을 가정하면 (1.25)는 그린의 정리로부터 바로 나오는데 그린의 정리는 코시 적분정리 (1.25)가 이미 알려진 이후 [62]에 발표된 것이다. 오늘날 코시-구르사 정리(Cauchy-Goursat theorem)라고도 불리는 이 일반화된 코시 적분정리 (1.25) 위에 그때까지 알려진 정리들을 논리정연한 체계로 재구성하여 수학이론의 하나의 아름다운 전형으로 '완성'하였다. 구르사의 복소함수론은 그가 파리 에콜 노르말의 강의록을 바탕으로 저술하여 20세기 초에 3권으로 출판된 ≪해석학 과정(Cours d'analyse mathématique)≫에 수록되어 있다.

정칙함수(holomorphic function)의 국소적, 대역적 성질을 연구하는데는 두 가지의 접근방법이 있다. 하나는 무한급수의 수렴성을 보이는 바이어슈트라스의 방법이고, 다른 하나는 복소공간 사이의 등각사상으로 이해하고자 하는 리만의 접근방법이다. 특히 후자는 다가함수(multi-valued function)의 대역적 성질을 설명해 주는 리만곡면(Riemann surface) 이론으로 발전하였고, 고전적인 타원적분과 아벨 적분의 원리를 기하적으로 설명하였으며, 복소다양체와 그 위의 벡터 다발을 분류하는 20세기 이후의 현대수학으로 이어지게 되었다 ([7] 참조).

1.2.1 타원적분과 아벨 함수

초등함수 함수(function)란 말은 변수와 상수를 써서 표현한 수식이란 의미로 라이프니츠가 처음 사용하였다. 오일러는 (1.24)를 사용하여 삼각함수와 역삼각함수, 지수함수와 로그함수를 복소변수로 확장하였다. 수렴성과 존재의 문제를 철저히 검증하지 않고 형식주

의에 입각하여 오일러는

$$i^i = e^{-\pi/2} \tag{1.26}$$

와 같은 기묘한 관계식을 많이 발표하였다. 오일러 시대에 알려져 있던 함수는 대수적 함수, 삼각함수, 지수함수와 그들의 역함수 등이다. 이들 함수를 초등함수(elementary function)라 부른다. 복소변수로 확장하면 삼각함수는 지수함수로 표현되므로 결국 초등함수란 대수적 함수와 지수함수, 로그함수 및 이들의 합성함수를 말한다. 리우빌(J. Liouville, 1809-1882)은 **초등함수**를 다음과 같이 귀납적으로 정의하였다.

1) 유한개 복소변수에 관한 대수적 함수를 0-단계의 초등함수라 부른다.
2) e^z 와 $\log z$ 를 1-단계의 초등함수라 부른다.
3) $g(t),\ \ g_j(w_1, \ldots, w_k),\ j = 1, \ldots, m,$ 이 1-단계 혹은 0-단계의 초등함수이고 $f(z_1, \ldots, z_m)$ 이 $(n-1)$-단계 혹은 그보다 낮은 단계의 초등함수라 하자. 그러면 합성함수 $g(f(z_1, \ldots, z_m))$ 와 $f(g_1(w_1, \ldots, w_k), \ldots, g_m(w_1, \ldots, w_k))$ 를, 또 그들만을, n-이하 단계의 초등함수라 부른다. n-이하단계이면서 $(n-1)$-이하 단계가 아닌 함수를 n-단계 초등함수라 부른다.

예를 들어 e^{e^z} 라든가 (1.26) 에서 보는 바와 같은

$$z^w := e^{w \log z}$$

등은 2-단계의 초등함수이다. 초등함수의 역함수는 초등함수이다. 초등함수의 미분은 초등함수이다. 그러나 초등함수의 부정적분을 구하는 일은 미적분이 발견된 이후 200년이 넘도록 수학자들을 괴롭힌 문제이었다. 1830년대에 리우빌은 대수적 함수의 부정적분이 초등함수이면 그 부정적분은

$$\alpha_0(x) + c_1 \log \alpha_1(x) + \cdots + c_n \log \alpha_n(x), \qquad \text{각 } \alpha_j \text{는 대수적 함수}$$

꼴이어야 함을 증명하였다. 예를 들면 $\sqrt{1-x^4}$ 의 부정적분은 초등함수가 아니다. 리우빌은 또한

$$\ln(\ln x), \quad \frac{1}{\ln x}, \quad e^{e^x}, e^{-x^2} \quad (\text{정규분포함수})$$

등의 부정적분이 초등함수가 아님을 보였다([36] 참조).

초등함수의 부정적분을 복습해보면 먼저 유리함수는 부분분수로 분해하여 그 부정적분을 초등함수로 표현할 수 있다. 다음은 $R(z,w)$를 두 변수 z,w에 관한 임의의 유리함수라 할 때

i) $R(\cos x, \sin x)$의 적분은 $t = \tan\frac{x}{2}$로 치환하면 t에 관한 유리함수의 적분이 되어 초등함수로 표현 가능하다.

ii) $R(\cosh x, \sinh x)$의 적분은 $t = \tanh\frac{x}{2}$로 치환하면 t에 관한 유리함수의 적분이 되어 초등함수로 표현 가능하다.

iii) $R(x, \sqrt{1-x^2})$의 적분은 $x = \sin t$로 치환하면 $(\cos x, \sin x)$의 유리함수의 적분 i) 로 귀착된다.

iv) $R(x, \sqrt{x^2-1})$의 적분은 $x = \cosh t$로 치환하면 $(\cosh x, \sinh x)$의 유리함수의 적분 ii) 로 귀착된다.

v) $R(x, \sqrt{x^2+1})$의 적분은 $x = \sinh t$로 치환하면 $(\cosh x, \sinh x)$의 유리함수의 적분 ii) 로 귀착된다.

vi) $R(x, \sqrt{ax^2+bx+c})$의 적분은 $\sqrt{\ }$의 내부를 완전제곱꼴

$$\frac{1}{a}\{(ax+b)^2 + ac - b^2\}$$

로 표현하여 적절히 치환하면 위의 경우의 하나로 귀착된다.

그러나 $P(x)$가 3차이상의 다항식일 때 $R(x, \sqrt{P(x)})$의 부정적분은 일반적으로 초등함수가 아니며, $P(x)$ 가 3차 또는 4차의 다항식일 때는 타원적분, 5차 이상일 때는 초타원적분이라 불리게 되었다.

무리함수의 부정적분에 대한 기하적 관점 무리함수의 부정적분을 초등함수로 치환하여 구할 수 있는가 하는 문제에 대한 리만의 관점을 이해하기 위하여 먼저 잘 알고 있는 치환적분의 예

$$u = \int_0^x \frac{dt}{\sqrt{1-t^2}}, \qquad -1 \le x \le 1$$

를 보자. u의 값은 $-1 \le x \le 1$에서 유일하게 결정된다. 이 부정적분 $u = \arcsin x$의 역함수 $x = \sin u$는 주기 2π를 갖는 주기함수이다. 이 주기성이 어디에 연유하는가를

이해하기 위하여 부정적분을 복소변수로 확장하여

$$u = \int_0^z \frac{dz}{\sqrt{1-z^2}} \tag{1.27}$$

을 보자. 피적분함수의 분모 $\sqrt{1-z^2}$는 다가함수이므로 리만곡면

$$\Sigma_0 := \{(z, w) \in \mathbb{C}^2 : \quad w^2 = 1 - z^2\}$$

의 w 좌표로 보아야 한다. 그러므로 (1.27)의 적분소

$$\frac{dz}{\sqrt{1-z^2}}$$

는 $\mathbb{C}^2$의 유리형(meromorphic)인 1-형식

$$\frac{dz}{w} \tag{1.28}$$

를 Σ_0로 끌어당긴(pull-back) 1-형식이다. 그러므로 (1.27)은 $(0, 1) \in \Sigma_0$에서 Σ_0 위의 임의의 점 (z, w)에 이르는 곡선을 따라 (1.28)을 적분한 값이며 이는 곡선의 선택에 따라 달라진다. 리만곡면 Σ_0는 그림 1.1에서와 같이 위상적으로는 원기둥 $S^1 \times \mathbb{R}$과 같으며 실좌표 (Re z, Re w)-평면과의 교선은 단위원이고 다른 좌표평면, 예컨대 (Re z, Im w)-평면에서는 쌍곡선이 된다. Σ_0의 호몰로지 군은 $\mathbb{Z}$이므로 임의의 호몰로지 기저 γ에 대하여

$$\omega := \int_\gamma \frac{dz}{w} \tag{1.29}$$

의 정수배만큼 (1.28)의 적분값은 경로의 선택에 따라 달라진다. 기저 γ를 매개변수화하여 (1.29)의 값을 계산하면 2π임을 알 수 있다. 이제 Σ_0를

$$\Phi(\zeta) \ := \ (\sin\zeta, \ \cos\zeta), \qquad \zeta \in \mathbb{C}$$

로 매개변수화하자. 사인, 코사인의 주기인 2π의 모든 정수배의 집합을 Γ라 두면 덧셈에 관한 가환군 $\mathbb{C}/\Gamma$는 위상적으로는 복소평면 $\mathbb{C}$의 수직 띠(vertical strip) $0 \le \text{Re}\,\zeta \le 2\pi$의 양끝을 동일시한 원기둥 $S^1 \times \mathbb{R}^1$이다.

$\mathbb{C}^2$의 점 $(0, 1)$으로부터 $(z, w) \in \Sigma_0$에 이르는 Σ_0 위의 곡선을 따라 (1.28)을 적분하면

$$u = \int_{(0,1)}^{(z,w)} \frac{dz}{w} = \int_0^\zeta \Phi^*\left(\frac{dz}{w}\right) = \int_0^\zeta d\zeta = \zeta = \arcsin z$$

는 다가함수이고 곡선의 선택이 달라짐에 따라 2π의 정수배만큼 차이가 난다. 따라서 이의 역함수

$$z = \sin u$$

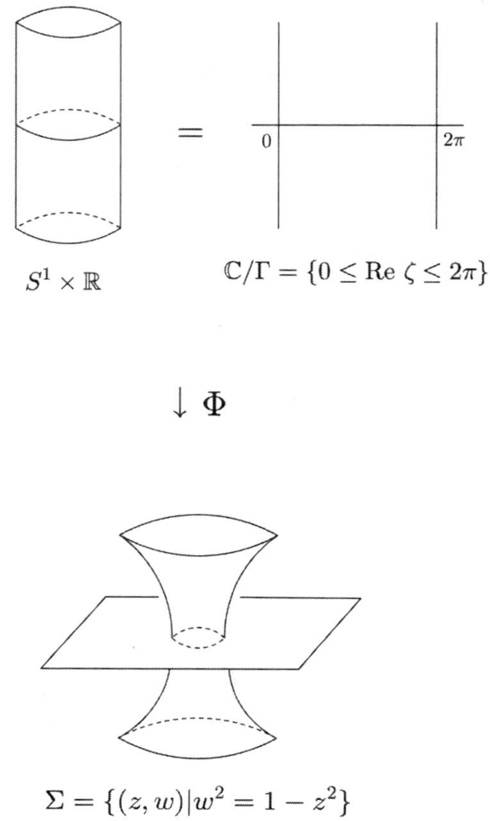

그림 1.1: 리만곡면 $z^2 + w^2 = 1$

는 주기 2π 를 갖는 주기함수이다. 이제 우리는 그림 1.1에서 복소함수론적 동치사상 (biholomorphism)

$$\Phi : \mathbb{C}/\Gamma \longrightarrow \Sigma_0$$

에 의하여 리만곡면 Σ_0 에 가환군 구조를 정의할 수 있다.

이제 같은 방법으로

$$u = \int_0^z \frac{dz}{\sqrt{1 - z^4}} \tag{1.30}$$

을 생각해 보자. 리만곡면

$$\Sigma_1 = \{w^2 = 1 - z^4\}$$

은 종수(genus)가 1이고, 호몰로지 군은

$$\mathbb{Z} \times \mathbb{Z}$$

이므로 임의의 호몰로지 기저 γ_1과 γ_2에 대하여

$$\omega_1 := \int_{\gamma_1} \frac{dz}{w}, \qquad \omega_2 := \int_{\gamma_2} \frac{dz}{w}$$

이라 두자. 그러면 ω_1과 ω_2는 $\mathbb{R}^2$의 두 벡터로서 독립($\mathbb{R}$-독립)이다. 즉

$$Im\left(\frac{\omega_1}{\omega_2}\right) \neq 0$$

이다 ([59] 참조). 이제 Σ_1 위에서 $\frac{dz}{w}$를 Σ_1 위의 다른 두 경로로 적분하면 그 차이는

$$\Lambda_1 := \{m\omega_1 + n\omega_2 : \quad m, n \in \mathbb{Z}\} \tag{1.31}$$

에 속한다. 이제 역함수 $z(u)$는 두 개의 주기 ω_1, ω_2를 갖는 이중주기함수이다.

타원적분 일반적으로 $P(z)$가 중근을 갖지 않는 3차 혹은 4차의 다항식이고 $R(z,w)$가 z, w의 유리함수일 때 $w^2 = P(z)$ 위에서의 유리형 1-형식 $R(z,w)dz$의 적분

$$\int R(z,w)dz = \int R(z, \sqrt{P(z)})dz \tag{1.32}$$

을 타원적분(elliptic integral)이라 부른다. 타원적분은 18세기 수학의 중요한 주제이었으며 베르누이 가문, 파냐노(Giulio Fagnano, 1682-1766), 오일러, 르장드르 등 많은 수학자들이 이를 연구하였다. 타원적분의 역함수를 타원함수라 부르는데 앞에서 소개한 예 (1.30)에서 보듯이 이중주기를 갖는다. 19세기에는 가우스, 아벨, 야코비, 리만 등이 타원함수를 연구하였다. 타원적분과 타원함수에 대한 연구로부터 리만 곡면, 모듈라이, 타원곡선 등의 현대수학의 중요한 개념들이 태동되고 이론이 발전하게 되었다. 타원적분은 변수변환하여 초등함수와 아래와 같은 제1종, 제2종, 제3종의 르장드르 타원적분의 합으로 나타낼 수 있다.

$$\text{제 1종} \qquad \int \frac{dz}{\sqrt{(1-z^2)(1-k^2z^2)}},$$

$$\text{제 2종} \qquad \int \sqrt{\frac{1-k^2z^2}{1-z^2}}\, dz, \tag{1.33}$$

$$\text{제 3종} \qquad \int \frac{dz}{(1-a^2z^2)\sqrt{(1-z^2)(1-k^2z^2)}}.$$

위의 세 가지 종의 적분에서 $\lambda = k^2$를 타원적분의 모듈라이 (moduli) 라 부른다. 제1종의 타원적분은 단진자의 운동

$$\frac{d^2\theta}{dt^2} + \frac{g}{\ell}\sin\theta = 0, \qquad \text{단 } g, \ell\text{은 상수}$$

에서 진폭으로부터 주기를 계산하는 과정에서 나온다.

연습문제 1.17

단진자의 진폭이 θ_0이면 주기는

$$4\sqrt{\frac{\ell}{g}}\int_0^1 \frac{dx}{\sqrt{(1-x^2)(1-k^2x^2)}}, \qquad \text{단 } k = \sin\frac{\theta_0}{2}$$

임을 보이라.

한편 타원

$$\frac{x^2}{a^2} + \frac{y^2}{b^2} = 1$$

의 호의 길이를 구하려면 제2종의 르장드르 타원적분을 계산해야 한다. 제1종 또는 제2종 타원적분에서 $k = 0$인 특별한 경우가 역삼각함수

$$\begin{aligned} u &:= \int_0^v \frac{dz}{\sqrt{1-z^2}} \\ &= \arcsin v \end{aligned} \tag{1.34}$$

이다. 이 경우에 사인 함수의 덧셈공식

$$\begin{aligned} \sin(\alpha+\beta) &= \sin\alpha\cos\beta + \sin\beta\cos\alpha \\ &= \sin\alpha\sqrt{1-\sin^2\beta} + \sin\beta\sqrt{1-\sin^2\alpha} \end{aligned}$$

으로부터 a, b, c가

$$c = a\sqrt{1-b^2} + b\sqrt{1-a^2}$$

을 만족하면

$$\int_0^c \frac{dz}{\sqrt{1-z^2}} = \int_0^a \frac{dz}{\sqrt{1-z^2}} + \int_0^b \frac{dz}{\sqrt{1-z^2}}$$

이 성립함을 알 수 있다. 오일러는 타원적분에서도 이와 유사한 덧셈공식이 있음을 발견하였다. 예를 들면, 제1종의 타원적분

$$\int \frac{dz}{\sqrt{g(z)}}, \quad \text{단} \;\; g(z) = (1-z^2)(1-k^2z^2)$$

의 경우에는 오일러의 덧셈공식이라 부르는 다음과 같은 덧셈공식이 성립한다. 즉, 복소수 a, b, c가

$$c = \frac{a\sqrt{g(b)} + b\sqrt{g(a)}}{\sqrt{1-k^2a^2b^2}}$$

을 만족하면

$$\int_0^c \frac{dz}{\sqrt{g(z)}} = \int_0^a \frac{dz}{\sqrt{g(z)}} + \int_0^b \frac{dz}{\sqrt{g(z)}}$$

이 성립한다. 이처럼 덧셈공식이 성립한다는 것은 타원적분

$$u = \int_0^v \frac{dz}{\sqrt{(1-z^2)(1-k^2z^2)}} \tag{1.35}$$

은 기하적인 의미를 가진 어떤 자연스러운 함수의 역함수가 됨을 암시하고 있다 ([133] 참조). 이 역함수를 야코비는

$$v = \text{sn } u$$

라 표기하고 v는 u의 사인 진폭함수 (sine amplitude) 라고 명명하였다.

타원적분의 비초등성 일반적으로 타원적분은, 따라서 타원함수는, 초등함수가 아니다. 19세기에 일변수 복소함수론의 발달에 힘입어 초등함수의 부정적분을 일반적으로 초등함수로 표현할 수 없는 이유를 설명할 수 있게 되었다. 타원적분 (1.32) 에서

i) 다항식 $P(z)$가 중근을 가질 때

ii) $R(z, w)$가 w의 홀수차 항이 없을 때

위의 두 가지 경우에 부정적분은 초등함수로 표현된다. 리만곡면 $w^2 = P(z)$가 유리함수로 매개화되면 (1.32) 는 초등함수로 표현된다. 종수가 0인 리만곡면은 유리함수로 매개화된다. (1.32) 와 관련된 리만곡면의 종수가 영이 아니지만 종수 0의 리만곡면으로 가는 유리사상이

존재하면 부정적분 (1.32)는 초등함수이다. 예를 들면, 타원적분

$$\int \frac{1+z^2}{(1-z^2)\sqrt{1+z^4}}dz \tag{1.36}$$

은 위의 i) 이나 ii)에 해당하지 않지만 다음과 같은 이유에서 초등함수이다. 이 경우에 피적분함수는

$$R(z,w) = \frac{1+z^2}{(1-z^2)w}$$

이고 (z,w)는 리만곡면

$$w^2 = 1 + z^4$$

위의 점이다. 따라서 (1.36)의 적분소

$$\omega := \frac{1+z^2}{(1-z^2)w}\ dz$$

는 리만곡면 위의 1-형식이며 부정적분이라 함은 함수 $f(z)$로서 리만곡면 위에서

$$df = \omega$$

을 만족함을 말한다. 이 리만곡면은 다음과 같이 유리함수로 매개화할 수 있다. 먼저 이 리만곡면으로부터 원뿔곡선

$$v^2 = u^2 + 2 \tag{1.37}$$

으로의 사상 ϕ를

$$\phi(z,w) = \left(z - \frac{1}{z}, \frac{w}{z}\right)$$

로 정의하자. 그러면 ω는 원뿔곡선 (1.37) 위의 1-형식

$$-\frac{du}{uv} \tag{1.38}$$

의 ϕ에 의한 잡아당김(pull-back)이다. 그런데, 원뿔곡선 (1.37)은 종수 0의 리만 곡면이므로 단 하나의 변수 ζ로, 즉

$$(u,v) = \left(\frac{2\sqrt{2}\zeta}{1-\zeta^2}, \frac{\sqrt{2}(1+\zeta^2)}{1-\zeta^2}\right) = \Psi(\zeta) \tag{1.39}$$

와 같이 매개화된다. 그러므로

$$\frac{du}{uv} = g(\zeta)d\zeta$$

가 되는데, 여기에서 $g(\zeta)$는 유리함수이다. 따라서, $G' = g$가 되는 초등함수 G가 존재하므로,

$$(G \circ \Psi^{-1} \circ \phi)(z)$$

는 (1.36)의 부정적분인데 Ψ와 ϕ가 유리함수이므로 이는 초등함수이다.

어느 특정 부류의 무리함수에 대하여 부정적분이 초등함수가 될 필요충분조건을 밝힌 대표적인 예로 다음 정리가 있다.

정리 1.18 (체비셰프, 1853, [124, 61])

$m, n \in \mathbb{Q}$, $p, q \in \mathbb{Z}$, $p > 0$, $q \neq 0$일 때 부정적분

$$\int z^m (az^n + b)^{\frac{q}{p}} dz$$

는 다음의 세 조건 중 하나가 성립할 경우, 그리고 그 경우에만 초등함수이다.

i) $p = 1$,

ii) $\frac{m+1}{n} \in \mathbb{Z}$,

iii) $\frac{m+1}{n} + \frac{q}{p} \in \mathbb{Z}$.

앞에서 살펴 본 예

$$\int \frac{dz}{\sqrt{1-z^4}}$$

의 경우는 위의 정리에서 $m = 0, n = 4$, $p = 2, q = -1$의 경우이므로 정리 1.18의 iii)으로부터

$$\frac{m+1}{n} + \frac{q}{p} = \frac{1}{4} - \frac{1}{2} \notin \mathbb{Z}$$

이므로 초등함수가 아니다.

리만곡면과 복소 타원곡선 리만곡면 (Riemann surface)이란 1차원 복소다양체를 말한다. 리만곡면은 다가함수를 대역적으로 기술하고 이해하기 위한 개념이다. 예를 들면 2가 함수

$$f(z) = \sqrt{z} \tag{1.40}$$

의 리만 곡면 Σ는 두 겹의

$$\mathbb{C}^* = \mathbb{C} \setminus \{0\}$$

를 이어 붙여(glue together) 놓은 형태의 곡면이며

$$\pi : \Sigma \longrightarrow \mathbb{C}^*$$

는 두 겹 덮개(double covering)이다. 다이어그램

$$\begin{array}{ccc} \Sigma & \xrightarrow{\hat{f}} & \mathbb{C}^* \\ \big\downarrow{\scriptstyle \pi} & & \big\downarrow{\scriptstyle \tilde{\pi}} \\ \mathbb{C}^* & \xrightarrow{f} & \mathbb{C}^* \end{array}$$

에서와 같이 f는 1대2의 다가함수이지만 덮개 공간(covering space)으로 들어올린 $\hat{f}$는 일대일 전사(one-to-one onto)사상이다. 여기에서 $\tilde{\pi}$는 2가 함수

$$z \mapsto \{z, -z\}$$

를 말한다.

임의의 2차원 실다양체 M에 임의의 리만 측도 g를 주면 이에 대응하는 유일한 복소구조가 존재하여 (M, g)는 리만 곡면이며 정칙함수는 g에 관한 등각사상이 된다 ([28] 참조). 콤팩트 리만곡면은 종수(genus)로 완전히 분류되며, 복소사영공간의 특이점이 없는 대수곡선과 동등하다. 종수가 0이면 리만 구면이다. 종수가 1이면 위상적으로 원환면(torus)인데 이 경우를 타원곡선(elliptic curve)라 부른다. 한편, 0이 아닌 두 복소수 ω_1과 ω_2가

$$\mathrm{Im}\ (\omega_1/\omega_2) \neq 0,$$

즉, 같은 편각의 복소수가 아니면 이들이 생성하는 격자

$$\Lambda := \{m\omega_1 + n\omega_2 : \quad m, n \in \mathbb{Z}\} \tag{1.41}$$

는 가환군 $\mathbb{C}$의 이산 부분군(discrete subgroup)이다. 이때 몫군(quotient group) $\mathbb{C}/\Lambda$은 위상적으로 원환면이다. 임의의 타원곡선은 적당한 ω_1, ω_2에 의해 정의된 $\mathbb{C}/\Lambda$와 복소함수론적으로 동등(biholomorphic)하다. 타원함수란 이중주기 ω_1, ω_2를 갖는 유리형 함수, 즉 타원곡선 $\mathbb{C}/\Lambda$로부터 리만구면으로 가는 정칙사상을 의미한다.

타원함수와 아벨 함수 사인 진폭함수를 포함하여 일반적으로 타원적분

$$u = \int_0^v R(z, \sqrt{P(z)})dz \tag{1.42}$$

의 역함수 $v = f(u)$를 타원함수(elliptic function)라고 부른다. 타원함수가 발견됨에 따라 초등함수 외에 많은 '함수' 들이 더구나 모듈라이에 따라 각각 독립적으로 무수히 많이 존재함이 알려지게 되었다. 르장드르는 약 40년간 타원적분을 연구하여 많은 공식을 발견하고 타원적분이 역삼각함수와 유사하다는 사실을 발견하였으나 타원적분의 역함수의 주기성에 착안하지는 못하였다. 타원함수에 대한 연구는 그 다음 세대인 가우스(Carl Friedrich Gauss, 1777-1823), 아벨(Niels Henrik Abel, 1802-1829), 그리고 야코비(Carl Gustav Jacob Jacobi, 1804-1851)에 의하여 이루어졌다. 그들은 타원함수가 이중주기를 갖는다는 (doubly periodic) 사실을 각각 독립적으로 발견하였다. 타원함수의 이중주기성, 즉 복소수 ω_1, ω_2가 존재하여

$$v = f(u) = f(u + \omega_1) = f(u + \omega_2), \quad \omega_1/\omega_2\text{는 실수가 아님}, \tag{1.43}$$

임을 최초로 발표한 이는 아벨이었다. 아벨은 1826년에 논문을 프랑스 학술원에 제출하였으나 무시당한 채 심사도 받지 못하고 있다가 그의 사후에 출판되었다. 그러나 타원함수에 대한 아벨의 업적은 그의 생전인 1827-1828년경에 이미 널리 알려지게 되었다. 타원함수를 최초로 수론에 응용한 사람은 야코비였다. 그는 타원함수를 이용하여 n 제곱($n = 2, 4, 8$)에 대한 페르마, 라그랑주, 정리들을 증명하였다. 타원함수는 수학의 여러 분야와 전기동력학을 위시한 이론물리학, 공학 등에 널리 응용된다.

이중주기성은 타원함수를 결정하는 성질이다. 그래서, 오늘날에는 이중주기를 가짐을 타원함수의 정의로 사용한다 (알포스 [9]의 7장 참조). 즉

정의 1.19

복소평면에서 이중주기를 갖는 유리형 함수(meromorphic function)를 **타원함수(elliptic function)**라고 부른다.

타원함수의 미분은 타원함수이다. 주어진 타원함수의 주기를 ω_1, ω_2라 하자. 임의의 점 $a \in \mathbb{C}$에 대하여 꼭지점이

$$a, \quad a + \omega_1, \quad a + \omega_2, \quad a + \omega_1 + \omega_2$$

인 평행사변형을 기본 주기 평행사변형 (fundamental period parallelogram) 이라 부른다. 주기들이 이루는 격자

$$\Lambda = \{m\omega_1 + n\omega_2 : \quad m, n \in \mathbb{Z}\}$$

를 Λ라 표기하면 기본주기 평행사변형을 타원곡선 $\mathbb{C}/\Lambda$와 동일시할 수 있다. 이중주기함수가 모든 점에서 정칙 (holomorphic) 이면 리우빌의 정리에 의하여 상수이다. 같은 기본주기를 갖는 타원함수의 집합은 체 (field) 를 이룬다. 타원함수체를 생성하는 구체적인 타원함수로는 야코비 세타함수 (theta function) 와 바이에르트스라스 $\wp$-함수가 있다. 임의의 타원함수는 두 함수 $\wp$와 $\wp'$로 표현할 수 있다. 바이어슈트라스 $\wp$-함수는

$$\wp(z) := \frac{1}{z^2} + \sum_{w\in\Lambda, w\neq 0} \left(\frac{1}{(z-w)^2} - \frac{1}{w^2} \right)$$

으로 정의되며 원점에서 중극점 (double pole) 을 가지는 가장 간단한 타원함수이다. 항별로 미분하여 $\wp$-함수는 일계미방

$$\wp'(z)^2 = 4\wp(z)^3 - g_2\wp(z) - g_3, \quad \text{단 } g_2,\ g_3\text{은 } \Lambda \text{ 에 의존하는 상수,} \tag{1.44}$$

를 만족함을 보일 수 있다. 이로부터

$$\frac{d\wp}{dz} = \sqrt{4\wp^3 - g_2\wp - g_3}$$

$dz = d\wp/\sqrt{4\wp^3 - g_2\wp - g_3}$ 을 적분하여

$$z - z_0 = \int_{\wp(z_0)}^{\wp(z)} \frac{dw}{\sqrt{4w^3 - g_2 w - g_3}} \tag{1.45}$$

을 얻는다. 즉 $w = \wp(z)$는 타원적분의 역함수이다.

격자 Λ에 대한 바이어슈트라스 타원함수를 $\wp$라고 하면 (1.44) 에 의하여 3차의 사영대수곡선

$$y^2 = x^3 + ax + b$$

와 동등함을 볼 수 있다. 일반적으로 $P(x)$가 3차 혹은 4차의 다항식이며 중근을 갖지 않을 때 $y^2 = P(x)$는 특이점이 없는 종수 1의 사영곡선을 정의하는데 이들이 타원곡선이다.

타원함수의 개념을 종수 $g \geq 2$의 경우로 일반화한 개념이 아벨 함수이다. 복소 다변수 공간 $\mathbb{C}^g$에 있는 $2g$개의 점들 $w_1, \ldots, w_{2g}$이 $2g$ 차원 실벡터로써 독립이라 하자. 이들이

이루는 격자

$$\Lambda := \sum_{k=1}^{2g} n_k w_k, \quad n_k \in \mathbb{Z}$$

는 덧셈에 관해 가환군을 이룬다. 이때 몫군(quotient group)

$$T^g := \mathbb{C}^g/\Lambda$$

은 위상적으로는 복소 g차원 원환면(torus)이다. T^g 위의 유리형 함수, 즉 $\mathbb{C}^g$의 유리형 함수로서 $2g$개의 주기 $w_1, \ldots, w_{2g}$을 갖는 함수를 아벨 함수라 부른다. 타원함수는 $g = 1$인 경우의 아벨 함수이다. 무리함수의 부정적분의 역함수로 $g = 2$의 아벨 함수는 다음과 같다: 중근을 갖지않는 6차의 다항식 $P(z)$에 대하여

$$u_1 = \int^{z_1} \frac{dz_1}{\sqrt{P(z_1)}} + \int^{z_2} \frac{dz_2}{\sqrt{P(z_2)}}$$
$$u_2 = \int^{z_1} \frac{z_1 dz_1}{\sqrt{P(z_1)}} + \int^{z_2} \frac{z_2 dz_2}{\sqrt{P(z_2)}}$$

라 둘 때 z_1, z_2의 대칭식

$$\zeta_1 = z_1 + z_2, \quad \zeta_2 = z_1 z_2$$

는 (u_1, u_2)의 함수로서 4중 주기를 가짐을 야코비가 발견하였다. 일반적으로 다항식 $P(z)$의 차수가 $m \geq 5$이고 $R(z, w)$가 유리식일 때

$$\int R(z, w) dz$$

를 초타원적분이라 부른다. 이때 리만곡면 $w^2 = P(z)$의 종수 g는

$$g = \begin{cases} \frac{m-2}{2}, & m\text{이 짝수일 때} \\ \frac{m-1}{2}, & m\text{이 홀수일 때} \end{cases}$$

을 만족한다.

초타원적분에서 $w^2 = P(z)$가 정의하는 리만곡면을 Σ라고 하자. 일반적으로 종수가 g이면 호몰로지 군은

$$H_1(\Sigma, \mathbb{Z}) = \mathbb{Z}^{2g}$$

이며 대역적으로 정의된 독립인 정칙 1-형식은 g개가 존재한다. 이들을 $\phi_1, \ldots, \phi_g$ 라고 하고 적절히 선택된 호몰로지 기저

$$\gamma_1, \ldots, \gamma_{2g}$$

를 잡아

$$\Omega_j := \left(\int_{\gamma_j} \phi_1, \dots, \int_{\gamma_j} \phi_g\right) \in \mathbb{C}^g, \quad j = 1, \dots, 2g$$

가 이루는 격자 Λ가 주기 격자이다. 이때

$$\mathcal{J}(\Sigma) := \mathbb{C}^g/\Lambda = T^g$$

를 리만곡면 Σ의 **야코비 다양체**(Jacobian variety)라 부른다. 야코비 다양체는 아벨 적분값이 놓이는 영역이다. 이제 한 점 $P_0 \in \Sigma$를 고정하고 사상 $\mu : \Sigma \to \mathcal{J}(\Sigma)$을 다음과 같이 정의하자:

$$\mu(P) = \left(\int_{P_0}^{P} \phi_1, \dots, \int_{P_0}^{P} \phi_g\right) \in \mathcal{J}(\Sigma)$$

라고 정의하는 μ를 아벨-야코비 사상이라 부른다. $g = 1$인 경우에는 μ는 일대일 전사이며 동형사상(isomorphism)이다. $g \geq 2$인 경우에는 다음과 같은 정리가 성립한다.

정리 1.20 (야코비 역정리, Jacobi inversion theorem)

Σ를 종수가 g인 리만곡면이라 하자. $P_0 \in \Sigma$를 고정하고 $\phi_1, \dots, \phi_g$를 독립인 정칙 1-형식이라 하자. 그러면 임의의 $\lambda \in \mathcal{J}(\Sigma)$에 대하여 Σ 위의 g개의 점 $P_1, \dots, P_g$가 존재하여

$$\sum_{i=1}^{g} \mu(P_i) = \lambda$$

를 만족한다.

증명은 [59]의 2장을 참조하라. 정리 1.20을 달리 서술하면 다음과 같다. 점 $P_0 \in \Sigma$를 고정하면 임의의 $\lambda = (\lambda_1, \dots, \lambda_g) \in \mathbb{C}^g$에 대하여 점 $P_i \in \Sigma$와 곡선 α_i $(i = 1, \dots, g)$가 존재하여 각 α_i는 P_0와 P_i를 잇는 곡선이며

$$\sum_{i=1}^{g} \int_{\alpha_i} \phi_j = \lambda_j, \quad j = 1, \dots, g$$

를 만족한다.

• 알포스 (Lars Ahlfors, 1907-1996); 핀란드 태생, 하버드 대 교수 역임, 1936년 필즈상 수상, 그는 최초의 필즈상 수상자 2명 중 한 사람이었으며 그의 저서 ≪Complex Analysis≫

는 1953년에 출판되어 오늘날까지 복소함수론의 표준적인 교과서로 사용되고 있다.

1.2.2 바이어슈트라스 예비정리

본 소절에서는 참고문헌 [59]과 [65]의 Vol II를 답습하였다. 일변수 정칙함수 $f(z)$가 항등적으로 영이 아니면서 $f(0) = 0$이면 $h(0) \neq 0$을 만족하는 어떤 정칙함수 h와 자연수 k가 존재하여

$$f(z) = z^k h(z)$$

꼴이 된다. 따라서 일변수 정칙함수는 항등적으로 영이 아닌 한 고립 영점 (isolated zero)만을 갖는다. 이 소절에서는 다변수 정칙함수의 영점집합과 관련한 대수적 성질과 영집합의 국소기하적 성질을 살펴보고자 한다. 복소변수를

$$(z, w), \quad z = (z_1, \ldots, z_{n-1})$$

이라 두자. w에 관한 k차의 **바이어슈트라스 다항식**이란

$$w^k + g_{k-1}(z)w^{k-1} + \cdots + g_0(z)$$

꼴의 함수를 말한다. 단 $g_i(z)$는 $g(0) = 0$을 만족하는 정칙함수이다.

정리 1.21 (바이어슈트라스 예비정리, Weierstrass Preparation Theorem)

$\mathbb{C}^n = \{(z, w) : z = (z_1, \ldots, z_{n-1})\}$의 원점 근방에서 정칙인 함수 $f(z, w)$가 w축에서 항등적으로 영이 아니면 바이어슈트라스 다항식 $g(z, w)$와 정칙함수 $h(z, w)$가 존재하여

$$f = g \cdot h \tag{1.46}$$

꼴로 유일한 방법으로 표현된다. 여기에서 $h(0) \neq 0$를 만족한다.

[증명] $f(0, w)$가 항등적으로 영이 아니므로 원점이 지표 d $(d \geq 1)$의 영점이라 한다면 테일러 전개식의 첫 번째 항은 aw^d $(a \neq 0)$의 꼴이다. 그러면 적당한 양수 r, δ, ε이 존재하여

$$|w| = r \Rightarrow |f(0, w)| \geq \delta$$

이고 f의 연속성에 의하여

$$|w| = r, |z| < \varepsilon \Rightarrow |f(z,w)| \geq \delta/2$$

이다. 유수 정리(residue theorem)에 의하여

$$\frac{1}{2\pi i}\int_{|w|=r} \frac{w^q(\partial f/\partial w)}{f(z,w)}dw = b_1^q + \cdots + b_d^q \tag{1.47}$$

를 얻는다. 여기서 q는 임의의 음이 아닌 정수이다. 그러므로, $\sum_{j=1}^{d} b_j(z)^q$는 $|z| < \varepsilon$에서 정칙이다. 이제 $\sigma_1, \ldots, \sigma_d$를 $b_1, \ldots, b_d$에 관한 기본대칭식(symmetric functions)이라 하고, 바이어슈트라스 다항식

$$g(z,w) := w^d - \sigma_1(z)w^{d-1} + \cdots + (-1)^d\sigma_d(z) \tag{1.48}$$

을 생각하자. 그러면, $g(z,w)$는 $|z| < \varepsilon, |w| < r$에서 정칙이고 f와 같은 영점집합을 가진다. 이제

$$h(z,w) := \frac{f(z,w)}{g(z,w)}$$

라 두자. 임의의 고정된 z에 대하여 $h(z,\cdot)$은 $|w| < r$에서 제거 가능한 특이점(removable singular point)만을 갖는다. 따라서 h는 z를 고정할 때 w에 관하여 정칙이고 f의 영점집합 바깥에서도 정칙이다. 그러므로

$$h(z,w) = \frac{1}{2\pi i}\int_{|u|=r} \frac{h(z,u)du}{u-w}$$

이고, 우변에 $\frac{\partial}{\partial \bar{z}}$을 적용하면 영이 되므로 h는 z에 관하여 정칙이다. 한편, 유일성은 자명하다. 만일 $g(z,w)$가 (1.46)을 만족하는 바이어슈트라스 다항식이라면

$$g(z,w) = (w - b_1)\cdots(w - b_d)$$

이고, b_j들은 (1.47)에 의하여 결정된다. □

여기서 대수학의 몇 가지 기본적인 사실들을 복습해 보자. R이 가환환(commutative ring)이라고 하자. R의 임의의 두 원소 u와 v의 곱이 영이면 $u = 0$ 혹은 $v = 0$이라는 조건을 만족할 때 R을 **정역**(integral domain)이라 부른다. 정역 R의 원소 u가 가역원(unit)이라 함은 $uv = 1$을 만족하는 $v \in R$가 존재함을 의미한다. $u \in R$가 기약(irreducible)이라 함은 $u = vw,\ v,w \in R$이면 v 또는 w가 가역원임을 의미한다. 정역 R이 UFD(unique factorization domain, **유일인수분해 정역**)이라 함은 임의의 원소 u가

기약원소들의 곱 $u = u_1 \cdots u_\ell$ 으로 표현되며 각 인수 u_j 는 가역원으로 곱하는 것말고는 유일하게 결정되는 경우를 말한다. 정칙함수들의 집합이 갖는 대수적 구조를 조사하기 위하여 우리는 다음 두 정리들을 이용하고자 한다:

1) R 이 UFD이면 다항식환 $R[t]$ 도 UFD이다 (가우스 보조정리)
2) R 이 UFD이고 $u, v \in R[t]$ 가 서로소이면 서로소인 $\alpha, \beta \in R[t]$ 와 $\gamma \neq 0 \in R$ 이 존재하여

$$\alpha u + \beta v = \gamma$$

를 만족한다. γ 를 u 와 v 의 **종결수**(resultant)라고 부른다.

이제 $\mathcal{O}_{n,z}$ 를 $z \in \mathbb{C}^n$ 의 부근에서 정의된 정칙함수들의 집합이라 하고 $\mathcal{O}_n = \mathcal{O}_{n,O}$ 라고 하자. $\mathcal{O}_n$ 은 정리 1.14(동일성 정리)에 의하여 정역을 이룸을 알 수 있다. 뿐만 아니라 가우스 보조정리와 바이어슈트라스 예비정리를 사용하여 다음 정리를 얻는다.

명제 1.22

$\mathcal{O}_n$ 은 UFD 이다.

[증명] 일변수 정칙함수의 멱급수 전개식으로 추론해 보면 $\mathcal{O}_1$ 이 UFD임을 볼수 있다. n 에 관한 귀납법을 사용하여 증명하기 위하여 $\mathcal{O}_{n-1}$ 이 UFD라고 가정하자. 임의의 $f \in \mathcal{O}_n$ 에 대하여 필요하다면 변수 $(z, w) \in \mathbb{C}^n$, $z = (z_1, \ldots, z_{n-1})$, 를 변환하여 $f(0, w)$ 가 항등적으로 영이 아니라 가정하여도 무방하다. 바이어슈트라스 예비정리에 의하여

$$f = gh, \quad h(0) \neq 0, \quad g\text{는 바이어슈트라스 다항식}$$

이고 $g \in \mathcal{O}_{n-1}$ 은 가우스 보조정리에 의하여 기약원소의 곱

$$g = g_1 \cdots g_m$$

으로 가역원을 곱하는 것 외에는 유일한 방법으로 표현된다. □

명제 1.23

두 함수 $f(z), g(z) \in \mathcal{O}_{n,O}$ 가 서로소이면 원점의 작은 근방의 점 z에 대하여 f와 g는 $\mathcal{O}_{n,z}$ 에서 서로소이다.

[증명] 필요하다면 변수 $(z', z_n), z' = (z_1, \ldots, z_{n-1})$를 변환하여 f와 g가 z_n 에 관한 바이어슈트라스 다항식이라 가정하여도 무방하다. 충분히 작은 임의의 $z' \in \mathbb{C}^{n-1}$을 고정하였을 때 변수 z_n 에 관한 정칙함수들 $f(z', z_n)$과 $g(z', z_n)$은 항등적으로 영이 아니다. f와 g가 $\mathcal{O}_{n-1}[z_n]$ 에서 서로소이므로 $\alpha, \beta \in \mathcal{O}_{n-1}[z_n]$ 와 $\gamma \in \mathcal{O}_{n-1}$ 이 존재하여

$$\alpha f + \beta g = \gamma$$

을 만족하며 이 등식은 $\mathbb{C}^n$ 의 원점의 작은 근방 U 에서 성립한다. 이제 어느 한 점 $z_0 \in U$ 에서 $f(z_0) = g(z_0) = 0$ 이고 f와 g가 공통인수 $h(z', z_n) \in \mathcal{O}_{n,z_0}$ 를 가지면서 이 공통인수가 비가역(nonunit), 즉 $h(z_0) = 0$ 이면

$$\begin{aligned} h \mid f, \ \ h \mid g &\Rightarrow h \mid \gamma \\ &\Rightarrow h \in \mathcal{O}_{n-1} \end{aligned}$$

이므로 $h(z_0, z_n)$은 항등적으로 영이 되어 $f(z_0, z_n)$이 항등적으로 영이 아님에 모순된다. 즉 f와 g는 $\mathcal{O}_{n,z_0}$ 에서 서로소이다. □

정리 1.24 (바이어슈트라스 나눗셈 정리)

$g(z, w) \in \mathcal{O}_{n-1}[w]$를 w에 관한 k차의 바이어슈트라스 다항식이라 하자. 그러면 임의의 $f \in \mathcal{O}_n$ 에 대하여

$$f = g \cdot h + r$$

와 같이 쓸 수 있다. 단, 여기에서 $r(z, w)$는 w에 관한 $(k-1)$차 이하의 다항식이다.

[증명] $\varepsilon > 0, \ \delta > 0$가 충분히 작을 때 $|z| < \varepsilon, \ |w| < \delta$에서 함수 h를

$$h(z, w) := \frac{1}{2\pi i} \int_{|u|=\delta} \frac{f(z, u)}{g(z, u)} \frac{du}{u - w}$$

라고 정의하자. 그러면 h는 정칙함수이고 따라서 $r := f - gh$도 정칙이며 또한

$$\begin{aligned} r(z,w) &= f(z,w) - g(z,w)h(z,w) \\ &= \frac{1}{2\pi i}\int_{|u|=\delta}\left[f(z,u) - g(z,u)\frac{f(z,u)}{g(z,u)}\right]\frac{du}{u-w} \\ &= \frac{1}{2\pi i}\int_{|u|=\delta}\frac{f(z,u)}{g(z,u)}\frac{g(z,u)-g(z,w)}{u-w}du \end{aligned}$$

이다. 그런데 $g(z,u)-g(z,w)$은 $(u-w)$로 나누어지며 나눈 몫은 w의 $(k-1)$차 이하의 다항식이다. 이 다항식을

$$p(z,u,w) = p_1(z,u)w^{k-1} + \cdots + p_k(z,u)$$

라 두면

$$r(z,w) = a_1(z)w^{k-1} + \cdots + a_k(z)$$

의 꼴이 된다. 여기에서

$$a_j(z) = \frac{1}{2\pi i}\int_{|u|=\delta}\frac{f(z,u)}{g(z,u)}p_j(z,u)du$$

이다. □

정리 1.25 (약한 영점집합 정리, weak Nullstellensatz)

$f(z,w) \in \mathcal{O}_n$이 기약(irreducible)이고 f의 영점집합에서 $g \in \mathcal{O}_n$가 영이면 g는 $\mathcal{O}_n$에서 f로 나누어진다.

[증명] 필요하다면 가역원(unit)을 곱하여 우리는

$$f(z,w),\ z = (z_1, \ldots, z_{n-1})$$

가 w에 관한 k차의 바이어슈트라스 다항식이라 가정하여도 무방하다. f는 기약이므로 f와 $\partial f/\partial w$는 서로소이다 $(\deg_w f > \deg_w \partial f/\partial w)$. 그러므로

$$\alpha, \beta \in \mathcal{O}_{n-1}[w],\ \gamma \in \mathcal{O}_{n-1}, \gamma \neq 0$$

가 존재하여

$$\alpha f + \beta\frac{\partial f}{\partial w} = \gamma$$

를 만족한다. 만일 어느 특정한 $z_0 \in \mathbb{C}^{n-1}$에 대하여 $f(z_0,w) \in \mathbb{C}[w]$가 다중근 u

를 갖는다면

$$f(z_0, u) = \frac{\partial f}{\partial w}(z_0, u) = 0$$
$$\Rightarrow \gamma(z_0) = 0$$

이므로 $f(z_0, w)$는 다중근을 가질 수 없다. 따라서 $\gamma \neq 0$이므로 $f(z, w)$는 w에 관하여 k개의 서로 다른 근을 갖는다. 이제 바이어슈트라스 나눗셈 정리에 의하여 $g, r \in \mathcal{O}_n$이 존재하여

$$h = f \cdot g + r, \quad r \in \mathcal{O}_{n-1}[w], \quad \deg_w r < k$$

을 만족한다. 그러나 γ의 값을 영으로 하는 점 z_0을 제외하고는 $f(z_0, w)$는, 따라서 $h(z_0, w)$도, w에 대하여 k개의 서로 다른 근을 갖는다. 그러나 r의 차수가 $(k-1)$ 이하이므로 k개의 서로 다른 근을 가지려면 $r(z_0, w) = 0$이어야 한다. 즉, $h = f \cdot g$이다. □

연습문제 1.26

가환환 $\mathcal{O}_n$은 뇌터환(Noetherian ring)이다. 즉, 모든 $\mathcal{O}_n$의 아이디얼은 유한생성(finitely generated)된다.

힌트: [65] Vol II A 참조.

연습문제 1.27

$\mathcal{O}_n$은 국소환(local ring)이다. 즉, $\mathcal{O}_n$은 뇌터 환이며 비가역원(nonunit)들의 집합은 아이디얼을 이룬다. 비가역원들의 아이디얼은 유일한 극대 아이디얼이며 원점에서 영이 되는 정칙함수들의 집합이다.

힌트: [65] Vol II A 참조

$V \subset \mathbb{C}^n$이 국소적으로 유한개의 정칙함수 $f_1, \ldots, f_k$의 공통영점집합이면 V를 해석적 다양체(analytic variety)라고 부른다. $k = 1$인 경우는 해석적 초곡면 (analytic hypersurface)라고 부른다. 이제 원점의 작은 근방 $U \subset \mathbb{C}^n$에 포함된 해석적 다양체 V를 생각하자. V가 두 개의 해석적 다양체 V_1, V_2의 합집합으로 분해할 수 없으면 원점에서

기약 (irreducible) 이라 부른다.

연습문제 1.28

함수 f가 U에서 정칙이고 f의 영점집합을 V라고 하자. $\mathcal{O}_n$은 UFD이므로 f는 기약 정칙함수의 곱

$$f = f_1 \cdots f_k, \quad \text{여기서 각 } f_j \text{는 기약}$$

으로 쓸 수 있다. 그러면

$$V = V_1 \cup \cdots \cup V_k, \quad \text{각 } V_j \text{는 원점에서 기약}$$

으로 쓸 수 있다.

연습문제 1.29

서로소인 두 정칙함수 $f, g \in \mathcal{O}_n$와 그들의 공통영집합 V를 생각하자. $z = (z', w) \in \mathbb{C}^n$, $z' \in \mathbb{C}^{n-1}$이라고 할 때 우리는 f와 g를 w에 관한 바이어슈트라스 다항식이라 가정하여도 무방하다. f와 g는 서로소이므로 $\alpha, \beta \in \mathcal{O}_n$이 존재하여

$$\alpha f + \beta g = \gamma \in \mathbb{O}_{n-1}, \quad \gamma \neq 0$$

이 성립한다. 그러면 사영사상 $\pi : \mathbb{C}^n \longrightarrow \mathbb{C}^{n-1}$에 의한 V의 정사영 $\pi(V)$은 γ의 영점집합이다.

연습문제 1.30

U에서 정의된 정칙함수 $f_1, \ldots, f_k$의 공통영집합 V가 원점에서 기약이라 하고, $\pi : \mathbb{C}^n \longrightarrow \mathbb{C}^{n-1}$에 의한 V의 정사영 $\pi(V)$가 $\mathbb{C}^{n-1}$의 원점의 근방을 포함한다고 가정하자. 그러면 g를 $(f_1, \ldots, f_k)$의 최대공약함수 (gcd) 라고 할 때 V는 해석적 초곡면 $g = 0$이다.

연습문제 1.28, 1.29, 1.30에 대한 힌트: [59] Chapter 0.

1.3 20세기 이후의 다변수 복소함수론의 흐름*

다변수 복소함수론이 수학에서 하나의 고유한 연구분야로 대두된 것은 19세기 말 - 20세기 초였다. 이 시기에

✓1895년, 미타그-레플러 정리를 다변수로 확장하는 쿠젱 문제 (Cousin problem) [39]
✓1906, 정칙함수의 확장에 관한 하르톡스 현상 [81]
✓1907년, 푸앵카레가 원판곱 (polydisc) 의 동형군과 구 (ball) 의 동형군을 각각 계산하여 이들이 복소함수론적으로 다르다는, 즉 리만 사상정리가 다변수에서는 성립하지 않는다는 사실 [127]

등이 알려지게 되었다. 다변수 복소정칙함수에 관한 이러한 독특한 현상이 발견됨에 따라 다변수 복소함수론이란 분야가 20세기 초부터 활발히 연구되기 시작하였다. 특히 하르톡스의 정칙확장 현상으로부터 정칙대역이란 개념이 정의되었고, 이를 기하적으로 규명하고자 하는 레비 문제 (Levi problem) 와 위에서 언급한 쿠젱 문제를 해결하는 과정에서 층 (sheaf)-코호몰로지, 슈타인 다양체, $\bar{\partial}$-문제 등 여러가지 새로운 개념과 방법론이 등장하였다. 이 절에서는 쿠젱 문제가 제기된 19세기 말부터 20세기 중엽 1960년대까지의 역사를 개관하고자 한다. 우리는 먼저 19세기 후반에 발견된 바이어슈트라스 정리 (1860년대), 미타그-레플러 정리 (1884) 를 복습한다.

미타그-레플러 정리 $\lim_{\nu\to\infty} b_\nu = \infty$ 를 만족하는 복소평면에 주어진 점열 $\{b_\nu\}$ 에서, 또 거기에서만, 극점 (pole) 을 갖고 b_ν 에서의 특이성 (singularity) 이

$$P_\nu\left(\frac{1}{z-b_\nu}\right), \quad \text{단 } P_\nu \text{는 상수항을 갖지 않는 다항식} \tag{1.49}$$

으로 주어졌을 때 다항식 p_ν $(\nu = 1, 2, \ldots)$ 를 적절히 선택하면 복소평면의 임의의 콤팩트 부분집합에서 급수

$$\sum_\nu \left[P_\nu\left(\frac{1}{z-b_\nu}\right) - p_\nu(z)\right]$$

의 유한개의 항을 뺀 끝부분이 고르게 수렴 (uniformly converge) 하도록 할 수 있다. 따라서 b_ν 에서 특이성 (1.49) 를 갖는 유리형 함수 (meromorphic function) 의 가장 일반적인

형태는

$$f(z) = \sum_{\nu} \left[P_\nu \left(\frac{1}{z - b_\nu} \right) - p_\nu(z) \right] + g(z), \quad g\text{는 정칙}$$

꼴이다.

바이어슈트라스 인수분해 정리 (Weierstrass factorization theorem) 복소평면의 주어진 점열

$$\underbrace{0, \ldots, 0}_{\lambda\text{ 번}},\ a_k, \quad k = 1, 2, \cdots$$

이 다음의 조건

$$0 < |a_k| \le |a_{k+1}|, \quad k = 1, 2, \ldots; \lim_{k \to \infty} |a_k| = \infty$$

을 만족할 때, 주어진 점열에서, 또 이들 점에서만 영이 되는 전해석함수(entire function)를 찾는 문제이다. 우리는 무한곱

$$W(z) := z^\lambda \prod_{k=1}^{\infty} \left(1 - \frac{z}{a_k} \right) e^{P_k(z)}$$

이 수렴하도록 각 $k = 1, 2, \ldots$에 대하여 다항식

$$P_k(z) := \frac{z}{a_k} + \frac{1}{2} \left(\frac{z}{a_k} \right)^2 + \cdots + \frac{1}{m_k} \left(\frac{z}{a_k} \right)^{m_k}$$

를 선택할 수 있다. 주어진 점열에서, 또 거기에서만 영점을 갖는 함수의 가장 일반적으로

$$f(z) = e^{g(z)} W(z), \quad g(z) \text{ 는 정칙}$$

꼴이다.

미타그-레플러 정리와 바이어슈트라스 인수분해 정리의 증명은 [9]를 보라. 쿠젱 문제는 위의 두 정리를 다변수로 확장하는 문제이다.

첫 번째 쿠젱 문제 미타그-레플러 정리를 다변수 경우로 확장하는 문제이다. 즉 국소적으로 주어진 유리형 함수(meromorphic function)를 연결하여 대역적으로 정의된 유리형 함수로 만들수 있겠는가 하는 문제이다. 1883년에 푸앵카레는 $\mathbb{C}^2$에서 국소적으로 두 정칙함수의 비로 표현되는 함수는 대역적으로 두 정칙함수의 비와 같다는 결과를 발표하였다. 같은 해(1883) 푸앵카레의 동료교수인 아펠(Paul Appell, 1855-1930, 프랑스)은 $\mathbb{C}^2$의 유리형 함수의 수열 g_ν, $\nu = 1, 2, \ldots$의 특이점 집합이 원점에서 무한히 멀어지는 경우 $\mathbb{C}^2$의 유리형

함수 g가 존재하여 $g - g_\nu$가 정칙이 되게 할 수 있겠는지의 문제를 연구하였다. 쿠젱은 아펠과 푸앵카레를 공동지도교수로 1895년 박사학위논문을 완성하였는데 그는 여기서 코시 적분공식과 일변수 복소함수론의 테크닉을 사용하여 두 일차원 영역의 곱 (product domain)에 대하여 대역적 유리형 함수의 존재를 증명하였다. 주어진 국소적 유리형 함수들로부터 대역적 유리형 함수를 찾는 이 문제를 수십년 후 앙리 카르탕이 '쿠젱 문제' 라 부르기 시작하였다. 일반적인 영역에 대한 첫 번째 쿠젱 문제는 일본인 수학자 오카 (K. Oka)에 의하여 해결되었다. 오카는 처음에 유리함수족에 관한 다각형 (rational polyhedra)에 대하여 [113], 그리고 임의의 유계 정칙대역 [114]에서는 영역을 유리함수족에 관하여 볼록한 영역으로 소진함으로 첫 번째 쿠젱 문제가 해를 가짐을 증명하였다.

1940년대 후반에 카르탕 (H. Cartan)의 세미나에서 오카의 방법과 르레이 (J. Leray)의 스펙트럼 수열의 아이디어가 융합되어 층 코호몰로지 이론이란 현대수학의 일반적인 방법론이 태어나게 되었다. 층 코호몰로지 개념을 사용하면 쿠젱 문제는 다음과 같이 간결하게 표현된다.

X의 열린덮개 $\underline{U} = \{U_j\}$와 U_j에서의 유리형 함수 g_j가 주어졌을 때 X 전체에서 정의된 유리형 함수 g가 존재하여 $g - g_j \in \mathcal{O}(U_j)$가 되게 할 수 있겠는가 하는 문제이다. 그런 g가 존재한다면

$$f_{ij} := g_i - g_j \in \mathcal{O}(U_i \cap U_j) \tag{1.50}$$

는

$$f_{ij} = -f_{ji} \tag{1.51}$$

이고, 또한 $U_i \cap U_j \cap U_k$에서

$$f_{ij} + f_{jk} + f_{ki} = 0 \tag{1.52}$$

을 만족한다. 역으로 (1.51)-(1.52)를 만족하는 $\{f_{ij}\}$가 주어졌을 때 대역적인 유리형 함수 g를 찾는 문제는 $\{f_j \in \mathcal{O}(U_j)\}$을 발견하여 $U_i \cap U_j$에서

$$f_{ij} = f_j - f_i \tag{1.53}$$

가 되게 할 수 있겠는가 하는 문제이다. 그런 f_j가 존재한다면 $g = f_j + g_j$가 찾고자 하는 대역적 유리형 함수이다. 체크 코호몰로지 (Čech cohomology) 용어를 사용하여 첫 번째 쿠젱 문제를 표현해 보자. 열린덮개 $\underline{U} := \{U_j\}$에 관하여 $q-$코체인 $C^q(\underline{U}, \mathcal{O})$란

열린덮개에서 $(q+1)$ 개의 공통부분 $U_{j_1} \cap \cdots \cap U_{j_{q+1}}$ 마다 주어진 정칙함수들의 집합을 의미한다. 이들 사이에 쌍대경계 작용소 (coboundary operator)

$$\delta : C^q(\underline{\mathrm{U}}, \mathcal{O}) \to C^{q+1}(\underline{\mathrm{U}}, \mathcal{O})$$

가 정의된다. 가령 $q = 1$ 일 때

$$\{\{f_{ij}\} : f_{ij} + f_{jk} + f_{ki} = 0\} := Z^1(\underline{\mathrm{U}}, \mathcal{O}) \subset C^1(\bar{U}, \mathcal{O})$$

을 1-쌍대사이클 (1-cocycle) 이라고 부르고

$$\delta C^0(\underline{\mathrm{U}}, \mathcal{O}) = \{\{f_{ij}\} : f_{ij} = f_j - f_i, \ \ \exists\{f_j\}\} := B^1(\underline{\mathrm{U}}, \mathcal{O})$$

를 1-쌍대경계 (1-coboundary) 라고 부른다. 첫 번째 체크 코호몰로지 (first Čech cohomology) 란 몫모듈 (quotient module)

$$H^1(\underline{\mathrm{U}}, \mathcal{O}) = \frac{Z^1(\underline{\mathrm{U}}, \mathcal{O})}{B^1(\underline{\mathrm{U}}, \mathcal{O})}$$

을 의미한다. 따라서 열린덮개 $\underline{\mathrm{U}}$에 관해 첫 번째 쿠젱 문제가 풀린다는 것은

$$H^1(\underline{\mathrm{U}}, \mathcal{O}) = 0$$

이란 의미이다. 층 이론의 관점에서 첫 번째 쿠젱 문제는 다음과 같이 기술할 수 있다. 복소다양체 X 위에서 유리형 함수의 층을 $\mathcal{K}$, 정칙 함수의 층을 $\mathcal{O}$라 하자. $\mathcal{K}$의 대역적 단면 (global section) g를 몫층 (quotient sheaf) $\mathcal{K}/\mathcal{O}$의 대역적 단면 $\phi(g)$로 대응시키는 사상을 ϕ라고 하자. $\mathcal{K}/\mathcal{O}$의 주어진 대역적 단면 $\hat{g}$에 대하여 $\hat{g} = \phi(g)$인 $\mathcal{K}$의 대역적 단면 g가 존재하겠는가 하는 것이 문제이다. 완전열 (exact sequence)

$$0 \to \mathcal{O} \to K \to \mathcal{K}/\mathcal{O} \to 0$$

로부터 호몰로지 대수의 순전히 대수적인 논법으로 얻어지는 긴 완전열

$$\to H^0(X, \mathcal{K}) \xrightarrow{\phi} H^0(X, \mathcal{K}/\mathcal{O}) \to H^1(X, \mathcal{O}) \to \tag{1.54}$$

에서 보면 첫 번째 쿠젱 문제가 풀린다 (solvable) 는 것은 (1.54) 에서 ϕ가 전사 (onto) 임과 동치이다. 특히

$$H^1(X, \mathcal{O}) = 0$$

이면 첫 번째 쿠젱 문제가 풀린다. 카르탕 정리 B 에 의하여 X가 슈타인이면 모든 양수 p에 대해서, $H^p(X, \mathcal{O}) = 0$이다. 따라서 임의의 정칙대역에서 첫 번째 쿠젱 문제는 풀린다.

두 번째 쿠젱 문제 바이어슈트라스 인수분해 정리를 다변수로 확장하는 문제이다. 다변수의 경우는 정칙함수의 영점은 고립점이 아니고 부분다양체(subvariety)이므로 쿠젱 문제는 일반적으로 모든 차원의 복소다양체 X에서 다음과 같이 기술할 수 있다. X의 열린덮개(open cover) $\underline{U} = \{U_j\}$와 $f_j \in \mathcal{O}(U_j)$가 주어졌다고 하자. 만약

$$f_i/f_j \in \mathcal{O}(U_i \cap U_j) \tag{1.55}$$

을 만족하면 $f \in \mathcal{O}(X)$가 존재하여 f/f_j가 정칙이며 영이 아니게 되는가? 이러한 f가 존재하기 위하여 (1.55)은 필요조건이다. 층 이론의 관점에서 두 번째 쿠젱 문제는 다음과 같이 기술할 수 있다. X 상의 어떤 점에서도 영이 아닌 정칙함수들의 층을 $\mathcal{O}^*$라고 하고 X 위에서 항등적으로 영이 아닌 유리형 함수들의 층을 $\mathcal{K}^*$라고 하자. 이 모두가 가환군의 층이므로 $\mathcal{K}^*/\mathcal{O}^*$를 생각하자. 이제 유리형 함수 f를 $\mathcal{O}^*$ 곱에 관한 동치류 $\phi(f)$로 보내는 사상

$$H^0(X, \mathcal{K}^*) \stackrel{\phi}{\to} H^0(X, \mathcal{K}^*/\mathcal{O}^*)$$

의 상(image)이 무엇인가 하는 문제이다. 두 번째 쿠젱 문제는 풀 수 있다(solvable)는 것은 ϕ가 전사(onto)라는 것과 같은 말이다. 완전열

$$0 \to \mathcal{O}^* \to \mathcal{K}^* \to \mathcal{K}^*/\mathcal{O}^* \to 0$$

의 긴 완전열

$$\to H^0(X, K^*) \stackrel{\phi}{\to} H^0(X, \mathcal{K}^*/\mathcal{O}^*) \to H^1(X, \mathcal{O}^*) \to \tag{1.56}$$

로부터 두 번째 쿠젱 문제의 가해성(solvability)과 $H^1(X, \mathcal{O}^*) = 0$, 즉 X 위의 임의의 선다발(line bundle)이 자명함(trivial)과 동치임을 알 수 있다. 곱셈에 관한 가환군 $\mathcal{O}^*$와 덧셈에 관한 가환군 $\mathcal{O}$의 층 코호몰로지를 비교하기 위하여 층의 완전열(exact sequence)

$$0 \to 2\pi i\mathcal{Z} \to \mathcal{O} \to \mathcal{O}^* \to 0$$

에 대한 코호몰로지 군의 긴 완전열(long exact sequence)

$$\to H^1(X, \mathcal{O}) \to H^1(X, \mathcal{O}^*) \to 2\pi i H^2(X, \mathcal{Z}) \to H^2(X, \mathcal{O}) \to \tag{1.57}$$

을 생각하자. X가 슈타인 다양체이면 모든 $q > 0$에 대하여 $H^q(X, \mathcal{O}) = 0$이므로 (1.57)에서 가운데 사상은 일대일 전사사상이다. 따라서, 슈타인 다양체에서 두 번째 쿠젱 문제가 항상 풀릴 필요충분조건은 $H^2(X, \mathbb{Z}) = 0$이다.

오카의 업적 오카는 1934년에 출판된 벵케-툴렌 교과서 [15]를 숙독한 후 이 책에서 소개하는 미해결 문제에 착수하였다. 1936년부터 1950년까지 발표된 그의 10편의 논문 [113]-[122]에서 쿠젱 문제를 비롯한 다변수 복소함수론 분야의 근본적인 문제를 다루고 있는데 결과를 다음과 같이 크게 네 가지로 요약한다.

1) 임의의 정칙대역(domain of holomorphy)에서 첫 번째 쿠젱 문제는 해를 가진다. n개의 1-차원 영역의 곱 $\Omega_1 \times \cdots \times \Omega_n$과 위상동형인 영역 Ω에서 두 번째 쿠젱 문제는 해를 갖는다. 단, 모든 Ω_j가 하나 빼고는 모두 단순연결(simply connected)이다.

2) 레비 문제: 임의의 의사볼록(pseudo-convex)인 리만 영역은 정칙대역이다 ([116]). 정칙함수 $w = f(z_1, \ldots, z_n)$의 리만 영역이란 f의 해석적 연장의 정의역을 의미한다. 임의의 다변수 정칙함수는 리만 영역 위의 일가함수(single-valued function)이다. 일변수 경우는 $w = f(z)$의 리만 곡면이다. [116]의 의사볼록의 정의는 오늘날 흔히 사용하는 정의와는 다르다. 경계점에서 국소적 정칙 지지함수(support function)의 존재를 의미하는 듯 하다.

3) 오카-베이유 정리(Oka-Weil theorem): 주어진 영역 $\Omega \subset \mathbb{C}^n$과 콤팩트 부분집합 $K \subset \Omega$에 대하여 K가 $\mathcal{O}(\Omega)$에 대하여 볼록일 때, 즉

$$\{z \in \Omega : |f(z)| \leq \|f\|_K, \quad \forall f \in \mathcal{O}(\Omega)\} := \hat{K} = K$$

이면 K의 임의의 근방에서 정의된 정칙함수는 $\mathcal{O}(\Omega)$에 의하여 고른 수렴된다. 즉 임의의 양수 $\varepsilon > 0$과 임의의 $f \in \mathcal{O}(K)$에 대해서, $\|f - F\|_K < \varepsilon$를 만족하는 $F \in \mathcal{O}(\Omega)$가 존재한다.

4) 연접성(coherence) 정리: $\mathcal{O}$를 복소다양체 X 위의 정칙함수들의 층(sheaf)이라고 하자. 임의의 자연수 p에 대하여 $\mathcal{O}^p = \underbrace{\mathcal{O} \times \cdots \times \mathcal{O}}_{p\text{번}}$의 임의의 유한생성 부분층(finitely generated subsheaf)은 연접 해석층(coherent analytic sheaf)이다.

볼록성과 들어올림 원리 $\mathbb{C}^n$의 영역이 기하적으로 볼록하면 정칙대역이다. 정칙대역을 기하적인 특성으로 규명하고자 하는 (레비) 문제는 하르톡스의 볼록성을 위시해서 특정 함수족에 관한 볼록성(convexity)과 영역의 함수론적인 성질과의 관련성에 관한 질문이다. 함수족이 커질수록 볼록성은 더 약한 조건이 된다. 카르탕-툴렌 정리(1932년 [27])

는 정칙함수족에 관한 볼록성과 영역이 정칙대역임과 동치라는 것이다. 기하적 볼록성은 선형함수족에 대한 볼록성이다. 그 다음으로 강한 볼록성은 다항식에 대한 볼록성이다. 룽게 (Carl Runge) 는 임의의 정칙함수가 임의의 콤팩트 부분집합에서 다항식으로 고르게 수렴시킬수 있는 조건을 구하는 문제를 연구하였다. 정칙함수를 다항식으로 고르게 수렴시킬 수 있는 영역을 룽게 성질 (Runge property) 을 갖는다고 말한다. 오카는 [113] 의 서문에서 "어떤 영역이 룽게 성질을 갖는지, 쿠젱의 문제가 풀리는지, 하르톡스의 볼록성과 카르탕-툴렌의 볼록성은 어떤 관계가 있는지, 이 모든 문제들이 밀접하게 연관되어 있으나 아직 잘 이해되지 않고 있다. 본 논문과 앞으로 나올 일련의 논문에서 이들 문제를 다루고자 한다. 이런 유의 문제는 연구대상인 영역을 더 높은 차원의 원통형 영역 (cylindrical domains) 의 문제로 귀착시킴으로써 보다 용이하게 해결된다는 일반적인 원리를 나는 발견하였다." 라 쓰고 있다. 오카의 이 일반적인 원리라는 것은 "들어올림 원리 (lifting principle)" 라 불리는 다음 정리이다.

정리 1.31

$R_j(x)$, $j = 1, \dots, \nu$를 복소변수 $x = (x_1, \dots, x_n)$의 유리함수라고 하자. (Δ)을 x 공간의 영역

(Δ) $\quad |x_j| \le r_j,\ \ j = 1, \dots, n, \quad |R_k(x)| \le 1,\ \ k = 1, \dots, \nu$

라 하고 m개의 변수 $(y_1, \dots, y_\nu)$를 x에 보태어 (x, y) 공간의 원판곱

(C) $\quad |x_j| \le r_j,\ \ j = 1, \dots, n, \quad |y_k| \le 1,\ \ k = 1, \dots, \nu$

라 하고 (C)의 부분다양체

(Σ) $\quad y_k = R_k(x), \quad k = 1, \dots, \nu$

라 하자. 그러면 (Δ)에 주어진 임의의 주어진 정칙함수 $f(x)$에 대하여

$$f(x) = F[x_1, \dots, x_n, R_1(x), \dots, R_\nu(x)]$$

을 만족하는 (C) 위의 정칙함수 $F(x, y)$가 존재한다.

오카는 [113] 에서 들어올림 원리를 이용하여 영역 (Δ)에 대하여 첫 번째 쿠젱 문제를 해결하였다. 쿠젱 자신은 곱한 영역 (product domain) 에 관하여 증명한 바 있다. 정리 1.31 의 ν를 영역 $(\triangle)$의 위수 (order) 라고 부른다. 위수 ν의 영역에서 쿠젱 문제의 해의 존재를 보이는 문제와 함께 ν에 관한 이중 귀납법으로 정리 1.31을 증명하고 있다. 한편 $D \subset \mathbb{C}^n$이 유리함수족에 관해볼록이면 정리 1.31에서와 같은 영역들로 D를 소진 (exhaust) 할 수

있다. 이제

$$\triangle_1 \subset \triangle_2 \subset \cdots \subset \triangle_n \subset \cdots$$

을 D의 소진 (exhaustion) 이라 하고 Φ_j 를 $\triangle_j$ 에서의 쿠젱 문제의 해가 되는 대역적 유리형 함수라 할 때 그들의 차이

$$\Omega_{ij}(x) := \Phi_i(x) - \Phi_j(x)$$

는 $\triangle_i$ $(i < j)$ 에서 정칙이다. D 에서 정칙인 유리함수들의 수열로 Ω_{ij} 로 고르게 수렴시킬 수 있다. D 의 임의의 정칙함수를 f_1 이라고 하고

$$f_k = f_i + \Omega_{ik}$$

라 하면 $F = \Phi_i + f_i$ 는 D 의 대역적 유리형 함수이다.

[114] 에서는 [113] 의 결과를 정칙함수족에 대하여 볼록한 영역, 즉 정칙대역으로 확장하였다. 두 번째 쿠젱 문제를 다룬 [115] 에서 연속함수 범주에서 해를 구할 수 있으면 정칙함수 범주에서 구할 수 있다는 소위 "오카 원리" 를 사용하여 특별한 곱한 영역 (product space) 에서 해가 존재함을 보였다. [116] 에서는

유리함수족에 관한 볼록 ⇒ 정칙대역 ⇒ 하르톡스 의사볼록

임과 정칙대역이면서 유리함수족에 관해볼록하지 않은 예를 제시하고 있다.

층의 연접성 (coherence) 과 층 코호몰로지 (sheaf cohomology) 층 코호몰로지는 주어진 열린 덮개에 관한 체크 코호몰로지를 열린 덮개를 세밀화 (refine) 했을 때의 극한으로 정의한다. 복소다양체 X 의 한 점 P 의 작은 근방에서 두 정칙함수 f, g 가 일치할 때 $f \sim g$ 라 쓰면 동치관계 $\sim$ 에 관한 동치류를 점 P 에서의 정칙함수의 싹 (germ) 이라 부른다. 정칙함수들의 싹의 층 (sheaf of germs of holomorphic functions) 을 $\mathcal{O}$ 라고 표기한다. 열린 부분집합 $U \subset X$ 위에서는 $\mathcal{O}(U)$ 라고 표기한다. 아무데서도 영이 아닌 (nowhere vanishing) 정칙함수들의 층은 $\mathcal{O}^*$, 유리형 함수 (meromorphic function) 의 층은 $\mathcal{K}$, 항등적으로 영이 아닌 유리형 함수의 층은 K^* 로, $\mathbb{C}, \mathbb{R}, \mathbb{Z}$ 등은 상수층 (constant sheaf) 이다. 이들 층의 대수적인 구조를 살펴보자. 한 점 x 에서의 싹 (germ) 들의 집합을 그 점에서의 줄기 (stalk) 라 부른다. 하나의 줄기는 환 (ring) 을 이룬다. 복소다양체 (complex variety)

와 그 위의 정칙함수층 $(X, \mathcal{O})$를 생각하자. 임의의 점 $x \in X$에서 $\mathcal{O}_x$는 뇌터리안이므로 $\mathcal{O}_x$의 임의의 아이디얼은 유한생성이다. 아이디얼에 대하여뿐 아니라 보다 일반적으로 $\mathcal{O}$-모듈들의 층 $\mathcal{M}$을 해석적 층(analytic sheaf)이라고 부른다. 열린집합 $U \subset X$에 국한한 해석적 층 $\mathcal{M}(U)$가 유한개의 절단으로 생성되고 이들 생성원들 사이에 관계가 없으면 (locally free) $\mathcal{M}(U)$는 벡터 다발이다. 이들 생성원들이 유한개의 관계를 가지면 $\mathcal{O}$-모듈의 층 $\mathcal{M}$은 연접(coherent)이라고 말한다. $\mathcal{M}(U)$의 생성원을 $\sigma := (\sigma_1, \ldots, \sigma_\mu)$라고 할 때 $a = (a^1, \ldots, a^\mu) \in \mathcal{O}^\mu$가 생성원 σ의 관계라 함은

$$\sum_{\alpha=1}^{\mu} a^\alpha \sigma_\alpha = 0$$

임을 의미한다. 연접성이란 σ의 관계들이 이루는 모듈층 $\mathcal{R}(\sigma)$이 유한개의 절단으로 생성됨을 의미한다. 연접성(coherence)은 벡터다발을 일반화한 개념이다. 또 하나의 대표적인 예로는 주어진 해석적 부분다양체(analytic subvariety) $Y \subset X$에서 영이 되는 정칙함수들의 층은 연접이다.

열린집합 $U \subset X$에서 $\mathcal{O}$-모듈 $\mathcal{M}$이 μ개의 절단 $\sigma := (\sigma_1, \ldots, \sigma_\mu)$으로 생성되고 이 생성원들 사이에 m개의 관계

$$\sum_{\alpha=1}^{\mu} a_j^\alpha \sigma_\alpha = 0, \quad j = 1, \ldots, m$$

가 있다면 이 국소기저 σ를 이용하여 완전열

$$\mathcal{R}(\sigma) \to \mathcal{O}^\mu(U) \to \mathcal{M}$$

을 얻는다. $\mathcal{O}$가 연접이라 함은 그 자체 위의 모듈로 보았을 때 연접이란 의미이다. 이제 우리는 오카의 연접성 정리를 기술하고자 한다.

정리 1.32 (오카 연접성정리, Oka's coherence theorem)

열린집합 $U \subset \mathbb{C}^n$ 에서 정의된 유한개의 ν-짝 (ν-tuple) $F_1, \ldots, F_\mu \in \mathcal{O}^\nu$ 에 대하여 이들의 관계들의 집합

$$\{\mathcal{R}(F_1, \ldots, F_\mu)\}$$

은 $\mathcal{O}^\mu$ 의 부분모듈의 층으로서 각 점 $x \in U$ 의 작은 근방에서 유한개의 절단으로 생성된다.

$\sum_{j=1}^{\mu} a_j F_j = 0$ 을 만족하는 $a = (a_1, \ldots, a_\mu) \in \mathcal{O}^\mu$ 를 $(F_1, \ldots, F_\mu)$ 의 관계라 부른다. 오카의 연접성 정리를 달리 표현하면 F_j $(j = 1, \ldots, \mu)$ 로 생성된 $\mathcal{O}^\nu$ 의 부분층을 $\mathcal{M}$ 이라고 할 때

$$0 \to \mathcal{R}(F_1, \ldots, F_\mu) \xrightarrow{i} \mathcal{O}^\mu \to \mathcal{M} \to 0$$

가 완전열을 이룬다는 것이다.

호몰로지 대수 (homological algebra) 층 코호몰로지의 유용성은 부분적으로 호몰로지 대수의 방법으로 계산하는 긴 완전열 (long exact sequence) 의 유용성에 있다. 일반적으로 가환군 층의 짧은 완전열

$$0 \to \mathcal{F} \to \mathcal{G} \to \mathcal{H} \to 0$$

와 이들의 각 층 $\mathcal{F}, \mathcal{G}, \mathcal{H}$ 의 쌍대사슬 복합체 (cochain complex)

$$\begin{array}{ccccccccc}
0 & \to & C_{j-1}(X,\mathcal{F}) & \to & C_{j-1}(X,\mathcal{G}) & \to & C_{j-1}(X,\mathcal{H}) & \to & 0 \\
 & & \downarrow\delta & & \downarrow\delta & & \downarrow\delta & & \\
0 & \to & C_{j}(X,\mathcal{F}) & \to & C_{j}(X,\mathcal{G}) & \to & C_{j}(X,\mathcal{H}) & \to & 0 \\
 & & \downarrow\delta & & \downarrow\delta & & \downarrow\delta & & \\
0 & \to & C_{j+1}(X,\mathcal{F}) & \to & C_{j+1}(X,\mathcal{G}) & \to & C_{j+1}(X,\mathcal{H}) & \to & 0 \\
 & & \downarrow\delta & & \downarrow\delta & & \downarrow\delta & &
\end{array}$$

를 생각하자. 도표의 경로무관함 (commutativity of diagram) 으로부터 긴 완전열

$$\to H^j(X,\mathcal{G}) \to H^j(X,\mathcal{H}) \to H^{j+1}(X,\mathcal{F}) \to$$

을 얻는다. 대표적인 예로 긴 완전열 (1.54) 로부터 첫 번째 쿠쟁 문제가 풀릴 조건 $H^1(X, \mathcal{O}) =$

0을 이끌어낸 것과 긴 완전열 (1.57)으로부터 두 번째 쿠젱 문제가 풀릴 조건 $H^2(X,\mathbb{Z})=0$ 을 발견한 것을 들 수 있다.

슈타인 다양체 (Stein manifold, Stein variety) 일변수 함수론에서 영역 $\Omega\subset\mathbb{C}$ 에서 정칙인 함수의 해석적 연장(analytic continuation)을 생각해 보면 그 정의역이 복소평면을 넘어 여러 겹(multiple sheeted) 영역, 즉 리만 곡면의 개념으로 정의역을 확장해야 한다. 예를 들면 $f(z)=z^{\frac{1}{2}}$ 의 리만곡면 $\Sigma\to\mathbb{C}\setminus\{0\}$ 는 두 겹 덮개이다. 다변수에서는 영역 $\Omega\subset\mathbb{C}^n$ 에서 정의된 하나의 정칙함수를 해석적으로 연장하였을 때

$$\Sigma\xrightarrow{\pi}\mathbb{C}^n$$

을 **리만 영역**(Riemannian domain)이라고 부른다. 최대한으로 해석적 연장을 하였을 경우 이 최대영역이 $\mathbb{C}^n$ 안에 머물러 있으면 정칙대역(domain of holomorphy)이고 $\mathbb{C}^n$ 의 범위를 벗어날 경우에는 슈타인 다양체인데 독일의 수학자 슈타인(K. Stein)의 이름을 따라 1951년에 명명되었다.

정의 1.33 (슈타인 다양체)

복소다양체 X가 다음 두 가지 조건을 만족하면 슈타인 다양체라 부른다.

i) X는 **정칙적으로 볼록하다**(holomorphically convex), 즉 임의의 콤팩트 $K\subset X$ 에 대하여 볼록한 껍질(convex hull)

$$\hat{K}:=\{z\in X:|f(z)|\le\sup_K|f|,\quad\forall f\in\mathcal{O}(X)\}$$

이 콤팩트이다.

ii) X 는 **정칙적으로 분리가능하다**(holomorphically separable), 즉 $x\neq y$ 인 임의의 두 점 $x,y\in X$ 에 대하여 $f(x)\neq f(y)$ 인 $f\in\mathcal{O}(X)$ 가 존재한다.

연결된 열린 리만곡면은 슈타인 다양체이다 (벵케-슈타인 [18]). 슈타인 다양체 위의 임의의 정칙적 벡터 다발은 자명(trivial)하다. 특별히 선다발은 자명하며 이는

$$H^1(X,\mathcal{O}^*)=0$$

와 동치이다.

임의의 n-차원 슈타인 다양체는 $\mathbb{C}^{2n+1}$로 매장된다. 슈타인 다양체의 닫힌 부분 다양체는 슈타인이다. 그러므로 복소다양체 X가 슈타인일 필요충분조건은 X가 $\mathbb{C}^N$의 닫힌 부분다양체와 복소함수론적으로 같다는 것이다. X가 슈타인이 될 또 하나의 필요충분조건은 C^∞ 강한 다중버금조화함수 (strong pluri-subharmonic function) 가 존재한다는 것이다. 슈타인 다양체를 일반화하여 특이점 (singularity) 을 포함할 수 있도록 일반화한 개념이 슈타인 공간 (Stein space) 이다. 슈타인 공간은 해석적 다양체 (analytic variety) 이다.

X가 슈타인 공간이고 $\mathcal{O}$가 정칙함수의 층이라 할때 $(X, \mathcal{O})$ 위의 연접한 해석적 층 (coherent analytic sheaf) $\mathcal{F}$에 대하여 다음 정리들이 성립한다.

카르탕 정리 A $H^0(X, \mathcal{F}) = 0$, 즉 줄기 $\mathcal{F}_x$, $\forall x \in X$는 $\mathcal{F}$의 대역적 절단으로부터 생성된다.

카르탕 정리 B $H^q(X, \mathcal{F}) = 0, \quad \forall q > 0.$

$\bar{\partial}$의 해의 존재 정리를 이용한 위의 두 정리의 증명이 [1] 의 7 장에 수록되어 있다.

영역 $D \subset \mathbb{C}^n$가

$$H^1(D, \mathcal{O}) = \cdots = H^{n-1}(X, \mathcal{O}) = 0$$

을 만족하면 D는 슈타인 다양체이다. 역도 성립한다.

오카 원리 (Oka principle) $\mathbb{C}^2$의 정칙대역 위에서 두 번째 쿠젱 문제를 해결한 1939 년 오카의 논문 [115] 에서 두 번째 쿠젱 문제는 연속함수 범주 안에서 해결할 수 있으면 정칙함수의 범주안에서 해결할 수 있음을, 즉 $\mathbb{C}^*$를 올 (fiber) 로 갖는 올묶음 (fiber bundle) 의 연속 절단은 연속적으로 변형하여 정칙 절단으로 바꾸어 놓을 수 있다는 사실 (오카의 원리) 을 이용하였다. 오카의 원리는 그라우에르 (H. Grauert) 에 의하여 보다 일반적인 슈타인 공간으로 확장하였으며 그로모프 (M. Gromov, 1943-) 의 "h-원리" 라는 이론이 나오게 된 하나의 동기가 되었다 ([63], [64]). 오카-그라우어트-그로모프 원리라고도 부른다.

코시-리만 방정식, $\bar{\partial}$-문제 L^2 방법으로 접근하는 $\bar{\partial}$ 방정식의 역사에 관하여 독자들에게 [83]를 일독하기를 권한다. 1930년대 초 독일의 벵케와 프랑스의 앙리 카르탕을 중심으로 영역의 볼록성, 쿠젱 문제, 레비 문제 등이 연구되는 동안 영국의 케임브리지와 미국의 프린스턴을 중심으로 조화형식(harmonic form)에 대한 호지이론이 연구되고 있었다. 호지(W. V. D. Hodge)는 콤팩트 리만 다양체에 대한 조화형식 이론을 1932년 발표하여 그보다 한해 앞서 1931년에 발표된 드람 코호몰로지 이론을 한층 심화 발전시켰다. 호지이론은 1940년경에는 복소 콤팩트 켈러다양체로, 1950년대 중엽에는 복소영역 혹은 경계면을 갖는 복소다양체에 대한 스펜서(D. C. Spencer)의 $\bar{\partial}$-노이만 문제로 확장되었다. 이 일련의 이론들은 연립 선형미분방정식의 해의 존재를 밝히는 이론으로 먼저 L^2 공간에서 해의 존재를 말하고 이 약해(weak solution)의 미분가능성을 보이는데는 소볼레프(S. L. Sobolev)의 이론을 이용한다. 타원형 편미분방정식의 해의 미분가능성(regularity) 이론이 발달하기 이전에 L^2-해가 미분가능한 해임을 보이는데 다음과 같은 고전적인 정리가 사용되기도 하였다.

정리 1.34 (바일 H. Weyl, 1940)

리만 다양체 X의 라플라스-벨트라미 미분연산자를 $\triangle$이라 하자. $\phi \in L^2(X)$가 모든 $\psi \in C^\infty(X)$에 대하여

$$(\triangle\psi, \phi) = 0$$

을 만족하면 $\phi \in C^\infty(X)$이다.

(1.13)에서와 같이 $C^\infty_{p,q}(X)$를 n차원의 영역, 혹은 복소다양체 X 위에서 정의된 (p,q)-형식의 집합이라 하자. 모든 $p = 0, 1, \ldots, n$에 대하여 모듈들의 열

$$0 \to C^\infty_{p,1} \xrightarrow{\bar{\partial}} \cdots \to C^\infty_{p,q-1} \xrightarrow{\bar{\partial}} C^\infty_{p,q} \xrightarrow{\bar{\partial}} C^\infty_{p,q+1} \xrightarrow{\bar{\partial}} \cdots \xrightarrow{\bar{\partial}} C^\infty_{p,n} \to 0 \tag{1.58}$$

을 코시-리만 복합체(Cauchy-Riemann complex) 혹은 $\bar{\partial}$-복합체라고 부른다. d-복합체에 대한 드람(de Rham) 코호몰로지와 유사하게 $\bar{\partial}$-복합체에 대하여 $\bar{\partial}$-코호몰로지 벡터공간을 다음과 같이

$$H^{p,q}(X, \mathbb{C}) = \frac{\ker\,(\bar{\partial} : C^\infty_{p,q} \to C^\infty_{p,q+1})}{\mathrm{Im}\,(\bar{\partial} : C^\infty_{p,q-1} \to C^\infty_{p,q})}), \quad p, q = 0, 1, \ldots, n.$$

라고 정의한다. X 위에서 (p,q)-형식에 관한 $\bar{\partial}$-문제가 풀린다는 것은 임의의 $\bar{\partial}$-닫힌 ($\bar{\partial}$-

closed) $f \in C^{\infty}_{p,q}$ 에 대하여 코시-리만 방정식

$$\bar{\partial} u = f$$

의 해 $u \in C^{\infty}_{p,q-1}$ 가 존재함을, 즉

$$H^{p,q}(X, \mathbb{C}) = 0$$

을 의미한다.

정리 1.35 (돌보 정리, Dolbeault's theorem, 1953)

위수 (p, q) 에 관한 $\bar{\partial}$-코호몰로지 벡터공간은 정칙 p-미분형식 층의 q-번째 코호몰로지 벡터공간과 동형이다. 즉 복소공간의 영역 혹은 복소다양체 X 위의 정칙 p-형식의 층을 Ω^p 라고 하면

$$H^{p,q}(X) \cong H^q(X, \Omega^p)$$

이 성립한다.

쿠젱 문제는 $\bar{\partial}$ 방법으로도 접근할 수 있다. X 를 복소다양체 혹은 $\mathbb{C}^n$ 의 영역이라 하자. X 의 임의의 $\bar{\partial}$-닫힌 C^{∞} $(0, 1)$-형식 ω 에 대하여

$$\bar{\partial} u = \omega$$

를 만족하는 C^{∞} 인 함수 u 가 존재한다고 가정하자. 첫 번째 쿠젱 문제, 즉 X 의 열린덮개 $\{U_j\}$ 와 (1.51)-(1.52) 를 만족하는 $f_{jk} \in (U_j \cap U_k)$ 가 주어졌을 때 (1.53) 을 만족하는 $f_k \in \mathcal{O}(U_k)$ 가 존재하겠는가 하는 문제이다.

명제 1.36

X 위에서 $\bar{\partial}$ 를 풀 수 있으면 첫 번째 쿠젱 문제를 풀 수 있다.

[증명] $\{\phi_j\}$ 를 열린덮개 $\{U_j\}$ 에 종속하는 단위분할(partition of unity) 이고

$$\text{support } \phi_\nu \subset U_{i_\nu}$$

라 가정하자.

$$h_k = \sum_\nu \phi_\nu f_{i_\nu k}$$

라고 두면 (1.52)에 의하여

$$\begin{aligned} h_k - h_j &= \sum_\nu \phi_\nu \left(f_{i_\nu k} - f_{i_\nu j}\right) \\ &= \sum_\nu \phi_\nu f_{jk} \\ &= f_{jk} \in \mathcal{O}(U_j \cap U_k) \end{aligned}$$

가 된다. 그러므로 $\psi := \bar\partial h_k$는 X에서 대역적으로 정의된 $\bar\partial$-닫힌 $(0,1)$-형식이다. 이제 함수 $u \in C^\infty(X)$가

$$\bar\partial u = -\psi$$

의 해라고 하면

$$f_k := h_k + u$$

는 U_k에서 정칙이고 (1.53)을 만족한다. □

1960년대에 들어와서 다변수 복소함수론에서 제기된 편미분방정식 이론들, 즉 과결정 상계수 편미분방정식과 $\bar\partial$-노이만 문제에 대하여 많은 연구들이 진척되어 당시까지 알려진 결과들을 $\bar\partial$ 관점으로 집대성하고 재구성한 책 [1]이 출판되었으며, 1970년대 이후에는 $\bar\partial$의 L^2 접근법이 다변수 함수론의 주류를 형성하게 되었다.

승수 아이디얼 층 (Multiplier ideal sheaf)

$\bar\partial$의 L^2 추정(estimate)에 해당하는 대수적인 개념이 승수 아이디얼 층(multiplier ideal sheaf)이다. 복소다양체 X 위에 주어진 다중버금조화함수(pluri-subharmonic function) ϕ에 대하여 층

$$\mathcal{F}(\phi) := \{f \in \mathcal{O} : |f|^2 e^{-\phi}\text{가 국소적으로 적분가능}\}$$

은 연접 (coherent) 이다. $\mathcal{F}(\phi)$가 1989년 [104]에서 소개한 승수 아이디얼 층(multiplier ideal sheaf)이다. 우리는 그보다 먼저 1979년 [91]에서 소개된 버금 타원형 추정(subelliptic estimate)과 관련된 버금 타원형 승수 층(subelliptic multiplier ideal sheaf)을 여기에 소개하고자 한다. 영역 $\Omega \subset \mathbb{C}^n$의 경계점 P에서 위수(order) ε의 버금 타원형 추정이 성립한다는 의미는 P의 근방 U와 양수 C가 존재하여 $C_0^\infty(U \cap \bar{\Omega})$ 계수를 갖고 $\bar{\partial}$의 정의역과 $\bar{\partial}^*$의 정의역에 들어 있는 임의의 $(0,1)$-형식 ϕ에 대하여

$$|||\phi|||_\varepsilon \leq C\left(||\bar{\partial}\phi||^2 + ||\bar{\partial}^*\phi||^2 + ||\phi||^2\right) \tag{1.59}$$

을 만족한다는 뜻이다. 여기서 $|||\phi|||_\varepsilon$은 위수 ε의 접 소볼레프 노름([91] 참조)을 뜻한다. C^∞ 함수 F를 곱한 $F\phi$를 좌변으로 하여 (1.59)가 성립하면, 즉

$$|||F\phi|||_\varepsilon \leq C\left(||\bar{\partial}\phi||^2 + ||\bar{\partial}^*\phi||^2 + ||\phi||^2\right) \tag{1.60}$$

가 성립하면 F를 **버금 타원 승수(subelliptic multiplier)**라고 부른다. 점 P에서의 버금 타원형 승수의 아이디얼을 I_P라고 표기하자. Ω의 정의함수를 r이라고 할 때, [91]에서는 I_P의 원소를 다음과 같이 생성하고 있다.

i) $r \in I_P$이다.

ii) $\partial r \wedge \bar{\partial} r \wedge (\partial\bar{\partial} r)^{n-1}$의 계수를 포함한다.

iii) I_P의 실 라디칼(real radical), 즉 $g \in I_P$이고 어떤 자연수 m에 대하여 $|f|^m \leq |g|$이면 $f \in I_P$이다.

iv) $f_1, \ldots, f_{n-1} \in I_P$이고 $1 \leq j \leq n-1$일 때

$$\partial f_1 \wedge \cdots \wedge \partial f_j \wedge \partial r \wedge \bar{\partial} r \wedge (\partial\bar{\partial} r)^{n-1-j}$$

의 계수를 포함한다.

I_P가 함수 1 혹은 점 P에서의 값이 영이 아닌 함수를 포함한다는 것과 (1.59)가 성립한다는 것은 동치이다. 영역 Ω가 경계점 P에서 약 의사볼록(weakly pseudoconvex)이면 I_P가 1을 포함하겠는가는 미해결 문제이다. [41], [132], [32]에 상세한 내용이 소개되어 있다.

1970년대 이후의 다변수 복소함수론 제반 함수공간과 작용소의 함수론적 성질에 대한 연구, 복소 역학계, 불변거리계, 대칭공간, CR 다양체, $\bar{\partial}$-방정식, 몽주-암페어 방정식 등 다양한 분야에 활발한 연구가 진행되고 있는 한편, 수론, 대수기하, 이론물리, 미분기하,

위상수학 등 수학의 여러 분야에서 다변수 복소함수론의 개념은 기본언어로 사용되고 있다.

⊙ 푸앵카레 (Henri Poincaré, 1854-1912, 프랑스)

⊙ 미타그-레플러 (Magnus Gösta Mittag-Leffler, 1846-1927, 스웨덴): 아버지의 성 Leffler 앞에 어머니의 성 Mittag 를 붙여 자신의 성으로 삼았다. 웁살라 대학에서 박사학위. 파리에서 에르미트로부터 그리고 베를린에서 바이어슈트라스로부터 학문적인 영향을 받음. 1882년에 ≪Acta Mathematica≫ 창간, 그의 집과 장서가 기증되어 미타그-레플러 인스티튜트가 되었다. 그의 이름이 붙은 복소함수론의 정리는 1884년에 발표되었다.

⊙ 룽게 (Carl Runge, 1856-1927, 독일): 베를린에서 바이어슈트라스와 쿰머의 지도를 받음. 수치해석에 룽게-쿠타 방법이 있고, 복소함수론에서 룽게 영역이라 함은 임의의 정칙함수가 다항식으로 콤팩트 집합에서 고르게 수렴시킬 수 있는 영역을 말한다. 측지학, 분광학, 천체물리 등 다방면에 관심, 괴팅겐 대 교수 역임, 그의 딸 네리나는 리하르트 쿠란트의 아내가 되었다.

⊙ 쿠젱 (Pierre Cousin, 1867-1933, 프랑스, 박사학위논문 1895): 파리 소르본느 대학에서 푸앵카레 (Henri Poincaré, 1854-1912) 와 아펠 (Paul Appell, 1855-1930) 의 지도로 미타그-레플러 정리를 다변수로 확장하는 문제를 연구하여 특수한 경우에 대한 결과를 1895년 [39] 에 발표하였다. 오늘날 하이네-보렐 정리라 부르는 정리는 1898년에 보렐이 증명한 것으로 알려져 있으나 이보다 3년 앞서 1895년 쿠젱이 최초로 증명하였다고 한다.

⊙ 레비 (Eugenio Elia Levi, 1883-1917 이탈리아): 토리노 출생, 피사 대 졸업, 제노바 대 교수 역임, 일차대전에 참전하여 34세에 전사하였다.

⊙ 줄리아 (Gaston Maurice Julia, 1893-1978, 프랑스): 프랑스령 알제리아에서 출생, 1차대전에 참전하여 부상, 코를 잃고 일생 코 부분을 가리고 살았다. 파리 고등사범학교에서 훔베르(Marie Humbert)와 에밀 피카드를 공동지도교수로 박사학위, 1918년 그가 25세 때 발표한 199쪽에 달하는 논문 ≪유리함수의 반복시행≫은 출판 직후 프랑스학술원 대상을 받기도 하였으나 그후 오랫동안 잊혀져 있다가 1980년대에 만델브로 이론이 나옴으로써 다시 관심을 끌게 되었다. 줄리아 집합 (Julia set) 등이 있다.

⊙ 벵케 (Heinrich Behnke, 1898-1979, 독일): 뮌스터 대학 총장 역임, 괴팅겐 대학에서 공부, 박사학위 논문은 함부르크 대학에 제출, 앙리 카르탕과 공동연구, 툴렌과의 공저 [15] 이 유명하다.

⊙ 오카 (Kiyoshi Oka, 岡潔, 1901-1978, 일본): 교토 대학졸업, 1929-1932 교토대 조교 신분으로 파리에서 연구, 이때 줄리아를 알게 되어 다변수 복소함수론에 관심을 갖게 되었다. 귀국하여 히로시마 문리과 대학 조교수로 재직시 1934년 초판이 출판된 벵케-툴렌 공저 [15] 에 수록된 미해결문제를 연구하기 시작, 1938-1940 과 1942-1949 두 차례에 걸쳐 와카야마 (和歌山) 에서 연구에 전념하여 쿠젱 문제, 레비 문제에 대한 결과들을 얻었다. 오카의 이론은 앙리 카르탕 등에 의하여 층 코호몰로지 이론으로 발전하게 되었다.

⊙ 드람 (Georges de Rham, 1903-1990, 스위스): 로잔 대 졸, 파리 대 박사, 로잔 대학과 제네바 대학 겸임교수 역임, 1931년 드람 정리 증명

⊙ 호지 (William Vallance Douglas Hodge, 1903-1975, 스코틀란드): 에딘버러 대학졸, 케임브리지 대 교수 역임. 1931-2 프린스턴으로 레프셰츠를 방문 중 드람 정리를 접하게 됨, 별 연산자 (star operator) 와 조화 형식 (harmonic form)– 그 자신은 조화 적분 (harmonic integral) 이라 불렀다– 을 정의하고 드람 이론을 발전시켰다.

⊙ 앙리 카르탕 (Henri Cartan, 1904-2008, 프랑스): 대수적 위상수학에 기여하였다. 엘리 카르탕 (Elie Cartan, 1869-1951) 의 아들, 파리 고등사범학교에서 몬텔을 지도교수로 박사학위. Strasbourg 대학 등 여러 대학에서 가르침. 그가 지도한 박사학생 중에는 P. Cartier, A. Douady, R. Godement, L.-L. Koszul, J.-P. Serre, R. Thom 등 유명한 수학자가 많다.

⊙ 르레이 (Jean Leray, 1906-1998, 프랑스): 편미분방정식과 대수위상 분야에 업적, 파리 고등사범학교 졸, 1933년 나비어-스토크스 방정식의 약해 연구로 박사학위, 해의 존재에 관한 위상수학적 방법 르레이-샤우더 도수 (Leray-Schauder degree) 가 있다. 2차대전에 참전, 1940-45년 기간에 포로수용소에서 자신의 수학지식이 전쟁에 이용될까 두려워 신분을 숨기고 연구한 스펙트럼 수열 (spectral sequence) 은 종전후 카르탕 세미나에서 층 코호몰로지 이론으로 발전되었다.

⊙ 툴렌 (Peter Thullen, 1907-1996, 독일, 에콰도르 국적): 벵케 지도하에 뮌스터 대학에서 1931년 23세 나이에 박사학위 취득, 히틀러 정권을 피하여 이탈리아, 에콰도르 등지에서 살았음. 벵케와 [15] 공저.

⊙ 소볼레프 (Sergei Lvovich Sobolev, 1908-1989, 소비에트 연방): 러시아 상트 페테르부르크에서 출생, 레닌그라드 대학을 졸업하고 스테크로프 수학연구소 재직시 스미르노프 (Vladimir Smirnov) 로부터 많은 영향을 받음, 모스코바 대학 교수 역임, 학술원 시베리아지부와 노보시비르 대학 창설에 주도적인 역할, 1935년에 초함수 개념을 1936-38년경에 소볼레프 공간이론을 발표하였다.

⊙ 슈타인 (Karl Stein, 1913-2000, 독일): 복소함수론과 암호론에 업적이 있음. 뮌스터 대학에서 벵케의 지도하에 1937년 다변수 복소함수론으로 박사학위, 슈타인 다양체 (Stein manifold), 슈타인 인수분해 (Stein factorization), 정칙함수의 확장에 관한 슈타인-렘머트-툴렌 정리 (Stein-Remmert-Thullen Theorem) 등.

⊙ 스펜서 (Donald C. Spencer, 1912-2001, 미국): 콜로라도 주 볼더에서 출생, 케임브리지에서 하디, 리틀우드의 지도로 박사, 프린스턴 대 교수, 고다이라와 함께 복소구조의 변형 (deformation) 연구, $\bar{\partial}$-노이만 문제

⊙ 고다이라 (小平邦彦 Kunihico Kodaira, 1915-1997 일본): 도쿄대 박사, 2차대전시 일본에서 호지 이론을 독학, 헤르만 바일이 프린스턴 고등연구소로 초청, 스펜서와 함께 변형이론 연구, 소멸정리, 복소곡면분류 등 연구, 1954년 필즈상 수상

⊙ 브레머만 (Hans-Joachim Bremermann, 1926-1996, 독일): 뮌스터 대 박사 1951, 벵케, 앙리 카르탕 등으로부터 배움, UC 버클리 교수 역임

⊙ 그라우어트 (Hans Grauert, 1930-2011, 독일): 뮌스터 대학에서 1954년 벵케, 에크만을 공동지도교수로 박사학위, 1958년 지겔의 후임으로 괴팅겐 대학의 가우스-리만-힐베르트-바일-지겔로 이어지는 주임교수가 됨, 다변수 복소함수론, 복소다양체론에 층 (sheaf) 이론을 사용, 만년의 대수기하학 연구로 이어짐

1.4 로그 볼록성과 하르톡스 확장현상

일변수 복소함수론에서 멱급수 $\sum_{k=0}^{\infty} a_k z^k$ 의 수렴영역은 열린원판 $|z| < r$ 임은 주지의 사실이다. 그러나 다변수의 경우에는 멱급수 (1.7) 의 수렴영역은 로그볼록 (logarithmically convex) 완비 라인하르트 영역이 됨을 본 절에서 논의하고자 한다. 완비 라인하르트 영역이란 원점을 중심으로 하는 열린 원판곱들의 합집합이라는 말과 동치이다.

정의 1.37 (라인하르트 영역의 기저)

라인하르트 영역 $\Omega \subset \mathbb{C}^n$ 에 대하여 집합

$$\{(|z_1|, \ldots, |z_n|) \in \mathbb{R}^n : (z_1, \ldots, z_n) \in \Omega\}$$

을 Ω 의 **기저**(base)라고 부른다.

라인하르트 영역의 기저는 $\mathbb{R}^n$ 의 제1상한

$$\{(r_1, \ldots, r_n) \in \mathbb{R}^n : r_j \geq 0\}$$

의 상대적으로 열린 (relatively open) 부분집합이지만 일반적으로 $\mathbb{R}^n$ 의 열린부분집합은 되지 못한다. 그 이유는 기저는 자신의 경계점들, 즉 어떤 j 에 관하여는 $r_j = 0$ 인 점들 $(r_1, \ldots, r_n)$ 중 일부를 포함할 수 있기 때문이다. 기저가 주어지면 라인하르트 영역은 완전히 결정된다. 즉 B 를 라인하르트 영역 Ω 의 기저라고 하면

$$\Omega = \{(\zeta_1 r_1, \ldots, \zeta_n r_n) : (r_1, \ldots, r_n) \in B, \ |\zeta_j| = 1, \ \forall j = 1, \ldots, n\}$$

이다. 이제 그림 1.2에서와 같이 집합

$$\log B = \{(\log r_1, \ldots, \log r_n) \in \mathbb{R}^n : (r_1, \ldots, r_n) \in B, \ \forall j = 1, \ldots, n, r_j \neq 0\}$$

을 생각해보자. $\log B$ 는 기저 B 의 내부와 위상동형 (homeomorphic) 임을 주시하자.

정의 1.38 (로그-볼록성)

라인하르트 영역 Ω 의 기저를 B 라고 하자. 이때 $\log B$ 가 볼록집합이면 Ω 는 **로그볼록** (logarithmically convex)이라고 부른다.

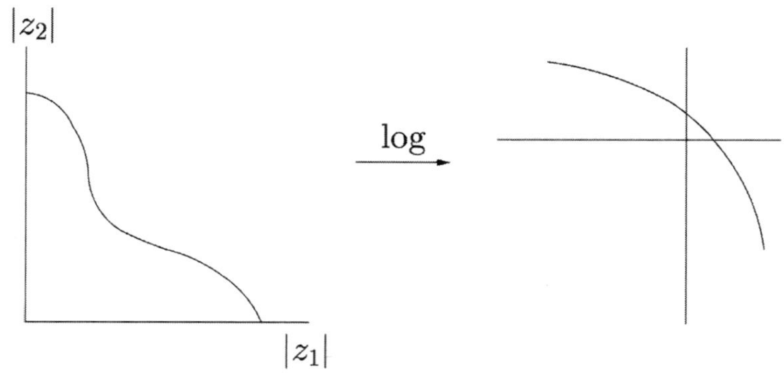

그림 1.2: $\log B$

정리 1.39

급수의 수렴영역은 로그볼록집합이다.

[증명] 만일 멱급수 (1.7)이 점 $w \in \mathbb{C}^n$에서 수렴한다면 다중반경 $\mathbf{r} = \tau(w) = (|w_1|, \ldots, |w_n|)$의 열린 원판곱 P에서도 수렴한다. 그러므로 수렴영역은 완비 라인하르트 영역이다 (따름정리 1.6). 이제 수렴영역의 기저 B의 내부의 임의의 두 점 $\mathbf{r} = (r_1, \ldots, r_n)$과 $\mathbf{s} = (s_1, \ldots, s_n)$에 대하여 작은 n-벡터 $\vec{\varepsilon} := (\varepsilon, \ldots, \varepsilon), \varepsilon > 0$를 선택하여 다음과 같은 조건을 만족하도록 할 수 있다. 즉 어떤 양수 M이 존재하여

$$\sup_\alpha |a_\alpha(\mathbf{r} + \vec{\varepsilon})^\alpha| < M, \quad \sup_\alpha |a_\alpha(\mathbf{s} + \vec{\varepsilon})^\alpha| < M$$

이다. 여기에서

$$(\mathbf{r} + \vec{\varepsilon})^\alpha := (r_1 + \varepsilon)^{\alpha_1} \cdots (r_n + \varepsilon)^{\alpha_n}$$

이다. 그러면 $0 \leq t \leq 1$인 모든 t에 대하여

$$|a_\alpha(\mathbf{r} + \vec{\varepsilon})^\alpha|^{1-t} |a_\alpha(\mathbf{s} + \vec{\varepsilon})^\alpha|^t < M \tag{1.61}$$

이 성립한다. 이제 곡선분(curve segment)

$$\beta(t) = \mathbf{r}^{1-t}\mathbf{s}^t := (r_1^{1-t}s_1^t, \cdots, r_n^{1-t}s_n^t), \quad 0 \leq t \leq 1$$

을 생각해보자. (1.61)과 아벨 보조정리에 의하여 $\beta(t)$는 t의 모든 값에 대하여 B의 내부에 있게 된다. 그러므로 $\log \beta(t) = (1-t)\log \mathbf{r} + t \log \mathbf{s}$는 $\log B$의 내점이다.

따라서 $\log B$는 볼록하다.

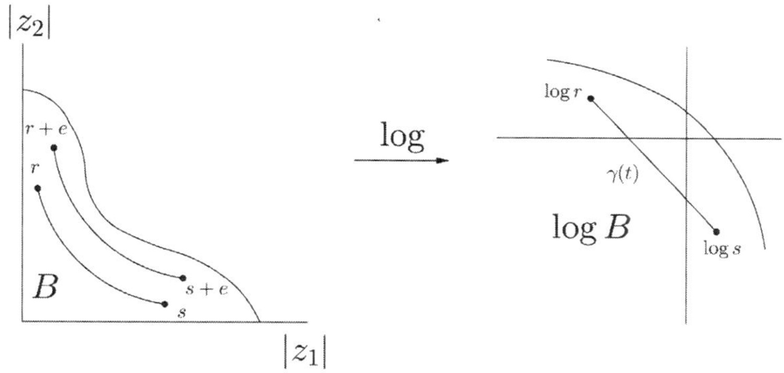

그림 1.3: $\log B$ 의 볼록성

□

정의 1.40 (라인하르트 외곽집합, Reinhardt hull)

라인하르트 영역 Ω의 기저를 B라고 하자. $A := \log B$의 최소볼록집합, 즉 A를 포함하는 최소의 볼록집합을 $\hat{A}$ 라고 하고

$$\hat{B}_0 = \{(e^{x_1}, \ldots, e^{x_n}) : (x_1, \ldots, x_n) \in \hat{A}\}$$

라고 두면 $\hat{B}_0$는 $\mathbb{R}^n$의 열린 부분집합이며 $\hat{A} = \log \hat{B}_0$이 된다. 이제 집합

$$\hat{B} = \{(r_1', \ldots, r_n') : 0 \le r_j' \le r_j,\ (r_1, \ldots, r_n) \in \hat{B}_0\}$$

을 기저로 갖는 완비 라인하르트 영역 $\hat{\Omega} \subset \mathbb{C}^n$를 Ω의 **라인하르트 외곽집합**(Reinhardt hull)이라고 부른다.

$\hat{B}_0$는 기저 B의 내부를 포함하므로 $\hat{B} \supseteq B$이고 $\hat{\Omega} \supseteq \Omega$이다. 다음 따름정리는 다변수에 대한 정칙함수가 일변수에 대한 정칙함수와 다른 점들 중의 한 가지를 보여주고 있다.

따름정리 1.41 (라인하르트 외곽집합으로의 정칙확장)

$\mathbb{C}^n$의 완비 라인하르트 영역 Ω에서 정칙인 함수는 라인하르트 외곽집합 $\hat{\Omega}$의 정칙함수로 확장된다.

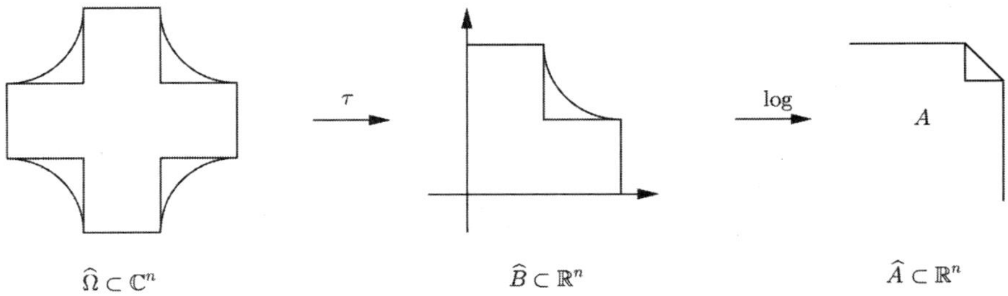

그림 1.4: 라인하르트 외곽집합

[증명] 함수 f가 영역 Ω에서 정칙이라고 하자. 그러면 원점을 중심으로하고 Ω에 포함되는 임의의 원판곱에서 f는 멱급수로 표현된다(정리 1.13). Ω는 이런 원판곱들의 합집합이며 멱급수표현은 유일하므로 이 급수는 Ω에서 수렴한다. 이 급수의 수렴영역은 로그-볼록하고 $\hat{\Omega}$은 Ω를 포함하는 최소의 로그-볼록한 완비 라인하르트 영역이므로 급수의 수렴영역은 $\hat{\Omega}$을 포함한다. □

연습문제 1.42 (더 큰 라인하르트 외곽집합)

라인하르트 외곽집합 : $n = 1$일 때, 열린원판 $\Delta \subset \mathbb{C}$에 대하여 $\hat{\Delta} = \Delta$ 이다. $n \geq 2$일 때는 완비 라인하르트 Ω의 라인하르트 외곽집합을 $\hat{\Omega}$이라면 $\Omega \neq \hat{\Omega}$인 경우가 존재한다.

따름정리 1.41은 전형적인 정칙확장정리이다. 일반적으로 영역 Ω에 대하여 Ω에서 정의된 임의의 정칙함수가 정칙으로 확장되는 영역 $\hat{\Omega}$가 존재한다는 다변수 정칙함수의 독특한 성질인 이른바 **확장현상**(extension phenomena)은 20세기 초에 하르톡스(F. Hartogs)가 발견하였다.

정리 1.43 (하르톡스 확장정리)

n이 2보다 크거나 같을 때, 각 $j = 1, \ldots, n$에 대하여 $0 < r_j < 1$, $\mathbf{r} = (r_1, \ldots, r_n)$이라고 하자. 그러면 영역

$$H(\mathbf{r}) = \{z \in \mathbb{C}^n : |z_j| < 1,\ j < n, \quad r_n < |z_n| < 1\} \\ \cup \{z \in \mathbb{C}^n : |z_j| < r_j,\ j < n, \quad |z_n| < 1\}$$

에서 정칙인 임의의 함수 f는 원판곱 $P(0,1)$의 정칙함수 $\hat{f}$로 확장된다. 정칙확장 $\hat{f}$는 유일하다.

[증명] $\hat{f}$의 유일성은 동일성정리(정리 1.14)로부터 나온다. $r_n < \delta < 1$인 δ를 고정하고 $z' = (z_1, \ldots, z_{n-1})$에 대하여

$$\hat{f}(z', z_n) = \frac{1}{2\pi i}\int_{|\zeta|=\delta} \frac{f(z', \zeta)}{\zeta - z_n} d\zeta \tag{1.62}$$

으로 정의한 함수 $\hat{f}$는 원판곱 $P(0, (1', \delta))$에서 정의된 C^∞ 함수이며 변수 z'과 z_n에 대하여 정칙이다. 그런데 $z' \in P(0, r')$를 고정하였을 때 z_n에 관한 일변수함수 $f(z', \cdot)$는 단위원판 $|z_n| < 1$에서 정칙이므로 (1.62)에 의하여

$$\hat{f}(z', z_n) = f(z', z_n), \quad \forall (z', z_n) \in P(0, (r', \delta)) = H(r) \cap P(0, (1'\delta))$$

을 얻는다. 그러므로 f는

$$H(r) \cup P(0, (1', \delta)) = P(0, 1)$$

으로 확장된다. □

정리 1.43을 일반화하여 다음 두 정리를 얻는다.

정리 1.44

영역 $\Omega \subset \mathbb{C}^n$가 데카르트 곱의 꼴 $\Omega = A \times B$이며, $A \subset \mathbb{C}^k$, $B \subset \mathbb{C}^{n-k}$이고 B는 유계일 때, 집합

$$(\bar{A} \times bB) \cup (\{a\} \times \bar{B}), \quad a \in A$$

의 임의의 열린 근방에서 정칙인 함수 f는 Ω의 정칙함수로 확장된다.

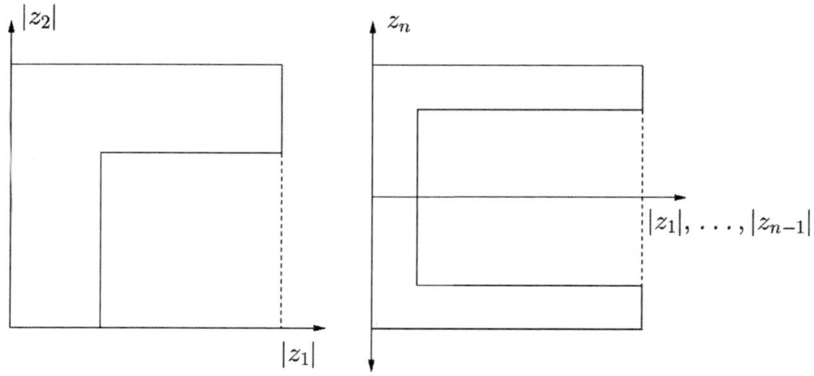

그림 1.5: 하르톡스 확장

정리 1.45

$\mathbb{C}^n$, $n \geq 2$, 의 유계영역 Ω의 콤팩트 부분집합 $K \subset \Omega$에 대하여 $\Omega \setminus K$가 연결집합이라 하자. 그러면 $\Omega \setminus K$에서 정칙인 임의의 함수 f에 대하여 Ω의 정칙함수 F가 존재하여 $F|_{\Omega \setminus K} = f$을 만족한다.

이들 정리의 증명은 [94] 혹은 표준적인 교과서에 수록되어 있다. 우리는 정리 1.45를 경계면이 부드러운 특별한 경우에 대하여 다음 절에서 증명하고자 한다 (정리 1.46).

1.5 CR 함수에 대한 보크너의 확장정리

본 절에서는 모든 논의를 C^∞ 범주에서 하겠다. 즉 모든 다양체와 함수, 혹은 사상은 별도의 언급이 없는 한 C^∞ 라고 가정한다. 먼저 우리는 다음과 같은 특별한 종류의 영역에서 정칙확장문제를 다루고자 한다. Ω를 $\mathbb{C}^2 = \{(z,w)\}$ 의 유계영역이라 하자. 정사영

$$\pi : \mathbb{C}^2 \to \mathbb{C}^1, \quad \pi(z,w) = z$$

에 의한 상(image) $A = \pi(\Omega)$ 의 임의의 점 $z \in A$에 대하여

$$\Omega_z := \pi^{-1}(z) \cap \Omega$$

를 생각하자. 이제 우리는 Ω의 경계면 $b\Omega$ 전체가 하나의 사상

$$\gamma(t,z) : [0,2\pi] \times A \to b\Omega$$

으로 매개변수화가 되고 고정된 z에 대하여,

$$\gamma(t,z) : [0,2\pi] \to b\Omega_z$$

가 $b\Omega_z$ 의 매개변수화가 된다고 가정하자.

정리 1.46 (보크너 확장정리)

$\Omega \subset \mathbb{C}^2 = \{(z,w)\}$를 부드러운 경계면을 가진 유계영역이라 하자. 경계면 $b\Omega$이 위에서 말한 바와 같이 하나의 사상 $\gamma(t,z)$로 매개변수화되었다고 가정하자. $K \subset \Omega$는 콤팩트 집합으로 $\mathbb{C}^2 \setminus \Omega$ 와 $\Omega \setminus K$가 연결집합이라고 하자. 그러면 임의의

$$u \in \mathcal{O}(\Omega \setminus K) \cap C^\infty(\overline{\Omega \setminus K})$$

는 정칙함수 $U \in \mathcal{O}(\Omega)$로 유일하게 확장된다.

[증명] 함수 U를 다음과 같이 정의하자:

$$U(z,w) = \frac{1}{2\pi i}\int_{\zeta \in b\Omega_z} \frac{u(z,\zeta)}{\zeta - w} d\zeta. \tag{1.63}$$

피적분함수는 w에 관하여 정칙이므로 U는 w에 관하여 정칙이다. U가 z에 관하여도 정칙임을 보이기 위하여 $\gamma = (\gamma_1, \gamma_2)$ 라고 두자. 여기에서 $\gamma_1(t,z) = z$이다.

매개변수화 γ를 써서 (1.63)을 다시 표현해보면

$$U(z,w) = \frac{1}{2\pi i}\int_0^{2\pi} \frac{(u\circ\gamma)(t,z)\frac{\partial\gamma_2}{\partial t}(t,z)}{\gamma_2(t,z)-w}dt \tag{1.64}$$

가 된다. □

연습문제 1.47

$U(z,w)$는 z 변수에 관하여 정칙 : $\frac{\partial U}{\partial \bar{z}} = 0$ 임을 보이라.

힌트 : 피적분함수 (1.64)를 연쇄법칙을 사용하여 $\bar{z}$에 관하여 미분하고 부분적분한다.

U가 과연 u의 확장임을 보이기 위하여 집합

$$A_1 = \{z \in A : \Omega_z \cap K = \varnothing\} = A \setminus \pi(K)$$

을 생각해보자. $\pi(K)$는 콤팩트이므로 A_1은 열린집합이다. 그러므로 $\pi^{-1}(A_1)$은 열린집합이고 $\Omega_1 := \pi^{-1}(A_1) \cap \Omega$은 열린집합이다. 코시의 적분공식에 의하여 임의의 $z \in A_1$에 대하여

$$u(z,w) = \frac{1}{2\pi i}\int_{\zeta\in b\Omega_z} \frac{u(z,\zeta)}{\zeta - w}d\zeta \tag{1.65}$$

이고 (1.65)의 우변은 정의에 의하여 $U(z,w)$이다. 따라서 Ω_1에서 $u = U$이다. 그런데 $\Omega \setminus K$은 연결집합이고 Ω_1은 $\Omega \setminus K$의 열린 부분집합이므로 동일성 정리에 의하여 $\Omega \setminus K$에서 u 와 U 는 동일하다. 이것으로 정리 1.46의 증명은 완결되었다.

위의 정리에서 주시할 사실은 u를 Ω의 내부의 정칙함수로 확장하는데 u의 경계면에서의 값만이 사용되었다는 점이다. 보다 일반적으로 $\mathbb{C}^n$ 의 원점의 부근에서 정의된 실함수 ρ, $d\rho \neq 0$ 의 영점들의 집합으로 정의된 실초곡면(real hypersurface) M을 생각해보자. ρ를 M의 **정의함수**(defining function)라고 부른다. ρ가 정의함수이고 ϕ가 영이 아닌 함수라면 이들의 곱 $\phi\rho$도 M의 정의함수가 된다.

정의 1.48 (CR 함수)

$M \subset \mathbb{C}^n$ 은 정의함수 ρ의 영점집합으로 주어진 실초곡면이라 하자. 복소함수 $f : M \to \mathbb{C}$가 **CR 함수**라 함은 f를 M의 근방으로 확장한 임의의 함수 f_1에 대하여

$$(\bar{\partial} f_1 \wedge \bar{\partial}\rho)(z) = 0, \quad \forall z \in M \tag{1.66}$$

을 만족함을 의미한다.

"CR"은 코시-리만(Cauchy-Riemann)의 약자이며 (1.66)을 접 코시-리만 방정식(tangential Cauchy-Riemann equation)이라 부른다. CR 함수는 잘 정의되었다, 즉 정의 1.48은 f_1과 ρ의 선택에 무관함을 쉽게 보일 수 있다. 정칙함수를 초곡면 M에 국한시키면 물론 CR 함수이다. 역으로 초곡면 M에서 정의된 CR 함수를 M의 근방의 정칙함수로 확장할 수 있는가 하는 문제는 많이 연구되어 온 문제이다. 이제 유계영역의 부드러운 경계면에서 정의된 CR 함수를 내부의 정칙함수로 확장하는 문제를 생각해보기로 한다.

연습문제 1.49 (CR 함수의 확장)

실초곡면 $M \subset \mathbb{C}^n$ 에서 정의된 CR 함수 u는 M의 근방의 C^∞ 함수 $\tilde{u}$로 다음 조건을 만족하며 확장할 수 있다:

$$\bar{\partial}\tilde{u}(z) = 0, \quad \forall z \in M.$$

보조정리 1.50 (점프 공식)

$D \subset \mathbb{C}$는 부드러운(C^∞) 경계를 가진 유계영역으로 $\mathbb{C} \setminus D$가 연결집합이라 가정하고 f는 경계에서 정의된 C^∞ 함수라고 하자. f의 코시 변환, 즉

$$F(z) = \frac{1}{2\pi i}\int_{bD}\frac{f(\zeta)}{\zeta - z}d\zeta \quad \forall z \in \mathbb{C} \setminus bD$$

은 bD 밖에서는 정칙함수이다. 이제

$$F_-(z) = F(z),\ \forall z \in D,$$
$$F_+(z) = F(z),\ \forall z \notin \bar{D}$$

라고 두자. 그러면 $F_-(z)$와 F_+는 $\bar{D}$와 $\overline{\mathbb{C} \setminus D}$에서 각각 연속이고

$$f(z) = F_-(z) - F_+(z) \quad \forall z \in bD \tag{1.67}$$

이다.

보조정리 1.50의 증명 : f를 전 복소평면의 C^∞ 함수로 확장한 임의의 함수를 $f_e(z)$라고 하면 다음 두 등식이 성립한다. 즉

$$F_-(z) - f_e(z) = \frac{1}{2\pi i}\int_{bD}\frac{f(\zeta) - f_e(z)}{\zeta - z}d\zeta, \quad \forall z \in D, \tag{1.68}$$

$$F_+(z) = \frac{1}{2\pi i}\int_{bD}\frac{f(\zeta) - f_e(z)}{\zeta - z}d\zeta, \quad \forall z \in \mathbb{C} \setminus \bar{D}. \tag{1.69}$$

f는 bD에서 적어도 C^1이므로 (1.68)과 (1.69)의 우변의 적분은 전 복소평면에서의 연속함수를 정의한다. 그러므로 경계면의 양쪽으로부터 경계면의 한 점으로 z를 접근시키므로

$$f(z) = F_-(z) - F_+(z) \quad \forall z \in bD$$

을 얻는다.

이제 정리 1.46의 $\Omega \subset \mathbb{C}^2$로 돌아가서 만일 u가 $b\Omega$에서 정의된 CR 함수이면 식 (1.63)은 다음과 같이 된다.

$$U(z, w) = \begin{cases} \dfrac{1}{2\pi i}\displaystyle\int_{\zeta \in b\Omega_z}\frac{\tilde{u}(z,\zeta)}{\zeta - w}d\zeta & \text{for } z \in A \\ 0 & \text{for } z \notin A, \end{cases} \tag{1.70}$$

단, $\tilde{u}$는 연습문제 1.49에서와 같은 u의 확장이다. 정리 1.46의 증명에서 보듯이 U는 Ω에서 정칙이다. 보크너는 U가 $\mathbb{C}^2 \setminus \bar{\Omega}$에서 정칙이며 $\bar{\Omega}$에서 연속이고, 또한 $\overline{\mathbb{C}^2 \setminus \Omega}$에서 연속임을 보였다. 보조정리 1.50에 의하면 고정된 $z \in A$에 대하여 $b\Omega_z$를 가로지르는 U의 경계면에서의 점프는 u와 같다. 그러나 $U(z,w) = 0, \forall z \notin A$ 이고 $\mathbb{C}^2 \setminus \Omega$가 연결집합이기 때문에 $\mathbb{C}^2 \setminus \Omega$에서 U는 항등적으로 영이다. 그러므로 u는 $\bar{\Omega}$에서 정의된 연속함수 U의 경계면에서의 값이다. 따라서 우리는 다음 정리를 얻는다.

정리 1.51 (보크너의 CR 확장정리)

영역 $\Omega \subset \mathbb{C}^2$는 정리 1.46에서와 같다고 하자. $b\Omega$에서 정의된 C^∞ 함수 u가 어떤 $U \in \mathcal{O}(\Omega)$의 경계면에서의 값이 되기 위한 필요충분조건은 u가 $b\Omega$의 CR 함수라는 것이다.

$\bar{\partial}$ 방법을 사용하면 CR 함수의 정칙확장에 대하여 다음과 같이 더 일반적인 사실을 증명할 수 있다.

정리 1.52 (경계면의 CR 함수의 내부로의 확장)

$\mathbb{C}^n$ $(n \geq 2)$의 유계영역 Ω에 대하여 $\mathbb{C}^n \setminus \bar{\Omega}$가 연결집합이고 $b\Omega \in C^4$라고 하고 $\rho \in C^4$를 $b\Omega$의 정의함수라 하자. 만일 $f \in C^4(\bar{\Omega})$이고

$$(\bar{\partial} f \wedge \bar{\partial}\rho)(z) = 0, \quad \forall z \in b\Omega$$

이면 Ω에서 정칙이고 $\bar{\Omega}$에서 C^1인 함수 F가 존재하여 모든 $z \in b\Omega$에서 $F(z) = f(z)$을 만족한다.

증명은 [1]의 31쪽 참조.

⊙ 보크너 (Salomon Bochner, 1899-1982) 독일계 유대인으로 오스트리아-헝가리에서 출생, 미국 프린스턴 대학 교수 역임

1.6 접 코시-리만 방정식

$M \subset \mathbb{C}^n$ 을 C^∞ 범주의 실함수 ρ를 정의함수로 갖는 실초곡면이라 하자.

정의 1.53 (접 코시-리만 작용소)

한 점 $P \in M$의 근방 Ω에서 정의된 $(0,1)$ 형의 벡터장

$$L = \sum_{j=1}^{n} a_j \frac{\partial}{\partial \bar{z}_j}$$

이 M에 접할 때, 즉 $L\rho(z) = 0,\ \forall z \in M$, 이면 L을 M의 **접 코시-리만 작용소** (tangential Cauchy-Riemann operator)라고 부른다.

$P \in M$의 작은 근방 Ω에서 $(n-1)$개의 독립인 접 코시-리만 작용소가 존재한다. 실제로 우리는 n개의 독립인 $(0,1)$ 형의 벡터장

$$L_1, \ldots, L_{n-1}, L_n$$

을 선택하되 첫 $(n-1)$개의 벡터장이 M에 접하도록 잡을 수 있다. 예를 들면, M이 국소적으로 실함수 ρ의 영점집합, 단 $\frac{\partial \rho}{\partial \bar{z}_n} \neq 0$라면, 복소벡터장

$$\begin{aligned} L_j &= \frac{\partial}{\partial \bar{z}_j} - \left(\frac{\partial \rho}{\partial \bar{z}_j} \Big/ \frac{\partial \rho}{\partial \bar{z}_n} \right) \frac{\partial}{\partial \bar{z}_n}, \quad j = 1, \ldots, n-1 \\ L_n &= \frac{\partial}{\partial \bar{z}_n} \end{aligned} \tag{1.71}$$

이 바로 그런 예이다. M에서 정의된 복소함수 f가 CR 함수라 함은 f가 접 코시-리만 방정식

$$L_j f = 0, \quad \forall j = 1, \ldots, n-1 \tag{1.72}$$

을 만족함을 의미한다. (1.72)는 (1.66)과 동치임을 관찰하자. 접 코시-리만 작용소에 대표적인 예로 레위(Hans Lewy) 작용소가 있다. $\mathbb{C}^2$의 이차실초곡면

$$H := \{(z, w) \in \mathbb{C}^2 : \operatorname{Im} w = |z|^2\}$$

를 생각하자. 케일리 (Cayley) 변환 $\Phi : bB^2 \to H$,

$$\Phi(\zeta_1, \zeta_2) = \left(\frac{\zeta_1}{1+\zeta_2}, \frac{i(1-\zeta_2)}{1+\zeta_2} \right)$$

에 의하여 H는 단위구

$$B^2 = \{(\zeta_1, \zeta_2) \in \mathbb{C}^2 : |\zeta_1|^2 + |\zeta_2|^2 < 1\}$$

의 경계면에서 북극점 $\zeta_2 = 1$을 제외한 부분과 정칙동형이다. 이제 우리는 H의 정의함수로 $\rho = \mathrm{Im}w - z\bar{z}$를 택하자. $z = x + iy$, $w = t + is$라고 두면 접 코시-리만 작용소는

$$\begin{aligned}\tilde{L} &= \frac{\partial}{\partial \bar{z}} - \frac{(-z)}{-\frac{1}{2i}} \frac{\partial}{\partial \bar{w}} \\ &= \frac{1}{2}\left(\frac{\partial}{\partial x} + i\frac{\partial}{\partial y}\right) - i(x+iy)\left(\frac{\partial}{\partial t} + i\frac{\partial}{\partial s}\right)\end{aligned} \tag{1.73}$$

가 되고, (x, y, t) 를 H의 좌표로 사용하여 작용소 $2\tilde{L}$을 이들 좌표로 표현하면

$$L = \frac{\partial}{\partial x} + i\frac{\partial}{\partial y} - 2i(x+iy)\frac{\partial}{\partial t} \tag{1.74}$$

이 된다. (1.74)를 **레위 작용소(Lewy operator)**라고 부른다. $z = re^{i\theta}$라고 두면 2차 실초곡면 H는

$$s = r^2 \tag{1.75}$$

으로 정의된다. "적절한" 계수를 갖는 편미분방정식은 경계치에 대한 아무런 조건을 주지 않았을 때 충분히 많은 해를 가질 것이라는 것이 오랫동안 많은 사람들이 가지고 있었던 막연한 추측이었다. 특히 선형 편미분방정식

$$\left(\sum_{|\alpha| \le k} a_\alpha \partial^\alpha\right) u = f$$

에서 우변 f와 계수 a_α가 C^∞일 때 해가 존재할 것으로 추측하였다. 만일 f와 a_α가 해석적(real analytic, C^ω)이고 최고계의 계수 중 하나가 영이 아니면, 즉 어떤 α, $|\alpha| = k$에 대하여 어느 점 x_0에서 $a_\alpha(x_0) \neq 0$이면 코시-코발렙스키 정리에 의하여 x_0의 부근에서 해석적인 해가 존재한다. 우리는 여기에서 "해석적"이란 조건을 완화시킬 수 없을지를 기대하게 된다. 그러나 다음 정리에서 레위([95], 1957)는 이러한 기대가 잘못임을 예시하고 그러면 언제 선형편미분방정식이 국소적으로 해를 갖는가 하는 가해성(solvability) 문제를 제기하였다 ([51]의 56쪽 참조).

정리 1.54 (레위의 정리 [95])

(1.74) 에서 정의한 $\mathbb{R}^3 = \{(x, y, t)\}$ 의 일계선형 편미분작용소 L을 생각하자. 실변수 t에만 의존하는 연속인 실함수 f를 생각하자. 만약 어느 C^1 함수 $u(x, y, t)$ 가 $\mathbb{R}^3$ 의 원점의 근방에서 미분방정식 $Lu = f$를 만족한다고 하자. 그러면 f는 $t = 0$의 근방에서 해석적이다.

[증명] $\mathbb{R}^3$ 의 원점의 부근

$$\{(x, y, t) : x^2 + y^2 < R^2,\ |t| < R\}$$

에서 $Lu = f$가 성립한다고 하자. $z = x + iy = re^{i\theta}$, $s = r^2$ 라고 두고 함수 $V(t, r)$을

$$V(t, r) = \int_{|z|=r} u(x, y, t)dz$$

라고 정의하자. 그린 정리에 의하여

$$\begin{aligned} V(t, r) &= i \iint_{|z| \le r} (u_x + iu_y)dxdy \\ &= i \int_0^r \int_0^{2\pi} (u_x + iu_y)(\rho\cos\theta, \rho\sin\theta, t)\rho d\theta d\rho \end{aligned}$$

이므로

$$\begin{aligned} \frac{\partial V}{\partial r} &= i \int_0^{2\pi} (u_x + iu_y)(r\cos\theta, r\sin\theta, t)r d\theta \\ &= \int_{|z|=r} (u_x + iu_y)(x, y, t)r\frac{dz}{z} \end{aligned}$$

을 얻는다. 따라서 $0 \le s < R^2$, $|t| < R$ 에서 만약 $Lu = f$ 이면

$$\begin{aligned} \frac{\partial V}{\partial s} = \frac{\partial V}{\partial r}\frac{dr}{ds} = \frac{1}{2r}\frac{\partial V}{\partial r} &= \frac{1}{2r}\int_{|z|=r} (u_x + iu_y)(x, y, t)r\frac{dz}{z} \\ &= \int_{|z|=r} (u_x + iu_y)(x, y, t)\frac{dz}{2z} \end{aligned}$$

이 도출된다. 그런데 $Lu = f$ 이므로

$$u_x + iu_y = 2i(x + iy)\frac{\partial u}{\partial t} + f(t)$$

이 성립한다. 피적분함수에 이를 치환하여

$$\begin{aligned}\frac{\partial V}{\partial s} &= \int_{|z|=r}\left(2i(x+iy)\frac{\partial u}{\partial t}+f(t)\right)\frac{dz}{2z}\\ &= i\int_{|z|=r}\frac{\partial u}{\partial t}dz + f(t)\int_{|z|=r}\frac{dz}{2z}\\ &= i\frac{\partial V}{\partial t}+f(t)\pi i\end{aligned}$$

을 얻는다. 이제

$$F(t)=\int_0^t f(\tau)d\tau$$

라고 두면 함수 $U(t,s) := V(t,s)+\pi F(t)$는

$$\frac{\partial U}{\partial t}+i\frac{\partial U}{\partial s}=\frac{\partial V}{\partial t}+\pi f(t)+i\left(i\frac{\partial V}{\partial t}+f(t)\pi i\right)=0$$

을 만족한다. 그러므로 U는 $0<s<R^2$, $|t|<R$ 에서 변수 $w=t+is$에 관하여 정칙이고 직선 $s=0$에 이르기까지 연속이다. 뿐만 아니라 $s=0$에서 $V=0$ 이고 따라서 $U(t,0)=\pi F(t)$는 실수값을 갖는다. 그러면 슈바르츠 (Schwarz) 의 반사원리 $U(t,-s)=\overline{U(t,s)}$에 의하여 U는 원점의 근방의 정칙함수로 확장된다. 특히, $U(t,0)=\pi F(t)$는 해석적 (real analytic, C^ω) 이고 따라서 $f=F'$는 C^ω 의 범주이다. □

⊙ 레위 (Hans Lewy, 1904-1988, 미국) UC 버클리 교수 역임, 독일 태생

⊙ 케일리 (Arthur Cayley, 1821-1895, 영국)

⊙ 코발렙스키 (Sofia Vasilyevna Kovalevskaya, 1859-1891, 러시아) Sophie Kowaleski 라고도 쓴다. 바이어슈트라스의 제자, 여성수학자.

⊙ 그린 (George Green, 1793-1841, 영국)

⊙ 슈바르츠 (Hermann Amandus Schwarz, 1843-1921, 독일) 베를린 대학에서 바이어슈트라스와 쿰머에게서 배움.

1.7 정칙사상

함수 f는 $\mathbb{C}^n$의 영역 Ω에서 정칙이라고 하자. 그러면 코시-리만 방정식과 (1.2)에 의하여

$$df = \sum_{j=1}^{n} \frac{\partial f}{\partial z_j} dz_j \tag{1.76}$$

이 되어 복소변수 $(z_1, \ldots, z_n)$에 대한 정칙함수 f는 실변수 $(x_1, \ldots, x_n)$에 관한 미분가능한 실함수 $u(x_1, \ldots, x_n)$의 미분과 매우 유사한 성질을 가지고 있음을 볼 수 있다. (1.76)은 실함수에 관한 미분

$$du = \sum_{j=1}^{n} \frac{\partial u}{\partial x_j} dx_j$$

에 해당한다. 사상

$$F = (f_1, \ldots, f_m) : \mathbb{C}^n \supset \Omega \to \mathbb{C}^m$$

이 **정칙사상**이라 함은 각 성분 f_λ가 정칙임을 의미한다. 다변수 미적분의 기본적인 정리들, 즉 미분에 관한 연쇄법칙, 음함수정리, 역함수정리 등이 복소 정칙함수의 경우에 그대로 성립한다는 것은 특기할 만한 사실이다. 이제 $w_\lambda = f_\lambda(z_1, \ldots, z_n)$라고 두자. 각 f_λ에 대하여 (1.76)을 적용하면

$$\begin{bmatrix} dw_1 \\ \vdots \\ dw_m \end{bmatrix} = \begin{bmatrix} \frac{\partial f_1}{\partial z_1} \cdots \frac{\partial f_1}{\partial z_n} \\ \vdots \\ \frac{\partial f_m}{\partial z_1} \cdots \frac{\partial f_m}{\partial z_n} \end{bmatrix} \begin{bmatrix} dz_1 \\ \vdots \\ dz_n \end{bmatrix} \tag{1.77}$$

을 얻는다. (1.77)의 우변의 $m \times n$ 행렬을 **복소 야코비안**(complex Jacobian)이라 부르고 $\mathcal{J}_{\mathbb{C}}F$, 또는 F'라고 표기하기로 하자. 점 $a \in \Omega$에서 복소 야코비안

$$F'(a) = \begin{bmatrix} \frac{\partial f_1}{\partial z_1}(a) \cdots \frac{\partial f_1}{\partial z_n}(a) \\ \vdots \\ \frac{\partial f_m}{\partial z_1}(a) \cdots \frac{\partial f_m}{\partial z_n}(a) \end{bmatrix} \tag{1.78}$$

은 $\mathbb{C}^n$에서 $\mathbb{C}^m$으로의 복소선형사상이다. 임의의 사상 (정칙이 아니더라도)

$$F = (f_1, \ldots, f_m) : \mathbb{C}^n \supset \Omega \to \mathbb{C}^m$$

에 대하여

$$w_\lambda = f_\lambda(z) = u_\lambda(z) + iv_\lambda(z), \; z_j = x_j + iy_j, \; (\lambda = 1, \ldots, m, \; j = 1, \ldots, n)$$

라고 두면 F에 대한 실 야코비안(real Jacobian)은 $2m \times 2n$ 행렬

$$\mathcal{J}_{\mathbb{R}}F = \begin{bmatrix} \frac{\partial u_1}{\partial x_1} & \frac{\partial u_1}{\partial y_1} & \cdots & \frac{\partial u_1}{\partial x_n} & \frac{\partial u_1}{\partial y_n} \\ \frac{\partial v_1}{\partial x_1} & \frac{\partial v_1}{\partial y_1} & \cdots & \frac{\partial v_1}{\partial x_n} & \frac{\partial v_1}{\partial y_n} \\ \vdots & \vdots & \ddots & \vdots & \vdots \\ \frac{\partial u_m}{\partial x_1} & \frac{\partial u_m}{\partial y_1} & \cdots & \frac{\partial u_m}{\partial x_n} & \frac{\partial u_m}{\partial y_n} \\ \frac{\partial v_m}{\partial x_1} & \frac{\partial v_m}{\partial y_1} & \cdots & \frac{\partial v_m}{\partial x_n} & \frac{\partial v_m}{\partial y_n} \end{bmatrix}$$

을 말한다.

연습문제 1.55 (실 야코비안과 복소 야코비안)

$m = n$인 경우 $F : \mathbb{C}^n \supset \Omega \to \mathbb{C}^n$이 정칙이면

$$\det \mathcal{J}_{\mathbb{R}}F = |\det \mathcal{J}_{\mathbb{C}}F|^2 \geq 0 \tag{1.79}$$

임을 보여라.

정의 1.56 (복소다양체)

M이 n차원의 **복소다양체**(complex manifold)라 함은 M이 $2n$차원의 C^∞ 실 다양체이며 열린 덮개(open cover) $\{U_\alpha\}$와 좌표사상 $\phi_\alpha : U_\alpha \to \mathbb{C}^n$이 존재하여 좌표변환이 정칙이 되는, 즉 $U_\alpha \cap U_\beta \neq \varnothing$인 모든 $\alpha, \beta = 1, \ldots, n$에 대하여 사상

$$\phi_\alpha \circ \phi_\beta^{-1} : \phi_\beta(U_\alpha \cap U_\beta) \to \phi_\alpha(U_\alpha \cap U_\beta)$$

이 정칙사상이 되는 좌표계를 가짐을 의미한다.

(1.79)에 의하여 다음을 얻는다.

명제 1.57 (복소다양체의 유향성)

복소다양체는 향을 줄 수 있는(orientable) 다양체이다.

이제 우리는 합성함수의 미분에 대하여 생각해 보고자 한다. $g(w_1, \ldots, w_m)$와 $w_\lambda = f_\lambda(z_1, \ldots, z_n)$, $\lambda = 1, \ldots, m$, 가 모두 정칙함수들이라 하자.

정리 1.58 (정칙함수에 대한 연쇄법칙)

사상 $F = (f_1, \ldots, f_m) : \mathbb{C}^n \supset \Omega \to \mathbb{C}^m$ 가 정칙이고 $D \subset \mathbb{C}^m$ 는 $F(\Omega)$를 포함하는 열린집합이며 $g \in \mathcal{O}(D)$라고 하자. 그러면 $g \circ F$은 정칙이고 다음과 같은 연쇄법칙

$$\frac{\partial(g \circ F)}{\partial z_j} = \sum_{\lambda=1}^{m} \frac{\partial g}{\partial w_\lambda} \frac{\partial f_\lambda}{\partial z_j} \tag{1.80}$$

이 성립한다.

[증명] $w_\lambda = u_\lambda + iv_\lambda$ 라고 하자. F와 g는 C^∞ 이므로 연쇄법칙에 의하여

$$\frac{\partial}{\partial x_j}(g \circ F) = \sum_{\lambda=1}^{m} \frac{\partial g}{\partial u_\lambda} \frac{\partial u_\lambda}{\partial x_j} + \frac{\partial g}{\partial v_\lambda} \frac{\partial v_\lambda}{\partial x_j} \tag{1.81}$$

와

$$\frac{\partial}{\partial y_j}(g \circ F) = \sum_{\lambda=1}^{m} \frac{\partial g}{\partial u_\lambda} \frac{\partial u_\lambda}{\partial y_j} + \frac{\partial g}{\partial v_\lambda} \frac{\partial v_\lambda}{\partial y_j} \tag{1.82}$$

가 성립하며 (1.81)과 (1.82)를

$$2\frac{\partial}{\partial \bar{z}_j}(g \circ F) = \frac{\partial}{\partial x_j}(g \circ F) + i\frac{\partial}{\partial y_j}(g \circ F)$$

에 대입하고 코시-리만 방정식을 이용하여 상쇄하면 영이 된다. 그러므로 $g \circ F$는 정칙이다. 또한

$$2\frac{\partial}{\partial z_j}(g \circ F) = \frac{\partial}{\partial x_j}(g \circ F) - i\frac{\partial}{\partial y_j}(g \circ F) \tag{1.83}$$

에 (1.81)과 (1.82)를 대입하고 코시-리만 방정식 $-i\frac{\partial g}{\partial v_\lambda} = \frac{\partial g}{\partial u_\lambda}$ 을 사용하여 인수분해하면 (1.83)은

$$\sum_{\lambda=1}^{m} \frac{\partial g}{\partial u_\lambda} \left(\frac{\partial}{\partial x_j} - i\frac{\partial}{\partial y_j} \right) (u_\lambda + iv_\lambda) = 2\sum_{\lambda=1}^{m} \frac{\partial g}{\partial u_\lambda} \frac{\partial f_\lambda}{\partial z_j} = 2\sum_{\lambda=1}^{m} \frac{\partial g}{\partial w_\lambda} \frac{\partial f_\lambda}{\partial z_j}$$

가 되어 (1.80)을 얻는다. □

정리 1.59 (정칙함수에 대한 음함수정리)

$\mathbb{C}^{n+m} = \mathbb{C}^n \times \mathbb{C}^m$ 을 $(n+m)$개의 복소변수 (z, w),

$$z = (z_1, \ldots, z_n), \ w = (w_1, \ldots, w_m)$$

의 공간이라 하자. 점 $(a, b) \in \mathbb{C}^n \times \mathbb{C}^m$ 의 근방에서 정의된 f_λ $(\lambda = 1, \ldots, m)$은 정칙함수들이고

$$\det \left[\frac{\partial f_\lambda}{\partial w_\mu}(a, b) \right]_{\lambda,\mu=1,\ldots,m} \neq 0 \tag{1.84}$$

을 만족한다고 하자. 그러면 a의 근방 $A \subset \mathbb{C}^n$ 에서 b의 근방 $B \subset \mathbb{C}^m$ 로 가는 정칙사상 h가 존재하여 임의의 $(z, w) \in A \times B$에 대하여

$$f_\lambda(z, w) = 0, \quad \forall \lambda = 1, \ldots, m \Longleftrightarrow w = h(z)$$

를 만족한다.

[증명] $f_\lambda = u_\lambda + iv_\lambda$, $w_\mu = t_\mu + is_\mu$ 라고 두자. 가정에 의하여 $m \times m$ 행렬 $\left[\frac{\partial f_\lambda}{\partial w_\mu}\right]$의 계수(rank)는 최대계수인 m이므로 실변수들의 $(2m) \times (2m)$ 행렬

$$\begin{bmatrix} \frac{\partial u_1}{\partial t_1} \frac{\partial u_1}{\partial s_1} \cdots \frac{\partial u_1}{\partial t_m} \frac{\partial u_1}{\partial s_m} \\ \frac{\partial v_1}{\partial t_1} \frac{\partial v_1}{\partial s_1} \cdots \frac{\partial v_1}{\partial t_m} \frac{\partial v_1}{\partial s_m} \\ \vdots \\ \frac{\partial u_m}{\partial t_1} \frac{\partial u_m}{\partial s_1} \cdots \frac{\partial u_m}{\partial t_m} \frac{\partial u_m}{\partial s_m} \\ \frac{\partial v_m}{\partial t_1} \frac{\partial v_m}{\partial s_1} \cdots \frac{\partial v_m}{\partial t_m} \frac{\partial v_m}{\partial s_m} \end{bmatrix}$$

은 계수 $2m$의 행렬, 즉 가역행렬이다. 그러므로 음함수 정리에 의하여 C^∞ 함수 $h : A \to B$가 존재하여 정리에서 서술된 성질을 만족한다. 이제 h가 정칙임을 보이면 된다. 각 $\lambda = 1, \ldots, m$에 대하여 $f_\lambda(z, h(z)) = 0$를 변수 $\bar{z}_j$에 관하여 미분할 때 연쇄법칙과 코시-리만 방정식

$$\frac{\partial f_\lambda}{\partial \bar{z}_j} = 0, \quad \frac{\partial f_\lambda}{\partial \bar{w}_\mu} = 0$$

을 사용하면

$$\frac{\partial}{\partial \bar{z}_j} f_\lambda(z, h(z)) = \sum_{\mu=1}^{m} \frac{\partial f_\lambda}{\partial w_\mu} \frac{\partial h_\mu}{\partial \bar{z}_j} = 0$$

을 얻고, 이를 행렬로 표현하여

$$\begin{bmatrix} \frac{\partial f_1}{\partial w_1} \cdots \frac{\partial f_1}{\partial w_m} \\ \vdots \\ \frac{\partial f_m}{\partial w_1} \cdots \frac{\partial f_m}{\partial w_m} \end{bmatrix} \begin{bmatrix} \frac{\partial h_1}{\partial \bar{z}_j} \\ \vdots \\ \frac{\partial h_m}{\partial \bar{z}_j} \end{bmatrix} = \begin{bmatrix} 0 \\ \vdots \\ 0 \end{bmatrix} \tag{1.85}$$

을 얻는다. (1.85)의 좌변의 $m \times m$ 행렬은 가역행렬이므로

$$\frac{\partial h_\mu}{\partial \bar{z}_j} = 0, \quad \forall \mu = 1, \ldots, m \tag{1.86}$$

을 얻는다. 모든 $j = 1, \ldots, n$에 대하여 (1.86)가 성립하므로 h는 정칙이다. □

연습문제 1.60 (정칙함수에 대한 역함수정리)

$F : \mathbb{C}^n \supset \Omega \to \mathbb{C}^n$가 정칙사상이고 한 점 $a \in \Omega$에서 $F'(a)$이 가역 (non-singular)이라고 하자. 그러면 a의 근방 A와 b의 근방 B가 존재하여 $F|_A$가 위상동형 (homeomorphism)이고 그 역함수 $H : B \to A$는 정칙이다.

정의 1.61 (정칙동형사상)

$\mathbb{C}^n$의 열린 부분집합 Ω_1와 Ω_2에 대하여 사상 $F : \Omega_1 \to \Omega_2$가 **정칙동형사상 (biholomorphic mapping)**이라 함은 F가 정칙인 위상동형사상이며 그 역사상 $F^{-1} : \Omega_2 \to \Omega_1$이 정칙임을 말한다.

점 $z \in \mathbb{C}^n$의 노름을 $|z| = \left(\sum_{j=1}^n |z_j|^2\right)^{1/2}$, 즉 원점에 이르는 거리로 정의하자. 열린 단위구 $\{z \in \mathbb{C}^n : |z| < 1\}$는 B^n으로 표기하기로 하자. $\mathbb{C}^n$의 열린 부분집합

$$G^n = \{w \in \mathbb{C}^n : \text{Im } w_n > |w'|^2\}, \quad w' = (w_1, \ldots, w_{n-1})$$

을 **지겔 상반공간 (Siegel upper half-space)**이라 부른다. 케일리 변환 (Cayley transform) $w = \phi(z)$는

$$\begin{aligned} w_j &= \frac{z_j}{1 + z_n}, \qquad \text{for } j = 1, \ldots, n-1 \\ w_n &= i\frac{1 - z_n}{1 + z_n} \end{aligned} \tag{1.87}$$

와 같이 정의된다.

연습문제 1.62 (케일리 변환)

케일리 변환 ϕ는 B^n과 G^n 사이의 정칙동형사상이다.

연습문제 1.63 (지겔 상반공간 및 하이젠베르크 군)

지겔 상반공간의 경계면 $H = \{(z', t + i|z'|^2) : z' \in \mathbb{C}^{n-1}, t \in \mathbb{R}\}$를 생각하자. H를 그 좌표공간 $\mathbb{C}^{n-1} \times \mathbb{R} = \{(z', t)\}$과 동일시하기로 한다. 그러면 H는

$$(z', t) \cdot (\zeta', \tau) = (z' + \zeta', t + \tau - \text{Im }(z' \circ \bar{\zeta}'))$$

와 같이 정의된 곱셈에 관하여 군(group)을 이룸을 보여라. 한편, $n > 1$이면 이 군은 비가환(non-commutative)이다. H를 하이젠베르크 군(Heisenberg group)이라 부른다. 참고로 원소 (z', t)를 행렬

$$\begin{bmatrix} 1 & z'^* & \frac{1}{2}|z'|^2 + it \\ 0 & 1 & z' \\ 0 & 0 & 1 \end{bmatrix}$$

로 표현할 수 있다. 단, 여기에서 $z^* = \bar{z}^t$이다.

⊙ 지겔 (Carl Ludwig Siegel, 1896-1981, 독일) 베를린 대학에서 프로베니우스와 플랑크에게서 배움, 괴팅겐 대학의 란다우 지도하에 박사학위

⊙ 하이젠베르크 (Werner Heisenberg, 1901-1976, 독일) 이론물리학자

1.8 단위구와 원판곱의 자기동형군

일변수함수론의 리만 사상정리는 전 평면이 아닌 단순연결집합 $\Omega \subset \mathbb{C}$는 단위원판 $|z| < 1$과 정칙동형이라는 것이다. $\mathbb{C}^n$ $(n \geq 2)$에서는 단위구와 위상동형인 영역이라 할지라도 일반적으로 단위구와 정칙동형이 되지 않는다. 실제로 열린 단위구의 경계면을 조금만 변형시켜도 원래 영역과는 정칙동형이 아닌 영역이 되며 위상적 단위구의 정칙동형에 관한 동치류(equivalence class)는 비가산적으로 많다(uncountably many). 영역 $\Omega \subset \mathbb{C}^n$에서 자신으로 가는 정칙동형사상들이 이루는 군을 **자기동형군**(automorphism group)이라 부르고 $Aut(\Omega)$라고 표기한다.

연습문제 1.64 (자기동형군들 사이의 군동형사상)

영역 $\Omega_j \subset \mathbb{C}^n$ $(j = 1, 2)$의 자기동형군을 $Aut(\Omega_j)$라고 하자. $F : \Omega_1 \to \Omega_2$가 정칙동형이면

$$Aut(\Omega_1) \ni \phi \mapsto F \circ \phi \circ F^{-1}$$

은 자기동형군 $Aut(\Omega_1)$에서 $Aut(\Omega_2)$로 가는 군동형사상(group isomorphism)이다.

푸앵카레는 1905년경에 $n \geq 2$이면 단위구 B^n과 원판곱 Δ^n 사이에는 정칙동형사상이 존재할 수 없음을 이 두 영역의 자기동형군을 구하여 비교함으로써 증명하였다. 단위구의 자기동형군 $Aut(B^n)$을 구하기 위하여 먼저 $\mathbb{C}^n$과 복소사영공간 $\mathbb{C}P^n$의 열린부분집합과 동일시할 수 있음에 주목하자. 그리고 단위구는 다음과 같이 $\mathbb{C}^{n+1} \setminus \{0\}$의 열린 원뿔의 사영으로 보기로 한다. 즉, 임의의 두 원소 $\zeta, \xi \in \mathbb{C}^{n+1} \setminus \{O\}$에 대하여 동치관계 ζ와 ξ를 같은 복소직선 상에 있음, 즉

$$\zeta = \lambda\xi \ (\lambda \neq 0,\ \lambda \in \mathbb{C})$$

로 정의한다. 이들 동치류들의 집합 $\{[\zeta]\}$이 복소사영공간 $\mathbb{C}P^n$이고, 아래와 같은 국소적 좌표계는 자연스럽게 $\mathbb{C}P^n$에 복소다양체 구조를 정의한다. 즉, 각 $\alpha = 1, \ldots, n+1$에 대하여 좌표계 (U_α, ϕ_α), 단 $U_\alpha := \{[\zeta] : \zeta_\alpha \neq 0$이고, 사상 $\phi_\alpha : U_\alpha \to \mathbb{C}^n$는

$$\phi_\alpha([\zeta_1, \ldots, \zeta_{n+1}]) = \left(\frac{\zeta_1}{\zeta_\alpha}, \ldots, \frac{\zeta_{n+1}}{\zeta_\alpha}\right)$$

로 정의한다. ζ를 점 $[\zeta] \in \mathbb{C}P^n$의 **동차좌표**(homogeneous coordinates)라고 부른다. 이제 $\mathbb{C}^{n+1}$에서 부호수(signature) $(1, -n)$을 갖는 에르미트 내적(hermitian inner product) $\mathcal{F}$를

$$\mathcal{F}(\zeta, \eta) := -\sum_{j=1}^{n} \zeta_j \bar{\eta}_j + \zeta_{n+1}\bar{\eta}_{n+1} \tag{1.88}$$

라고 정의하자. (1.88)을 행렬로 표현하기 위하여

$$\mathcal{I} := \begin{bmatrix} -1 & \cdots & 0 & 0 \\ & \ddots & & \\ 0 & \cdots & -1 & 0 \\ 0 & \cdots & 0 & 1 \end{bmatrix}$$

라 두자. η를 열벡터(column vector)로 ζ^t를 행벡터(row vector)라고 하면 (1.88)은 $\mathcal{F}(\zeta, \eta) = \zeta^t \mathcal{I} \bar{\eta}$라고 쓸 수 있다. 우리는 $\mathbb{C}^n$을 집합

$$\{[\zeta] \in \mathbb{C}P^n : \zeta_{n+1} = 1\}$$

과 동일시하고 단위구 B^n를

$$\mathcal{F}(\zeta, \zeta) > 0 \tag{1.89}$$

을 만족하는 점 $[\zeta]$들의 집합과 동일시한다. "비동차" 좌표 $z_j = \frac{\zeta_j}{\zeta_{n+1}}$, $j = 1, \ldots, n$을 사용하면 (1.89)는 $\sum_{j=1}^{n} |z_j|^2 < 1$로 표현됨을 주목하자. 이제 $\mathcal{F}$를 보존하는 복소선형 사상들을 찾아보기로 하자.

연습문제 1.65

다음의 명제들은 동치이다.

a) $g \in Gl(n+1, \mathbb{C})$는 $\mathcal{F}$를 보존한다. 즉 $F(g\zeta, g\eta) = \mathcal{F}(\zeta, \eta)$.

b) $g^t \mathcal{I} \bar{g} = \mathcal{I}$.

c) $\bar{g} \mathcal{I} g^t = \mathcal{I}$.

연습문제 1.65의 조건을 만족하는 모든 행렬들의 집합을 부호수 $(1, -n)$를 갖는 **유니타리 군**(unitary group)이라 부르고 $U(n, 1)$이라 표기한다. 유니타리 군의 임의의 원소

$g \in U(n,1)$는 열린 원뿔 (1.89)에서 그 자신으로 가는 사상이다. 이제

$$g = \begin{bmatrix} AB \\ CD \end{bmatrix}$$

라 두자. 단 A는 $n \times n$ 행렬이고 D는 복소수이다. 연습문제 1.65의 c)에 이를 대입하면

$$\begin{aligned} \bar{A}A^t - \bar{B}B^t &= I_n \\ \bar{A}C^t &= \bar{B}D \\ |D|^2 - \bar{C}C^t &= 1 \end{aligned} \tag{1.90}$$

을 얻고 또한

$$[g\zeta] = [A\zeta' + B\zeta_{n+1}, C\zeta' + D\zeta_{n+1}] \tag{1.91}$$

임을 알 수 있다. 단, ζ'는 열벡터 $(\zeta_1, \dots, \zeta_n)^t$이다. 비동차 좌표 $z_j = \zeta_j/\zeta_{n+1}$, $j = 1, \dots, n$ 으로 표현하면 (1.91)은

$$w = \phi_g(z) := \frac{Az + B}{Cz + D} \tag{1.92}$$

이 된다. 단, $z = (z_1, \dots, z_n)^t$이다.

연습문제 1.66

임의의 $g \in U(n,1)$에 대하여 $|\det g| = 1$임을 보여라.

명제 1.67

임의의 $g \in U(n,1)$에 대하여 $\phi_g : B^n \to B^n$은 일대일 전사(onto, surjective) 사상이다.

[증명] 일대일임을 보이기 위하여 임의의 $z, z' \in B^n$에 대하여 $\phi_g(z) = \phi_g(z')$이라 가정하자. 그리고,

$$\begin{aligned} L :=& \{\zeta \in \mathbb{C}^{n+1} : \frac{\zeta_j}{\zeta_{n+1}} = z_1, \dots, \frac{\zeta_n}{\zeta_{n+1}} = z_n\} \cup \{0\} \\ =& \{\zeta \in \mathbb{C}^{n+1} : \zeta = \lambda(z_1, \dots, z_n, 1),\ \lambda \in \mathbb{C}\} \end{aligned}$$

이라 두고 z' 에 대하여도 같이하여

$$L' := \{\zeta \in \mathbb{C}^{n+1} : \frac{\zeta_j}{\zeta_{n+1}} = z'_j, j = 1, \ldots, n\} \cup \{0\}$$

라 두자. $\phi_g(z) = \phi_g(z')$ 이라 가정하였으므로 $g(L) = g(L')$ 이다. 그런데 g 는 가역행렬이므로 $L = L'$ 이다, 즉 $z = z'$ 이다.

이제 ϕ_g 가 전사임을 보이기 위하여 임의의 점 $p = (p_1, \ldots, p_n) \in B^n$ 에 대하여 L 을 $\mathbb{C}^{n+1}$ 에서 원점과 $(p_1, \ldots, p_n, 1)$ 을 지나는 복소직선이라 하자. g 는 가역행렬이므로 $L' := g^{-1}(L)$ 은 원점과 $g^{-1}(p_1, \ldots, p_n, 1)$ 을 지나는 복소직선이다. g 는 에르미트 내적 $\mathcal{F}$ 를 보존하므로 $g^{-1}(p_1, \ldots, p_n, 1)$ 는 열린 원뿔 $F(\zeta, \zeta) > 0$ 에 포함된다. 따라서, $g(L') = L$, 즉 $\phi_g([g^{-1}(p_1, \ldots, p_n, 1)]) = p$ 이다. □

지금까지 우리는 군 $G := \{\phi_g : g \in U(n,1)\}$ 는 $Aut(B^n)$ 의 부분군이 됨을 보였다.

명제 1.68

G 는 B^n 에 추이적으로 (transitively) 작용한다.

[증명] 임의의 $p = (p_1, \ldots, p_n) \in B^n$ 에 대하여 행렬 $g = \begin{bmatrix} A & B \\ C & D \end{bmatrix} \in U(n,1)$ 가 존재하여 $\phi_g(p) = 0$, 즉,

$$Ap + B = 0 \tag{1.93}$$

이 성립함을 보이자. (1.90) 에 $B = -Ap$ 을 치환하면

$$\begin{aligned} \bar{A}A^t - \bar{A}\bar{p}p^tA^t &= \bar{A}(I_n - \bar{p}p^t)A^t = I_n, \\ \bar{A}C^t &= -\bar{A}\bar{p}D \Longrightarrow C^t = -\bar{p}D \end{aligned} \tag{1.94}$$

을 얻는다. (1.94) 의 두 번째 식으로부터 $C = -D\bar{p}^t$, $\bar{C} = -\bar{D}p^t$ 을 얻고, 이들을 (1.90) 의 마지막 식에 대입하면

$$|D|^2(1 - p^t\bar{p}) = 1 \tag{1.95}$$

을 얻는다. (1.95) 를 만족하는 임의의 복소수를 D 라고 하면 D 는 C 를 결정한다. A

는 B를 결정하므로 이제 (1.94)의 첫 번째 식을 만족하는 행렬 A를 구하면 충분하다. 왜냐하면

$$\phi_g(z) = \frac{Az+B}{Cz+D} = \frac{Az-Ap}{D-D\bar{p}^t z} = \frac{A(z-p)}{(1-\bar{p}^t z)D}$$

이 되어 $\phi_g(p) = 0$이기 때문이다. 먼저 행렬 $I_n - \bar{p}p^t$은 양의 정부호(positive definite) 에르미트 행렬임을, 즉 임의의 영이 아닌 벡터 $q \in \mathbb{C}^n$에 대하여

$$\begin{aligned} q^t(I_n - \bar{p}p^t)\bar{q} &= q^t\bar{q} - q^t\bar{q}p^t\bar{q} \\ &= |q|^2 - |\langle q, p\rangle|^2 \\ &\geq |q|^2(1-|p|^2) > 0 \end{aligned}$$

임을 관찰하자. 그러므로, 유니타리 행렬 U와 양수 λ_j $(j = 1, \cdots, n)$가 존재하여

$$U^t(I_n - \bar{p}p^t)\bar{U} = \begin{bmatrix} \lambda_1 & \cdots & 0 \\ & \ddots & \\ 0 & \cdots & \lambda_n \end{bmatrix} \tag{1.96}$$

을 만족한다. 이제

$$\triangle := \begin{bmatrix} \frac{1}{\sqrt{\lambda_1}} & \cdots & 0 \\ & \ddots & \\ 0 & \cdots & \frac{1}{\sqrt{\lambda_n}} \end{bmatrix}$$

라 두면 (1.96)에 의하여 $\triangle U^t(I_n - \bar{p}p^t)\bar{U}\triangle = I_n$을 얻는다. 이제 $A := \triangle\bar{U}^t$라고 두면 $\triangle$는 모든 원소가 실수인 행렬이므로

$$\bar{A}(I_n - \bar{p}p^t)A^t = I_n$$

을 얻는다. □

G의 원소들 중 원점 0를 부동점으로 하는 원소들의 집합을 0의 **부동부분군**(isotropy subgroup)이라 부르고 G_0라고 표기하기로 하자. 이제 임의의

$$g = \begin{bmatrix} A & B \\ C & D \end{bmatrix} \in G_0$$

를 생각하자. 그런데, $\phi_g(0) = \frac{B}{D} = 0$이므로 $B = \vec{0}$이다. (1.89)로부터

$$\bar{A}A^t = I_n, \ C = 0, \ |D|^2 = 1$$

을 얻는다. 그러므로 부동부분군은 적당한 $A \in U(n)$ 에 대해서

$$\begin{bmatrix} A & 0 \\ 0 & e^{i\theta} \end{bmatrix}$$

꼴의 행렬들의 집합이 된다, 즉 부동부분군은 $U(n) \times U(1)$ 이다. 그러므로 B^n 은 동질공간 (homogeneous space) $U(n,1)/U(n) \times U(1)$ 이 된다 ([138] 의 Chapter 3 참조).

이제 우리는 유계영역의 자기동형사상이 부동점을 갖는 경우에 대하여 고찰하고자 한다.

명제 1.69 (자기동형사상의 경직성)

$\Omega \subset \mathbb{C}^n$ 를 유계영역이라하자. 정칙사상 $\phi : \Omega \to \Omega$ 가 존재하여 한 점 $P \in \Omega$ 를 고정하고 $J_{\mathbb{C}}\phi(P) = I_n$ 이면 ϕ 는 항등사상 (identity map) 이다.

[증명] 점 P 를 원점 O 라고 가정하여도 무방하다. ϕ 의 테일러 급수로부터 ϕ 는

$$\phi(z) = z + P_k(z) + \mathcal{O}(|z|^{k+1})$$

의 꼴임을 알 수 있다. 단, 각 항은 n-차원 벡터이며 $P_k(z)$ 는 k-차의 동차식이고 1 차항 이후에 가장 낮은 차수의 항들의 합이다. 그러면

$$\begin{aligned} \phi^2(z) &:= (\phi \circ \phi)(z) = z + 2P_k(z) + \mathcal{O}(|z|^{k+1}) \\ &\vdots \\ \phi^j(z) &:= (\underbrace{\phi \circ \cdots \circ \phi}_{j\text{번}})(z) = z + jP_k(z) + \mathcal{O}(|z|^{k+1}) \end{aligned}$$

가 된다. 반지름 $r > 0$ 의 원판곱을 P_r 이라 표기하고 $\overline{P_r} \subset \Omega \subset P_R$ 이 되도록 $0 < r < R$ 을 선택하자. 그러면 코시 추정치 (1.18) 에 의하여 $|\alpha| = k$ 인 임의의 다중지표 α 에 대하여

$$j|\partial^\alpha \phi(0)| = |\partial^\alpha \phi^j(0)| \leq n\frac{\alpha!}{r^k}R$$

을 얻는다. 이제 $j \to \infty$ 의 극한을 취하면 $\partial^\alpha \phi(0) = 0$ 이 되고 이는 $P_k(z)$ 의 정의에 모순된다. 따라서 $\phi(z) = z$ 이다. □

명제 1.69는 일변수 복소함수론의 슈바르츠 보조정리의 결론 중 유일성 부분의 일반화이다.

명제 1.70 (라인하르트 영역의 자기동형사상)

유계 라인하르트 영역 $\Omega \subset \mathbb{C}^n$가 원점 0를 포함하고 Ω의 자기동형사상 ϕ가 원점을 고정한다고, 즉 $\phi(0) = 0$라고 가정하자. 그러면 ϕ는 선형사상이다.

[증명] Ω의 자기동형사상

$$(z_1, \ldots, z_n) \mapsto (e^{i\theta} z_1, \ldots, e^{i\theta} z_n), \ (0 \le \theta \le 2\pi)$$

을 ρ_θ라고 표기하자. 이제 사상 $\psi := \rho_{-\theta} \circ \phi^{-1} \circ \rho_\theta \circ \phi$ 을 생각해보자. 야코비안을 취해보면

$$(J_{\mathbb{C}}\psi)(0) = \begin{pmatrix} e^{-i\theta} & & \\ & \ddots & \\ & & e^{-i\theta} \end{pmatrix} (J_{\mathbb{C}}\phi^{-1})(0) \begin{pmatrix} e^{i\theta} & & \\ & \ddots & \\ & & e^{i\theta} \end{pmatrix} (J_{\mathbb{C}}\phi)(0) \quad (1.97)$$

이고 대각행렬과의 곱은 가환이므로 (1.97)은 단위행렬이다. 명제 1.69에 의하여 Ψ는 항등사상이다. 따라서

$$\phi \circ \rho_\theta = \rho_\theta \circ \phi \qquad (1.98)$$

이므로, 원점의 부근에서 ϕ의 테일러 급수를 $\sum_{k=1}^{\infty} P_k(z)$이라 두자. 단, $P_k(z)$는 n-차원 벡터 함수로 각 성분이 k차의 동차식이다. 그러면 (1.98)로부터

$$\sum_{k=1}^{\infty} e^{ik\theta} P_k(z) = \sum_{k=1}^{\infty} e^{i\theta} P_k(z)$$

을 얻는다. 그러나, 이는 모든 $k \ge 2$에 대하여 $P_k(z) = 0$일 때에만 가능하다. □

명제 1.69와 명제 1.70의 결론으로 우리는 다음 명제를 얻는다.

명제 1.71 (원점을 고정하는 단위구의 동형사상)

단위구 B^n 의 자기동형사상 ϕ 가 원점을 고정하면 ϕ 는 선형사상

$$\phi(z) = Az, \ A \in U(n)$$

이다.

[증명] 명제 1.70에 의하여 ϕ는 선형사상 $\phi(z) = Az$이다. 이제 모든 $z \in B^n$에 대하여 $|Az| = |z|$임을 보이겠다. 만일 그렇지 않다면, 어떤 $z_0 \in B^n$가 존재하여 $|Az_0| > |z_0|$일 것이다. 그런데, $z_0 \neq 0$이므로,

$$T := \frac{|Az_0|}{|z_0|} > 1$$

이다. 따라서 $0 \leq t < 1/|z_0|$인 모든 t에 대하여

$$|A(tz_0)| = t|Az_0| > tT|z_0|$$

이다. 여기서 $t \to 1/|z_0|$라 두면 $|A(tz_0)| \to T > 1$가 되어 Az 가 B^n의 자기동형사상임에 모순된다. 같은 논법으로 $|Az_0| < |z_0|$라 가정하여도 모순으로 귀착된다. 그러므로 $A \in U(n)$이다. □

끝으로 $G = Aut(B^n)$임을 보이자. $\Psi \in Aut(B^n)$에 대하여 $\Psi(0) = p$라고 하자. 명제 1.68에 의하여 어떤 $g \in U(n, 1)$가 존재하여 $\phi_g(p) = 0$이다. 그러면 명제 1.71에 의하여 $\phi_g \circ \Psi := U \in U(n)$이고 따라서 $\Psi = \phi_g^{-1} \circ U$이다. 이제

$$\tilde{U} := \begin{bmatrix} U & 0 \\ 0 & 1 \end{bmatrix} \in U(n, 1)$$

라 두고 U는 $\phi_{\tilde{U}}$와 동일시하면 $\Psi \in G$이다. 지금까지 우리는 다음 정리를 증명하였다.

정리 1.72

임의의 자연수 n에 대해서, 단위구 B^n 의 자기동형군은

$$G := \{\phi_g : g \in U(n, 1)\}$$

이다.

원판곱의 자기동형사상군에 관하여는 다음의 정리가 있다.

정리 1.73 (원판곱의 자기동형사상)

원판곱 $|z_j| < 1$ $(j = 1, \ldots, n)$를 Δ^n 이라 표기하자. 임의의 $\phi \in Aut(\Delta^n)$ 에 대하여 $(a_1, \ldots, a_n) \in \Delta^n$ 과 $\theta_1, \ldots, \theta_n$ $(0 \leq \theta_j \leq 2\pi)$ 그리고 n 개의 문자에 대한 순열 σ 가 존재하여

$$\phi(z) = \left(e^{i\theta_1} \frac{z_{\sigma(1)} - a_1}{1 - \bar{a}_1 z_{\sigma(1)}}, \cdots, e^{i\theta_n} \frac{z_{\sigma(n)} - a_n}{1 - \bar{a}_n z_{\sigma(n)}} \right)$$

을 만족한다. 특히, 원점의 부동부분군 $Aut_0(\Delta^n)$ 은 사상

$$\phi(z) = \left(e^{i\theta_1} z_{\sigma(1)}, \ldots, e^{i\theta_n} z_{\sigma(n)} \right)$$

들의 집합이다. $Aut_0(\Delta^n)$ 의 단위원연결성분 (identity component) 은 사상 $z \mapsto (e^{i\theta_1} z_1, \ldots, e^{i\theta_n} z_n)$ 들의 집합이다. 따라서 가환군이다.

증명은 [94] 의 425 쪽을 참조하기 바란다. 그러나, 단위구의 경우 원점의 부동부분군 $Aut_0(B^n)$ 의 단위원연결성분은 모든 유니타리 자기동형사상들을 모두 포함하고 있으므로 비가환이다. 따라서, 다음의 결과를 증명하였다.

정리 1.74

$n \geq 2$ 일 때 B^n 과 Δ^n 은 정칙동형이 아니다.

1.9 버금조화함수

이 절에서 논의하는 바는 일변수공간 $\mathbb{C}$에 국한한다. 그리고 이 절에서는 원판을 D라 표기하기로 한다. Ω를 $\mathbb{C}$의 영역이라고 하자. 연속함수 $u : \Omega \to \mathbb{R}$가 다음 조건, 즉 임의의 원판 $D \subset\subset \Omega$의 경계에서 u의 값을 경계치로 갖고 D에서 정의된 조화함수 h에 대하여

$$h(z) \geq u(z), \forall z \in D$$

가 성립하면 u를 **버금조화**(subharmonic)**함수**라고 부른다. 실함수 u가 버금조화함수가 될 필요충분조건은 **열평균치 성질**(submean value property), 즉 임의의 닫힌 원판 $\overline{D(a,r)} \subset \Omega$에 대하여

$$u(a) \leq \frac{1}{2\pi} \int_0^{2\pi} u(a + re^{i\theta}) d\theta \tag{1.99}$$

을 만족하는 것이다. $u \in C^2$인 경우 u가 버금조화함수가 될 필요충분조건은 $\triangle u \geq 0$이다 (명제 1.85). 이제 우리는 버금조화함수의 정의에서 상반연속(upper semicontinuous) 함수와 함수값이 $-\infty$로 발산하는 경우도 허용하기로 한다.

정의 1.75 (버금조화함수)

함수 $u : \Omega \to \mathbb{R} \cup \{-\infty\}$가 다음 조건을 만족하면 **버금조화**(subharmonic)**함수**라고 부른다.

i) u는 상반연속이다.

ii) 임의의 콤팩트 집합 $K \subset \Omega$에 대하여 함수 $h \in C(K)$가 K의 내부에서 조화함수이고 $u(z) \leq h(z), \forall z \in bK$이면 $u(z) \leq h(z), \forall z \in K$이다.

상반연속의 정의를 상기해보자. 함수 u가 Ω에서 **상반연속**이라 함은

$$\limsup_{z \to a} u(z) \leq u(a), \quad \forall a \in \Omega$$

을 의미하며 또한 이와 동치인 조건으로 임의의 실수 c에 대하여 집합 $\{z \in \Omega : u(z) < c\}$이 열린집합이라는 의미이다. 상반연속함수는 임의의 콤팩트 집합에서 최대치를 갖는다. 이제 두 독립변수의 조화함수의 성질들을 복습해보기로 하자.

정리 1.76 (디리클레 문제)

원판 $D = \{z : |z-a| < r\}$의 경계에서 연속인 함수 $g \in C(bD)$에 대하여 $\bar{D}$에서 연속이고 D에서 조화함수이며 bD에서 g와 같은 값을 갖는 유일한 함수 u가 존재한다. 구체적으로 u는 g에 대한 푸아송 적분

$$u(a+\zeta) = \frac{1}{2\pi}\int_0^{2\pi} \frac{r^2 - |\zeta|^2}{|re^{i\theta} - \zeta|^2} g(a + re^{i\theta})d\theta, \quad |\zeta| < r$$

으로 주어진다.

$z = a + re^{i\theta}$라 두면 푸아송 핵함수

$$P(z,\zeta) = \frac{r^2 - |\zeta|^2}{|re^{i\theta} - \zeta|^2} = \mathrm{Re}\left(\frac{z+\zeta}{z-\zeta}\right)$$

는 ζ 변수에 관한 조화함수이다.

연습문제 1.77 (u와 $-u$ 가 버금조화인 경우)

열린집합 $\Omega \subset \mathbb{C}$에서 u와 $-u$가 모두 버금조화함수이면 u는 조화함수이다.

보조정리 1.78 (버금조화함수의 일반적인 성질)

영역 $\Omega \subset \mathbb{C}$에서

i) u가 버금조화함수이면 임의의 양수 c에 대해서 cu도 버금조화함수이다.

ii) u_α $(\alpha \in A)$가 버금조화함수이고 $u = \sup u_a$가 유한이고 상반연속이면 u가 버금조화함수이다.

iii) $\{u_j\}_{j=1,2,\ldots}$가 버금조화함수들의 단조감소 수열이라 하자. 그러면 $u = \lim_{j\to\infty} u_j$는 버금조화함수이다.

[증명] i)과 ii)는 자명하다. iii)을 보이기 위하여 임의의 콤팩트 집합 $K \subset \Omega$와 함수 $h \in C(K)$를 생각하자. h가 K의 내부에서 조화함수이고 bK에서 $h \geq u = \lim u_j$라고 하자. 임의의 주어진 $\varepsilon > 0$에 대하여

$$E_j = \{z \in bK : u_j(z) \geq h(z) + \varepsilon\}, \quad j = 1, 2, \ldots$$

는 bK의 닫힌 부분집합이고 $E_{j+1} \subset E_j$, 그리고 $\bigcap_{j=1}^{\infty} E_j = \varnothing$이다. bK는 콤팩트이므로 어떤 $\ell \in \mathcal{N}$에 대하여는 $E_\ell = \varnothing$이다.

따라서 bK에서 $u_\ell \le h + \varepsilon$이고 u_ℓ은 버금조화함수이므로 K에서도 같은 부등식이 만족된다. 그러므로, K 위에서 모든 $\varepsilon > 0$에 대하여 $u \le h + \varepsilon$, 즉 $u \le h$이다. □

영역 $\Omega \subset \mathbb{C}$에 대하여 점 $z \in \Omega$에서 경계에 이르는 거리를 δ_Ω라고 하자. 즉

$$\delta_\Omega(z) := \inf_{P \in b\Omega} |z - P|, \quad z \in \Omega$$

이면 다음 따름정리가 성립한다.

따름정리 1.79

임의의 영역 $\Omega \subset \mathbb{C}$에서 함수 $u(z) = -\log \delta_\Omega(z)$는 Ω에서 버금조화함수이다.

[증명] 만일 $\Omega = \mathbb{C}$이면 $u \equiv -\infty$이므로 증명할 것이 없다. 만일 $\Omega \neq \mathbb{C}$이면 $u(z)$는 연속함수이다. 그리고 $z \in \Omega$ 에 대하여

$$u(z) = \sup\{-\log|z - \zeta| : \zeta \in bD\}$$

이고 $-\log|z - \zeta|$은 조화함수이므로 $u(z)$는 Ω에서 버금조화함수이다. 보조정리 1.78의 ii) 로부터 결론이 도출된다. □

정리 1.80 (버금조화함수의 열평균성질)

영역 $\Omega \subset \mathbb{C}$와 상반연속함수 $u : \Omega \to \mathbb{R} \cup \{-\infty\}$에 대하여 다음 명제들은 동치이다:

i) u는 버금조화함수이다.

ii) 임의의 원판 $D \subset\subset \Omega$과 bD에서 어느 정칙 다항식 f가 $u \le \operatorname{Re} f$를 만족하면 D의 내부 전체에서 $u \le \operatorname{Re} f$이 성립한다.

iii) (열평균성질, sub-mean value property) 임의의 $a \in \Omega$와 임의의 $r < \delta_\Omega(a)$에 대하여 부등식

$$u(a) \le \frac{1}{2\pi} \int_0^{2\pi} u(a + re^{i\theta}) d\theta \tag{1.100}$$

이 성립한다.

따름정리 1.81 (버금조화함수의 합)

만일 u_1과 u_2가 어느 영역 D에서 버금조화함수이면 $u_1 + u_2$도 버금조화함수이다.

정리 1.80을 증명하기에 앞서 다음 보조정리를 보이고자 한다.

보조정리 1.82 (최대치 원리)

영역 $\Omega \subset \mathbb{C}$에서 정의된 u가 상반연속함수이고 열평균성질을 갖는다고 하자. 그러면 u는 최대치원리 (maximum principle) 를 만족한다. 즉, 만일 u가 내점 $a \in \Omega$에서 국소적 최대치를 가지면 u는 상수이다.

[증명] u가 열평균 성질을 갖고 $a \in \Omega$에서 국소적 최대치를 갖는다고 하자. 그러면 적당한 양수 $\rho > 0$에 대하여 a의 반경 ρ의 닫힌 근방 $\bar{D}(a,\rho)$가 Ω에 포함되고 $\bar{D}(a,\rho)$의 모든 점 z에서 $u(z) \le u(a)$이다. 만일 $\bar{D}(a,\rho)$에 점 z_0가 존재하여 $u(z_0) < u(a)$라 한다면 $r := |z_0 - a| \le \rho$라고 두었을 때 집합

$$\{\theta \in [0, 2\pi] : u(a + re^{i\theta}) < u(a)\}$$

에서 u의 상반연속성에 의하여 내점을 갖게 된다. 그러므로

$$\int_0^{2\pi} u(a + re^{i\theta})d\theta < \int_0^{2\pi} u(a)d\theta = 2\pi u(a)$$

을 얻는다. 이는 가정에 모순된다. 따라서 u는 a의 근방에서 상수이다. 그 다음은 표준적으로 사용하는 연결성 논법 (connectedness argument) 을 사용한다. □

정리 1.80의 증명:

i) $\Longrightarrow$ ii) 는 자명하다.

ii) $\Longrightarrow$ iii) : 영역 $D = \{z : |z-a| < r\} \subset\subset \Omega$와 함수 $\phi \in C(bD)$에 대하여

$$\phi(z) \ge u(z), \ \forall z \in bD$$

라 하자. ϕ의 푸아송 적분을 역시 ϕ라 부르면 ϕ는 $\overline{D}$에서 연속이고 D에서 조화함수이다. 임의의 양수 $\tau < 1$에 대하여 함수

$$\phi_\tau(z) = \phi(a + \tau(z - a))$$

는 $\bar{D}$의 근방에서 조화함수이고 τ의 수렴 $\tau \to 1$에 따라 $\bar{D}$에서 $\phi_\tau \to \phi$로 고른수렴하게 된다. 이제 $\bar{D}$에서 $\phi_\tau = \mathrm{Re} f_\tau$가 되는 정칙함수 f_τ를 선택하자. f_τ의 테일러 급수를 생각하면 임의의 $\varepsilon > 0$에 대하여 z의 다항식함수 f를 선택하여 bD의 모든 점에서

$$u \le \phi \le \mathrm{Re} f \le \phi + \varepsilon$$

가 되게 할 수 있다. 조건 ii)와 조화함수 $\mathrm{Re} f$의 평균치 성질에 의하여

$$\begin{aligned} u(a) \le \mathrm{Re} f(a) &= \frac{1}{2\pi} \int_0^{2\pi} \mathrm{Re} f(a + re^{i\theta}) d\theta \\ &\le \frac{1}{2\pi} \int_0^{2\pi} \phi(a + re^{i\theta}) d\theta + \varepsilon \end{aligned}$$

가 성립한다. 그런데, ε은 임의의 양수이므로 우리는 다음을 증명하였다. 즉 bD에서 $\phi \ge u$을 만족하는 임의의 $\phi \in C(bD)$에 대하여

$$u(a) \le \frac{1}{2\pi} \int^{2\pi} \phi(a + re^{i\theta}) d\theta \tag{1.101}$$

을 만족한다. (1.101)의 우변에서 모든 가능한 ϕ, 즉 $\phi \in C(bD)$이고

$$\phi(z) \ge u(z), \ \forall z \in bD$$

를 만족하는 ϕ들에 대한 하한(infimum)을 취함으로써써 iii)을 얻는다.

iii) $\Longrightarrow$ i) : $K \subset D$는 콤팩트 집합이고 $h \in C(K)$는 K의 내부에서 조화함수이며 bK의 모든점에서 $u \le h$를 만족한다고 하자. 이제 K의 모든 점에서 $u \le h$임을 보이고자 한다. iii)과 h의 평균치 성질에 의하여 $u - h$는 K의 내부에서 열평균 성질을 갖는다. 그러므로 보조정리 1.82에 의하여

$$(u - h)(z) \le \mathrm{Max}_{bK}(u - h) \le 0, \quad \forall z \in K,$$

즉 $u(z) \le h(z), \forall z \in K$가 성립한다. 이로써 정리 1.80의 증명이 완료되었다. □

연습문제 1.83 ($|f|^\alpha$, $\log|f|$ 의 버금조화성)

영역 Ω에서 f가 정칙함수이면 임의의 양수 $\alpha > 0$에 대해서 $|f|^\alpha$와 $\log|f|$는 Ω에서 버금조화함수이다.

원판 $\{|z-a| < \rho\}$에서 정의된 임의의 함수 u의 평균함수란 변수 $0 < r < \rho$의 함수

$$A(u;r) := \frac{1}{2\pi}\int_0^{2\pi} u(a+re^{i\theta})d\theta$$

를 말한다. 다음은 버금조화함수의 평균에 관한 유용한 성질 하나를 살펴 보겠다.

보조정리 1.84 (버금조화함수의 평균함수)

원판 $\{|z-a| < \rho\}$에서 정의된 버금조화함수 u에 대하여 평균함수 $A(u;r)$는 $0 < r < \rho$에서 단조증가한다.

[증명] $D(r) = \{|z-a| < r\}$이고, $0 < r_1 < r_2 < \rho$라 하자. 함수 $\phi \in C(bD(r_2))$는 $bD(r_2)$에서 $\phi \geq u$를 만족한다고 하자. ϕ의 푸아송 적분을 취하여 이를 다시 ϕ라고 부르면 $\phi \in C(\overline{D(r_2)})$이고 ϕ는 $D(r_2)$에서 조화함수이다. 평균치 성질에 의하여

$$A(\phi;r) = \phi(a) \quad \forall r \leq r_2$$

이며 u는 버금조화함수이므로 $D(r_2)$에서 $u \leq \phi$이다. 이러한 모든 ϕ에 대하여 $A(u;r_1) \leq A(\phi, r_2)$이므로

$$A(u;r_1) \leq \inf\{A(\phi;r_2) : \phi \in C(bD(r_2)), \phi \geq u \text{ on } bD(r_2)\}$$

을 얻는데 여기서 우변이 $A(u;r_2)$이므로 증명이 완료되었다. □

명제 1.85 (버금조화함수의 필요충분조건)

영역 Ω에서 정의된 실함수 $u \in C^2(\Omega)$가 버금조화함수이기 위한 필요충분조건은 $\triangle u \geq 0$이다.

[증명] 먼저 $\triangle u > 0$이면 u가 버금조화함수임을 보이자. $K \subset \Omega$를 콤팩트 집합, $h \in C(K)$는 K의 내부에서 조화함수라 하자. bK에서 $v = u - h \leq 0$라고 가정하자. 만일 어떤 점 $z \in K$에서 $v(z) > 0$이면 v는 K의 어느 내점 a에서 최대치를 갖게 될 것이며 따라서 $\triangle v(a) \leq 0$이다. 그런데 $\triangle h = 0$이므로 $\triangle u(a) > 0$에 모순된다. 따라서 $v \leq 0$이어야 한다. 즉, K에서 $u \leq h$이다.

다음은 $\triangle u \geq 0$일 경우 앞의 논증을

$$u_j = u + (1/j)|z|^2, \quad j = 1, 2, \ldots$$

에 적용하여 각 u_j가 버금조화함수임을 보일 수 있다. $j \to \infty$일 때 $u_j(z)$는 감소하며 $u(z)$에 수렴하므로 보조정리 1.78의 iii)에 의하여 u가 버금조화함수이다.

역방향을 증명하기 위하여 u를 버금조화함수, 점 $a \in \Omega$에서 $\triangle u(a) < 0$이라 가정하자. 연속성에 의하여 a의 어떤 근방 U에서 $\triangle u < 0$이다. 그러므로 증명의 첫부분 논증에 의하여 $-u$가 U에서 버금조화함수이다. 그러므로 u와 $-u$가 모두 U에서 버금조화함수가 되어 연습문제 1.77에 의하여 u가 조화함수, 즉 $\triangle u = 0$이 되어 $\triangle u(a) < 0$에 모순된다. 따라서 Ω에서 $\triangle u \geq 0$이다. □

⊙ 디리클레 (Lejeune Dirichlet, 1805-1859, 독일)

⊙ 푸아송 (Dimeon-Denis Poisson, 1781-1840, 프랑스)

1.10 정칙대역

4절에서 다룬 여러 가지 확장정리들을 먼저 돌이켜보자. 하르톡스 영역 $H(r)$로부터 원판곱으로의 확장 (정리 1.43), 완비라인하르트 영역으로부터 라인하르트 외곽집합으로의 확장 (따름정리 1.41), 기타 확장현상들을 공부하였다.

연습문제 1.86

일변수 함수론에서는 확장현상이 존재하지 않는다. 즉, $\Omega \subsetneq \tilde{\Omega}$이고, 임의의 $f \in \mathcal{O}(\Omega)$가 $\tilde{\Omega}$로 정칙확장된다는 성질을 갖는 영역의 쌍 $(\Omega, \tilde{\Omega})$는 존재하지 않는다.

주어진 영역 $\Omega \subset \mathbb{C}^n$ $(n \geq 1)$과 $f \in \mathcal{O}(\Omega)$에 대하여 Ω가 f의 정칙대역이라 함은 f가 정칙함수로 연장할 수 있는 최대의 영역을 말하며 $\tilde{\Omega}_f$라고 표기한다. $\tilde{\Omega}_f$는 $\mathbb{C}^n$의 영역이 아닐 수 있으며 일반적으로 n차원 복소다양체이다. 1차원의 경우에는 $\tilde{\Omega}_f$는 리만 곡면이다. 영역 $\Omega \subset \mathbb{C}^n$이 **정칙대역**(domain of holomorphy)이라 함은 어떤 정칙함수 $f \in \mathcal{O}(\Omega)$가 존재하여 $\Omega = \tilde{\Omega}_f$임을 의미한다. 그러나 이론전개의 편의를 위하여 복잡하지만 표준적으로 다음과 같은 정의를 채택한다.

정의 1.87 (정칙대역)

영역 $\Omega \subset \mathbb{C}^n$가 **정칙대역**이라 함은 다음 조건을 만족하는 $\mathbb{C}^n$의 열린 부분집합의 쌍 (U, V)가 존재하지 않음을 의미한다. 즉, $V \not\subset \Omega$, $U \subset \Omega \cap V$, 그리고 임의의 $f \in \mathcal{O}(\Omega)$에 대하여 $g \in \mathcal{O}(V)$가 존재하여 U 위에서는 $f = g$이다.

Ω가 $\mathbb{C}^n$의 영역, 혹은 보다 일반적으로 n차원의 연결 복소다양체라 하자. Ω의 모든 정칙함수들이 확장되는 최대의 복소다양체 $\tilde{\Omega}$를 Ω의 **정칙포**(envelope of holomorphy)라고 부른다 ([1] §5.4 참조). $\Omega = \tilde{\Omega}$일 때 Ω는 **정칙적 완비**(holomorphically complete)라고 말한다.

연습문제 1.88

영역 $\Omega \subset \mathbb{C}^n$에 대하여 Ω가 정칙대역임과 Ω가 정칙적 완비임은 동치인가?

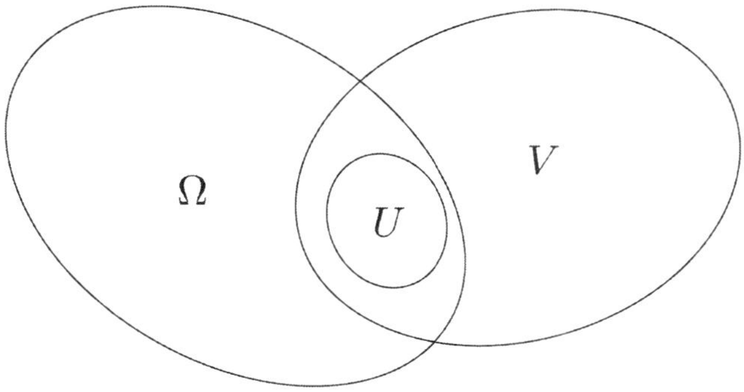

그림 1.6: 정칙대역

연습문제 1.89

$\mathbb{C}^1$ 의 모든 영역은 정칙대역이다.

그러나, 차원이 2 이상인 경우 4절에서 그 정칙확장성질을 논의한 영역들은 물론 정칙대역이 아니다.

따름정리 1.90 (정칙대역의 성질)

a) 임의의 볼록 영역은 정칙대역이다.
b) 정칙대역의 정칙동형사상에 의한 상(image)은 정칙대역이다.

힌트: 영역 $\Omega \in \mathbb{C}^n$ 가 볼록일 필요충분조건은 임의의 경계점 $P = (P_1, \dots, P_n) \in b\Omega$ 에서 지지 실초평면(supporting hyperplane)

$$\mathrm{Re}\sum_{j=1}^{n} a_j(z_j - P_j) = 0 \tag{1.102}$$

이 존재하여 Ω가 실초곡면 (1.102)의 한쪽에 놓여 판있게 된다는 것이다. 이제 $f(z) = \sum_{j=1}^{n} a_j(z_j - P_j)$라 두면 $1/f$는 점 P를 건너서 확장할 수 없다.

점 $P \in b\Omega$ 너머로 확장할 수 없는 함수 $f \in \mathcal{O}(\Omega)$를 점 P의 **장벽**(barrier)이라 부른다. 영역 Ω의 임의의 경계점이 장벽을 가지면 Ω는 정칙대역이다. 정칙대역들의 교집합도 정칙대역이다.

정칙대역의 개념과 이를 기하적인 특성으로 규정하는 문제는 1906년 하르톡스의 확장현상이 발견됨에 따라 자연스럽게 대두되었다. 1910년경에 레비(E.E. Levi)는 정칙대역의 경계면의 국소적 성질을 연구하여 의사볼록이란 개념을 정의하였다. 레비는 역으로 모든 경계점에서 의사볼록이면 정칙대역인가 하는 문제를 제기하였다. 그 후에 정칙대역의 성질로 여러가지 볼록성의 개념들이 소개되었으며 역으로 이들 중 하나가 성립하면 정칙대역인가 하는 문제들이 제기되었다. 레비의 문제, 혹은 기하적인 성질로 정칙대역을 규정하는 문제는 20세기 중엽, 거의 반세기가 넘도록 다변수 복소함수론의 중요한 연구과제이었으며 이 문제를 중심으로 이론이 발달하였다. 여러가지 볼록성의 개념을 정의하기 위하여 먼저 하나의 경계점을 지나는 복소곡선을 생각하자.

정의 1.91 (해석적 원판)

$\mathbb{C}^n$의 **해석적 원판**(analytic disc)이라 함은 열린 단위원 $\Delta \subset \mathbb{C}$에서 $\mathbb{C}^n$으로 가는 상수가 아닌 정칙사상을 의미한다. 이 사상이 $\bar{\Delta}$로 연속적으로 확장되는 경우에는 이 사상을 **닫힌 해석적 원판**(closed analytic disc)이라고 부른다. 해석적 원판

$$z(\tau) = (z_1(\tau), \ldots, z_n(\tau)), \quad |\tau| < 1$$

이 점 $P = z(0)$에서 정규(regular)라 함은 $z'(0) \neq 0$를 의미한다.

정의 1.92 (레비-의사볼록)

영역 $\Omega \subset \mathbb{C}^n$가 점 $P \in b\Omega$에서 **레비-의사볼록**(Levi pseudoconvex)이라 함은 P를 정규점으로 하는 임의의 해석적 원판은 $\Omega \cup \{P\}$에 속하지 않는 점을 포함한다는 의미이다. 영역 Ω가 레비-의사볼록이라 함은 Ω가 모든 경계점에서 레비-의사볼록임을 의미한다.

그림 1.7의 영역은 점 P에서 레비-의사볼록이 아니다.

레비 의사볼록성의 개념은 실 유클리드 공간의 영역에 대한 볼록성의 개념과 유사하다.

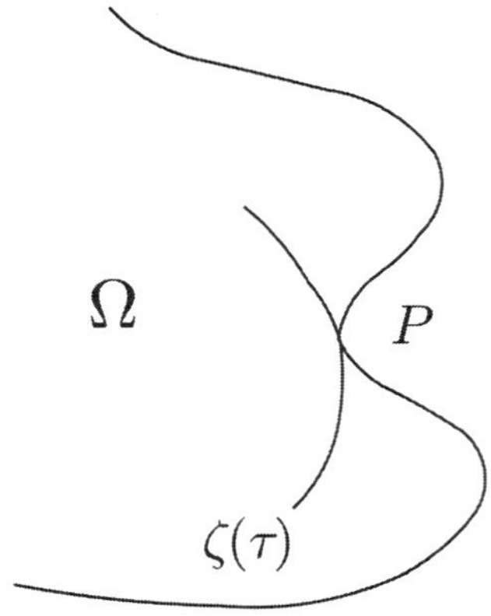

그림 1.7: 레비-의사볼록이 아닌 점

정의 1.93 (실공간 영역의 볼록함)

영역 $\Omega \subset \mathbb{R}^N$ 가 점 $P \in b\Omega$ 에서 **볼록하다**(convex) 함은 P 를 내부에 품은 임의의 선분이 $\Omega \cup \{P\}$ 바깥의 점을 포함한다는 의미이다.

따름정리 1.94 (C^2 실공간 영역의 볼록함)

영역 $\Omega \subset \mathbb{R}^N$ 경계면이 C^2 라 하고 ρ 는 정의함수라 하자. 즉,

$$\Omega = \{x \in \mathbb{R}^N : \rho(x) < 0\}$$

이고 $b\Omega$ 에서 $d\rho \neq 0$ 이라 하자. 그러면 Ω 가 모든 경계점에서 볼록일 필요충분조건은 임의의 점 $P \in b\Omega$ 와 P 에서 경계면에 접하는 벡터, 즉

$$\sum_{j=1}^{n} \frac{\partial \rho}{\partial x_j}(P)\xi_j = 0 \tag{1.103}$$

을 만족하는 벡터 $\xi \neq 0$ 에 대하여

$$\sum_{j,k=1}^{n} \frac{\partial^2 \rho}{\partial x_j \partial x_k}(P)\xi_j \xi_k \geq 0 \tag{1.104}$$

가 성립한다는 것이다.

힌트 : 점 P 를 지나고 $b\Omega$ 를 횡단하는(transversal) 직선은 $\Omega \cup \{P\}$ 에 속하지 않는 점을 포함한다. 벡터 $\xi \in \mathbb{R}^N$ 가 (1.103)를 만족할 필요충분조건은 ξ 가 P 에서 $b\Omega$ 에 접한다는 것이다. 선분 $\ell(t)$, $-\varepsilon < t < \varepsilon$, 가 $P = \ell(0)$ 에서 $b\Omega$ 에 접한다고 하자. 그러면 (1.104)는

$(\rho \circ \ell)''(0) \geq 0$와 동치이다. 그리고 임의의 점에서 (1.103)과 (1.104)를 만족하면 $\rho \circ \ell$는 볼록함수이다.

만일 (1.104)에서 협의의 부등식(strict inequality)이 만족되면 영역 $\Omega \subset \mathbb{R}^N$는 **강하게 볼록하다**(strictly convex, strongly convex)라고 말한다.

정의 1.95 (의사볼록, 강의사볼록)

$\Omega \subset \mathbb{C}^n$는 C^2 경계면을 가진 영역이고 ρ는 그 정의함수, 즉

$$\Omega = \{x \in \mathbb{C}^n : \rho(x) < 0\}$$

이고 $b\Omega$에서 $d\rho \neq 0$이라 하자. 영역 Ω가 점 $P \in b\Omega$에서 **(약한) 의사볼록**이라 함은

$$\sum_{j=1}^{n} \frac{\partial \rho}{\partial z_j}(P)\zeta_j = 0 \tag{1.105}$$

을 만족하는 임의의 벡터 $\zeta \neq 0$에 대하여

$$\sum_{j,k=1}^{n} \frac{\partial^2 \rho}{\partial z_j \partial \bar{z}_k}(P)\zeta_j \bar{\zeta}_k \geq 0 \tag{1.106}$$

가 성립함을 의미한다.

만일 (1.106)에서 협의의 부등식이 성립하면 Ω는 **강의사볼록**(strongly pseudo-convex, strictly pseudo-convex)이라 말한다.

연습문제 1.96

강의사볼록성, 약의사볼록성 정의 1.95는 잘 정의되었다. 즉, (1.105)-(1.106)은 정의함수 ρ의 선택에 무관하다.

힌트 : 만일 $\tilde{\rho}$가 다른 정의함수라고 하면, 어떤 C^2 함수 ψ가 존재하여 $\tilde{\rho} = \rho\psi$을 만족한다.

연습문제 1.97 (강의사볼록성)

영역 $\Omega \subset \mathbb{C}^n$ 가 강의사볼록이면 Ω 의 국소적 정의함수 $\tilde{\rho}$ 와 $C > 0$ 가 존재하여 임의의 점 $P \in b\Omega$ 와 임의의 복소 벡터 $\zeta \in \mathbb{C}^n$ 에 대하여

$$\sum_{j,k=1}^{n} \frac{\partial^2 \tilde{\rho}}{\partial z_j \partial \bar{z}_k}(P)\zeta_j \bar{\zeta}_k \geq C|\zeta|^2$$

이 된다.

연습문제 1.98

[강의사볼록영역과 볼록영역 사이의 국소적 정칙동형] 경계면이 C^2 인 영역 $\Omega \subset\subset \mathbb{C}^n$ 가 점 $P \in b\Omega$ 에서 강의사볼록이면 P 의 근방 $U \subset \mathbb{C}^n$ 과 U 의 정칙동형사상 Φ 가 존재하여 영역 $\Phi(U \cap \Omega)$ 가 $\Phi(P)$ 에서 강하게 볼록하다. 따라서 수식 (1.102) 에서와 같이 점 P 의 국소적 장벽 $f \in \mathcal{O}(\Omega \cap U)$ 가 존재한다.

힌트 : 연습문제 1.97과 연습문제 1.98은 [94] 의 Chapter 3을 참고할 것.

명제 1.99 (C^2 범주에서 레비의사볼록 $\Leftrightarrow$ 약의사볼록)

C^2 경계면을 가진 영역 $\Omega \subset \mathbb{C}^n$ 가 경계면의 모든 점에서 레비 의사볼록일 필요충분조건은 경계면의 모든 점이 정의 1.95의 의미로 의사볼록하다는 것이다.

[증명] ($\Longrightarrow$) P 를 원점이라 하자. 결론을 부정하여 $\sum_{j=1}^{n} \frac{\partial \rho}{\partial z_j}(P)\zeta_j = 0$ 을 만족하는 영 아닌 벡터 $\zeta \in \mathbb{C}^n$ 에 대하여

$$\sum_{j,k=1}^{n} \frac{\partial^2 \rho}{\partial z_j \partial \bar{z}_k}(P)\zeta_j \bar{\zeta}_k < 0$$

라고 가정하자. 그러면 에르미트 행렬 $\left(\frac{\partial^2 \rho}{\partial z_j \partial \bar{z}_k}(P)\right)$ 은 음의 고유치를 갖는다. 그러므로 필요하면 복소좌표를 적절히 유니타리 선형변환하여

$$\rho(z) = z_n + \bar{z}_n - \lambda|z_1|^2 + \sum_{j=2}^{n-1} \lambda_j |z_j|^2 + p_2(z) + \overline{p_2(z)} + 0(|z|^3), \quad \lambda > 0,$$

꼴로 둘 수 있다. 좌표의 정칙변환

$$w_n = z_n + p_2(z), \quad w_j = z_j \quad (j \neq n)$$

을 해주면 위의 식은

$$\rho(w) = w_n + \bar{w}_n - \lambda|w_1|^2 + \sum_{j=2}^{n-1} \lambda_j |w_j|^2 + 0(|w|^3), \quad \lambda > 0 \tag{1.107}$$

이라 쓸 수 있다. 그러면 복소직선 $\ell(\tau) := (\tau, 0, \dots, 0)$ 위에서 충분히 작은 τ $(\tau \neq 0)$에 대하여 $\rho(\ell(\tau)) < 0$을 얻는다.

$(\Longleftarrow)$ 정규 해석적 원판 $z(\tau)$, $\zeta = z'(0)$이 점 $z(0) \in b\Omega$에서 $b\Omega$에 접한다고 하자. 경계면의 점 P에서 (1.105)-(1.106)이 성립하면 $(\rho \circ z)(\tau)$가 버금조화함수이다. 임의의 $\varepsilon > 0$이 주어졌다 하자. $(\rho \circ z)(\tau)$의 평균 이하 성질에 의하여 복소수 $0 < |\tau| < \varepsilon$인 복소수 τ가 존재하여 $(\rho \circ z)(\tau) \geq 0$이다. □

연습문제 1.100

레비 의사볼록성은 국소적 성질이다. 즉, Ω가 점 $P \in b\Omega$에서 레비 의사볼록이고, Φ가 P의 근방 U의 정칙동형이면 $\Phi(\Omega \cap U)$는 $\Phi(P)$에서 레비 의사볼록이다. 영역의 경계면이 C^2이면 약의사볼록 혹은 강의사볼록에 관한 정의 1.90은 정의함수 ρ의 선택에 무관하다.

정의 1.101 (다중버금조화함수)

$\Omega \subset \mathbb{C}^n$를 영역이라 하고, $u : \Omega \to \mathbb{R} \cup \{-\infty\}$를 상반연속인 실함수라 하자. 임의의 복소직선

$$\ell(\tau) = P + \zeta\tau, \quad P \in \Omega, \quad \zeta \in \mathbb{C}^n, \quad \zeta \neq 0$$

에 대하여 함수 $\tau \mapsto (u \circ \ell)(\tau)$가 버금조화함수이면 u를 **다중버금조화함수**(plurisubharmonic, psh)라고 부른다.

연습문제 1.102 ($\log|f|$와 $|f|^p$는 다중버금조화함수임)

a) f가 $\Omega \subset \mathbb{C}^n$에서 정칙이면 $\log|f|$와 $|f|^p$ $(p > 0)$는 psh이다.
b) $u : \Omega \to \mathbb{R} \cup \{-\infty\}$가 psh이고 $\phi : \mathbb{R} \cup \{-\infty\} \to \mathbb{R} \cup \{-\infty\}$이 볼록함수이며 (정의 1.105) 단조증가하면 $\phi \circ u$는 psh이다.

명제 1.103 (C^2 다중버금조화함수)

실함수 u를 영역 $\Omega \subset \mathbb{C}^n$에서 정의된 C^2 함수라 하자. 그러면 u가 psh일 필요충분조건은 u의 복소 헤시안이 양의 반정부호 (positive semi-definite), 즉 임의의 $z \in \Omega$와 임의의 영 아닌 벡터 $\zeta \in \mathbb{C}^n$에 대하여

$$\sum_{j,k=1}^{n} \frac{\partial^2 u}{\partial z_j \partial \bar{z}_k}(z)\zeta_j \bar{\zeta}_k \geq 0 \tag{1.108}$$

이 성립하는 것이다.

[증명] 임의의 $P \in \mathbb{C}^n$와 임의의 영 아닌 벡터 $\zeta \in \mathbb{C}^n$에 대하여 P를 지나는 ζ 방향의 복소직선 $\ell(\tau) = P + \zeta\tau$을 생각하자. u가 psh일 필요충분조건은 $\triangle(u \circ \ell)(\tau) \geq 0$이다. 그런데, 연쇄법칙에 의하여

$$\triangle(u \circ \ell)(0) = \sum_{j,k=1}^{n} \frac{\partial^2 u}{\partial z_j \bar{z}_k}(P)\zeta_j \bar{\zeta}_k$$

이다. □

정의 1.104 (협의의 다중버금조화함수)

영역 $\Omega \subset \mathbb{C}^n$에서 정의된 C^2 실함수가 **협의의 다중버금조화 (strictly pluri-subharmonic, spsh) 함수**라 함은 (1.108)에서 협의의 부등식이 만족됨을 의미한다.

다중버금조화성 (pluri-subharmonicity)의 개념은 다음과 같이 실함수의 볼록함 (convexity)의 개념에 대비된다.

정의 1.105 (실함수의 볼록함)

영역 $\Omega \subset \mathbb{R}^N$에서 정의된 실함수 u가 **볼록하다 (convex)**라 함은 Ω에 품기는 임의의 선분 $\ell(t)$, $a \leq t \leq b$,에 대하여

$$u((1-\lambda)a + \lambda b)) \leq (1-\lambda)u(a) + \lambda u(b), \quad \forall \lambda \in [0,1]$$

임을 의미한다.

연습문제 1.106 (C^2 볼록실함수)

u를 영역 $\Omega \subset \mathbb{R}^N$에서 정의된 C^2 실함수라 하자. 그러면 u가 볼록일 필요충분조건은 u의 헤시안 행렬이 양의 반정부호(positive semi-definite), 즉 임의의 $x \in \Omega$와 임의의 영 아닌 벡터 $\xi \in \mathbb{R}^N$에 대하여

$$\sum_{j,k=1}^{N} \frac{\partial^2 u}{\partial x_j \partial x_k}(x)\xi_j\xi_k \geq 0 \tag{1.109}$$

이라는 것이다.

u가 협의의 볼록(strictly convex) 또는 강하게 볼록(strongly convex)이라 함은 (1.109)에서 협의의 부등식이 만족됨을 의미한다.

1.11 의사볼록성

하르톡스의 확장정리 (정리 1.43) 는 정칙대역이 만족해야 하는 기하적인 조건을 말하고 있다. 하르톡스의 틀이라 부르는 다음 도형들을 생각해 보자. Γ 와 $\hat{\Gamma}$ 를

$$\Gamma = \{z \in \mathbb{C}^n : z_j = 0,\ j = 1, \ldots, n-1,\ |z_n| \le 1\}$$
$$\cup \{z \in \mathbb{C}^n : z_j = 0,\ j = 1, \ldots, n-2, |z_{n-1}| \le 1, |z_n| = 1\},$$

와

$$\hat{\Gamma} = \{z \in \mathbb{C}^n : z_j = 0,\ j = 1, \ldots, n-2,\ |z_{n-1}| \le 1,\ |z_n| \le 1\}$$

라고 하자. 이들의 쌍 $(\Gamma, \hat{\Gamma})$ 을 $\mathbb{C}^n$ 의 **하르톡스 틀** (Hartogs' frame)이라 부른다. $n = 1$ 인 경우에는 $\Gamma = \hat{\Gamma}$ 임을 유의하자. 하르톡스 틀의 정칙동형에 의한 상을 **하르톡스 도형** (Hartogs' figure)이라 부른다. 즉 $\mathbb{C}^n$ 의 콤팩트 집합들의 쌍 $(\Gamma^*, \hat{\Gamma}^*)$ 이 하르톡스 도형이라 함은 정칙동형사상 $F : \hat{\Gamma} \to \hat{\Gamma}^*$ 가 존재하여 $F(\Gamma) = \Gamma^*$ 임을 의미한다.

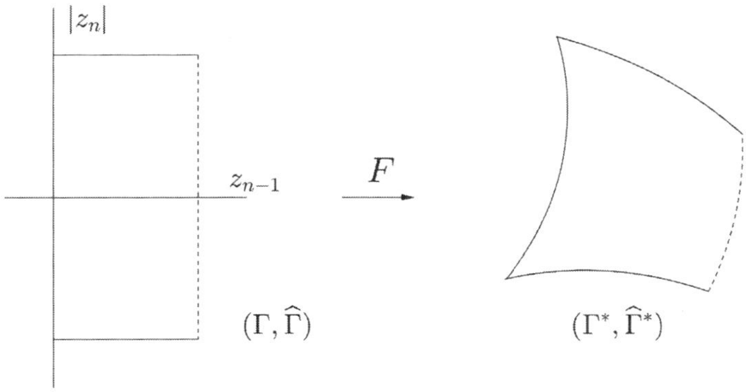

그림 1.8: 하르톡스 틀과 하르톡스 도형

명제 1.107 (하르톡스 정칙 확장)

$(\Gamma^*, \hat{\Gamma}^*)$ 를 하르톡스 도형이라 하자. 그러면 임의의 $f \in \mathcal{O}(\Gamma^*)$ 는 $\hat{f} \in \mathcal{O}(\hat{\Gamma}^*)$ 로 확장된다.

[증명] $F : \hat{\Gamma} \to \hat{\Gamma}^*$를 가정에서 말하는 정칙동형사상이라 하자. 임의의 $f \in \mathcal{O}(\Gamma^*)$에 대하여 $g = f \circ F \in \mathcal{O}(\Gamma)$이고 정리 1.43의 증명에서와 같이 $\varepsilon > 0$이 충분히 작으면

$$\hat{g}(z', z_n) = \frac{1}{2\pi i} \int_{|\zeta|=1+\varepsilon} \frac{g(z', \zeta)}{\zeta - z_n} d\zeta$$

은 g를 $\hat{\Gamma}$의 근방의 정칙함수로 확장한다. 즉, $\hat{g} \in \mathcal{O}(\hat{\Gamma})$이고 Γ의 근방에서 $g = \hat{g}$이다. 그러므로 $\hat{f} = \hat{g} \circ (F^{-1}) \in \mathcal{O}(\hat{\Gamma}^*)$는 요구하던 f의 확장이다. □

정의 1.108 (하르톡스-의사볼록)

영역 $\Omega \subset \mathbb{C}^n$이 하르톡스-의사볼록(Hartogs pseudoconvex)이라 함은 임의의 하르톡스 도형 $(\Gamma^*, \hat{\Gamma}^*)$에 대하여 $\Gamma^* \subset \Omega$이면 $\hat{\Gamma}^* \subset \Omega$이 됨을 의미한다.

명백히 다음 사실이 성립한다.

연습문제 1.109 (정칙대역 ⇒ 하르톡스 의사볼록)

영역 $\Omega \subset \mathbb{C}^n$가 정칙대역이면 Ω는 하르톡스-의사볼록이다.

정리 1.110 (C^1 하르톡스-의사볼록 ⇒ 레비-의사볼록)

$n \geq 2$일 때, 영역 $\Omega \subset \mathbb{C}^n$가 하르톡스-의사볼록이고 경계면이 C^1이면 Ω는 레비-의사볼록이다.

[증명] 만일 Ω가 $P \in b\Omega$에서 레비-의사볼록이 아니라고 하자. 그러면 어떤 정규 해석적 원판 $z(\tau)$이 존재하여 $z(0) = P \in b\Omega$, $\{z(\tau) : \tau \neq 0\} \subset \Omega$을 만족하게 된다. 점 P의 부근에서 좌표를 정칙변환하여

$$P = 0,\ z(\tau) = (\tau, 0, \ldots, 0),\ |\tau| < 2\delta$$

라고 할 수 있고, Ω 부근에서 정의함수를

$$\rho = x_n - \phi(z', y_n),\ d\phi(0) = 0$$

의 꼴로 잡을 수 있다. $\{z(\tau) : \tau \neq 0\} \subset \Omega$라고 가정하였으므로 $|\tau| < 2\delta$에 대하여 $\rho(\tau, 0, \dots, 0) < 0$이다. ρ는 연속이므로 $\eta > 0$가 충분히 작으면

$$\rho(z) < 0,\ \forall z \in K_1 := \{z = (\tau, 0, \dots, z_n) : |\tau| = \delta, |z_n + \eta| \leq 2\eta\},$$

즉 $K_1 \subset \Omega$이다. 뿐만 아니라 $|\tau| \leq \delta$이면

$$\rho(\tau, 0, \dots, -\eta) = -\eta - \phi(\tau, 0, \dots, 0) < 0$$

이다. 즉

$$K_2 = \{(\tau, 0, \dots, 0, -\eta) : |\tau| \leq \delta\} \subset \Omega$$

이다.

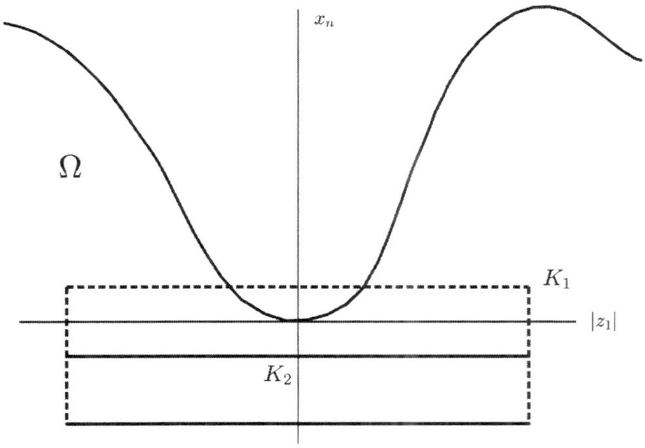

그림 1.9: K_1과 K_2

이제 그림 1.9처럼 $\Gamma^* = K_1 \cup K_2$, 그리고

$$\hat{\Gamma}^* = \{(\tau, 0, \dots, z_n) : |\tau| \leq \delta, |z_n + \eta| \leq 2\eta\}$$

라 두자. 그러면 $\Gamma^* \subset \Omega$이지만 $0 \in \hat{\Gamma}^*$이므로 $\hat{\Gamma}^* \not\subset \Omega$이다. □

명제 1.99와 정리 1.110로부터 다음을 얻는다.

따름정리 1.111 (C^2 정칙대역 ⇒ (약) 의사볼록)

영역 $\Omega \subset \mathbb{C}^n$ 가 정칙대역이고 C^2 경계면을 가지면 Ω는 (약하게) 의사볼록이다.

이제 (1.105)의 복소벡터 $\zeta = (\zeta_1, \ldots, \zeta_n) \in T_P(b\Omega)$와 (1,0)-벡터 $\sum_{j=1}^n \zeta_j \frac{\partial}{\partial z_j} := \zeta$를 동일시하면 (1.105)-(1.106)은 다음과 같이 쓸 수 있다:

$$\forall \zeta \in \mathbb{C}^n, \partial\rho(\zeta) = 0 \Longrightarrow \partial\bar{\partial}\rho(P)(\zeta, \bar{\zeta}) \geq 0. \tag{1.110}$$

정의 1.112 (레비 형식)

실초곡면 M의 정의함수를 $\rho \in C^2$, $d\rho \neq 0$라 하고 $P \in M$라 하자. $T_P^{1,0}(M)$를 $\partial\rho(\zeta) = 0$를 만족하는 벡터 $\zeta = \sum_{j=1}^n \zeta_j \frac{\partial}{\partial z_j}$ 들의 집합이라 하자. 점 P에서 M의 레비 형식(Levi form)

$$\mathcal{L}_P : T_P^{1,0}M \times T_P^{1,0}M \to \mathbb{C}$$

를

$$\begin{aligned}\mathcal{L}_P(\zeta, \eta) &:= \partial\bar{\partial}\rho(\zeta, \bar{\eta}) \\ &= \sum_{j,k=1}^n \frac{\partial^2 \rho}{\partial z_j \partial \bar{z}_k}(P)\zeta_j \bar{\eta}_k\end{aligned} \tag{1.111}$$

라고 정의한다.

우변의 $\left(\frac{\partial^2 \rho}{\partial z_j \partial \bar{z}_k}(P)\right)_{j,k=1,\ldots,n}$ 은 에르미트 행렬이므로 고유치는 실수이다.

연습문제 1.113 (레비 형식의 부호수)

레비 형식의 부호수, 즉 양, 음, 영인 고유치의 수는 국소적인 정칙동형사상으로 좌표를 변환하여도 불변이다.

이제 $\bar{\partial}$ 방정식의 가해성(solvability)에 관하여 논의해보자. 영역 Ω에서 $\bar{\partial}$ 방정식을 풀 수 있으면 점 $P \in b\Omega$에서의 국소적 장벽(local barrier) f를 대역적 장벽(global barrier)

으로 확장할 수 있다. 모든 $p, q = 0, 1, \ldots, n$에 대하여 $C^\infty_{p,q}(\Omega)$를 C^∞ 계수를 갖는 모든 (p, q)-형식들의 집합이라 하자. $\bar\partial \circ \bar\partial = 0$이므로 수열

$$0 \to C^\infty_{p,0}(\Omega) \xrightarrow{\bar\partial} C^\infty_{p,1}(\Omega) \xrightarrow{\bar\partial} \cdots \xrightarrow{\bar\partial} C^\infty_{p,n-1}(\Omega) \xrightarrow{\bar\partial} C^\infty_{p,n}(\Omega) \to 0 \tag{1.112}$$

은 복체(complex)이며 **코시-리만 복체**(Cauchy-Riemann complex)라 부른다.

정의 1.114 ($\bar\partial$ 의 가해성)

영역 $\Omega \subset \mathbb{C}^n$에서 복체 (1.112)가 완전하다(exact)면 $\bar\partial$를 풀 수 있다(solvable)고 말한다. 즉, (1.112)의 가해성은

$$\bar\partial f = 0 \tag{1.113}$$

을 만족하는 임의의 $f \in C^\infty_{p,q}(\Omega)$에 대하여

$$\bar\partial u = f \tag{1.114}$$

을 만족하는 $u \in C^\infty_{p,q-1}(\Omega)$가 존재함을 의미한다. (p, q)-형식 f가 **$\bar\partial$-닫혀있다**($\bar\partial$-closed)함은 $\bar\partial f = 0$을 의미한다. 그리고 **$\bar\partial$-완전하다**($\bar\partial$-exact)함은 어떤 $(p, q-1)$-형식 u가 존재하여 $f = \bar\partial u$임을 의미한다. $\bar\partial$의 가해성(풀 수 있음)은 Ω의 모든 $\bar\partial$-닫힌 형식은 $\bar\partial$-완전하다는 것과 동치이다.

강의사볼록 영역에서 $\bar\partial$를 풀 수 있음은 콘(J. J. Kohn, [89])이 1963년에 증명하였다. 일반적인 의사볼록영역에서 $\bar\partial$를 풀 수 있음(가해성)은 회르만더(L. Hörmander, [1])가 1965년에 증명하였다. $\bar\partial$의 풀 수 있음(가해성)과 국소적 장벽의 존재(연습문제 1.98)를 가정하고 우리는 다음 명제를 증명할 수 있다.

명제 1.115 (강의사볼록 ⇒ 정칙대역)

영역 $\Omega \subset \mathbb{C}^n$가 강의사볼록이면 Ω는 정칙대역이다.

[증명] P를 임의의 경계점이라 하고 f를 점 P에서의 장벽이라 하자. 즉, P의 근방 U에서 $f \in \mathcal{O}(U \cap \Omega)$이며 f는 점 P 너머로 확장할 수 없다. 이제 점 P의 근방 V를 $\overline{V} \subset U$가 되도록 선택하고 U 안에서 콤팩트하게 지지된 C^∞ 함수 ϕ를 V에서

$\phi \equiv 1$가 되도록 선택하자. 그러면 ϕf는 Ω에서 C^∞이고 $V \cap \Omega$에서 정칙이다. 여기에 함수 h를 더하여 대역적 장애를 얻으려고 한다. 다음 방정식을 만족하는 h를 구한다:

$$\bar{\partial}(\phi f + h) = 0. \tag{1.115}$$

그런데, $-\bar{\partial}\phi \cdot f$은 $\bar{\partial}$-닫힌 $(0,1)$-형식이므로 C^∞ 함수 h가 존재하여 $\bar{\partial}h = -\bar{\partial}\phi \cdot f$이 된다. 그러면 $\phi f + h$는 구하고자 하는 점 P에서의 대역적 장벽이다.

□

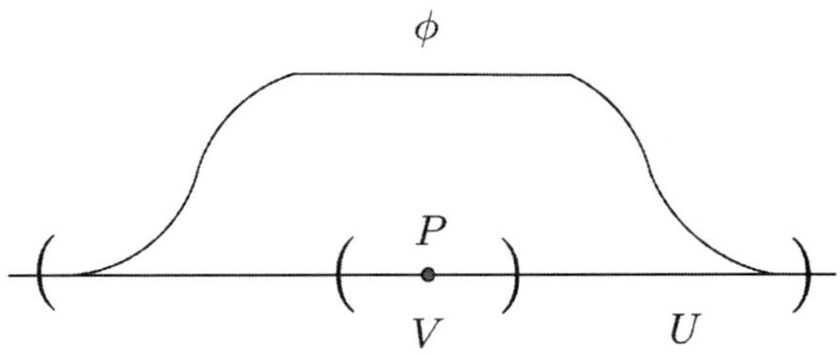

그림 1.10: 콤팩트 지지 함수 ϕ

다중-버금조화성 (pluri-subharmonicity)의 개념은 오카 (K. Oka)와 르롱 (P. Lelong)이 1941년에 처음으로 소개하였다. $\delta_\Omega(z)$를 $z \in \Omega$에서 Ω의 경계면에 이르는 거리라고 하자.

정리 1.116 (하르톡스-의사볼록 ⇒ 오카-의사볼록)

영역 $\Omega \subset \mathbb{C}^n$가 하르톡스-의사볼록이면 $-\log \delta_\Omega$은 Ω에서 다중버금조화함수이다.

정의 1.117 (오카-의사볼록)

영역 $\Omega \subset \mathbb{C}^n$ 가 오카-의사볼록(Oka pseudovonvex)이라 함은 $-\log \delta_\Omega$ 가 다중-버금조화 함수임을 의미한다.

정리 1.116을 증명하기 위하여 임의의 단위 벡터 $u \in \mathbb{C}^n$ 에 대하여

$$\delta_{\Omega,u}(z) := \sup\{t > 0 : z + \eta u \in \Omega, \quad \eta \in \mathbb{C}, \ |\eta| \le t\}$$

를 생각하자. 먼저 $0 < \delta_{\Omega,u}(z) \le \infty$ 이며 영역 Ω 가 유계이면 $\delta_{\Omega,u}(z) < \infty$ 임을 관찰하자.

연습문제 1.118

$\delta_{\Omega,u} : \Omega \to \mathbb{R} \cup \{\infty\}$ 는 Ω 에서 하반연속이고 모든 $z \in \Omega$ 에 대하여

$$\delta_\Omega(z) = \inf\{\delta_{\Omega,u}(z) : u \in \mathbb{C}^n, \ |u| = 1\} \tag{1.116}$$

이 성립한다.

명제 1.119 (하르톡스-의사볼록 ⇒ $-\log \delta_{\Omega,u}$ 의 다중-버금조화성)

영역 $\Omega \subset \mathbb{C}^n$ 가 하르톡스-의사볼록이면 임의의 단위벡터 $u \in \mathbb{C}^n$ 에 대하여 $-\log \delta_{\Omega,u}$ 는 Ω 에서 다중버금조화함수이다.

[증명] 단위벡터 $u \in \mathbb{C}^n$ 가 주어졌다고 하자. 연습문제 1.118에 의하여 $-\log \delta_{\Omega,u}$ 는 Ω 에서 상반연속이다. 이제 임의의 $a \in \Omega$ 와 임의의 $w \in \mathbb{C}^n$ 에 대하여 함수

$$\lambda \mapsto -\log \delta_{\Omega,u}(a + \lambda w)$$

가

$$D_{a,w} := \{\lambda \in \mathbb{C} : a + \lambda w \in \Omega\}$$

에서 버금조화함수임을 보이고자 한다. u 와 w 가 일차종속이면 $\delta_{\Omega,u}(a + \lambda w)$ 는 λ 에서 $D_{a,w} \subset \mathbb{C}$ 의 경계까지의 유클리드 공간의 거리를 말하며 이 경우는 이미 따름정리 1.79에서 논의한 바와 같다. 이제 u 와 w 가 일차독립이라 가정하자. $-\log \delta_{\Omega,u}$ 의 버금조화성(subharmonicity)을 보이기 위하여 다음을 보이면 충분하다: 즉,

적당한 $r > 0$이 존재하여 $\{a+\lambda w : |\lambda| \le r\} \subset \Omega$이고 임의의 정칙함수 g에 대하여 $|\lambda| = r$에서

$$-\log \delta_{\Omega,u}(a+\lambda w) \le \text{Re } g(\lambda) \tag{1.117}$$

을 만족하면 $|\lambda| \le r$에서 (1.117)이 성립한다는 조건이다. 그런데, 정칙 다항식들의 집합은 $|\lambda| \le r$의 정칙함수의 집합에서 고른노름(uniform norm)에 관한 조밀(dense)한 부분집합이므로 (1.117)을 정칙 다항식에 관하여 보이면 충분하다. (1.117)은

$$\delta_{\Omega,u}(a+\lambda w) \ge |e^{-g(\lambda)}| \tag{1.118}$$

과 동치임을 유의하자. 이제 우리는 적절한 하르톡스 도형 $(\Gamma^*, \hat{\Gamma}^*)$을 만들기 위하여 $|\lambda| = r$에서의 (1.118)의 기하적인 의미를 사용하고자 한다. $\delta_{\Omega,u}$의 정의에 의하여 (1.118)은 모든 $0 < t < 1$에 대하여

$$\{a+\lambda w + \eta u e^{-g(\lambda)} : |\eta| \le t\} \subset \Omega \tag{1.119}$$

임과 동치이다. 이제 $0 < t < 1$를 고정하고 $u_1, \ldots, u_{n-2} \in \mathbb{C}^n$를 적절히 선택하여 $\{u_1, \ldots, u_{n-2}, u, w\}$가 일차독립이 되게 한다. 그러면 사상 $F : \mathbb{C}^n \to \mathbb{C}^n$을

$$F(z) = a + rz_n w + tz_{n-1}ue^{-g(rz_n)} + z_1u_1 + \cdots + z_{n-2}u_{n-2}$$

로 정의하면 F는 정칙이다. 그러면

$$\Gamma_1^* = \{F(0', z_n) : |z_n| \le 1\} = \{a+\lambda w : |\lambda| \le r\} \subset \Omega$$

이고 $|\lambda| = r$에서 (1.117)이 성립한다. 따라서 (1.119)가 성립하므로

$$\Gamma_2^* = \{F(0, \ldots, 0, z_{n-1}, z_n) : |z_{n-1}| \le 1, |z_n| = 1\} \subset \Omega$$

이 성립함을 알 수 있다. 이제 만일 $\Gamma^* = \Gamma_1^* \cup \Gamma_2^*$이고

$$\hat{\Gamma} = \{(0, \ldots, 0, z_{n-1}, z_n\} : |z_{n-1}| \le 1, |z_n| \le 1\}$$

에 대하여 $\hat{\Gamma}^* = F(\hat{\Gamma})$이면 $(\Gamma^*, \hat{\Gamma}^*)$은 하르톡스 도형이며 $\Gamma^* \subset \Omega$이다. 그러므로 (1.119)는 $|\lambda| \le r$, $t < 1$에서 성립하고, 따라서 (1.117)은 $|\lambda| \le r$에서 성립한다. □

이제 정리 1.116은

$$-\log \delta_\Omega = \sup\{-\log \delta_{\Omega,u} : |u| = 1\}$$

으로부터 도출된다.

레비 문제는 오카 [118]가 1942년에 $\mathbb{C}^2$ 인 경우에, 그리고 일반 차원에서는 오카 [121], 브레머만 [24], 그리고 노르구에 [110]가 각각 독립적으로 1950년대 초에 증명하였다. 이제 우리는 이들 의사볼록성과 정칙대역에 관한 근본정리를 서술한다.

정리 1.120 (레비 문제의 해답)

영역 $\Omega \subset \mathbb{C}^n$ 에 대하여 다음 명제들은 동치이다:

a) Ω는 정칙대역이다.
b) Ω는 하르톡스 의사볼록이다.
c) Ω는 레비 의사볼록(정의1.92) 이다.
d) Ω는 오카 의사볼록, 즉 $-\log \delta_\Omega$가 다중버금조화 함수이다.
e) $\bar{\partial}$ 방정식을 Ω에서 풀 수 있다.

우리는 다음을 증명하였다.

$a) \Longrightarrow b)$,

$b) \Longrightarrow c)$ C^1 범주에서,

$c)$와 $e)$를 가정하면 $a)$를 얻음 (강의사볼록인 경우),

$b) \Longrightarrow d)$.

정리 1.120과 또 하나의 동치조건을 소개하기 위하여 소진함수의 개념을 정의하겠다.

정의 1.121 (소진함수, exhaustion)

영역 $\Omega \subset \mathbb{C}^n$ 에서 정의된 실함수 ϕ 가 다음 조건을 만족하면 **소진함수**라 부른다: 임의의 $c \in \mathbb{R}$에 대하여 집합 $\Omega_c := \{z \in \Omega : \phi(z) < c\}$가 상대적으로 콤팩트(relatively compact)하다. 즉, $\Omega_c \subset\subset \Omega$를 만족한다.

ϕ가 소진함수이면 $z \to b\Omega$일 때 $\phi(z) \to \infty$임을 관찰하자.

연습문제 1.122 (spsh 소진함수의 존재)

영역 Ω가 강한 다중버금조화(strongly pluri-subharmonic, 줄여서 spsh) 소진함수 $\phi \in C^\infty(\Omega)$를 갖는다는 조건과 정리 1.120의 조건 b), c), d)는 모두 동치임을 보여라.

정의 1.123 (의사볼록, pseudo-convexity)

영역 $\Omega \subset \mathbb{C}^n$ 가 위의 연습문제의 네 가지 동치조건 중 하나를 만족할 때 **의사볼록** (pseudo-convex)하다고 말한다.

연습문제 1.124 (의사볼록과 레비형식, pseudo-convexity and the Levi form)

C^2 경계면을 갖는 영역 $\Omega \subset \mathbb{C}^n$이 의사볼록임과 약의사볼록, 즉 레비형식이 양의 반정부호(positive semi-definite)임은 동치이다.

연습문제 1.125 ($\bar\partial$ 의 가해성, solvability of $\bar\partial$)

[1] 4장 (§4.1, §4.2) 혹은 [94] 4장을 참조하여 d) $\Longrightarrow$ e)를 증명하라.

마지막으로 우리는 e) $\Longrightarrow$ a)를 증명하고자 한다.

임의의 경계점 $P \in b\Omega$가 장애함수(barrier)를 가진다는 사실을 귀납법으로 보이고자 한다. $n = 1$일 때, 일변수 복소공간의 영역 Ω의 경계점 P에서 $f(z) = 1/(z - P)$가 장애함수이다. 일반적인 n차원의 영역 $\Omega \subset \mathbb{C}^n$의 경계점 P에서 적절한 1차식의 좌표변환을 시행하여 P는 원점으로 $\omega := \Omega \cap \{z_n = 0\}$은 공집합이 아닌 $\mathbb{C}^{n-1} = \{(z_1, \ldots, z_{n-1})\}$의 영역이 되게 할 수 있다. 이제 $\pi : \Omega \to \mathbb{C}^{n-1}$를 투영사상

$$(z_1, \ldots, z_n) \mapsto (z_1, \ldots, z_{n-1})$$

이라 하고 $B := \{z \in \Omega : \pi(z) \notin \omega\}$ 라고 두면 B 와 ω 는 Ω 에서 상대적으로 닫힌(relatively closed) 서로 만나지 않는(disjoint) 부분집합들이므로

$$\psi(z) = \begin{cases} 1, & z \in \omega \\ 0, & z \in B \end{cases}$$

인 함수 $\psi \in C^\infty : \Omega \to [0,1]$ 가 존재한다 (유리존 보조정리의 C^∞ 버전, 혹은 이 경우에는 구체적으로 만들 수 있다). 이제 $f(z_1, \ldots, z_{n-1})$ 을 경계점 $0 \in b\omega$ 의 장애함수라 하자. 이를 Ω 로 확장하여 $O \in b\Omega$ 의 장애함수 F 를 얻기 위하여

$$F(z) = \psi(z) f(\pi(z)) + z_n v(z)$$

라 두고 $\bar{\partial} F = 0$ 이 되도록 $v(z)$ 를 결정하고자 한다. 양변에 $\bar{\partial}$ 를 취하면

$$0 = \bar{\partial}\psi \ f(\pi(z)) + z_n \bar{\partial} v$$

를 만족해야 하므로 미지함수 v 에 관한

$$\bar{\partial} v = -\frac{\bar{\partial}\psi \ f(\pi(z))}{z_n} \tag{1.120}$$

을 생각하면 우변이 $\bar{\partial}$-닫힌 1-형식이므로 (1.120) 의 해 $v \in C^\infty(\Omega)$ 가 존재한다. □

1.12 연습문제 ($\bar{\partial}$ 의 가해성) 을 위한 도움말 :

1.12.1 $\bar{\partial}$ 의 초함수로 확장

실변수 $x = (x_1, \ldots, x_N)$ 의 함수 $u(x)$ 에 대한 선형미분연산자 $\sum_\alpha a_\alpha \partial^\alpha$ 는 $L^2(\mathbb{R}^N)$ 의 조밀하게 정의된 (densely defined) 닫힌 (closed) 비유계 (unbounded) 연산자임을 확인해 보자. $L^2(\mathbb{R}^N)$ 의 조밀한 부분집합 $\mathcal{D} := C_0^\infty(\mathcal{R}^N)$ 즉 콤팩트 지지집합을 갖는 (compactly supported) 함수들의 집합에서 정의된 연산이다. 닫힌 연산임을 보기 위해 $N = 1$ 인 경우 예컨대 일계 미분연산 $\frac{d}{dx}$ 가 닫힌 연산임을 보이자. $n \to \infty$ 일 때

$$u_n \to u, \qquad u_n' \to f$$

이면 u 는 초함수 (distribution) 미분의 의미로 미분가능하고 $u' = f$ 임을 보이면 된다. 임의의 $\phi \in \mathcal{D}$ 에 대하여

$$\int u\phi' + \int f\phi = \int (u\phi' - u_n\phi') + \int (u_n\phi' + f\phi)$$

이고, 위 등식의 마지막 항은 초함수 미분의 의미로 $\int(-u_n' + f)\phi$ 이므로 우변의 두 항은 모두 $n \to \infty$ 이면 영으로 수렴한다. 따라서

$$-\int u\phi' = \int f\phi \tag{1.121}$$

이 성립한다. 즉 초함수 미분의 의미로 $u' = f$ 이다.

다음은 미분연산자가 비유계임을 보이기 위하여 자연수 n 에 대하여

$$u_n(x) = \begin{cases} nx, \quad \mod \ \mathbb{Z}, & 0 \le x \le 1 \\ 0, & x > 1 \text{ 또는 } x < 0 \end{cases}$$

와 같이 정의된 $u_n \in L^2(\mathbb{R})$ 을 생각하자. 그러면, $0 \le u_n(x) < 1$, $u_n'(x) = n$ 이므로 $\|u_n\| \le 1$ 이고 $\|u_n'\| = n \to \infty$ 이다.

1.12.2 약해(초함수해)의 존재증명을 위한 보조정리

의사볼록 영역 $\Omega \subset \mathbb{C}^n$ 에 대하여 $\bar{\partial}u = f$ 의 약해(weak solution), 즉 초함수 해(distribution solution)의 존재를 먼저 증명한다. 그렇게 하기 위해서는 먼저

$$\mathcal{D}_{p,q}(\Omega) \xrightarrow{\bar{\partial}} \mathcal{D}_{p,q+1}(\Omega)$$

를

$$L^2_{p,q}(\Omega, \phi_1) \xrightarrow{\bar{\partial}} L^2_{p,q+1}(\Omega, \phi_2) \tag{1.122}$$

으로 확장한다. 여기에서 ϕ_1, ϕ_2 는 Ω 의 spsh 소진함수인데 나중에 $-\log \delta_\Omega$ 를 이용하여 적절히 선택하고자 한다. (1.122) 에서 $\bar{\partial}$ 는 조밀하게 정의된(densely defined) 닫힌(closed) 비유계(unbounded) 선형미분연산자이다. (1.122) 에서 $\bar{\partial}$ 는 닫힌 연산자이므로 $\bar{\partial}$-닫힌 (p, q)-형식들은 $L^2_{p,q}(\Omega, \phi_1)$ 의 닫힌 부분공간이다.

[1] 의 §4.1 에서는 추상적인 수준에서 힐베르트 공간 사이의

$$H_1 \xrightarrow{T} H_2$$

의 가해성을 위한 필요충분조건을 말하고 있다 (Lemma 4.1) 여기에서 T 는 $\bar{\partial}$ 의 확장을 말한다.

이제 $T : H_1 \to H_2$ 가 조밀하게 정의된 닫힌 연산자일 때 먼저 다음 사항을 확인하자.

i) T^* 가 조밀하게 정의된다.

ii) $T = T^{**}$ 가 성립한다 (참고 : [130]).

iii) $\mathcal{N}(T) = \ker T$ 는 닫힌 부분공간이다.

보조정리 1.126 ([1] 의 Lemma 4.1.1)

$T : H_1 \to H_2$ 가 조밀하게 정의된 닫힌 선형사상이고 $F \subset H_2$ 가 닫힌 부분공간이라 하자. 양의 상수 C 가 존재하여

$$\|f\|_{H_2} \le C\|T^* f\|_{H_1}, \quad \forall f \in F \cap D_{T^*} \tag{1.123}$$

을 만족하면 $F = \mathcal{R}_T$ 이다.

[증명] 임의의 $g \in F$를 고정시키자. $Tu = g$를 만족하는 $u \in H_1$의 존재를 보이기 위하여는 $\mathcal{D}_{T^*} \subset H_2$가 조밀하므로

$$(Tu, f)_{H_2} = (u, T^*f)_{H_1} = (g, f)_{H_2}, \quad \forall f \in \mathcal{D}_{T^*}$$

을 만족하는 u의 존재를 보이면 된다. 이제 선형함수

$$T^*f \overset{\Psi}{\mapsto} (g, f)_{H_2}$$

를 생각하자. 만일

$$|(g, f)_{H_2}| \leq C\|g\|\|T^*f\| \tag{1.124}$$

을 보일 수 있다면 Ψ는 유계(노름 $\leq C\|g\|$) 선형함수이므로 한-바나흐 정리에 의하여

$$\Psi(T^*f) = (u, T^*f)$$

을 만족하는 $u \in H_1$가 존재한다. 좌변은 (g, f)이므로 u는 구하고자 하는 해이다.

이제 (1.124)를 보이고자 한다. 만일 $f \in F^\perp$이면 $g \in F$이므로 (1.124)의 좌변은 영이고 $\mathcal{R}_T \subset F$이므로 $\|T^*f\| = 0$이 되어 우변도 영이 되므로 $f \in F$에 대하여 보이면 충분하다. 가정으로부터

$$|(g, f)| \leq \|g\|\|f\| \leq \|g\|C\|T^*f\|, \quad \forall f \in F \cap \mathcal{D}_{T^*}$$

를 얻는다. □

이 때, 방정식 $Tu = f$의 해는 유일하지 않다. $Tu = f$이면 w가 T의 영공간 $\mathcal{N}(T)$의 임의의 원소일 때 $u + w$도 해이기 때문이다. 하지만, 해가 존재하는 경우에 $\mathcal{N}(T)^\perp$에서 유일한 해가 존재한다. 보조정리 1.126의 가정하에 임의의 $v \in \mathcal{N}(T)^\perp$에 대하여 $T^*f = v$인 $f \in \mathcal{D}_{T^*}$가 존재하며

$$\|f\|_{H_2} \leq C\|v\|_{H_1}$$

을 만족한다.

1.12.3 $\bar{\partial}$ 복합체 C_0^∞ 범주에서의 추정으로 귀착

(1.122)에서와 같이 $\bar{\partial}$ 복합체를 L^2로 확장하여 초함수 미분의 의미로 확장한 $\bar{\partial}$를 각각 T와 S라 하고

$$\cdots \to L^2_{p,q}(\Omega,\phi_1) \xrightarrow{T} L^2_{p,q+1}(\Omega,\phi_2) \xrightarrow{S} L^2_{p,q+2}(\Omega,\phi_3) \to \cdots$$

을 생각하자. 보조정리 1.126의 닫힌 부분공간 F는 S의 영공간 $\mathcal{N}(S)$이다. 이제 (1.123)을 보이기 위하여

$$\|f\|^2_{\phi_1} \le C^2\left(\|T^*f\|^2_{\phi_1} + \|Sf\|^2_{\phi_3}\right), \quad \forall f \in \mathcal{D}_{T^*} \cap \mathcal{D}_S \tag{1.125}$$

을 보이면 충분하다.

뿐만 아니라 밀도함수 ϕ_j $(j = 1, 2, 3)$를 적절히 선택하면 C_0^∞ 계수를 갖는 형식들에 대하여 (1.125)를 보이면 충분함을 보조정리 1.127에서 보이고자 한다.

보조정리 1.127 ([1] 의 Lemma 4.1.3)

실함수의 수열 $\eta_\nu \in C_0^\infty$, $0 \le \eta_\nu \le 1$ $(\nu = 1, 2, \ldots)$ 에 대하여 Ω의 임의의 콤팩트 부분집합에서 충분히 큰 ν에 대하여는 $\nu = 1$이라고 하자. 만일 $\phi_2 \in C^1(\Omega)$이고

$$e^{-\phi_{j+1}}\sum_{k=1}^{n}|\partial\eta_\nu/\partial\bar{z}_k|^2 \le e^{-\phi_j}; \qquad j = 1, 2; \ \ \nu = 1, 2, \ldots \tag{1.126}$$

을 만족하면 $\mathcal{D}_{p,q+1}(\Omega)$는 $\mathcal{D}_{T^*} \cap \mathcal{D}_S$에서 그래프 노름

$$f \mapsto \|f\|_{\phi_2} + \|T^*\|_{\phi_1} + \|S\|_{\phi_3}$$

에 관하여 조밀(dense)하다.

(1.126)의 $\partial\eta_\nu/\partial\bar{z}_k$ 중 유한개만이 ϕ_j를 제한하므로 이를 만족하는 연속함수 ϕ_j $(j = 1, 2, 3)$가 존재한다. 보조정리 1.127을 증명하기에 앞서 먼저 국소적으로 적분가능한 함수를 C_0^∞ 확률밀도함수와 합성곱(convolution)을 취함으로써 매끄럽게(smoothing) 할 수 있음을 살펴보자.

보조정리 1.128

실함수 $\chi \in C_0^\infty(\mathbb{R}^N)$의 지지집합(support)이 원점을 중심으로 하는 단위구에 들어가며 $\int \chi dx = 1$이라 하자. 그리고

$$\chi_\varepsilon(x) := \varepsilon^{-N}\chi(x/\varepsilon),\ x \in \mathbb{R}^N$$

이라 두자. 그러면 임의의 $g \in L^2(\mathbb{R}^N)$에 대하여

$$g * \chi_\varepsilon(x) = \int g(y)\chi_\varepsilon(x-y)dy = \int g(x-\varepsilon y)\chi(y)dy$$

은 C^∞ 함수이며 $\varepsilon \to 0$일 때 $\|g * \chi_\varepsilon - g\| \to 0$이다. 그리고 $g * \chi_\varepsilon$의 지지집합은 g의 지지집합으로부터 거리 ε을 초과하는 점을 포함하지 않는다.

위의 보조 정리의 증명은 [1]의 81쪽에 있으며 표준적인 사실로 각자 연습문제로 해볼 수 있다. 이제 우리는 T^*를 $\mathbb{C}^n$의 좌표를 써서 계산해 보겠다. u와 f를 각각

$$u = \sum\nolimits'_{|I|=p}\sum\nolimits'_{|K|=q} u_{I,K}dz^I \wedge d\bar{z}^K \in \mathcal{D}_{p,q}(\Omega),$$
$$f = \sum\nolimits'_{|I|=p}\sum\nolimits'_{|J|=q+1} f_{IJ}dz^I \wedge d\bar{z}^J \in L^2_{p,q+1}(\Omega, \phi_2)$$

라고 하자. 여기에서 $\sum'$은 증가하는 지표에 대한 합을 의미한다. 그러면

$$\bar{\partial}u = \sum\nolimits'_{|I|=p}\sum\nolimits'_{|K|=q}\sum_{j=1}^{n} \partial u_{IK}/\partial\bar{z}^j d\bar{z}_j \wedge dz^I \wedge d\bar{z}^K$$

이다. 만일 $f \in \mathcal{D}_{T^*}$이면

$$\begin{aligned}&\int \sum\nolimits'_{|I|=p}\sum\nolimits'_{|K|=q}(T^*f)_{IK}\overline{U_{IK}}e^{-\phi_1}d\lambda \\ =&(T^*f, u)_{\phi_1} \\ =&(f, Tu)_{\phi_2} \\ =&(-1)^p \int \sum\nolimits'_{|I|=p}\sum\nolimits'_{|K|=q}\sum_{j=1}^{n} f_{I,jK}\overline{\left(\frac{\partial u_{IK}}{\partial\bar{z}_j}\right)}e^{-\phi_2}d\lambda\end{aligned} \tag{1.127}$$

이고, 마지막 항의 피적분함수는

$$f_{I,jK}\overline{\left(\frac{\partial u_{IK}}{\partial\bar{z}_j}\right)}e^{-\phi_2} = \frac{\partial}{\partial z_j}\left(f_{I,jK}\overline{u_{IK}}e^{-\phi_2}\right) - \frac{\partial}{\partial z_j}\left(f_{I,jK}e^{-\phi_2}\right)\overline{u_{IK}}$$

이므로 (1.127)의 마지막 항은 부분적분에 의하여

$$(-1)^{p-1}\int \sum\nolimits'_{|I|=p}\sum\nolimits'_{|K|=q}\sum_{j=1}^{n}\frac{\partial}{\partial z_j}\left(f_{I,jK}e^{-\phi_2}\right)\overline{u_{IK}}\ d\lambda$$

이다. 그러므로

$$(T^*f)_{IK} = (-1)^{p-1} \sum_{j=1}^{n} \frac{\partial}{\partial z_j} \left(f_{I,jK} e^{-\phi_2} \right) e^{\phi_1} \tag{1.128}$$

을 얻는다.

1.12.4 보조정리 1.127의 증명

먼저 $f \in \mathcal{D}_{T^*}$, $\eta \in C_0^\infty(\Omega)$ 이면 $\eta f \in \mathcal{D}_{T^*}$ 임을 보이자. 임의의 $u \in \mathcal{D}_T$ 에 대하여

$$(\eta f, Tu)_{\phi_2} = (f, \bar{\eta} Tu)_{\phi_2}$$

이다. 그런데,

$$\bar{\eta} Tu = T(\bar{\eta} u) - \bar{\partial} \eta \wedge u$$

이므로

$$(\eta f, Tu)_{\phi_2} = (T^* f, \bar{\eta} u)_{\phi_1} - (f, \bar{\partial} \eta \wedge u)_{\phi_2}$$

이 되어 마지막 항에 u 의 미분이 나타나지 않으므로 $\|u\|_{\phi_1}$ 에 관해 연속이다. 따라서 한-바나흐 정리에 의하여 $v \in L^2_{p,q}(\Omega, \phi_1)$ 가 존재하여

$$(\eta f, Tu)_{\phi_2} = (v, u)_{\phi_1}$$

이다. 즉 $\eta f \in \mathcal{D}_{T^*}$ 이고 $T^*(\eta f) = v$ 이다.

$$S(\eta_\nu f) - \eta_\nu S f = \bar{\partial} \eta_\nu \wedge f, \qquad \forall f \in \mathcal{D}_S$$

이므로

$$\begin{aligned} |S(\eta_\nu f) - \eta_\nu S f|^2 e^{-\phi_3} &= |\bar{\partial} \eta_\nu \wedge f|^2 e^{-\phi_3} \\ &\le \sum\nolimits'_{|I|=p} \sum\nolimits'_{|J|=q+1} \left| \sum_{j=1}^{n} \frac{\partial \eta_\nu}{\partial \bar{z}_j} f_{IJ} \right|^2 e^{-\phi_3} \\ &\le \sum\nolimits'_{|I|=p} \sum\nolimits'_{|J|=q+1} \sum_{j=1}^{n} \left| \frac{\partial \eta_\nu}{\partial \bar{z}_j} \right|^2 |f_{IJ}|^2 e^{-\phi_3} \\ &\le |f|^2 e^{-\phi_2} \end{aligned}$$

을 얻는다. 마지막 항은 적분가능하므로 르베그의 지배수렴정리 (Lebesgue's dominated convergence theorem) 에 의하여

$$\nu \to \infty\text{일 때} \quad \|S(\eta_\nu f) - \eta_\nu Sf\|_{\phi_3} \to 0, \qquad f \in \mathcal{D}_S \tag{1.129}$$

을 얻는다. 이제 같은 방법으로

$$\nu \to \infty\text{일 때} \quad \|T^*(\eta_\nu f) - \eta_\nu T^* f\|_{\phi_1} \to 0 \tag{1.130}$$

임을 보이자. (1.128) 에 의하여

$$[T^*(\eta_\nu f) - \eta_\nu T^* f]_{IK} = (-1)^{p-1}\left(\sum_{j=1}^{n} \frac{\partial \eta_\nu}{\partial z_j} f_{I,jK} e^{-\phi_2} e^{\phi_1}\right)$$

이므로

$$\begin{aligned}\|T^*(\eta_\nu f) - \eta_\nu T^* f\|_{\phi_1}^2 &= \int {\sum}'_{|I|=p} {\sum}'_{|K|=q} \sum_{j=1}^{n} \left| \frac{\partial \eta_\nu}{\partial z_j} f_{I,jK} e^{-\phi_2} e^{\phi_1} \right|^2 e^{-\phi_1} d\lambda \\ &\le \int \left|\bar{\partial}\eta_\nu\right|^2 |f|^2 e^{-2\phi_2} e^{\phi_1} d\lambda \\ &\le \int |f|^2 e^{-\phi_2} d\lambda \end{aligned} \tag{1.131}$$

이고 르베그의 지배수렴정리에 의하여 (1.130) 을 얻는다. 단 η 들은 실함수이므로 $\left|\bar{\partial}\eta\right| = |\partial\eta|$ 이다. 그리고 거의 자명하지만

$$|\eta_\nu f - f|^2 \le |f|^2$$

이므로 르베그 지배수렴정리에 의하여 측도 $e^{-\phi_1} d\lambda$ 의 L^2 노름으로 $\nu \to 0$ 일 때

$$\|\eta_\nu f - f\|_{\phi_2} \to 0$$

이고 같은 이유에서

$$\|\eta_\nu T^* f - T^* f\|_{\phi_1} \to 0, \quad \text{그리고 } \|\eta_\nu Sf - Sf\|_{\phi_3} \to 0$$

이다.

지금까지 $f \in \mathcal{D}_{T^*} \cap \mathcal{D}_S$ 에 대하여 $\eta_\nu f$ 는 $\nu \to \infty$ 일 때 f 로 그래프 노름으로 수렴함을 보였다. 이제는 콤팩트 지지집합을 갖는 임의의 원소 $f \in \mathcal{D}_{T^*} \cap \mathcal{D}_S$ 는 $\mathcal{D}_{p,q+1}(\Omega)$ 의 원소들로 수렴시킬 수 있음을 보이면 증명이 완료된다. f 와 보조정리 1.128에서와 같은 χ_ε 의 합성곱 (convolution) $f * \chi_\varepsilon$ 은 ε 이 충분히 작은 경우 지지집합 (support) 이 Ω 의 콤팩트

부분집합이고 $\|f - f * \chi_\varepsilon\|_{\phi_2} \to 0$ 이다. 또한 $S(f * \chi_\varepsilon) = (Sf) * \chi_\varepsilon$ 이므로 $\varepsilon \to 0$ 일 때 $\|Sf - S(f * \chi_\varepsilon)\|_{\phi_3} \to 0$ 이다. 그러나 T^* 는 S 와 달리 상계수 미분 작용소가 아니고 (1.128)로부터 $e^{\phi_2 - \phi_1} T^* = \vartheta + a$ 라고 둘 수 있다. 여기에서 ϑ 는 상계수 일계미분작용소이고 a 는 함수(0계 미분작용소)이다.

$$(\vartheta + a)(f * \chi_\varepsilon) = ((\vartheta + a)f) * \chi_\varepsilon + a(f * \chi_\varepsilon) - (af) * \chi_\varepsilon$$

이고 우변은 $\varepsilon \to 0$ 일 때 L^2 노름에 관해 $(\vartheta + a)f + af - af$ 로 수렴한다. 그러므로

$$\|T^*(f * \chi_\varepsilon) - T^* f\|_{\phi_1} \to 0$$

을 얻어 증명이 완료되었다.

1.12.5 의사볼록 영역에서 $\bar{\partial}$ 의 약해의 존재

먼저 $\Psi \in C^\infty(\Omega)$ 를

$$\left|\bar{\partial}\eta_\nu\right| \le e^\Psi, \quad \nu = 1, 2, \ldots \tag{1.132}$$

을 만족하도록 선택한다. 임의의 $\phi \in C^1(\Omega)$ 에 대하여

$$\phi_1 = \phi - 2\Psi,\ \phi_2 = \phi - \Psi,\ \phi_3 = \phi \tag{1.133}$$

은 조건 (1.126)을 만족하므로 $f \in \mathcal{D}_{p,q+1}$ 에 대하여 (1.125)가 성립함을 보이면 충분하다. [1] §4.2에서는 $\bar{\partial}$ 와 $\bar{\partial}^*$ 를 좌표계를 사용하여 계산함으로써 다음 보조정리를 얻는다.

보조정리 1.129

(1.132)를 만족하도록 $\Psi \in C^2$ 를 선택하고

$$\sum_{j,k=1}^{n} \frac{\partial^2 \phi}{\partial z_j \partial \bar{z}_k} w_j \bar{w}_k \ge 2\left(\left|\bar{\partial}\Psi\right|^2 + e^\Psi\right) \sum_1^n |w_j|^2, \quad w \in \mathbb{C}^n \tag{1.134}$$

을 만족하도록 $\phi \in C^2$ 를 선택하자. 그러면, 이들 Ψ, ϕ 를 사용하여 ϕ_j $(j = 1, 2, 3)$ 를 (1.130)으로 정의하면

$$\|f\|_{\phi_2}^2 \le \|T * f\|_{\phi_1}^2 + \|Sf\|_{\phi_3}^2, \quad f \in D_{T^*} \cap D_S \tag{1.135}$$

이 성립한다.

정리 1.130

영역 $\Omega \subset \mathbb{C}^n$ 가 의사볼록이면 임의의 $f \in L^2_{p,q+1}(\Omega, \text{loc})$, $\bar{\partial} f = 0$ 에 대하여 초함수 미분의 의미로 $\bar{\partial} u = f$ 를 만족하는 $u \in L^2_{p,q}(\Omega,\ \text{loc})$ 가 존재한다.

증명의 개요: Ω 는 의사볼록이므로 $C^\infty(\Omega)$ 강한 다중버금조화(strongly pluri-subharmonic, spsh) 소진함수(exhaustion)를 하나를 선택하여 p 라 부르자. $\chi \in C^\infty(\Omega)$ 를 단조증가하며 볼록인 임의의 실함수라 하면 $\chi \circ p$ 는 spsh이다. 이제 χ 의 증가속도를 충분히 크게 하여 $\phi := \chi \circ p$ 가 (1.135)를 만족하는 동시에 주어진 $f \in L^2_{p,q+1}(\Omega, \text{loc})$ 가 $L^2_{p,q+1}(\Omega, \phi - \Psi)$ 에 속하도록 할 수 있다. 그러면 보조정리 1.126에 의해 방정식 $\bar{\partial} u = f$ 는 해 $u \in L^2_{p,q}(\Omega, \phi - 2\Psi)$ 를 갖는다.

1.12.6 $L^2(\Omega, d\lambda)$ 에 관한 $\bar{\partial}^*$ 와의 비교

밀도함수 ϕ_j $(j = 1, 2, 3)$ 를 사용한 $L^2(\Omega, \phi_j)$ 추정으로 약해의 존재를 밝힌 회르만더 [82](1965)가 나오기 전 스펜서-콘 [92](1957)은 콤팩트 리만 다양체에 관한 드람-호지 이론을 매끄러운 경계면을 가진 $\mathbb{C}^n$ 의 유계영역으로 확장하는 $\bar{\partial}$ 노이만 문제를 제창하였다. 회르만더의 방법은 경계면의 매끄러움에 관계없이 의사볼록영역에서 해의 존재를 증명한다는 장점이 있는 반면 경계면 부근에 대한 정보를 잃어버린다는 단점이 있다. 스펜서-콘의 $\bar{\partial}$ 문제로의 접근 방법은 $\mathbb{C}^n$ 의 르베그 측도에 관한 L^2 노름을 사용하며 함수의 경계면에서의 행동에 대한 정보를 유지하고 있어 편미분방정식의 관점에서 더 자연스러운 방법이라 할 수 있다. 우리는 다만 $\bar{\partial}^*$ 의 정의에서 부분적분 과정에서 나오는 경계치로 말미암아 $\bar{\partial}^*$ 의 정의역 $D_{\bar{\partial}^*}$ 와 $\bar{\partial}^*$ 의 표현이 어떻게 달라지는가를 [90]에서 사용한 표기법을 가급적 그대로 사용하여 소개하고자 한다. $M \subset \mathbb{C}^n$ 을 매끄러운 경계면을 갖는 유계 영역이라 하고 M 위에서 방정식

$$\bar{\partial} f = \phi \tag{1.136}$$

을 생각하자. 단 f 와 ϕ 는 L^2(square integrable)라고 가정한다. (1.136)의 해는 유일하지 않다. 공간 $\mathcal{H} := \{g \in L^2(M); \bar{\partial} g = 0\}$ 이라 두면 $\mathcal{H}$ 의 임의의 원소를 하나의 해 f 에 더하여도 역시 해가 된다. 힐베르트 공간이론에 의하면 $\mathcal{H}^\perp = \overline{R_{\bar{\partial}^*}}$ 이므로 $R_{\bar{\partial}^*}$ 가 닫혀

있으면(closed)

$$\bar{\partial}\bar{\partial}^*\theta = \phi \qquad (\bar{\partial}\phi = 0) \tag{1.137}$$

의 해 θ를 구하는 문제로 귀착된다. 드람-호지 이론에서와 같은 방법으로 방정식

$$(\bar{\partial}\bar{\partial}^* + \bar{\partial}^*\bar{\partial})\theta = \phi \tag{1.138}$$

로 귀착시킨다. 실제로 (1.137)의 양변에 $\bar{\partial}$를 작용시켜 주면 $\bar{\partial}\phi = 0$이므로

$$\begin{aligned} \bar{\partial}\bar{\partial}^*\bar{\partial}\theta = 0 &\Longrightarrow \left(\bar{\partial}\bar{\partial}^*\bar{\partial}\theta, \bar{\partial}\theta\right) = 0 \\ &\Longrightarrow \left(\bar{\partial}^*\bar{\partial}\theta, \bar{\partial}^*\bar{\partial}\theta\right) = 0 \\ &\Longrightarrow \bar{\partial}^*\bar{\partial}\theta = 0 \end{aligned}$$

이 되어 (1.137)과 (1.138)은 동치임을 볼 수 있다. (1.138)은 과결정이므로 일반적으로 해의 경계치에도 제약이 가해진다. $\bar{\partial}^*$ 를 정의하는 방정식

$$\left(\bar{\partial}^*\phi, \psi\right) = \left(\phi, \bar{\partial}\psi\right)$$

은 부분적분으로 정의되는 것이므로 부분적분계산에서 발생하는 경계치의 항이 영이 되어야 한다 ($\bar{\partial}$-노이만 경계치 조건). 위의 식에서 경계치의 항을 무시하는 경우를 형식적 수반연산자(formal adjoint)라 부르고 ϑ라고 표기한다, 즉

$$(\vartheta\phi, \psi) = \left(\phi, \bar{\partial}\psi\right), \quad \psi \in \mathcal{D}_{p,q-1}(\Omega)$$

으로 ϑ를 정의한다. $\bar{\partial}^2 = 0$이므로 $\vartheta^2 = 0$이다. 좌표계 $z = (z_1, \ldots, z_n)$을 써서 계산한 ϑ는 (1.127)-(1.128)에서 $\phi_j = 1$ $(j = 1, 2, 3)$로 놓아

$$(\vartheta f)_{IK} = (-1)^{p-1} \sum_{j=1}^{n} \frac{\partial}{\partial z_j} (f_{I,jK}) \tag{1.139}$$

임을 알 수 있다.

노이만 경계치조건을 상세히 기술하기 위하여 일반적으로 영역 M 위의 벡터 다발 E, F를 생각하자. $D : \Gamma(E) \to \Gamma(F)$를 k-계(order k)의 미분연산자라 하자. 단, 여기에서 Γ는 절단의 집합을 말한다. 임의의 $\eta \in T_x^*(M)$, $\eta \neq 0$, 에 대하여 심벌(symbol)

$$\sigma(D, \eta) : E_x \to F_x$$

를 다음과 같이 정의한다: ρ를 $d\rho(x) = \eta$, $\rho(x) = 0$을 만족하는 함수라 하자.

$$\sigma(D,\eta)\theta = \frac{1}{k!}D(\rho^k\tilde{\theta})|_x \tag{1.140}$$

라 정의한다. 단, $\tilde{\theta}$는 θ의 임의의 연장(extension)을 의미한다. 이 정의는 ρ의 선택과 $\tilde{\theta}$의 선택과 무관하다.

연습문제 1.131 ($\triangle$, $\bar{\partial}$, ϑ의 심벌 계산)

1) $M = \mathbb{R}^2$, $x = (x_1, x_2)$에 대한 라플라스 연산자 $\triangle : \Gamma(\mathbb{R}) \to \Gamma(\mathbb{R})$의 심벌: $\sigma(\triangle,\xi) = (\xi_1)^2 + (\xi_2)^2$임을 보여라.
2) $M = \mathbb{C}^n$, $\bar{\partial} : \Gamma(\mathbb{C}) \to \Gamma(T^{0,1}(\mathbb{C}^n))$의 심벌은 임의의 $\xi = (\xi_1, \ldots, \xi_{2n}) \in T^*(\mathbb{C}^n)$에 대하여

$$\sigma(\bar{\partial},\xi) = \begin{bmatrix} \xi_1 & -\xi_2 \\ \xi_2 & \xi_1 \\ \vdots & \vdots \\ \xi_{2n-1} & -\xi_{2n} \\ \xi_{2n} & \xi_{2n-1} \end{bmatrix}$$

임을 보여라.
3) ϑ의 심벌을 계산하라.

E, F에 각각 에르미트 내적에 관해 D의 형식적 수반연산자를 D'이라고 하면

$$\sigma(D',\eta) = (-1)^k\sigma(D,\eta)^*$$

이다. 만일 $D_1 : \Gamma(F) \to \Gamma(G)$이 미분연산자라면

$$\sigma(D_1D,\eta) = \sigma(D_1,\eta)\sigma(D,\eta)$$

이다. 만일

$$E_x \stackrel{\sigma(D,\eta)}{\longrightarrow} F_x \stackrel{\sigma(D_1,\eta)}{\longrightarrow} G_x$$

가 모든 $x \in M$, 모든 $\eta \neq 0 \in T_x^*(M)$,에서 완전열(exact sequence)일 때

$$\Gamma(E) \xrightarrow{D} \Gamma(F) \xrightarrow{D_1} \Gamma(G) \tag{1.141}$$

는 타원형 복합체(elliptic complex)라 부른다. 하나의 미분연산자 D가 타원형(elliptic)

이라 함은

$$0 \to \Gamma(E) \xrightarrow{D} \Gamma(F)$$

가 타원형 복합체, 즉 $\sigma(D, \eta)$, $\eta \neq 0$,가 단사(injective)임을 의미한다. 복합체 (1.141)이 타원형이 될 필요충분조건은 $DD' + D_1'D_1 : \Gamma(F) \to \Gamma(F)$가 타원형임은 쉽게 보일 수 있다.

이제 매끄러운 경계면을 갖는 유계영역 $M = \{r < 0\}$의 경계점 x의 부근 U에서 bM의 좌표 $t = (t_1, \ldots, t_{2n-1})$와 r을 사용하여 (t, r)을 U의 국소좌표계로 삼기로 하자. M의 폐포(closure) $\overline{M}$의 열린 근방에서 정의된 벡터장 L을 국소좌표계 (t, r)로 표현하여

$$L = \sum_{j=1}^{2n-1} a_j \frac{\partial}{\partial t_j} + b\frac{\partial}{\partial r}$$

이라고 두자. L'을 L의 형식적 수반연산자(formal adjoint)라고 하면 U에서 콤팩트 지지집합을 갖는 임의의 함수 u, v에 대하여

$$\begin{aligned}(Lu, v) &= \sum_{j=1}^{2n-1} \int_M a_j \frac{\partial u}{\partial t_j}\bar{v}dV + \int_M b\frac{\partial u}{\partial r}\bar{v}dV \\ &= \sum \int_{-\infty}^{0} \int_{\mathbb{R}^{2n-1}} a_j \frac{\partial u}{\partial t_j}\bar{v}Gdt \wedge dr + \int_{-\infty}^{0} \int_{\mathbb{R}^{2n-1}} b\frac{\partial u}{\partial r}\bar{v}Gdt\ dr\end{aligned}$$

이다. 여기에서 $dV = G(t, r)dt_1 \wedge \cdots \wedge dt_{2n-1} \wedge dr$는 부피 원소(volume element)이다. 이 때, 부분적분에 의하여

$$\begin{aligned}(Lu, v) = &-\sum \int_{-\infty}^{0} \int_{\mathbb{R}^{2n-1}} u\frac{\partial}{\partial t_j}(a_j\bar{v}G)dt\ dr + \sum \int_{-\infty}^{0} \int_{\mathbb{R}^{2n-1}} \frac{\partial}{\partial t_j}(a_j u\bar{v}G)dt\ dr \\ &- \int_{-\infty}^{0} \int_{\mathbb{R}^{2n-1}} u\frac{\partial}{\partial r}(b\bar{v}G)dt\ dr + \int_{-\infty}^{0} \int_{\mathbb{R}^{2n-1}} \frac{\partial}{\partial r}(bu\bar{v}G)dt\ dr\end{aligned}$$

가 되는데, 첫째와 세째의 항의 합은 $(u, L'v)$가 되고, 둘째항은 미적분의 근본정리에 의해 영이므로

$$(Lu, v) = (u, L'v) + \int_{\mathbb{R}^{2n-1}} [bu\bar{v}G]\,|_{r=0}dt$$

를 얻는다. $b = \sigma(L, dr)$이므로 위의 계산으로부터 $r = 0$에서 $|dr| = 1$이라 가정하고

$$(Lu, v) = (u, L'v) + \int_{bM} \langle \sigma(L, dr)u, v\rangle$$

를 얻는다. 같은 방법으로 $\bar{\partial}$ 방정식에서는 (p, q) 형식의 경계치가 수반연산자(adjoint)와 관련하여 다음과 같이 표현됨을 보일 수 있다.

명제 1.132

임의의 $\phi \in C^{\infty}_{p,q}(\overline{M})$, $\theta \in C^{\infty}_{p,q+1}(\overline{M})$, $\psi \in C^{\infty}_{p,q-1}(\overline{M})$ 에 대하여 $\bar\partial$와 ϑ 사이에

$$(\bar\partial\phi, \theta) = (\phi, \vartheta\theta) + \int_{bM} \langle\sigma(\bar\partial, dr)\phi, \theta\rangle,$$
$$(\vartheta\phi, \psi) = (\phi, \bar\partial\psi) + \int_{bM} \sigma(\vartheta, dr)\phi, \psi\rangle.$$

가 성립한다.

$\bar\partial$ 노이만 문제 (1.138) 이 의미를 갖기 위해서는 ϕ와 $\bar\partial\phi$가 모두 $D_{\bar\partial^*}$ 에 속해야 한다. 이 조건은 $\bar\partial$ 노이만 경계치조건

$$\sigma(\vartheta, dr)\phi = 0, \qquad \sigma(\vartheta, dr)\bar\partial\phi = 0 \tag{1.142}$$

으로 표현된다.

1.12.7 해의 정규성 (regularity of solutions)

초함수 해의 존재가 밝혀진 후에 주어진 데이타가 미분가능일 경우에 이들 초함수 해가 실제로 미분가능한 함수이겠는가 하는 정규성 (regularity) 문제는 소볼레프의 이론을 이용하고 있다. 소볼레프 이론은 [94] 에 간략하게 소개되어 있다. 주정리는 다음과 같다.

정리 1.133 (소볼레프, Sobolev)

$g : \mathbb{R}^N \to \mathbb{C}$가 콤팩트 지지집합을 갖는다고 가정하자. 음이 아닌 정수 k에 대하여

$$\left(\frac{\partial}{\partial x}\right)^{\alpha} g \in L^2, \quad \forall|\alpha| \le N + k + 1$$

을 만족하면 측도 영인 집합에서 함수값을 수정하면 $g \in C^k(\mathbb{R}^N)$ 이다.

따름정리 1.134

영역 Ω에서 함수 $g : \Omega \to \mathbb{C}$가 모든 다중지표 α에 대하여

$$\left(\frac{\partial}{\partial x}\right)^{\alpha} g \in L^2_{\mathrm{loc}}(\Omega)$$

을 만족하면 측도 영인 집합에서 함수값을 수정하면 $g \in C^{\infty}(\Omega)$ 이다.

2. 버그만 핵함수

CHAPTER 2

버그만 핵함수

어떤 집합 X 에서 정의된 함수들의 모임인 힐베르트 공간 $\mathcal{H}$ 를 생각하자. $x \in X$ 에서의 값매김(evaluation)함수 E_x 는 임의의 $f \in \mathcal{H}$ 에 대해서

$$E_x(f) = f(x)$$

라고 정의된다. 이 때, E_x 가 연속(continuous) 또는 유계(bounded)인 선형 작용소(linear functional)이면, $\mathcal{H}$ 를 **재생 핵함수 힐베르트 공간(reproducing kernel Hilbert space)**이라고 한다. 1907년에 폴란드 수학자인 자렘바(Stanisław Zaremba)가 [141]에서 조화함수의 경계치 문제에 관한 연구를 하는 도중에 재생 핵함수 힐베르트 공간의 개념을 만들었다.

한편, 리즈 표현 정리(Riesz representation theorem)에 의해, 임의의 $x \in X$ 에 대해서

$$f(x) = \langle f, K_x \rangle$$

가 모든 $f \in \mathcal{H}$ 에 대해서 성립하는 $K_x \in \mathcal{H}$ 가 유일하게 존재한다. 즉, $\mathcal{H}$ 의 모든 함수를 재생하는(reproduce) 성질을 갖는 핵(kernel)을 갖는다.

만약 $K(x, y) := K_x(y)$ 라고 정의하면, $K(\cdot, \cdot)$ 는 대칭(symmetric)이고, 양의 정부호(positive definite)가 된다. 그 역은 어떻게 되겠는가? 즉, 대칭이고, 양의 정부호인 핵함수(kernel function)가 주어져 있으면, 이 함수를 핵으로 갖는 힐베르트 공간이 존재하겠는가? 이 질문에 대한 답은 1950년에 아론잔(Nachman Aronszajn)에 의해 재생 핵함수 힐베르트 공간이 유일하게 존재함이 증명이 되었는데, 그 전에 무어(Eliakim Hasings Moore)도 비슷한 결과를 증명함이 알려져서, 무어-아론잔 정리(Moore-Aronszajn theorem)라고 부른다.

폴란드 수학자인 버그만 (Stefan Bergman) 이 슈미트 (Erhard Schmidt) 교수의 강의를 듣는 중에, 단위원판 $\{z \in \mathbb{C} \ : \ |z| < 1\}$ 에서 정의되는 정칙이고, L^2 인 함수들의 모임의 공간을 생각하였고, 이 공간이 재생 핵함수 힐베르트 공간이라는 사실을 알았다 ([19]).

이제 $\mathbb{C}^n$ 의 임의의 유계 영역 (bounded domain) D 에서 정의되는 정칙함수들의 모임의 핵을 생각해보자. 1960년대에 분가르트 (Lutz Bungart) 와 글리슨 (Andrew M. Gleason) 이 각각 독립적으로

$$f(z) = \int_D f(w)K(z,w)dV(w) \tag{2.1}$$

를 만족하는 핵 $K(z,w)$ 의 존재성을 증명하였다. 여기에서 중요한 사실은 $K(z,w)$ 는 z 변수에 대해서 정칙적이다. 하지만, $K(z,w)$ 의 존재성에 관한 그들의 증명은 너무나도 추상적이라서, $K(z,w)$ 의 구체적인 형태에 대해서는 알기가 어려웠다.

1940년경에 보크너 (Salomon Bochner) 와 마르티넬리 (Enzo Martinelli) 가 복소 평면의 코시 핵함수를 다변수로 일반화하는 식을 증명하였는데, 이를 보크너-마르티넬리 식이라고 한다. 스토크스 정리를 이용하여 (2.1) 을 만족하는 핵 $K(z,w)$ 를 구할 수 있다. 이는 코시 핵함수처럼 영역에 의존하지 않고, 그 형태 또한 매우 구체적으로 계산된다. 하지만, 불행히도 z 변수에 대해서 정칙적이 아니다.

1970년경에는 헨킨 (G. M. Henkin) 과 라미레즈 (Enrique Ramirez) 에 의해 강의사볼록 영역에서 (2.1) 을 만족하는 핵 $K(z,w)$ 를 만들었는데, z 변수에 대해서 정칙적이다. 비록 영역에 의존하지만, 형태가 매우 구체적이어서 코시 핵함수처럼, 코시-리만 방정식의 해를 구하는 데에 사용된다.

위에서 설명한 핵함수들과는 달리, 버그만 핵함수는 쌍정칙사상에 의해 보존되는 성질을 갖고 있다. 매끄러운 경계를 갖는 두 개의 강의사 볼록 영역 D_1 과 D_2 사이의 모든 쌍정칙함수는 $\overline{D}_1$ 과 $\overline{D}_2$ 사이의 매끄러운 미분동형사상 (diffeomorphism) 으로 확장된다. 다변수복소함수론의 역사에서 아주 중요한 내용은 이 결과는 1974년에 페퍼만 (Charles Fefferman) 에 의해 증명되었다. 그는 쌍정칙사상에 의해 버그만 핵함수의 보존성과 버그만 작용소의 성질을 이용하여 증명하였는데, 이 결과를 바탕으로 1978년에 필즈상을 수상하였다. 또한, 버그만 사상이 좋은 소볼레프 정칙성을 갖으면, 유계 영역이 조건 R 을 만족한다고 부른다. 이 개념은 1980년에 벨 (Steven R. Bell) 에 의해 만들어졌는데, 조건 R 이 성립하는 유계

영역들 사이에서도 페퍼만의 결과가 성립됨을 증명하였다 ([17]).

또한, 버그만 핵함수가 쌍정칙사상에 의해 보존되는 성질을 이용하여, 불변 계량인 버그만 계량을 만들 수 있다. 이로 하여금, $\mathbb{C}^n$의 유계 영역의 기하적인 성질을 연구하는 데에 쓰이고 있다.

복소 n차원의 단위구의 버그만 핵함수는 여러 가지 방법으로 구할 수 있다. 일반적으로 버그만 핵함수의 구체적인 형태를 구하는 것은 쉽지 않는 문제이다. 유계 영역의 정칙 자기동형군이 추이적으로 작용하면, 그 영역을 유계 동질 영역이라고 부른다. 모든 유계 대칭 영역은 동질임은 잘 알려져 있다. 1930년대에 카르탕이 리만 대칭 영역을 분류하여, 대칭성이 많은 유계 대칭 영역의 형태를 모두 구하였다. 1950년대에는 후와(L. K. Hua)가 행렬들의 집합으로 표현되어 있는 유계 대칭 영역의 버그만 핵함수를 계산하였다. 1959년에는 긴디킨(S. G. Gindikin)이 [58]에서 모든 유계 동질 영역의 버그만 핵함수의 형태를 계산하였다.

버그만 핵함수는 완비정규직교계(complete orthonormal basis) 방법으로도 구할 수 있다. 주어진 영역에서 정의된 함수들 중에서 정칙이고 L^2인 함수들의 모임을 버그만 공간이라고 부른다. 영역이 라인하르트이면, 단항식들의 집합이 버그만 공간의 완비직교계가 되기 때문에, 버그만 핵함수는 무한급수의 형태로 나타낼 수 있다. 이 방법을 이용하여, 동질이 아닌 여러 유계 영역의 버그만 핵함수가 구체적으로 계산되었다. 특히, 복소타원체의 버그만 핵함수는 아펠 초기하함수(Appell hypergeometric functions)의 합으로 표현되는데, 버그만 핵함수의 경계에서의 점근적 변화가 계산되었다. 또한, 특별한 복소타원체는 기본함수(elementary functions)의 형태로 계산되었다. 그리고, 1980년경에 벨이 [16]에서 증명한 고유정칙사상의 변환식을 이용하여, 1990년대 이후에는 최소구와 대칭원판곱의 버그만 핵함수가 [111]와 [45]에서 각각 구체적인 형태로 표현되었다.

마지막으로 버그만 핵함수의 영점에 대해서 설명하겠다. 리만사상정리(Riemann mapping theorem)를 이용하면, 복소평면의 임의의 단순연결영역의 버그만 핵함수는 영역의 모든 점에서 영점을 갖지 않음을 알 수 있다. 이렇게 영역의 모든 점에서 버그만 핵함수가 영점을 갖지 않으면, 그 영역을 Lu Qi-Keng 영역이라고 부른다. 버그만 핵함수의 영점의 존재성은 쌍정칙사상에 대해 불변이므로, 중요한 연구 대상이 되어오고 있다. 위에서 설명한 모든 유계 동질 영역의 버그만 핵함수도 역시 영점을 갖지 않기 때문에, 모든 유계 영역이 Lu Qi-Keng 영역이 아닐까라는 추측도 있었지만, 1980년대에 보아스(Harold Boas)가 [20]에서 복소 2차원의 단위구와 미분동형인 강의사볼록영역 중에서 버그만 핵함수가 영점을 갖는 영역을 찾음으로써 그 추측은 거짓이 되었다. 그 이후에, 버그만 핵함수가 영점을 갖는 많은 영역들이 발견되었고, 1996년에는 보아스에 의해, Lu Qi-Keng 영역이 아닌 영역들의 집합은 의사볼록인 유계 영역들의 집합에서 하우스도르프 위상으로 조밀하다는 것이 증명되었다 ([21] 참고할 것).

⊙ Stefan Bergman (1895 - 1977) : 폴란드 태생이다. 1921년에 베를린 대학에서 푸리에 해석학에 관한 내용으로 박사학위를 받았으나, 유대인이라는 이유로 1933년에 베를린 대학을 떠난 뒤, 러시아와 프랑스를 거쳐서 1939년에 미국으로 이민을 가게 되었다. 1962년 스톡홀름에서 열린 국제 수학자 대회(International Congress of Mathematics)에서 초청강연자로 "On meromorphic functions of several complex variables" 라는 제목으로 강연을 하였다. Bergman의 업적을 기리기 위해, 미국 수학회(The American Mathematical Society)는 핵함수 이론이나 타원형의 편미분방정식의 함수론적 이론에 관한 연구자를 대상으로 1989년부터 거의 매년 버그만 상(Bergman prize)을 시상한다.

2.1 적분표현식

D를 $\mathbb{C}^n$의 유계영역이라고 하자. 이 때, $\overline{D}$에서 연속이고 D에서 정칙인 함수들의 집합을 $A(D)$라고 쓰자. $n=1$인 경우에 임의의 함수 $f \in A(D)$에 대해서

$$f(z) = \frac{1}{2\pi i}\int_{\partial D} \frac{f(\zeta)}{\zeta - z} d\zeta$$

가 성립하는 것은 잘 알려져 있는 유명한 식이다.

특히 미분가능한 함수에 대한 적분표현식(integral representation)은 다음과 같은데 **코시-폼페이 식(Cauchy-Pompeiu formula)**이라고 부른다.

정리 2.1 (코시-폼페이 식)

D는 C^1 경계를 갖는 $\mathbb{C}$의 유계영역이라고 하자. 임의의 $f \in C^1(\overline{D})$와 $z \in D$에 대해서

$$f(z) = \frac{1}{2\pi i}\left(\int_{\partial D} \frac{f(\zeta)}{\zeta - z} d\zeta + \int_D \frac{\partial f}{\partial \bar{\zeta}} \frac{1}{\zeta - z} d\zeta \wedge d\bar{\zeta}\right)$$

가 성립한다.

이 때, $\zeta \in \partial D$와 $z \in D$에 대해서,

$$C(\zeta, z) := \frac{d\zeta}{2\pi i(\zeta - z)} \tag{2.2}$$

라고 정의한다면, 1장에서 소개한 기호 (1.3)을 이용해서 코시-폼페이 식을

$$f(z) = \int_{\partial D} f(\zeta)C(\zeta, z) - \int_D \overline{\partial} f(\zeta) \wedge C(\zeta, z)$$

와 같이 쓸 수도 있다.

[증명] 그림 2.1과 같이 고정된 $z \in D$에 대해서 z가 중심이고 $\varepsilon > 0$이 반지름인 원판 $B_\varepsilon(z) \subset D$를 선택한다. 다음과 같이 스토크스 정리 (Stokes' theorem)에 의해

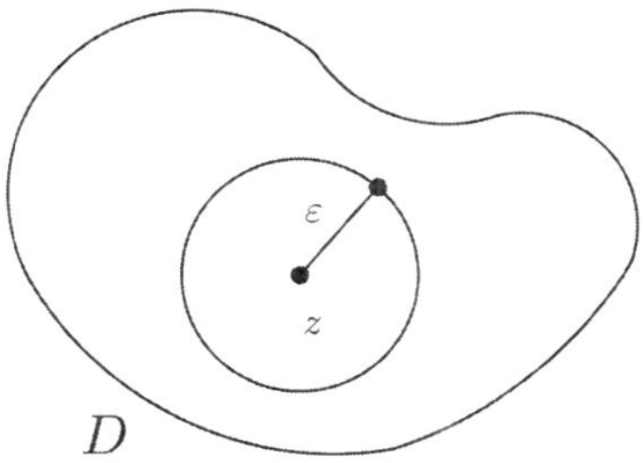

그림 2.1: 영역 D 안의 원판

$$\begin{aligned}\int_{D\setminus B_\varepsilon(z)} d_\zeta(f(\zeta)C(\zeta, z)) &= \int_{\partial(D\setminus B_\varepsilon(z))} f(\zeta)C(\zeta, z) \\ &= \int_{\partial D} f(\zeta)C(\zeta, z) - \int_{\partial B_\varepsilon(z)} f(\zeta)C(\zeta, z)\end{aligned}$$

를 얻는다. 식 (2.2)에서 정의한 $C(\zeta, z)$가 $\zeta \in D \setminus B_\varepsilon(z)$에 대해서 $(1, 0)$ 형의 d_ζ-

닫힌형태 (closed form) 이므로,

$$d_\zeta(f(\zeta)C(\zeta,z)) = d_\zeta f(\zeta) \wedge C(\zeta,z) = \overline{\partial} f(\zeta) \wedge C(\zeta,z)$$

가 된다. 한편,

$$\int_{\partial B_\varepsilon(z)} C(\zeta,z) = \frac{1}{2\pi i}\int_{\{\zeta:|\zeta-z|=\varepsilon\}} \frac{1}{\zeta-z}d\zeta = 1$$

이다. 따라서,

$$\begin{aligned}\left|\int_{\partial B_\varepsilon(z)} f(\zeta)C(\zeta,z) - f(z)\right| &= \left|\int_{\partial B_\varepsilon(z)} (f(\zeta)-f(z))C(\zeta,z)\right| \\ &\leq \max_{\zeta\in\partial B_\varepsilon(z)} |f(\zeta)-f(z)|\end{aligned}$$

가 된다. 여기에서 f가 연속이므로,

$$\lim_{\varepsilon\to 0}\int_{\partial B_\varepsilon(z)} f(\zeta)C(\zeta,z) = f(z)$$

가 되는데 $\varepsilon \to 0$을 하면 원하는 식을 얻는다. □

따름정리 2.2 (코시적분식)

D를 C^1 경계를 갖는 $\mathbb{C}$의 영역이라고 하자. 함수 $f \in C^1(\overline{D})$가 D에서 정칙함수이고 $z \in D$이면,

$$f(z) = \frac{1}{2\pi i}\int_{\partial D} \frac{f(\zeta)}{\zeta - z}d\zeta$$

가 된다.

[증명] f가 D에서 정칙이므로, 식 (1.5)로부터 D에서

$$\frac{\partial f}{\partial \overline{\zeta}} = 0$$

을 만족한다. 따라서, 정리 2.1에 의해 원하는 식을 얻는다. □

정리 2.1의 코시-폼페이 식을 이용하여, 비동차 코시-리만 방정식 (inhomogeneous Cauchy-Riemann equation)의 해를 다음과 같이 구할 수 있다.

정리 2.3 (비동차 코시-리만 방정식의 해)

D가 $\mathbb{C}$의 유계영역이고, $f \in C^1(\overline{D})$라고 하자. 그러면, 영역 D에서의

$$u(z) := \frac{1}{2\pi i}\int_D \frac{f(\zeta)}{\zeta - z} d\zeta \wedge d\overline{\zeta}$$

는 영역 D의 코시-리만 방정식

$$\frac{\partial u}{\partial \overline{z}}(z) = f(z), \quad z \in D$$

의 해가 된다.

[증명] 임의의 점 $a \in D$를 고정하자. a의 적당한 근방 V_a에서 코시-리만 방정식의 해가 됨을 증명하면 충분하다. V_a에서는 $\chi \equiv 1$이고 $\operatorname{supp} \chi \subset D$를 만족하는 C^∞ 함수 χ를 선택하자. 그러면

$$u(z) = u_1(z) + u_2(z)$$

라고 쓸 수 있다. 여기에서

$$u_1(z) = \frac{1}{2\pi i}\int_D \frac{\chi(\zeta)f(\zeta)}{\zeta - z} d\zeta \wedge d\overline{\zeta}$$

이고

$$u_2(z) = \frac{1}{2\pi i}\int_D \frac{(1-\chi(\zeta))f(\zeta)}{\zeta - z} d\zeta \wedge d\overline{\zeta}$$

이다. 한편, u_2가 V_a에서 정칙함수이므로,

$$\frac{\partial u_2}{\partial \overline{z}}(z) = 0$$

이다. 정리 2.1과 $\zeta \in bD$에서 $\chi(\zeta) \equiv 0$라는 사실로부터,

$$\chi(z)f(z) = \frac{1}{2\pi i}\int_D \frac{\frac{\partial}{\partial \overline{\zeta}}(\chi(\zeta)f(\zeta))}{\zeta - z} d\zeta \wedge d\overline{\zeta}$$

를 얻는다. 이때, $\eta = \zeta - z$라고 하면,

$$u_1(z) = \frac{1}{2\pi i}\int_{\mathbb{C}} \frac{\chi(\eta + z)f(\eta + z)}{\eta} d\eta \wedge d\overline{\eta}$$

가 된다. 그러면

$$\frac{\partial}{\partial \overline{z}}(\chi(\eta+z)f(\eta+z))d\overline{\eta} = \frac{\partial}{\partial \overline{\eta}}(\chi(\eta+z)f(\eta+z))d\overline{\eta}$$

로부터 코시-리만 방정식을 얻는다. □

식 (2.2)에서 정의한

$$C(\zeta, z) = \frac{d\zeta}{2\pi i(\zeta - z)}$$

는 **코시 핵함수**(Cauchy kernel function)라고 부른다. 한편, 정리 2.1의 증명에는 다음과 같은 코시 핵함수의 성질들이 쓰였음을 알 수 있다.

(i) 임의의 $\zeta \neq z$에 대해서 $d_\zeta C(\zeta, z) = 0$이다.

(ii) 임의의 $z \in \mathbb{C}$와 $\varepsilon > 0$에 대해서 $\int_{\{\zeta:|\zeta-z|=\varepsilon\}} C(\zeta, z) = 1$이다.

(iii) g가 D에서 연속함수일 때, 임의의 $z \in \mathbb{C}$와 $\varepsilon > 0$에 대해서

$$\left| \int_{\{\zeta:|\zeta-z|=\varepsilon\}} g(\zeta) C(\zeta, z) \right| \leq \sup_{\{\zeta:|\zeta-z|=\varepsilon\}} |g(\zeta)|$$

이다.

위의 세 성질을 확장하여, $n > 1$인 경우에는 다음의 세 성질을 만족하는 ζ 변수의 $(n, n-1)$ 형태의 미분 형식 $K(\zeta, z)$의 존재성에 대해서 생각해보자.

(i′) 임의의 $\zeta \neq z$에 대해서 $d_\zeta K(\zeta, z) = 0$이다.

(ii′) 임의의 $z \in \mathbb{C}$와 $\varepsilon > 0$에 대해서 $\int_{\{\zeta:|\zeta-z|=\varepsilon\}} K(\zeta, z) = C_1$이다.

(iii′) g가 D에서 연속함수일 때, 임의의 $z \in \mathbb{C}$와 $\varepsilon > 0$에 대해서

$$\left| \int_{\{\zeta:|\zeta-z|=\varepsilon\}} g(\zeta) K(\zeta, z) \right| \leq C_2 \sup_{\{\zeta:|\zeta-z|=\varepsilon\}} |g(\zeta)|$$

이다.

단, 여기에서 C_1과 C_2는 ζ와 z에 의존하지 않은 양수인 상수들이다.

연습문제 2.4

ζ 변수의 $(n, n-1)$ 형태의 미분 형식 $K(\zeta, z)$가 위의 세 조건 (i′), (ii′), (iii′)을 만족하면, 임의의 $f \in C^1(\overline{D})$와 $z \in D$에 대해서

$$f(z) = \int_{\partial D} f(\zeta) K(\zeta, z) - \int_D \overline{\partial} f(\zeta) \wedge K(\zeta, z)$$

를 만족함을 증명하여라.

그러면, 위의 세 조건을 만족하는 $(n, n-1)$ 형태의 미분 형식 $K(\zeta, z)$는 존재하겠는가?

편의상 ζ에 관한 $(0,1)$ 형태의 미분 형식 B를

$$B := B(\zeta, z) = \frac{\overline{\partial}_\zeta |\zeta - z|^2}{|\zeta - z|^2} = \frac{1}{|\zeta - z|^2} \sum_{j=1}^{n} (\zeta_j - z_j) d\overline{\zeta}_j \tag{2.3}$$

라고 정의하자.

정의 2.5 (보크너-마르티넬리 핵)

임의의 ζ, z에 대해서, 보크너-마르티넬리 핵(Bochner-Martinelli kernel) $K_0(\zeta, z)$을 다음과 같이 정의하자.

$$\begin{aligned} K_0(\zeta, z) &:= \frac{1}{(2\pi i)^n} B \wedge (\overline{\partial}_\zeta B)^{n-1} \\ &= \frac{(n-1)!}{(2\pi i)^n} \frac{1}{|\zeta - z|^{2n}} \sum_{j=1}^{n} (\overline{\zeta}_j - \overline{z}_j) d\zeta_j \wedge \left(\bigwedge_{k \neq j} d\overline{\zeta}_k \wedge d\zeta_k \right) \end{aligned} \tag{2.4}$$

여기에서 $n = 1$이면, $K_0(\zeta, z)$는 코시 핵함수가 됨을 쉽게 알 수 있다.

명제 2.6

$K_0(\zeta, z)$는 조건 (i′), (ii′), (iii′) 들을 만족한다.

따름정리 2.7 (보크너-마르티넬리 식, [23, 100])

임의의 함수 $f \in C^1(\overline{D})$와 임의의 점 $z \in D$에 대해서,

$$f(z) = \int_{\partial D} f(\zeta) K_0(\zeta, z) - \int_D \overline{\partial} f(\zeta) \wedge K_0(\zeta, z)$$

가 성립한다.

정의 2.8 (르레이 사상)

$w = (w_1, \ldots, w_n)$는 $\mathbb{C}^n \times \mathbb{C}^n$의 열린집합 U에서 정의되는 C^1 사상이라고 하자. 임의의 $(\zeta, z) \in U$에 대해서

$$\sum_{j=1}^{n} w_j(\zeta, z)(\zeta_j - z_j) = 1$$

이면, w를 **르레이 사상**(Leray map)이라고 부르고,

$$W := \sum_{j=1}^{n} w_j(\zeta, z) d\zeta_j$$

를 **생성 형식**(generating form)이라고 부른다.

예제 2.9 (르레이 사상의 예) 전형적인 두 개의 르레이 사상을 설명하겠다.

(i) 임의의 열린집합 U에 대해서

$$w(\zeta, z) = \frac{\overline{\zeta} - \overline{z}}{|\zeta - z|^2}$$

는 항상 르레이 사상이다.

(ii) $D = \{z \in \mathbb{C}^n : \rho(z) < 0\}$가 $\mathbb{C}^n$의 유계이고 볼록인 영역이면, $\zeta \in bD$이고, $z \in D$일 때,

$$\langle \partial\rho(\zeta), \zeta - z \rangle \neq 0$$

이다. 따라서,

$$w(\zeta, z) = \frac{\partial\rho(\zeta)}{\langle \partial\rho(\zeta), \zeta - z \rangle}$$

가 르레이 사상이 되는 것은 쉽게 알 수 있다.

정의 2.10 (코시-판타피에 형식)

생성 형식 W에 대해서,

$$\Omega_0(W) = \frac{1}{(2\pi i)^n} W \wedge (\overline{\partial}_\zeta W)^{n-1}$$

는 W로 생성되는 **코시-판타피에 형식**(Cauchy-Fantappiè form)이라고 부른다.

예제 2.11 (보크너-마르티넬리 핵)

(2.3)과 같이 정의되는 $(0,1)$ 형태의 미분 형식 B에 대해서, 보크너-마르티넬리 핵(Bochner-Martinelli kernel) $\Omega_0(B)$는 대합적 등거리사상이다.

정리 2.12

$\Omega_0(W)$를 W로 생성되는 코시-판타피에 형식이라고 하자. 임의의 함수 $f \in C^1(D)$와 임의의 점 $z \in D$에 대해서,

$$f(z) = \int_{bD} f\Omega_0(W) - \int_D \overline{\partial} f \wedge \Omega_0(W)$$

가 성립한다.

따름정리 2.13 (유계 볼록 영역의 경우)

$D = \{z \in \mathbb{C}^n : \rho(z) < 0\}$가 $\mathbb{C}^n$의 유계이고 볼록인 영역이라고 하자. f가 D에서 정칙인 C^1 함수이고, $z \in D$이면,

$$f(z) = \frac{1}{(2\pi i)^n} \int_{bD} f(\zeta) \frac{\partial\rho(\zeta) \wedge (\overline{\partial}\partial\rho(\zeta))^{n-1}}{\langle \partial\rho(\zeta), \zeta - z\rangle^n} \tag{2.5}$$

를 만족한다.

[증명] 임의의 C^1 함수 g에 대해서 $\Omega_0(gW) = g^n\Omega_0(W)$인 것은 쉽게 알 수 있다. 식 (2.5)는 정리 2.12과 예제 2.9의 (ii)로부터 얻을 수 있다. □

마지막으로 D가 단위구인 경우일 때, 적분식 (2.5)를 계산하면서 이 절을 끝내려고 한다. D를 복소 n차원의 단위구

$$B_n = \{z \in \mathbb{C}^n : |z_1|^2 + \cdots + |z_n|^2 < 1\}$$

이라고 하자. 이 경우에 정의함수 ρ는

$$\rho(\zeta) = 1 - |\zeta|^2 = 1 - \sum_{j=1}^{n} \zeta_j \overline{\zeta}_j$$

와 같이 주어진다. 한편, $\zeta \in bB_n$, 즉 $|\zeta| = 1$ 이면,

$$\langle \partial\rho(\zeta), \zeta - z\rangle = \langle \overline{\zeta}, \zeta - z\rangle = 1 - \sum_{j=1}^{n} z_j \overline{\zeta}_j$$

가 된다. 식 (2.5)에 스토크스 정리를 적용한 후, f의 정칙성을 이용하면,

$$f(z) = \frac{1}{(2\pi i)^n} \int_{B_n} f(\zeta) \overline{\partial}_\zeta \left(\frac{\partial\rho(\zeta) \wedge (\overline{\partial}\partial\rho(\zeta))^{n-1}}{(1 - \sum_{j=1}^{n} z_j \overline{\zeta}_j)^n} \right) \tag{2.6}$$

가 된다. 적분 안의 미분 부분을 계산하면

$$\begin{aligned} &\overline{\partial}_\zeta \left(\frac{\partial\rho(\zeta) \wedge (\overline{\partial}\partial\rho(\zeta))^{n-1}}{(1 - \sum_{j=1}^{n} z_j \overline{\zeta}_j)^n} \right) \\ =& \frac{(\overline{\partial}\partial\rho(\zeta))^n}{(1 - \sum_{j=1}^{n} z_j \overline{\zeta}_j)^n} + n \frac{\partial\rho(\zeta) \wedge (\overline{\partial}\partial\rho(\zeta))^{n-1} \wedge \sum_{j=1}^{n} z_j d\overline{\zeta}_j}{(1 - \sum_{j=1}^{n} z_j \overline{\zeta}_j)^{n+1}} \end{aligned} \tag{2.7}$$

가 된다. 그런데,

$$\overline{\partial}\partial\rho(\zeta) = \sum_{j=1}^{n} d\overline{\zeta}_j \wedge d\zeta_j$$

이므로, 간단한 계산을 하면, 식 (2.7)의 우변은

$$n! \frac{\bigwedge_{j=1}^{n} (d\overline{\zeta}_j \wedge d\zeta_j)}{(1 - \sum_{j=1}^{n} z_j \overline{\zeta}_j)^{n+1}} = n!(2i)^n dV(\zeta)$$

가 되는 것을 알 수 있다. 따라서, (2.6)으로부터

$$f(z) = \int_{B_n} f(\zeta) \frac{n! dV(\zeta)}{\pi^n (1 - \sum_{j=1}^{n} z_j \overline{\zeta}_j)^{n+1}}$$

를 얻는다.

명제 2.14

함수 f가 단위구 B_n에서 정칙이면,

$$f(z) = \frac{n!}{\pi^n} \int_{B_n} \frac{f(\zeta)}{(1 - \sum_{j=1}^{n} z_j \overline{\zeta}_j)^{n+1}} dV(\zeta)$$

를 만족한다.

사실 이 표현은 다음 절부터 다룰 재생 핵함수 (reproducing kernel function) 나 버그만 핵함수 (Bergman kernel function) 로 표현되는 적분표현식이다. 2장의 2.6절에서 위의 식을 구하는 다른 방법을 설명할 것이다.

2.2 재생 핵함수 힐베르트 공간

이 절에서는 일반적인 함수해석학에서 중요한 어떤 힐베르트 공간에 대해서 설명하고자 한다. 다음 절에서 설명하는 버그만 공간과 버그만 핵함수는 이 절에서 나오는 재생 핵함수를 갖는 힐베르트 공간이므로, 먼저 일반적인 이론을 설명하는 것이 복소함수론을 이해하는 데에 도움이 될 것이다.

체 $\mathbb{F}$는 $\mathbb{R}$ 또는 $\mathbb{C}$라고 하자. 임의의 집합 X에 대해서, 모임 $\mathcal{F}(X,\mathbb{F})$를 함수 $f : X \to \mathbb{F}$ 들의 집합이라고 하자. 그러면, $x, y \in X$와 상수 c에 대해서

$$(f+g)(x) := f(x) + g(x), \quad (cf)(x) = cf(x)$$

라고 정의하면, $\mathcal{F}(X,\mathbb{F})$는 벡터공간을 이룬다. 이 때, 고정된 원소 $x \in X$에 대해서, 선형 범함수(linear functional) $E_x : \mathcal{F}(X,\mathbb{F}) \to \mathbb{F}$를

$$E_x : \mathcal{F}(X,\mathbb{F}) \to \mathbb{F}, \quad E_x(f) = f(x) \tag{2.8}$$

라고 정의하자. $\mathcal{H}$를 $\mathcal{F}(X,\mathbb{F})$의 부분집합이라고 하자. 모든 $f \in \mathcal{H}$에 대해서,

$$E_x(f) \le M\|f\|_{\mathcal{H}}$$

인 양수 M이 존재하면, 선형 범함수 E_x는 **유계 작용소**(bounded operator)라고 한다.

정의 2.15 (재생 핵함수 힐베르트 공간, reproducing kernel Hilbert space)

$\mathcal{F}(X,\mathbb{F})$의 부분집합 $\mathcal{H}$가

(i) $\mathcal{H}$를 힐베르트 공간으로 만들어주는 내적 $\langle \cdot, \cdot \rangle$이 정의되어 있다.

(ii) 임의의 $x \in X$에 대해서 선형 범함수 $E_x : \mathcal{H} \to \mathbb{F}$가 유계 작용소이다.

를 만족하면, $\mathcal{H}$는 **재생 핵함수 힐베르트 공간**(reproducing kernel Hilbert space, 또는 RKHS)[a]이라고 부른다.

[a]짧게 RKHS 라고 부르자.

선형 범함수가 유계 작용소인 것과 연속인 것과는 동치이다.

이제는 정의 2.15의 이름이 왜 재생 핵함수를 갖는 힐베르트 공간인지의 이유를 설명하겠다. 힐베르트 공간 H에서 정의된 선형 범함수가 유계이면, 리즈 표현 정리(Riesz representation theorem)에 의해,

$$E_x(\cdot) = \langle \cdot, K_x \rangle$$

을 만족하는 $K_x \in H$가 유일하게 존재한다. $E_x(f) = f(x)$이므로, RKHS는 다음을 만족한다.

명제 2.16 (재생 질성질)

힐베르트 공간 $\mathcal{H}$가 RKHS이면, 모든 $f \in \mathcal{H}$에 대해서

$$f(x) = \langle f, K_x \rangle \tag{2.9}$$

를 만족하는 $K_x \in \mathcal{H}$가 존재한다.

위의 명제에서 식 (2.9)는 **재생 성질**(reproducing property)이라고 부른다.

그런데, 임의의 $y \in \mathcal{H}$에 대해서, $K_y(\cdot) \in \mathcal{H}$이므로,

$$K_y(x) = \langle K_y, K_x \rangle$$

를 만족한다.

정의 2.17 (재생 핵함수, reproducing kernel)

이변수 함수 $K : X \times X \to \mathbb{F}$를

$$K(x, y) := K_y(x)$$

라고 정의하고, $\mathcal{H}$의 **재생 핵함수**(reproducing kernel)라고 한다.

예제 2.18 하디 공간 $H^2(\Delta)$를 생각해보자. 여기에서 Δ는 단위원판 $\{z \in \mathbb{C} : |z| < 1\}$이다. $f \sim \sum_{n=0}^{\infty} a_n z^n$와 $g \sim \sum_{n=0}^{\infty} b_n z^n$에 대해서, 내적을

$$\langle f, g \rangle := \sum_{n=0}^{\infty} a_n \overline{b_n}$$

라고 하자. 그러면, f의 노름은

$$\|f\| = \left(\sum_{n=0}^{\infty} |a_n|^2 \right)^{\frac{1}{2}}$$

이다. 함수 $I : H^2(\Delta) \to \ell^2(\mathbb{N})$을

$$I(f) := (a_0, a_1, \ldots)$$

라고 정의하면 동형사상(isomorphism)이므로, $H^2(\Delta)$를 $\ell^2(\mathbb{N})$와 동일하게 생각할 수 있으므로, 힐베르트 공간이 된다. 따라서, 정의 2.15의 (i)을 만족한다.

한편, 임의의 $z \in \Delta$에 대해서,

$$|E_z(f)| = \left|\sum_{n=0}^{\infty} a_n z^n\right| \leq \left(\sum_{n=0}^{\infty} |a_n|^2\right)^{\frac{1}{2}} \left(\sum_{n=0}^{\infty} |z^n|^2\right)^{\frac{1}{2}} = \frac{\|f\|}{\sqrt{1-|z|^2}}$$

를 만족하므로,

$$\|E_z\| \leq \frac{1}{\sqrt{1-|z|^2}}$$

가 되어, 정의 2.15의 (ii)를 만족한다. 따라서, 하디 공간은 단위원판에서 정의되는 RKHS임을 알 수 있다.

이제 재생 핵함수 K를 구해보자. 임의의 $w \in \Delta$에 대해서 함수

$$h(z) := \sum_{n=0}^{\infty} \overline{w}^n z^n \tag{2.10}$$

을 생각하자. 그러면 임의의 $f(z) = \sum_{n=0}^{\infty} a_n z^n \in H^2(\Delta)$에 대해서

$$\langle f, h \rangle = \sum_{n=0}^{\infty} a_n w^n = f(w)$$

를 만족하므로,

$$K_w(z) = h(z) = \sum_{n=0}^{\infty} (z\overline{w})^n = \frac{1}{1 - z\overline{w}}$$

이다. 따라서, 하디 공간의 재생 핵함수 $K(z, w)$는

$$K(z, w) = \frac{1}{1 - z\overline{w}}$$

이 되고, 이는 단위원판의 **세고 핵함수(Szegö kernel)**라고 부른다.

위의 예제에서 하디 공간의 재생 핵함수를 직접 계산했지만, (2.10)에서 함수 h를 선택하는 것은 쉽지 않은 일이다. 하지만, 다음과 같이 기저(basis)의 방법을 통하면, (2.10)이 자연스러운 선택임을 알 수 있다.

명제 2.19

$\mathcal{H}$를 집합 X에서 정의된 RKHS이고 대응되는 재생 핵함수를 $K(x,y)$라고 하자. 이때, $\{\phi_\alpha : \alpha \in A\}$가 $\mathcal{H}$의 정규 직교 기저(orthonormal basis)이면,

$$K(x,y) = \sum_{\alpha \in A} \phi_\alpha(x)\overline{\phi_\alpha(y)}$$

이다.

[증명] 임의의 $y \in X$에 대해서

$$\langle K_y, \phi_\alpha \rangle = \overline{\langle \phi_\alpha, K_y \rangle} = \overline{\phi_\alpha(y)}$$

이므로,

$$K(x,y) = K_y(x) = \sum_{\alpha \in A} \langle K_y, \phi_\alpha \rangle \phi_\alpha(x) = \sum_{\alpha \in A} \overline{\phi_\alpha(y)}\phi_\alpha(x)$$

가 된다. □

따름정리 2.20 (하디 공간의 재생 핵함수)

하디 공간 $H^2(\Delta)$의 재생 핵함수 $K(z,w)$는

$$K(z,w) = \frac{1}{1 - z\overline{w}}$$

이다.

[증명] n이 음이 아닌 정수일 때, $\phi_n(z) = z^n$이 정규 직교 기저를 이루기 때문에, 명제 2.19에 의해,

$$K(z,w) = \sum_{n=0}^{\infty} \phi_n(z)\overline{\phi_n(w)} = \sum_{n=0}^{\infty} (z\overline{w})^n = \frac{1}{1 - z\overline{w}}$$

가 된다. □

이제는 재생 핵함수 K의 두 개의 중요한 성질에 대해서 설명한다.

명제 2.21

K는 비대칭적(skew-symmetric)이다. 즉, $K(x,y) = \overline{K(y,x)}$이다.

[증명] $x, y \in X$일 때,

$$K(x,y) = \langle K_y, K_x \rangle = \overline{\langle K_x, K_y \rangle} = \overline{K(y,x)}$$

이다. 또한, 명제 2.19을 이용해서도 증명할 수도 있다. □

한편, 이변수 함수가 양의 정부호(strictly positive definite)라 함은 다음과 같이 정의한다.

정의 2.22

집합 X에서 정의된 이변수 함수 $F(x,y)$가 있다고 하자. 임의의 n개의 점 $x_1, x_2, \ldots, x_n$에 대해서 행렬 $(F(x_i, x_j))_{1 \le i,j \le n}$이 강한 양의 정부호이면, 이변수 함수 $F(x,y)$가 **강한 양의 정부호(strictly positive definite)**라고 정의한다.

명제 2.23

$\mathcal{H}$를 집합 X에서 정의된 RKHS이고 대응되는 재생 핵함수를 $K(x,y)$라고 하자. 그러면, $K(x,y)$는 강한 양의 정부호이다.

[증명] 임의의 $x_1, x_2, \ldots, x_n \in X$와 상수 $t_1, t_2, \ldots, t_n \in \mathbb{C}$에 대해서

$$\sum_{i=1}^{n}\sum_{j=1}^{n} \bar{t}_i t_j K(x_i, x_j) = \sum_{i=1}^{n}\sum_{j=1}^{n} \bar{t}_i t_j \langle K_{x_j}, K_{x_i} \rangle = \left\langle \sum_{j=1}^{n} t_j K_{x_j}, \sum_{i=1}^{n} t_i K_{x_i} \right\rangle \ge 0$$

을 얻는다. 만일 $\sum_{i=1}^{n} t_i K_{x_i} = 0$이면, 임의의 $f \in \mathcal{H}$에 대해서

$$\sum_{i=1}^{n} \overline{t_i} f(x_i) = \sum_{i=1}^{n} \overline{t_i} \langle f, K_{x_i} \rangle = \sum_{j=1}^{n} \langle f, t_i K_{x_i} \rangle = 0$$

이므로 $f = 0$이 되어 모순이다. 따라서, $K(x,y)$가 강한 양의 정부호임을 증명하였다. □

지금까지 다음의 사실을 증명하였다.

(i) 재생 핵함수 힐베르트 공간은 유일한 재생 핵함수 K를 갖는다.

(ii) 재생 핵함수 K는 비대칭이고, 강한 양의 정부호이다.

그렇다면, 다음의 질문을 할 수 있다.

질문. 비대칭이고 강한 양의 정부호인 이변수 함수 $K(x,y)$가 주어져 있으면, 이를 재생 핵함수로 갖는 힐베르트 공간이 존재하겠는가?

이 질문에 대한 답은 무어-아론잔 정리(Moore-Aronszajn theorem)라고 부르는데, 이는 다음과 같다.

정리 2.24 (Moore-Aronszajn theorem, [14])

$K(x,y) : X \times X \to \mathbb{F}$이 모든 $x, y \in H$에 대해서 $K(x,y) = \overline{K(y,x)}$를 만족하고, 강한 양의 정부호이면, K가 재생 성질을 갖는 핵함수가 되는 유일한 함수공간 H가 존재하는데, 이는 바로 RKHS이다.

[증명] 임의의 $y \in X$에 대해서,

$$K_y(x) := K(x,y)$$

라고 정의하고, $\mathcal{H}_0$를 $\{K_y : y \in X\}$의 선형 펼침(linear span)이라고 하자. 이 때, $\mathcal{H}_0$에서 내적을

$$\left\langle \sum_{j=1}^{n} b_j K_{y_j}, \sum_{i=1}^{m} a_i K_{x_i} \right\rangle := \sum_{i=1}^{m} \sum_{j=1}^{n} \overline{a}_i b_j K(y_j, x_i)$$

라고 정의하자. 내적 $\langle \cdot, \cdot \rangle$이 대칭이고 양의 정부호임은 K가 대칭이고, 양의 정부호라는 가정으로부터 각각 쉽게 보일 수 있다. 한편, 위의 내적에 대해서 $\mathcal{H}_0$의 완비(completion)를 $\mathcal{H}$라고 정의하자. 그러면, $\mathcal{H}$는

$$f(x) = \sum_{i=1}^{\infty} a_i K_{x_i}(x)$$

꼴의 함수들의 모임이다. 여기에서, $\sum_{i=1}^{\infty} a_i^2 K(x_i, x_i) < \infty$를 만족한다. 그래서,

$f \in H$ 이면,

$$\langle f, K_x \rangle = \left\langle \sum_{i=1}^{\infty} a_i K_{x_i}, K_x \right\rangle = \sum_{i=1}^{\infty} a_i K(x_i, x) = f(x)$$

이므로, 재생 성질을 만족한다.

마지막으로 유일성의 증명을 위해, K 를 재생함수로 갖는 다른 함수공간 $\mathcal{G}$ 가 존재한다고 하자. 그러면 각 $\mathcal{G}_0$ 와 $\mathcal{H}_0$ 에서 정의되는 내적의 값이 같으므로, $\mathcal{G} = \mathcal{H}$ 임을 알 수 있다. □

2.3 버그만 핵함수의 정의

이 절에서는 2장의 가장 중요한 개념인 버그만 핵함수의 정의와 성질을 설명하고자 한다. D를 $\mathbb{C}^n$의 유계 영역이라고 하자. 영역 D에서 정의된 두 함수 f와 g에 대하여

$$\langle f, g\rangle = \int_D f(z)\overline{g(z)}dV(z)$$

라고 정의되는 내적 $\langle f, g\rangle$이 주어진 힐베르트 공간 $L^2(D)$를 고려하자. $L^2(D)$의 원소 중에서 정칙함수만의 부분 집합을 영역 D의 버그만 공간(Bergman space)이라고 부른다. 즉, 버그만 공간 $L^2_a(D)$는 $L^2(D) \cap \mathcal{O}(D)$이다.

보조정리 2.25

K를 D의 임의의 콤팩트 집합이라고 하자. 임의의 $f \in L^2_a(D)$에 대하여

$$\sup_{z\in K} |f(z)| \le C\|f\|_{L^2(D)}$$

가 성립하는 양수 $C = C(K, D)$가 존재한다.

[증명] 임의의 $z \in D$에 대해서, 중심이 r이고 반지름이 r인 복소 구 $B(z, r) \subset D$가 존재한다. 평균값 정리에 의해

$$f(z) = \frac{1}{Vol(B(z,r))}\int_{B(z,r)} f(t)dV(t)$$

가 성립한다. 그러면,

$$\begin{aligned}|f(z)| &\le \frac{1}{Vol(B(z,r))}\int_{B(z,r)} |f(t)|dV(t)\\ &\le \frac{1}{Vol(B(z,r))}\left(\int_{B(z,r)} |f(t)|^2dV(t)\right)^{\frac{1}{2}}\left(\int_{B(z,r)} dV(t)\right)^{\frac{1}{2}}\\ &\le \frac{1}{Vol(B(z,r))^{1/2}}\|f\|_{L^2(D)}\end{aligned}$$

가 성립한다. □

각 점 $z \in D$에 대하여 값매김(evaluation) 함수 $E_z : L^2_a(D) \to \mathbb{C}$를 $E_z(f) = f(z)$라고 정의하자. 보조정리 2.25에 따르면 E_z는 $L^2_a(D)$에서 정의되는 유계이고 연속인 선형

범함수이다. 그리고 버그만 공간 $L^2_a(D)$는 $L^2(D)$의 닫힌 부분공간이다. 리즈 표현정리 (Riesz representation theorem)에 의해 모든 $f \in L^2_a(D)$에 대해 $E_z(f) = \langle f, K_z \rangle$가 성립하는 유일한 $K_z(\cdot) \in L^2_a(D)$가 존재한다. 다시 말하면, 모든 $f \in L^2_a(D)$는

$$f(z) = \int_D f(w)\overline{K_z(w)}dV(w)$$

를 만족하는데 이 항등식을 **재생 성질**(reproducing property)이라고 부른다. 이 때, 영역 D의 버그만 핵함수를 다음과 같이 정의한다.

정의 2.26 (버그만 핵함수)

D를 $\mathbb{C}^n$의 유계 영역이라고 하자. 임의의 두 점 $z, w \in D$에 대해서,

$$K_D(z, w) := \overline{K_z(w)}$$

를 유계 영역 D의 **버그만 핵함수**(Bergman kernel function)라고 부른다.

위의 정의를 사용하면 재생 성질은

$$f(z) = \int_D f(w) K_D(z, w) dV(w) \tag{2.11}$$

라고 쓸 수 있다.

일변수 복소함수론에서의 코시 핵함수는 (2.2)에서 알 수 있는 것처럼 영역 D에 상관없이 항상 같은 형태이다. 하지만, 버그만 핵함수는 영역 D의 선택에 따라서 형태가 달라지게 된다. 단위원판에서의 코시 핵함수와 버그만 핵함수의 관계는 다음 절에서 다루기로 한다.

정의 2.26에 따르면 $K_w(\cdot) = \overline{K_D(w, \cdot)}$이므로, 고정된 $w \in D$에 대해

$$\overline{K_D(w, \cdot)} \in L^2_a(D)$$

이다. 버그만 공간의 임의의 원소는 재생 성질을 만족하므로, 임의의 $z \in D$에 대해

$$\begin{aligned}
\overline{K_D(w, z)} &= \int_D \overline{K_D(w, \zeta)} K_D(z, \zeta) dV(\zeta) \\
&= \overline{\int_D K_D(w, z) \overline{K_D(z, \zeta)} dV(\zeta)} \\
&= \overline{\overline{K_D(z, w)}}
\end{aligned}$$

$$= K_D(z,w)$$

가 되어 $\overline{K_D(w,z)} = K_D(z,w)$가 성립한다. 즉, 버그만 핵함수는 켤레대칭 (conjugate symmetric) 이다. 사실은 다음 명제에 따르면, 켤레대칭이고 재생 성질을 만족하는 버그만 공간의 원소는 버그만 핵함수뿐이다.

명제 2.27 (버그만 핵함수의 유일성)

D를 유계 영역이라고 하자. $D \times D$에서 정의되는 함수 $B(z,w)$가

(i) 임의의 점 $w \in D$에 대하여 $B(\cdot, w) \in L_a^2(D)$,

(ii) $B(z,w) = \overline{B(w,z)}$,

(iii) 임의의 $f \in L_a^2(D)$에 대하여 $f(z) = \int_D f(w)B(z,w)dV(w)$

를 만족하면 $B(z,w) = K_D(z,w)$이다.

[증명] 임의의 점 $z, w \in D$에 대하여

$$K_D(z,w) = \overline{K_D(w,z)} = \int_D \overline{K_D(w,\zeta)}B(z,\zeta)dV(\zeta)$$
$$= \overline{\int_D K_D(w,\zeta)\overline{B(z,\zeta)}dV(\zeta)} = \overline{\overline{B(z,w)}} = B(z,w)$$

이므로, 성질 (i), (ii), (iii)을 만족하는 함수는 버그만 핵함수뿐임을 알 수 있다. □

보조정리 2.28

E를 D의 콤팩트인 부분집합이라고 하자. D의 버그만 공간 $L_a^2(D)$의 임의의 완비정규직교계 $\{\phi_j : j = 1, 2, \ldots\}$에 대하여

$$\sup_{z \in E} \sum_{j=1}^{\infty} |\phi_j(z)|^2 \le C_E$$

가 성립하는 양수 C_E가 존재한다.

[증명] 리즈-피셔 (Riesz-Fischer) 정리와 리즈 표현정리에 의해

$$\sup_{z \in E} \left(\sum_{j=1}^{\infty} |\phi_j(z)|^2 \right)^{1/2} = \sup_{z \in E} \|\{\phi_j(z)\}_{j=1}^{\infty}\|_{l^2}$$

$$= \sup_{\substack{\|a_j\|_{l^2}=1 \\ z\in E}} \left|\sum_{j=1}^{\infty} a_j \phi_j(z)\right|$$

$$= \sup_{\substack{\|f\|_{L^2}=1 \\ z\in E}} |f(z)| \le C_E$$

가 된다. 마지막 부등식은 보조정리 2.25로부터 얻을 수 있다. □

명제 2.29 (완비정규직교계)

$\{\phi_j(\cdot)\}_{j=0}^{\infty}$ 을 버그만 공간 $L_a^2(D)$ 의 완비정규직교계 (complete orthonormal basis) 라고 하자. 그러면 버그만 핵함수는

$$K_D(z,w) = \sum_{j=0}^{\infty} \phi_j(z)\overline{\phi_j(w)} \tag{2.12}$$

로 표현되고, $D \times D$ 의 임의의 콤팩트인 부분집합에서 고른수렴 (uniform convergent) 한다.

[증명] 점 $w \in D$를 고정하면, $K_D(z,w)$는 z 변수에 대해서 정칙함수이므로,

$$K_D(z,w) = \sum_{j=0}^{\infty} a_j \phi_j(z)$$

가 되는 상수 a_j 들이 존재한다. 그러면,

$$\langle K_D(z,w), \phi_k(z)\rangle = \sum_{j=0}^{\infty} a_j \langle \phi_j(z), \phi_k(z)\rangle = a_k$$

이므로,

$$a_j = \langle K_D(\cdot,w), \phi_j(\cdot)\rangle = \overline{\langle \phi_j(\cdot), K_D(\cdot,w)\rangle} = \overline{\phi_j(w)}$$

를 얻는다. 또한,

$$\|K(\cdot,w)\|_{L^2(D)}^2 = \sum_{j=0}^{\infty} |K(\cdot,w), \phi_j(\cdot)|^2 = \sum_{j=0}^{\infty} |\phi_j(w)|^2$$

이므로, 식 (2.12)는 점마다 수렴 (pointwise converge) 한다. 마지막으로 정규족 (normal family) 의 논증에 의해 $D \times D$ 의 임의의 콤팩트인 부분집합에 대해서 $|\sum_{j=0}^{m} \phi_j(z)\overline{\phi_j(w)}|$가 항상 고른수렴함을 보이면 된다. E를 D의 콤팩트인 부분공

간이라고 하면, 보조정리 2.28에 의해

$$\begin{aligned}\left|\sum_{j=1}^{m}\phi_j(z)\overline{\phi_j(w)}\right| &\le \sum_{j=0}^{\infty}|\phi_j(z)||\phi_j(w)| \\ &\le \left(\sum_{j=0}^{\infty}|\phi_j(z)|^2\right)^{1/2}\left(\sum_{j=0}^{\infty}|\phi_j(w)|^2\right)^{1/2} \\ &\le C_E\end{aligned}$$

이므로 원하는 결과를 얻는다. □

일반적으로 버그만 핵함수 $K_D(z,w)$는 복소수값 함수(complex-valued function)이지만, $w = z$이면, 실수값 함수(real-valued function)가 된다. 게다가 명제 2.29에 따르면,

$$K_D(z,z) = \sum_{j=0}^{\infty}|\phi_j(z)|^2 \ge 0$$

이다. 만약 $K_D(z,z) = 0$인 점 $z \in D$가 존재하면, 모든 j에 대하여 $\phi_j(z) = 0$이 된다. 그런데, $\{\phi_j(z)\}_{j=0}^{\infty}$는 $L_a^2(D)$의 완비정규직교계이므로, 모든 $f \in L_a^2(D)$에 대하여, $f(z) = 0$이 되는데, 이는 모순이다. 따라서, 유계영역 D의 버그만 핵함수 $K_D(z,z)$는 항상 양의 값을 갖는다.

따름정리 2.30 (대각에서의 버그만 핵함수의 값)

유계영역 D의 임의의 점 z에 대해서 $K_D(z,z) > 0$이다.

버그만 핵함수는 다음과 같은 극대값 성질을 갖는다.

명제 2.31

$\|f\|_{L^2(D)} \le 1$를 만족하는 모든 $f \in L_a^2(D)$에 대해서 $|f(z)|^2$의 최대값은 $K_D(z,z)$이다.

[증명] 임의의 $f \in L_a^2(D)$는 적당한 복소수 a_j들이 존재하여

$$f(z) = \sum_{j=0}^{\infty} a_j\phi_j(z)$$

라고 쓸 수 있는데, $\|f\|_{L^2(D)} \le 1$이므로 $\sum_j |a_j|^2 \le 1$이다. 따라서,

$$\left|\sum_{j=0}^{\infty} a_j\phi_j(z)\right| \le \sum_{j=0}^{\infty} |\phi_j(z)|^2 = K_D(z,z)$$

를 얻는다. 이 때, 등호는

$$a_j = \frac{\overline{\phi_j(z)}}{\sqrt{\sum_{j=0}^{\infty} |\phi_j(z)|^2}}$$

일 때 성립한다. □

한편, $L^2_a(D)$는 $L^2(D)$의 닫힌 부분공간이므로, $L^2(D)$에서 $L^2_a(D)$로 가는 정사영 (orthogonal projection)이 있는데 이는

$$P_D : L^2(D) \to L^2_a(D)$$

을 만족하고, **버그만 정사영** (Bergman projection)이라고 한다. 정사영 P_D는 크기가 1인 유계 에르미트 사상이고, 임의의 $f \in L^2_a(D)$에 대해서 $P_D(f) = f$를 만족한다.

그런데, 버그만 핵함수가 다음과 같이 버그만 정사영을 표현하는 적분핵 (integral kernel) 이다.

명제 2.32 (버그만 정사영)

임의의 함수 $f \in L^2(D)$와 점 $z \in D$에 대하여,

$$(P_D f)(z) = \int_D f(w)K_D(z,w)dV(w)$$

가 성립한다.

[증명] 임의의 $f \in L^2(D)$에 대해서, $P_D f(\cdot) \in L^2_a(D)$이므로, 재생 성질 (2.11)을 적용하면,

$$P_D f(z) = (P_D f, K_D(\cdot, z))$$

가 된다. 여기에서 P_D가 에르미트이므로, 위의 식은

$$P_D f(z) = (f, P_D K_D(\cdot, z))$$

가 된다. 그런데, 고정된 점 z에 대해서, $K_D(\cdot, z) \in L_a^2(D)$ 이므로,

$$P_D K_D(\cdot, z) = K_D(\cdot, z)$$

가 되어 증명이 끝난다. □

연습문제 2.33

버그만 정사영 P_D는 $P_D^2 = P_D$ 이고 자기수반 (self-adjoint) 임을 보여라.

2.4 단위원판의 버그만 핵함수

단위원판 $\{z \in \mathbb{C} : |z| < 1\}$을 Δ라고 하자. 이 절에서는 단위원판의 버그만 핵함수를 구하는 두 가지 방법을 소개한다. 구체적으로 다음 정리를 증명하고자 한다.

정리 2.34 (단위원판에서의 버그만 핵함수)

단위원판 Δ의 버그만 핵함수는

$$K_\Delta(z,w) = \frac{1}{\pi(1 - z\overline{w})^2}$$

이다. 이 때 z와 w는 Δ의 점이다.

일반적으로 유계 영역의 버그만 핵함수를 구하는 방법 중에 가장 표준적인 방법은 완비정규직교계를 이용하는 것이다. 모든 정칙함수는 $\sum_{j=0}^{\infty} c_j z^j$의 형태로 표현되므로, 적당한 복소수 c_j들이 존재하여, 집합

$$\{c_j z^j : j = 0, 1, \ldots\}$$

는 $L_a^2(\Delta)$의 기저를 이룬다. 이 때, $c_j z^j$의 L^2-노름이 1이 되도록 상수 c_j를 선택하면 이 집합은 완비정규직교계가 되는 것이다. 따라서,

$$\int_\Delta |z^j|^2 dxdy = \int_0^1 \int_0^{2\pi} r^{2j+1} d\theta dr = \frac{\pi}{j+1}$$

이므로, $c_j = \sqrt{\frac{j+1}{\pi}}$라고 정의하면,

$$\phi_j(z) = \sqrt{\frac{j+1}{\pi}} z^j$$

는 $L_a^2(\Delta)$의 완비정규직교계를 구성한다. 명제 2.29을 이용하면,

$$K_\Delta(z,w) = \sum_{j=0}^{\infty} \phi_j(z)\overline{\phi_j(w)} = \frac{1}{\pi}\sum_{j=0}^{\infty}(j+1)(z\overline{w})^j \tag{2.13}$$

와 같이 무한급수의 형태로 표현할 수 있다. 일반적으로 무한급수를 항상 기본함수(elementary functions)로 표현할 수는 없지만,

$$\frac{d}{d\zeta}\sum_{j=0}^{\infty}\zeta^j\bigg|_{\zeta = z\overline{w}} = \frac{d}{d\zeta}\frac{1}{1-\zeta}\bigg|_{\zeta = z\overline{w}} = \frac{1}{(1 - z\overline{w})^2}$$

의 항등식을 이용하면,

$$K_\Delta(z,w) = \frac{1}{\pi(1-z\overline{w})^2}$$

가 되어 정리 2.34을 얻는다.

완비정규직교계를 구할 수 있는 유계 영역이면 항상 이 방법을 사용하여 버그만 핵함수를 (2.13)와 같이 무한급수의 형태로 구할 수 있다. 하지만, 단위원판의 경우처럼 항상 기본함수로 표현할 수 있는 것은 아니다. 다음의 연습문제에서처럼 원환의 버그만 핵함수를 무한급수의 형태로 나타낼 수 있지만, 기본함수로 표현하는 것은 어려운 문제이다.

연습문제 2.35 (원환에서의 버그만 핵함수)

1보다 작은 양수 r에 대하여 원환

$$A(r) := \{z \in \mathbb{C} : r < |z| < 1\}$$

을 생각하자. 명제 2.29를 이용하여 원환 $A(r)$의 버그만 핵함수가

$$K_{A(r)}(z,w) = \frac{1}{2\pi z\overline{w}\log(1/r)} + \frac{1}{\pi z\overline{w}}\sum_{j\in\mathbb{Z}}\frac{j(z\overline{w})^j}{1-r^{2j}}$$

임을 증명하여라.

위의 문제는 논문 [129]에서 확인할 수 있다.

한편, 그린정리와 코시적분정리를 사용하여서도 단위원판의 버그만 핵함수를 구할 수 있다. 먼저 그린정리의 복소표현법을 구하자.

보조정리 2.36 (복소버전의 그린정리)

함수 $g(w)$를 $w = x + iy$에 관한 복소함수라고 하면,

$$\int_{\partial\Delta} g(w)dw = 2i\iint_\Delta \frac{\partial g}{\partial \overline{w}}dxdy$$

가 성립한다.

[증명] 적분하려는 부분을 실부분과 허수부분으로 구분한 뒤에, 실함수에 관한 그린정리를 적용하면,

$$\begin{aligned}\int_{\partial\Delta} g(w)dw &= \int_{\partial\Delta}(u+iv)(dx+idy)\\ &= \int_{\partial\Delta} udx - vdy + i(vdx+udy)\\ &= \iint_{\Delta}\{(-v_x-u_y)+i(u_x-v_y)\}\,dxdy\\ &= 2i\iint_{\Delta}\frac{\partial g}{\partial \overline{w}}dxdy\end{aligned}$$

가 된다. □

잘 알려져 있는 코시적분식 (따름정리 2.2) 에 따르면, 임의의 $z \in \Delta$에 대하여 정칙함수 f는

$$f(z) = \frac{1}{2\pi i}\int_{\partial\Delta}\frac{f(w)}{w-z}dw = \frac{1}{2\pi i}\int_{\partial\Delta}\frac{\overline{w}f(w)}{1-z\overline{w}}dw \tag{2.14}$$

를 만족한다. 함수 f가 정칙이기 때문에,

$$\frac{\partial}{\partial \overline{w}}\left(\frac{\overline{w}f(w)}{1-z\overline{w}}\right) = \frac{f(w)}{(1-z\overline{w})^2}$$

는 쉽게 알 수 있다. 따라서, 보조정리 2.36에서

$$g(w) = \overline{w}f(w)/(1-z\overline{w})$$

라고 두면,

$$f(z) = \frac{1}{2\pi i}\cdot 2i\iint_{\Delta}\frac{f(w)}{(1-z\overline{w})^2}dxdy = \frac{1}{\pi}\iint_{\Delta}\frac{f(w)}{(1-z\overline{w})^2}dxdy$$

를 얻는다. 이 식으로부터 함수 $\frac{1}{\pi(1-z\overline{w})^2}$가 명제 2.27의 성질 (iii) 을 만족함을 알 수 있고, 쉽게 성질 (i) 과 성질 (ii) 를 만족함을 알 수 있다. 따라서 명제 2.27에 의해 이 함수가 바로 단위원판의 버그만 핵함수가 된다는 결론을 내릴 수 있다.

정리 2.37 (곱영역의 버그만 핵함수)

영역 D_1 과 D_2 가 각각 $\mathbb{C}^{n_1}$, $\mathbb{C}^{n_2}$ 의 유계영역이라고 하자. 그러면, 두 영역의 곱영역 (product domain) $D := D_1 \times D_2$ 의 버그만 핵함수는

$$K_D((z_1, z_2), (w_1, w_2)) = K_{D_1}(z_1, w_1) K_{D_2}(z_2, w_2)$$

이다. 여기에서 (z_1, z_2) 와 (w_1, w_2) 는 D 의 점들이다.

[증명] 정리에 있는 $K_{D_1}(z_1, w_1) K_{D_2}(z_2, w_2)$ 가 영역이 $D_1 \times D_2$ 인 경우의 명제 2.27 (i), (ii), (iii) 을 만족함을 쉽게 보일 수 있다. □

원판곱의 버그만 핵함수는 정리 2.34과 정리 2.37로부터 쉽게 다음과 같이 얻는다.

따름정리 2.38 (원판곱의 버그만 핵함수)

원판곱 Δ^n 의 버그만 핵함수는

$$K_{\Delta^n}(z, w) = \frac{1}{\pi^n} \prod_{j=1}^{n} \frac{1}{(1 - z_j \overline{w}_j)^2}$$

이다. 여기에서 $z = (z_1, \ldots, z_n)$ 과 $w = (w_1, \ldots, w_n)$ 은 Δ^n 의 점들이다.

2.5 정칙사상에 따른 변환

이 절에서는 정칙사상에 따른 버그만 핵함수의 변환식을 설명하고 쌍정칙사상에 대해 버그만 계량은 불변량임을 증명한다.

먼저 쌍정칙사상에 따른 다음과 같은 변환식을 증명한다.

정리 2.39 (쌍대칭사상의 변환식)

사상 ϕ가 두 유계 영역 D_1, D_2 사이의 쌍대칭사상이라고 하면,

$$K_{D_1}(z,w) = \det \mathcal{J}_{\mathbb{C}}\phi(z) \cdot K_{D_2}(\phi(z),\phi(w)) \cdot \overline{\det \mathcal{J}_{\mathbb{C}}\phi(w)}$$

가 성립한다. 여기에서 $\det \mathcal{J}_{\mathbb{C}}\phi(z)$는 (1.78)에서 정의한대로 ϕ의 복소 야코비 행렬이다.

이를 위해서는 1장 연습문제 1.55에 있는 복소 야코비 행렬과 실 야코비 행렬의 관계가 필요하다.

보조정리 2.40

ϕ가 정칙사상이면

$$\det \mathcal{J}_{\mathbb{R}}\phi = |\det \mathcal{J}_{\mathbb{C}}\phi|^2$$

이 성립한다.

보조정리 2.41

임의의 함수 $g \in L_a^2(D_2)$에 대해서

$$(g \circ \phi) \cdot \mathcal{J}_{\mathbb{C}}\phi \in L_a^2(D_1)$$

이 성립한다.

[증명] 만약 $\phi : D_1 \to D_2$가 정칙사상이면,

$$\begin{aligned}\|(g\circ\phi)\cdot\mathcal{J}_{\mathbb{C}}\phi\|^2 &= \int_{D_1} |(g\circ\phi)(z)|^2|\det\mathcal{J}_{\mathbb{C}}\phi(z)|^2 dV(z)\\ &= \int_{D_2} |g(w)|^2|\det\mathcal{J}_{\mathbb{C}}\phi(\phi^{-1}(w))|^2\det\mathcal{J}_{\mathbb{R}}\phi^{-1}(w)dV(w)\\ &= \int_{D_2}|g(w)|^2 dV(w) < \infty\end{aligned}$$

가 되기 때문에, 정칙함수 $(g\circ\phi)\cdot\mathcal{J}_{\mathbb{C}}\phi$가 $L^2(D_1)$에 속함을 알 수 있다. □

이제는 정리 2.39을 증명하겠다. 함수 f가 $L^2_a(D_1)$의 원소이면,

$$\begin{aligned}&\int_{D_1} f(\zeta)\det\mathcal{J}_{\mathbb{C}}\phi(z)K_{D_2}(\phi(z),\phi(\zeta))\overline{\det\mathcal{J}_{\mathbb{C}}\phi(\zeta)}dV(\zeta)\\ &= \int_{D_2} f(\phi^{-1}(w))\det\mathcal{J}_{\mathbb{C}}\phi(z)K_{D_2}(\phi(z),w)\overline{\det\mathcal{J}_{\mathbb{C}}\phi(\phi^{-1}(w))}\det\mathcal{J}_{\mathbb{R}}\phi^{-1}(w)dV(w)\end{aligned}$$

가 된다. 이 때 편의상

$$g(w) := f(\phi^{-1}(w))\overline{\det\mathcal{J}_{\mathbb{C}}\phi(\phi^{-1}(w))}|\det\mathcal{J}_{\mathbb{C}}\phi^{-1}(w)|^2$$

라고 하면

$$g(w) = f(\phi^{-1}(w))\det\mathcal{J}_{\mathbb{C}}\phi^{-1}(w)$$

가 된다. 그러면,

$$\det\mathcal{J}_{\mathbb{C}}\phi(z)g(\phi(z)) = \det\mathcal{J}_{\mathbb{C}}\phi(z)f(\phi^{-1}(\phi(z)))\det\mathcal{J}_{\mathbb{C}}\phi^{-1}(\phi(z)) = f(z)$$

이므로,

$$f(z) = \int_{D_1} f(\zeta)\det\mathcal{J}_{\mathbb{C}}\phi(z)K_{D_2}(\phi(z),\phi(\zeta))\overline{\det\mathcal{J}_{\mathbb{C}}\phi(\zeta)}dV(\zeta)$$

임을 알 수 있다. 그런데,

$$\det\mathcal{J}_{\mathbb{C}}\phi(z)K_{D_2}(\phi(z),\phi(\zeta))\overline{\det\mathcal{J}_{\mathbb{C}}\phi(\zeta)}$$

가 명제 2.27의 세 조건들을 모두 만족하므로 이는 영역 D_1의 버그만 핵함수가 되어 정리 2.39의 증명이 끝난다.

정리 2.39을 이용하면 $\mathbb{C}$의 단순연결영역의 버그만 핵함수와 리만사상과의 관계를 구할 수 있다.

따름정리 2.42 (리만사상의 표현)

D 를 $\mathbb{C}$의 단순연결영역(simply connected domain)이라고 하자. D 를 단위원판 Δ 위로 일대일대응하는 쌍정칙함수 f 중에서, 고정된 점 $a \in D$에 대해서 $f(a) = 0$이고 $f'(a) > 0$을 만족하는 함수 f를 생각하자. 그러면,

$$f'(z) = K_D(z, a)\sqrt{\frac{\pi}{K_D(a, a)}}$$

를 만족한다.

따름정리 2.30에 의해서 임의의 점 a에 대해서, $K_D(a, a) > 0$이므로 위의 식은 잘 정의된다. 따라서, 위 따름정리의 가정을 만족하는 함수 f에 대하여,

$$f'(a) = \sqrt{\pi K_D(a, a)}$$

가 된다.

[증명] 함수 $f : D \to \Delta$가 쌍정칙함수이므로, 정리 2.39에 의해

$$K_D(z, a) = f'(z)K_\Delta(f(z), f(a))\overline{f'(a)}$$

가 되는데, 정리 2.34에서 K_Δ의 형태를 대입하면,

$$K_D(z, a) = \frac{f'(z)\overline{f'(a)}}{\pi(1 - f(z)\overline{f(a)})^2}$$

이 된다. 가정에서 $f(a) = 0$이고 $f'(a) > 0$이므로,

$$K_D(z, a) = \frac{1}{\pi}f'(z)f'(a) \tag{2.15}$$

가 되는데, 특히 $z = a$이면,

$$f'(a) = \sqrt{\pi K_D(a, a)} \tag{2.16}$$

를 얻는다. 식 (2.15)와 식 (2.16)으로부터 원하는 결과를 얻을 수 있다. □

정의 2.43 (버그만 계량)

점 $z \in D$와 $1 \le j, k \le n$에 대하여

$$g_{jk}(z) := \frac{\partial^2}{\partial z_j \partial \overline{z}_k} \log K_D(z, z)$$

라 정의하는 에르미트 계량을 **버그만 계량**(Bergman metric)이라고 부른다.

버그만 계량의 $n \times n$ 행렬 $(g_{jk})_{j,k=1,\ldots,n}$을 g라고 하자. 그러면, 점 $z \in D$에서 접벡터 $\xi = (\xi_1, \ldots, \xi_n)$의 길이 $|\xi|_{B,z}$는

$$|\xi|_{B,z} := \sqrt{\xi \cdot g(z) \cdot \overline{\xi}^t} = \sqrt{\sum_{j,k=1}^{n} g_{jk}(z)\xi_j \overline{\xi}_k}$$

로 정의하고, 곡선 $\gamma : [a, b] \to D$의 길이는

$$l(\gamma) := \int_a^b |\gamma'(t)|_{B,\gamma(t)} dt$$

라고 정의한다.

이제는 쌍정칙사상에 대하여 버그만 계량이 보존됨을 증명하려고 한다.

정리 2.44 (버그만 계량의 보존성)

D_1과 D_2가 유계영역이고 $\phi : D_1 \to D_2$가 쌍정칙사상이라고 하자. 그러면 모든 점 $z \in D_1$과 벡터 $\xi \in \mathbb{C}^n$에 대하여

$$|\xi|_{B,z} = |(\mathcal{J}_{\mathbb{C}}\phi)\xi|_{B,\phi(z)}$$

가 성립한다.

[증명] 각 D_i $(i = 1, 2)$의 버그만 계량을 나타내는 행렬들을 $(g^i_{jk}(z))_{j,k=1,\ldots,n}$라고 하자. 위의 정리에서 보이고자 하는 식은

$$\sum_{j,k} g^1_{jk}(z)\xi_j\overline{\xi_k} = \sum_{l,m} g^2_{l,m}(\phi(z))((\mathcal{J}_{\mathbb{C}}\phi)\xi)_l(\overline{(\mathcal{J}_{\mathbb{C}}\phi)\xi})_m \tag{2.17}$$

과 동치이다. 정리 2.39에 의해

$$K_{D_1}(z, z) = \det \mathcal{J}_{\mathbb{C}}\phi(z) K_{D_2}(\phi(z), \phi(z))\overline{\det \mathcal{J}_{\mathbb{C}}\phi(z)}.$$

이다. 그러면,

$$\begin{aligned} g^1_{jk}(z) &= \frac{\partial^2}{\partial z_j \partial \overline{z}_k} \log K_{D_1}(z,z) \\ &= \frac{\partial^2}{\partial z_j \partial \overline{z}_k} \left\{ \log |\det \mathcal{J}_{\mathbb{C}}\phi(z)|^2 + \log K_{D_2}(\phi(z),\phi(z)) \right\} \\ &= \frac{\partial^2}{\partial z_j \partial \overline{z}_k} \log K_{D_2}(\phi(z),\phi(z)) \\ &= \sum_{l,m} \frac{\partial^2 \log K_{D_2}}{\partial \xi_l \partial \overline{\xi}_m}(\phi(z),\phi(z)) \frac{\partial \phi_l}{\partial z_j} \frac{\partial \overline{\phi}_m}{\partial \overline{z}_k} \end{aligned}$$

이므로,

$$\sum_{j,k} g^1_{jk}(z) = \sum_{l,m} g^2_{l,m}(\phi(z)) \sum_{j,k} \frac{\partial \phi_l}{\partial z_j} \frac{\partial \overline{\phi}_m}{\partial \overline{z}_k}$$

가 되어 이는 식 (2.17)과 동치이다. □

마지막으로 고유정칙사상(proper holomorphic mapping)에 대해 버그만 핵함수가 어떻게 변하는지에 대해 설명하겠다. 이는 1981년에 S. R. Bell [16]이 증명한 사실이다.

정리 2.45 (고유정칙사상의 변환식)

D_1과 D_2가 $\mathbb{C}^n$의 유계영역들이고, ϕ는 D_1에서 D_2 위로의 m차 고유정칙사상이라고 하자. 이 때,

$$V = \{\phi(z) : \det \mathcal{J}_{\mathbb{C}}\phi(z) = 0\}$$

라고 할 때, $\psi_1, \ldots, \psi_m$ 을 $\phi(z)$의 m개의 국소 역사상(local inverses)이라고 하자. 그러면, $z \in D_1$과 $w \in D_2 \setminus V$에 대하여,

$$\sum_{l=1}^{m} K_{D_1}(z, \psi_l(w)) \overline{\det \mathcal{J}_{\mathbb{C}}\psi_l(w)} = \det \mathcal{J}_{\mathbb{C}}\phi(z) K_{D_2}(\phi(z), w)$$

가 성립한다.

[증명] 임의의 $w \in D_2 \setminus V$에 대해서 다음 성질을 만족하는 C^∞ 함수 θ_w를 생각하자:

(i) $\text{supp}(\theta_w) \subset D_2 \setminus V$이다.

(ii) θ_w는 w에 대해서 방사대칭(radially symmetric)이다.

(iii) $\int \theta_w = 1$이다.

$D_2 \setminus V$ 에서 정칙인 임의의 함수 h 는

$$h(w) = \int_{D_2} h\overline{\theta_w}$$

를 만족하므로, $P_{D_2}\theta_w = K_{D_2}(\cdot, w)$ 이다. 따라서,

$$\begin{aligned}\det \mathcal{J}_{\mathbb{C}}\phi(z) K_{D_2}(\phi(z), w) &= \det \mathcal{J}_{\mathbb{C}}\phi(z) \cdot (P_{D_2}\theta_w \circ \phi)(z) \\ &= P_{D_1}(\det \mathcal{J}_{\mathbb{C}}\phi(z) \cdot (\theta_w \circ \phi)(z)) \\ &= \int_{D_1} K_1(z, \zeta) \det \mathcal{J}_{\mathbb{C}}\phi(z)(\theta_w \circ \phi)(\zeta) dV(\zeta) \\ &= \sum_{l=1}^{m} \int_{D_2} K_1(z, \psi_l(\eta))\overline{\det \mathcal{J}_{\mathbb{C}}\psi_l(z)}\theta_w(\eta) dV(\eta) \\ &= \sum_{l=1}^{m} K_1(z, \psi_l(w))\end{aligned}$$

가 되어 증명이 끝난다. □

연습문제 2.46

$m = 1$ 이면 위의 정리는 정리 2.39이 됨을 확인하여라.

D_1 에서 D_2 위로의 고유정칙사상 ϕ가 존재하면, 정리 2.45에 의해, 다음과 같이 D_1 의 버그만 핵함수로부터 D_2 의 버그만 핵함수를 구할 수 있다.

명제 2.47

p가 자연수일 때, 고유정칙사상 $\phi(z, \zeta) = (z, \zeta^p)$ 의 유계영역 D_1 의 상(image)을 D_2 라고 하자. ω가 p차 단위 원시근(primitive p-th root of unity)이라고 하면,

$$p^2(\zeta\overline{\eta})^{p-1} K_{D_2}((z, \zeta^p), (w, \eta^p)) = \sum_{l=1}^{p} K_{D_1}((z, \zeta), (w, \omega^l \eta))\overline{\omega}^l$$

이 성립한다.

[증명] 고유정칙사상 ϕ의 국소 역사상은 $1 \le l \le p$에 대해서 각각 $\psi_l(w, \eta) = (w, \omega^l \eta^{1/p})$

이므로,

$$\det \psi_l'(w,\eta) = \frac{1}{p}\omega^l \zeta^{1/p-1}$$

이다. 정리 2.45에서

$$\det \phi'(z,\zeta) K_{D_2}(\phi(z,\zeta),(w,\eta)) = \sum_{l=1}^{p} K_{D_1}((z,\zeta),\psi_l(w,\eta)) \det \overline{\psi_l'(w,\eta)}$$

이므로,

$$p\zeta^{p-1} K_{D_2}((z,\zeta^p),(w,\eta)) = \sum_{l=1}^{p} K_{D_1}((z,\zeta),(w,\omega^l \eta^{1/p})) \cdot \frac{1}{p}\overline{\omega}^l \overline{\eta}^{1/p-1}$$

이다. 이 때, η 대신 η^p를 대입하면 원하는 식을 얻을 수 있다. □

2.6 단위구의 버그만 핵함수

지난 2장 4절에서는 단위원판의 버그만 핵함수를 계산하였다. 단위원판의 다변수복소공간으로의 자연스러운 확장이라고 할 수 있는 단위구의 버그만 핵함수를 이 절에서 계산하려고 한다. 자연수 n에 대하여, 단위구 B_n을

$$B_n = \{z = (z_1, \ldots, z_n) \in \mathbb{C}^n : |z_1|^2 + \cdots + |z_n|^2 < 1\}$$

라고 정의한다. 다변수복소공간의 유계영역들 중에서 단위구가 가장 대칭성이 좋기 때문에, 버그만 핵함수를 구하는 방법은 여러 가지가 있다. 그 중에서 2절의 명제 2.29처럼 완비정규직교계를 이용하려고 한다.

단위구가 라인하르트 영역(Reinhardt domain)이므로 단항식들 z^α의 집합이 단위구에서 정의되는 버그만 공간의 완비직교계가 된다. 그러면, 다음과 같은 노름의 값이 필요하다.

연습문제 2.48

모든 $1 \le j \le n$에 대하여 $\alpha_j > 0$인 다중지표 $\alpha = (\alpha_1, \ldots, \alpha_n)$들의 집합을 P^n이라고 하자. 그러면, $r = (r_1, \ldots, r_n)$에 대하여

$$\int_{P^n} r^{2\alpha-1} dV(r) = \frac{\prod_{i=1}^n \Gamma(\alpha_i)}{2^n \Gamma(|\alpha|+1)}$$

임을 증명하여라.

보조정리 2.49 (단항식의 L^2-노름 계산)

임의의 다중지표 α에 대하여,

$$\|z^\alpha\|^2_{L^2(B_n)} = \frac{\pi^n \prod_{j=1}^n \Gamma(\alpha_j+1)}{\Gamma(\sum_{j=1}^n (\alpha_j+1)+1)} \tag{2.18}$$

이다.

[증명] 각 변수 z_j에 극좌표계를 도입하여 $z_j = r_j e^{i\theta_j}$라고 하면,

$$\|z^\alpha\|^2_{L^2(B_n)} = \int_{B_n} \prod_{j=1}^n |z_j|^{2\alpha_j} dV(z)$$

$$=(2\pi)^n \int_{\{r_j>0, \sum_j r_j^2<1\}} \prod_{j=1}^{n} r_j^{2\alpha_j+1} dr_1 \cdots dr_n$$

이다. 연습문제 2.48를 사용하면 원하는 결과를 얻을 수 있다. □

다중지표 α에 대해서,

$$\phi_\alpha(z) = \frac{1}{\|z^\alpha\|_{L^2(B_n)}} z^\alpha$$

라고 하면, $\phi_\alpha(\cdot)$들의 집합은 버그만 공간의 완비정규직교계를 이룬다. 따라서, 명제 2.29과 보조정리 2.49에 의해 단위구의 버그만 핵함수는

$$\begin{aligned} K_{B_n}(z,w) &= \sum_\alpha \frac{z^\alpha}{\|z^\alpha\|_{L^2(B_n)}} \cdot \frac{\overline{w}^\alpha}{\|w^\alpha\|_{L^2(B_n)}} \\ &= \sum_\alpha \frac{1}{\|z^\alpha\|^2_{L^2(B_n)}} (z\overline{w})^\alpha \\ &= \frac{1}{\pi^n} \sum_\alpha \frac{\Gamma(\sum_{j=1}^n (\alpha_j+1)+1)}{\prod_{j=1}^n \Gamma(\alpha_j+1)} (z\overline{w})^\alpha \\ &= \frac{1}{\pi^n} \sum_\alpha \frac{\Gamma(\sum_{j=1}^n \alpha_j + (n+1))}{\prod_{j=1}^n \Gamma(\alpha_j+1)} (z\overline{w})^\alpha \end{aligned} \tag{2.19}$$

가 된다. 여기에서 $(z\overline{w})^\alpha$는

$$(z_1\overline{w}_1)^{\alpha_1} \cdots (z_n\overline{w}_n)^{\alpha_n}$$

을 의미한다.

식 (2.19)는 무한급수의 형태로 표현되어 있지만, 다음의 보조정리를 이용하면 실제로는 어떤 구체적인 함수의 테일러 전개 표현법임을 알 수 있다.

보조정리 2.50

$\alpha = (\alpha_1, \ldots, \alpha_n)$를 모든 $1 \le j \le n$에 대하여 $\alpha_j \ge 0$인 다중지표라고 하자. 그리고, $\sum_{j=1}^n |t_j| < 1$인 벡터 $t = (t_1, \ldots, t_n) \in \mathbb{C}^n$을 생각하자. 임의의 양수 s에 대하여,

$$\sum_\alpha \frac{\Gamma(\sum_{j=1}^n \alpha_j + s)}{\prod_{j=1}^n \Gamma(\alpha_j+1)} \prod_{j=1}^n t_j^{\alpha_j} = \frac{\Gamma(s)}{(1-\sum_{j=1}^n t_j)^s}$$

가 성립한다.

[증명] ζ에 관한 함수 $\Gamma(s)(1-\zeta)^{-s}$의 테일러 전개를 한 후에, ζ 대신에 $\sum_{j=1}^{n} t_j$를 대입하면 된다. □

식 (2.19)와 보조정리 2.50을 결합하면, 다음과 같이 단위구의 버그만 핵함수의 형태를 얻을 수 있다.

정리 2.51 (단위구에서의 버그만 핵함수)

z와 w를 단위구 B_n의 점이라고 할 때, 단위구의 버그만 핵함수는

$$K_{B_n}(z,w) = \frac{n!}{\pi^n} \cdot \frac{1}{(1-\langle z,w\rangle)^{n+1}}$$

와 같다.

명제 2.47와 정리 2.51을 이용하면 다른 영역의 버그만 핵함수도 구할수 있다. 예를 들면, 명제 2.47에서 D_1은 복소 2차원의 단위구 B_2라고 하고, 자연수 p에 대해서, 고유정칙사상을

$$\phi(z,\zeta) = (z,\zeta^p)$$

라고 하자. 그러면,

$$D_2 = \{(z,\zeta) \in \mathbb{C}^2 : |z|^2 + |\zeta|^{2/p} < 1\}$$

의 버그만 핵함수를 항등식

$$p^2(\zeta\overline{\eta})^{p-1} K_{D_2}((z,\zeta^p),(w,\eta^p)) = \frac{2}{\pi^2}\sum_{l=1}^{p} \frac{\overline{\omega}^l}{(1-z\overline{w}-\overline{\omega}^l\zeta\overline{\eta})^3}$$

으로부터 구할 수 있다. 특히, $p=2$이면,

$$\begin{aligned} 4(\zeta\overline{\eta})K_{D_2}((z,\zeta^p),(w,\eta^p)) &= \frac{2}{\pi^2}\left(-\frac{1}{(1-z\overline{w}+\zeta\overline{\eta})^3} + \frac{1}{(1-z\overline{w}-\zeta\overline{\eta})^3}\right) \\ &= \frac{4\zeta\overline{\eta}}{\pi^2}\,\frac{3(1-z\overline{w})^2+(\zeta\overline{\eta})^2}{((1-z\overline{w})^2-(\zeta\overline{\eta})^2)^3} \end{aligned}$$

가 되어

$$D_2 = \{(z,\zeta) \in \mathbb{C}^2 : |z|^2 + |\zeta| < 1\}$$

의 버그만 핵함수는 다음과 같다.

따름정리 2.52

유계 영역

$$D_2 = \{(z, \zeta) \in \mathbb{C}^2 : |z|^2 + |\zeta| < 1\}$$

의 버그만 핵함수는

$$K_{D_2}((z, \zeta), (w, \eta)) = \frac{3(1 - z\overline{w})^2 + (\zeta\overline{\eta})^2}{\pi^2(1 - z\overline{w})^2 - \zeta\overline{\eta})^3}$$

이다.

연습문제 2.53

모든 $1 \le j \le n$에 대하여 p_j가 자연수라고 하자. 위에서 설명한 것처럼 정리 2.45와 정리 2.51을 이용하여,

$$\left\{ z = (z_1, \ldots, z_n) \in \mathbb{C}^n : \sum_{j=1}^{n} |z_j|^{\frac{2}{p_j}} < 1 \right\}$$

의 버그만 핵함수를 구하여라.

2.7 복소타원체의 버그만 핵함수

모든 $1 \le j \le n$에 대하여 p_j가 자연수라고 하자. 이 때,

$$E := \left\{ z = (z_1, \ldots, z_n) \in \mathbb{C}^n : \sum_{j=1}^{n} |z_j|^{2p_j} < 1 \right\} \tag{2.20}$$

를 **복소타원체**(complex ellipsoid)라고 부른다. 연습문제 2.53과는 달리 정리 2.45를 이용하여 버그만 핵함수를 구할 수 없다. 지난 절에서 설명한 단위구의 버그만 핵함수를 구하는 방법을 따라가 보자. 복소타원체 E 역시 라인하르트 영역이므로

$$\frac{1}{\|z^\alpha\|_{L^2(E)}} z^\alpha$$

들의 집합이 완비정규직교계를 이룬다.

보조정리 2.54 (단항식의 L^2-노름 계산)

모든 p_j 들이 양수일 때,

$$\|z^\alpha\|^2_{L^2(E)} = \frac{\pi^n}{\prod_{j=1}^n p_j} \frac{\prod_{j=1}^n \Gamma\left(\frac{\alpha_j+1}{p_j}\right)}{\Gamma\left(\sum_{j=1}^n \frac{\alpha_j+1}{p_j} + 1\right)}$$

이다.

[증명] 각 변수 z_j에 극좌표계를 도입하여 $z_j = r_j e^{\theta_j}$ 라고 하면,

$$\begin{aligned}
\|z^\alpha\|^2_{L^2(E)} &= \int_E \prod_{j=1}^n |z_j|^{2\alpha_j} dV(z) \\
&= (2\pi)^n \int_{\{r_j>0,\ \sum_j r_j^{2p_j}<1\}} \prod_{j=1}^n r_j^{2\alpha_j+1} dr_1 \cdots dr_n \\
&= (2\pi)^n \int_{B_n^+} \prod_{j=1}^n \frac{1}{p_j} s_j^{\frac{2(\alpha_j+1)}{p_j}-1} ds_1 \cdots ds_n
\end{aligned}$$

가 되어 보조정리 2.48를 적용하면 원하는 결과를 얻을 수 있다. □

따라서, 명제 2.29에 의해 (2.20) 형태의 복소다양체 E의 버그만 핵함수는

$$K_E(z, w) = \sum_\alpha \frac{z^\alpha \overline{w}^\alpha}{\|z^\alpha\|^2_{L^2(E)}}$$

$$= \frac{\prod_{j=1}^{n} p_j}{\pi^n} \sum_{\alpha} \frac{\Gamma\left(\sum_{j=1}^{n} \frac{\alpha_j+1}{p_j} + 1\right)}{\prod_{j=1}^{n} \Gamma\left(\frac{\alpha_j+1}{p_j}\right)} (z\overline{w})^{\alpha} \tag{2.21}$$

가 된다. 일반적으로 p_j 가 1이 아니면 보조정리 2.50을 적용할 수 없다. 물론 다음과 같은 특수한 경우에는 식 (2.21) 의 우변항인 무한급수를 기본함수의 합으로 표현할 수 있다.

따름정리 2.55 ([40, 42])

식 (2.20) 에서 $n = 2,\ p_1 = 1,\ p_2 = p$ 라고 하면 복소다양체는

$$\left\{z = (z_1, z_2) \in \mathbb{C}^2 : |z_1|^2 + |z_2|^{2p} < 1\right\}$$

가 된다. 단, p는 임의의 양수이다. 이 영역의 버그만 핵함수 $K((z_1, z_2), (w_1, w_2))$ 는

$$\frac{p-1}{\pi^2 p} \cdot \frac{(1 - z_1\overline{w}_1)^{-2+1/p}}{((1 - z_1\overline{w}_1)^{1/p} - z_2\overline{w}_2)^2} + \frac{2}{\pi^2 p} \cdot \frac{(1 - z_1\overline{w}_1)^{-2+2/p}}{((1 - z_1\overline{w}_1)^{1/p} - z_2\overline{w}_2)^3} \tag{2.22}$$

이다.

[증명] 식 (2.21) 로부터

$$\begin{aligned} K_E(z, w) &= \frac{p}{\pi^2} \sum_{\alpha_1=0}^{\infty} \sum_{\alpha_2=0}^{\infty} \frac{\Gamma(\alpha_1 + 2 + \frac{\alpha_2+1}{p})}{\Gamma(\alpha_1 + 1)\Gamma(\frac{\alpha_2+1}{p})} (z_1\overline{w}_1)^{\alpha_1} (z_2\overline{w}_2)^{\alpha_2} \\ &= \frac{p}{\pi^2} \sum_{\alpha_2=0}^{\infty} \left(\sum_{\alpha_1=0}^{\infty} \frac{\Gamma(\alpha_1 + 2 + \frac{\alpha_2+1}{p})}{\Gamma(\alpha_1 + 1)} (z_1\overline{w}_1)^{\alpha_1} \right) \frac{(z_2\overline{w}_2)^{\alpha_2}}{\Gamma(\frac{\alpha_2+1}{p})} \\ &= \frac{p}{\pi^2} \sum_{\alpha_2=0}^{\infty} \frac{\Gamma(2 + \frac{\alpha_2+1}{p})}{\Gamma(\frac{\alpha_2+1}{p})} \left(\frac{z_2\overline{w}_2}{(1 - z_1\overline{w}_1)^{1/p}} \right)^{\alpha_2} \frac{1}{(1 - z_1\overline{w}_1)^{2+1/p}} \end{aligned}$$

가 된다. 여기에서 항등식

$$\sum_{k=0}^{\infty} (k+1)(k+1+p)\zeta^k = \frac{p-1}{(1-\zeta)^2} + \frac{2}{(1-\zeta)^3}$$

를 이용하면 버그만 핵함수의 형태를 얻는다. □

연습문제 2.56

식 (2.22) 가

$$\frac{p}{\pi^2}\frac{\partial^2}{\partial t^2}\left(\frac{1}{(1-t)^{1/p}-z_2\overline{w}_2}\right)\bigg|_{t=z_1\overline{w}_1}$$

와 같음을 보여라.

식 (2.22) 에서 $p=1$ 이면 정리 2.51에서 $n=2$ 인 경우와 같다. 단위구와 따름정리 2.55 의 영역 이외에는 버그만 핵함수를 구하는 것이 어려워 보인다.

하지만, 모든 p_j 가 자연수이면 초기하함수 (hypergeometric function) 를 이용하여 복소타원체의 버그만 핵함수를 표현할 수 있다.

정의 2.57 (상승 계승)

임의의 실수 a 와 자연수 m 에 대하여,

$$(a)_m = a(a+1)(a+2)\cdots(a+m-1)$$

라고 정의하고, $(a)_0 = 1$ 이라고 정의한다. $(a)_m$ 을 **상승 계승**(arising factorial)이라고 부른다.

정의 2.58 (가우스 초기하함수)

$0,-1,-2,\ldots$ 가 아닌 실수 a,b,c 와 복소수 z 에 대하여,

$$\begin{aligned}{}_2F_1(a,b;c;z) &= \sum_{m=0}^{\infty}\frac{(a)_m(b)_m}{(c)_m(1)_m}z^m \\ &= 1+\frac{a\cdot b}{c\cdot 1}z+\frac{a(a+1)\cdot b(b+1)}{c(c+1)\cdot 1\cdot 2}z^2+\cdots\end{aligned}$$

라고 정의하고, ${}_2F_1(a,b;c;z)$ 를[a] **가우스 초기하함수**(Gauss hypergeometric function) 라고 부른다.

[a] a 와 b 는 바꾸어도 정의가 같다.

연습문제 2.59

$0, -1, -2, \ldots$가 아닌 실수 a, b, c에 대하여 ${}_2F_1(a, b; c; z)$는 $|z| < 1$에서는 수렴하고, $|z| > 1$에서는 발산함을 보여라.

모든 기본함수들(elementary functions)이 적당한 a, b, c에 대하여 초기하함수로 표현이 된다. 예를 들면,

$$\frac{1}{1-z} = {}_2F_1(1, 1; 1; z),$$
$$\ln(1+z) = z \cdot {}_2F_1(1, 1; 2; -z),$$
$$\arctan z = z \cdot {}_2F_1\left(\frac{1}{2}, 1; \frac{3}{2}; -z^2\right)$$

와 같다. 역으로, 주어진 a, b, c로 표현되는 초기하함수 ${}_2F_1(a, b; c; z)$를 기본함수로 표현할 수 있겠는가? 예를 들면, 놀랍게도

$${}_2F_1\left(\frac{1}{3}, \frac{2}{3}; \frac{5}{6}; \frac{27}{32}\right) = \frac{8}{5}$$

가 됨은 알려져 있다. 하지만, 임의의 z에 대하여 ${}_2F_1(\frac{1}{3}, \frac{2}{3}; \frac{5}{6}; z)$의 표현법을 연구하는 것은 어려운 문제처럼 보인다.

한편, 가우스는 다음과 같은 극한값을 계산하였다.

보조정리 2.60

c는 $0, -1, -2, \ldots$가 아닌 실수이고, $c - a - b > 0$일 때,

$$\lim_{z \to 1-} F(a, b; c; z) = \frac{\Gamma(c)\Gamma(c-a-b)}{\Gamma(c-a)\Gamma(c-b)}$$

이다.

이 외에도 다음의 항등식도 유용하게 쓰인다.

보조정리 2.61

c가 $0, -1, -2, \ldots$가 아닌 실수일 때,

$$ {}_2F_1(a, b; c; z) = (1-z)^{c-a-b} {}_2F_1(c-a, c-b; c; z) $$

가 성립한다.

초기하함수 ${}_2F_1(a, b; c; z)$의 다변수로 일반화된 표현법은 여러 가지가 있으나, 그 중에서 아펠(Appell) 초기하함수가 복소타원체의 버그만 핵함수의 표현법에 사용된다([13]을 참고할 것).

다중지표 $a = (a_1, \ldots, a_n) \in \mathbb{C}^n$과 $m = (m_1, \ldots, m_n)$에 대하여, 다중상승계승 $(a)_m$을

$$ (a)_m = (a_1)_{m_1} \cdots (a_n)_{m_n} $$

라고 정의한다. 그러면 **아펠 초기하함수** $F_A^{(n)}(a; b; c; z)$는 [1]

$$ F_A^{(n)}(a; b; c; z) = \sum_m \frac{(a)_{|m|}(b)_m}{(c)_m(1)_m} z^m $$

라고 정의한다. 물론, $F_A^{(1)}(a; b; c; z) = {}_2F_1(a, b; c; z)$이다.

다시 식 (2.21)로 돌아가보자. 만약, 모든 p_j들이 자연수이면 각각의 α_j들을 $k_j p_j + q_j$로 쓸 수 있다. 여기에서 k_j는 음이 아닌 정수이고, q_j는 $0 \le q_j \le p_j - 1$인 음이 아닌 정수이다. 그러면 다음과 같은 정리를 얻을 수 있다.

[1] $n \ge 2$이면 a와 b는 바꿀 수 없다.

정리 2.62 (복소타원체에서의 버그만 핵함수, [53, 54])

모든 p_j 들이 자연수라고 가정하자. z, w는 복소타원체 E의 점이면, 복소타원체의 버그만 핵함수는

$$K_E(z,w) = \frac{\prod_{j=1}^n p_j}{\pi^n} \sum_{k_1=0}^{p_1-1} \cdots \sum_{k_n=0}^{p_n-1} (z\overline{w})^k \frac{\Gamma\left(1+\sum_{j=1}^n \frac{k_j+1}{p_j}\right)}{\prod_{j=1}^n \Gamma\left(\frac{k_j+1}{p_j}\right)} \times F_A^{(n)}\left(1+\sum_{j=1}^n \frac{k_j+1}{p_j}; \mathbf{1}; \frac{\mathbf{k}+1}{\mathbf{p}}; (z\overline{w})^p\right)$$

이다. 여기에서 $\mathbf{1} = 1, \ldots, 1$ 이고, $\frac{\mathbf{k+1}}{\mathbf{p}} = \frac{k_1+1}{p_1}, \ldots, \frac{k_n+1}{p_n}$ 이다.

복소타원체의 버그만 핵함수를 위의 정리와 같이 초기하함수의 합으로 표현을 하면, 다음과 같은 정리를 얻을 수 있다.

따름정리 2.63 (버그만 핵함수의 경계에서의 점근적 변화, [53])

복소타원체

$$E := \left\{ z = (z_1, \ldots, z_n) \in \mathbb{C}^n : \sum_{j=1}^n |z_j|^{2p_j} < 1 \right\}$$

를 생각하자. 점 $z = (z_1, 0, \ldots, 0)$는 E의 점이고 $z^0 = (z_1^0, 0, \ldots, 0)$는 bE의 점이라고 하자. $r(z) = 1 - \sum_{j=1}^n |z_j|^{2p_j}$ 라고 하면,

$$\lim_{z \to z^0 \in bE} r(z)^{2+\sum_{j=2}^n \frac{1}{p_j}} K_E(z,z) = \frac{p_1 \prod_{j=1}^n p_j}{\pi^n} \frac{\Gamma(2+\sum_{j=2}^n \frac{1}{p_j})}{\prod_{j=2}^n \Gamma(\frac{1}{p_j})}$$

가 성립한다.

[증명] 정리 2.62에서 $w = z$ 이면,

$$K_E(z,z) = \frac{\prod_{j=1}^n p_j}{\pi^n} \sum_{q_1=0}^{p_1-1} \cdots \sum_{q_n=0}^{p_n-1} |z|^{2q} \frac{\Gamma(\sum_j \frac{q_j+1}{p_j}+1)}{\prod_j \Gamma(\frac{q_j+1}{p_j})} \times F_A^{(n)}\left(\sum_j \frac{q_j+1}{p_j}+1; 1, \cdots, 1; \frac{q_1+1}{p_1}, \cdots, \frac{q_n+1}{p_n}; |z|^{2p}\right)$$

이다. 그러면,

$$\lim_{z\to z^0\in bE} r(z)^A K_E(z,z)$$

가 0이 아닌 값으로 수렴하는 적당한 수 A를 찾아야 한다.

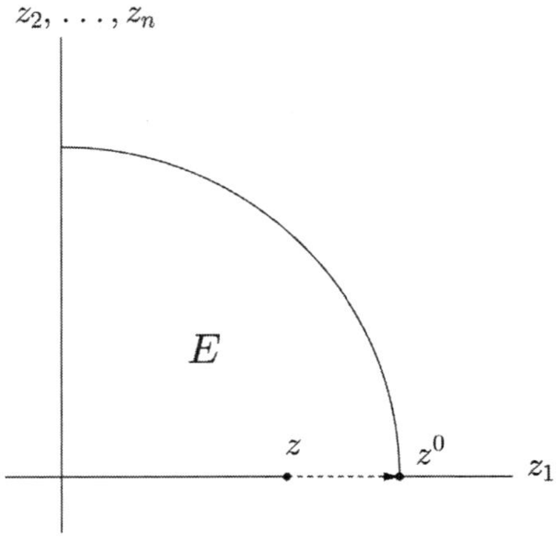

그림 2.2: $z \to z^0 \in bE$

만약 $z = (z_1, 0, \ldots, 0)$이면

$$\lim_{z\to z^0\in bE} r(z)^A K_E(z,z)$$

의 값은

$$\lim_{z\to z^0\in bE} r(z)^A \frac{\prod_{j=1}^n p_j}{\pi^n} \sum_{q_1=0}^{p_1-1} |z_1|^{2q_1} \frac{\Gamma(\frac{q_1+1}{p_1} + \sum_{j=2}^n \frac{1}{p_j} + 1)}{\Gamma(\frac{q_1+1}{p_1}) \prod_{j=2}^n \Gamma(\frac{1}{p_j})}$$
$$\times F_A^{(n)} \left(\frac{q_1+1}{p_1} + \sum_{j=2}^n \frac{1}{p_j} + 1; 1, \ldots, 1; \frac{q_1+1}{p_1}, \frac{1}{p_2}, \ldots, \frac{1}{p_n}; |z_1|^{2p_1}, 0, \ldots, 0 \right)$$

가 되어 아펠 초기하함수는 실제로는 일변수의 초기하함수가 된다. 즉, $x := |z_1|^{2p_1}$ 라고 하면,

$$\lim_{z\to z^0\in bE} r(z)^A K_E(z,z)$$
$$= \frac{\prod_{j=1}^n p_j}{\pi^n} \lim_{x\to 1-} (1-x)^A \sum_{q_1=0}^{p_1-1} \frac{\Gamma(\alpha+\beta+1)}{\Gamma(\alpha)\Gamma(\beta)} {}_2F_1(\alpha+\beta+1, 1; \alpha; x)$$

이다. 여기에서 $\alpha = \frac{q_1+1}{p_1}$이고 $\beta = \sum_{j=2}^n \frac{1}{p_j}$이다. 보조정리 2.61에 의해

$$\begin{aligned}
&\lim_{z\to z^0\in bE} r(z)^A K_E(z,z)\\
&= \frac{\prod_{j=1}^n p_j}{\pi^n} \lim_{x\to 1-}(1-x)^{A-(2+\beta)} \sum_{q_1=0}^{p_1-1} \frac{\Gamma(\alpha+\beta+1)}{\Gamma(\alpha)\Gamma(\beta)} F(-\beta-1,\alpha-1;\alpha;x)
\end{aligned}$$

가 된다. 0 이 아닌 값으로 수렴하려면, A는 $2+\sum_{j=2}^n \frac{1}{p_j}$ 이어야 하고, 보조정리 2.60에 의해

$$\lim_{x\to 1-} F(-\beta-1,\alpha-1;\alpha;x) = \frac{\Gamma(\alpha)\Gamma(\beta+2)}{\Gamma(\alpha+\beta+1)}$$

이므로, 원하는 결과를 얻을 수 있다. □

2.8 다른 영역의 버그만 핵함수

$\mathbb{C}^n$ 의 유계영역 D 에 대해서 $\phi : D \to (0, \infty)$ 를 유계이고 연속인 함수라고 하자. 이 때, 임의의 자연수 m 에 대해서, **하르톡스 영역**(Hartogs domain) D_m 을

$$D_m := \{(z, \zeta) \in D \times \mathbb{C}^m : \|\zeta\|^2 < \phi(z)\}$$

라고 정의하자. 그러면, $m = 1$ 일 때,

$$K_{D_1}((z, \zeta), (w, \eta)) = L(z, w; \zeta\overline{\eta})$$

인 함수 $L(z, w; t)$ 가 존재한다.

명제 2.64

임의의 자연수 m 에 대해서,

$$K_{D_m}((z, \zeta), (w, \eta)) = \frac{1}{\pi^{m-1}} \frac{\partial^{m-1}}{\partial t^{m-1}} L(z, w; t)\Big|_{t=\langle \zeta, \eta \rangle} \tag{2.23}$$

가 성립한다.

[증명] D_m 이 $\mathbb{C}^m$ 의 유니타리 사상(unitary map)에 의해 보존되므로, $\zeta = (\zeta_1, 0, \dots, 0)$ 인 경우에만 식 (2.23) 을 증명하면 된다. 즉,

$$\frac{\partial^{m-1}}{\partial t^{m-1}} L(z, w; t)\Big|_{t=\langle \zeta, \eta \rangle} = \frac{1}{\zeta_1^{m-1}} \frac{\partial^{m-1}}{\partial \overline{\eta_1}^{m-1}} L(z, w, \zeta_1\overline{\eta_1}) \tag{2.24}$$

를 증명하면 된다. $f \in L_a^2(D_m)$ 이라고 할 때, $\eta_2, \dots, \eta_m$ 변수의 평균값정리를 적용하면,

$$\frac{1}{\pi^{m-1}} \int_{D_m} f(w)$$

가 성립한다. □

하르톡스 영역의 버그만 핵함수를 공부하기 위해서는 먼저 가중치(weight)가 있는 버그만 공간과 적분핵함수를 정의해야 한다. 영역 D 에서 정의된 양의 값을 갖는 함수 $\varphi(z)$

에 대해서, 함수공간

$$L^2(D,\varphi) := \left\{ z \in \mathbb{C}^n \ : \ \int_D |f(z)|^2 \varphi(z) dV(z) < \infty \right\}$$

은

$$\langle f, g \rangle = \int_D f(z)\overline{g(z)} dV(z)$$

라고 정의되는 내적 $\langle f, g \rangle$ 으로 힐베르트 공간이 된다. 앞서 2.3절과 같이 **가중치가 있는 버그만 공간**(weighted Bergman space)

$$L^2_a(D,\varphi) := L^2(D,\varphi) \cap \mathcal{O}(D)$$

는 적분핵함수인 가중치가 있는 버그만 핵함수(weighted Bergman kernel)를 갖는데, 그 함수를 $K_{D,\varphi}(\cdot,\cdot)$ 라고 쓴다.

그런데, D_1 의 버그만 핵함수는 가중치 ϕ^k 가 있는 D 의 버그만 핵함수 K_{D,ϕ^k} 들의 합으로 표현된다. 먼저 D 와 D_1 의 완비정규직교계를 비교해보자. D_1 에서 정칙인 함수 $f(z,\zeta)$ 는 D 에서 정칙인 적당한 함수 f_k 에 대해서

$$f(z,\zeta) = \sum_{k=0}^{\infty} f_k(z)\zeta^k \tag{2.25}$$

로 쓸 수 있다. 그러면, 다음의 관계가 성립한다.

보조정리 2.65

D_1 에서 정칙인 함수 $f(z,\zeta)$ 가 식 (2.25)와 같이 표현되면,

$$\|f\|^2_{D_1} = \sum_{k=0}^{\infty} \frac{1}{k+1} \|f_k\|^2_{D,\phi^{k+1}} \tag{2.26}$$

이 성립한다.

[증명] 변수치환을 하면

$$\begin{aligned}
\|f\|^2_{D_1} &= \int_{D_1} |f(z,\zeta)|^2 dV(z) dV(\zeta) \\
&= \int_D \left(\int_{|\zeta|^2 < \phi(z)} |f(z,\zeta)|^2 dV(\zeta) \right) dV(z) \\
&= \int_D \left(\sum_{k=0}^{\infty} \frac{1}{k+1} |f_k(z)|^2 \phi(z)^{k+1} \right) dV(z)
\end{aligned}$$

가 되어

$$\|f\|_{D_1}^2 = \sum_{k=0}^{\infty} \frac{1}{k+1} \|f_k\|_{D,\phi^{k+1}}^2 \tag{2.27}$$

을 얻는다. □

명제 2.66 (하르톡스 영역에서의 버그만 핵함수)

D_1 의 버그만 핵함수는

$$\begin{aligned} K_{D_1}((z,\zeta),(w,\eta)) &= \sum_{k=0}^{\infty} (k+1) K_{D,\phi^k}(z,w) \langle \zeta, \eta \rangle^k \\ &= \frac{\partial}{\partial r} \sum_{k=0}^{\infty} K_{D,\phi^k}(z,w) r^k \bigg|_{r=\langle \zeta,\eta \rangle} \end{aligned}$$

와 같다.

[증명] 임의의 자연수 k 에 대해서 $(\varphi_{jk})_{j \in J_k}$ 를 $L_a^2(D, \phi^k)$ 의 완비정규직교계라고 하자. 그러면, 식 (2.27)을 적용하면

$$\left\{ \sqrt{k+1} \varphi_{j,k+1}(z) \zeta^k \right\}_{k \in \mathbb{N}, j \in J_{k+1}}$$

이 D_1 의 완비정규직교계가 됨을 쉽게 알 수 있다. 따라서, 명제 2.29에 의해

$$K_{D,\phi^k}(z,w) = \sum_{j \in J_k} \varphi_{jk}(z) \overline{\varphi_{jk}(w)}$$

이므로,

$$\begin{aligned} K_{D_1}((z,\zeta),(w,\eta)) &= \sum_{k \in \mathbb{N}, j \in J_k} (k+1) \varphi_{j,k+1}(z) \overline{\varphi_{j,k+1}(w)} (\zeta \overline{\eta})^k \\ &= \sum_{k=0}^{\infty} (k+1) K_{D,\phi^{k+1}}(z,w) (\zeta \overline{\eta})^k \end{aligned}$$

가 된다. □

지금까지 설명했던 영역은 모두 라인하르트 영역이었는데, 지금부터는 버그만 핵함수가 알려진 라인하르트가 아닌 영역에 대해서 설명한다. **최소구(minimal ball)**와 **대칭원판곱**

(symmetrized polydisk)에 대해서 설명하려고 하는데, 두 영역 모두 적당한 영역의 고유정칙사상의 상이므로 정리 2.45를 적용할 수 있다.

먼저 최소구의 역사에 대해서 살펴보자.

$\mathbb{R}^n$ 의 유클리드 노름 $\|\cdot\|$ 의 $\mathbb{C}^n$ 으로의 확장을 생각해보자. 즉, $x \in \mathbb{R}^n$ 일 때,

$$M(x) = \|x\| = \sqrt{x_1^2 + \cdots + x_n^2}$$

를 만족하는 $\mathbb{C}^n$ 의 노름 $M(x)$ 를 생각하자. 이러한 $M(x)$ 중에서 모든 점 $x \in \mathbb{C}^n$ 에서 최대가 되는 노름이 존재하겠는가? 최소는 어떻게 되겠는가?

명제 2.67 (최대구, [131])

다음의 두 성질

(i) $x \in \mathbb{R}^n$ 이면, $L(x) = \|x\|$ 이다.

(ii) $M(z)$ 가 (i)을 만족하는 $\mathbb{C}^n$ 의 임의의 노름이면, $z \in \mathbb{C}^n$ 에 대해서 $M(z) \leq L(z)$ 이다.

를 만족하는 $\mathbb{C}^n$ 에서의 노름 $L(z)$ 가 존재한다. 그리고, $L(z)$ 의 형태는

$$L(z) = \sqrt{\|z\|^2 + \sqrt{\|z\|^4 - |z \bullet z|^2}}$$

이다. 여기에서

$$z \bullet w = \sum_{j=1}^{n} z_j w_j$$

이다.

비슷한 성질을 갖는 최소값의 노름도 존재할까?

예제 2.68 ε 은 0과 1 사이의 임의의 양수라고 하자. $z = (z_1, z_2) \in \mathbb{C}^2$ 에 대해서,

$$M_\varepsilon(z) := (1-\varepsilon)\|z_1 + iz_2\| + \varepsilon\|z_1 - iz_2\|$$

라고 정의되는 함수를 생각하자. 그러면, $M_\varepsilon(z)$ 는 $\mathbb{C}^n$ 의 노름이고, $x \in \mathbb{R}^n$ 이면, $M_\varepsilon(x) = \|x\|$ 임은 쉽게 알 수 있다. 그런데, $M_\varepsilon(1, \varepsilon) = 2\varepsilon$ 이므로, ε 이 0으로 수렴하면, 이 값도 0으로 수렴한다. 따라서, $\mathbb{R}^n$ 의 유클리드 노름을 확장하는 최소노름 $N(z)$ 가 존재한다면 $N(1, \varepsilon) = 0$ 이어야 하는데, 이는 노름의 정의에 모순이 되므로, 그런 최소노름은 존재하지

않는다.

그래서, 최소값을 갖는 노름은 다음과 같이 조건 하나를 추가한다.

명제 2.69 (최소구, [66])

다음의 두 성질

(i) $x \in \mathbb{R}^n$ 이면, $N(x) = \|x\|$ 이다.

(ii) 조건 (i) 을 만족하는 $\mathbb{C}^n$ 의 임의의 노름 $M(z)$ 가 임의의 $z \in \mathbb{C}^n$ 에 대해서 $M(z) \leq \|z\|$ 이면, 모든 $z \in \mathbb{C}^n$ 에 대해서 $N(z) \leq M(z)$ 이다.

을 만족하는 $\mathbb{C}^n$ 에서의 노름 $N(z)$ 이 존재한다. 그리고, $N(z)$ 의 형태는

$$N(z) = \sqrt{\frac{\|z\|^2 + |z \bullet z|}{2}}$$

이다.

예제 2.68의 반례 $M_\varepsilon(z)$ 는 작은 ε 에 대해서,

$$M_\varepsilon(1, -i) = 2(1 - \varepsilon) > \sqrt{2} = \|(1, -i)\|$$

이므로 위의 명제의 조건 (ii) 를 만족하지 않는다. 조건 (ii) 가 자연스러워 보이지 않지만, 최대노름 $M(z)$ 와 최소노름 $N(z)$ 는 다음과 같은 관계가 있다.

명제 2.70 (쌍대관계, [102])

$L(z)$ 와 $N(z)$ 를 각각 명제 2.67와 명제 2.69를 각각 만족하는 노름이라고 하자. 그러면,

$$N(z) = \sup\{|z \bullet w| : L(w) = 1\}$$

을 만족한다.

따라서, 최소노름은 쌍대최대노름 (dual Lie norm) 이라고도 부른다.

이 두 노름에 대한 단위구들이 갖는 성질은 다음과 같다. 먼저 유계 영역

$$\{z \in \mathbb{C}^n : L(z) < 1\}$$

은 동질적(homogeneous)이고 또한 대칭적(symmetric)이다. 여기에서 어떤 영역이 동질이라 함은 그 영역의 자기동형군(automorphism group)이 그 영역에 추이적으로 작용(transitively act)한다는 의미이다. 유계대칭영역인 $\{z \in \mathbb{C}^n : L(z) < 1\}$에 대해서는 다음 장에서 자세히 다룬다.

정리 2.71 (최대구에서의 버그만 핵함수)

최대노름으로 정의되는 단위구

$$\{z \in \mathbb{C}^n : L(z) < 1\}$$

의 버그만 핵함수는

$$L(z,w) = \frac{C_n}{\{1 - 2\langle z, w\rangle + (z \bullet z)(\overline{w \bullet w})\}^n}$$

이다. 여기에서 C_n은 n에만 의존하는 상수이다.

한편, $\{z \in \mathbb{C}^n : N(z) < 1\}$는 $n = 2$이면,

$$\{(z_1, z_2) \in \mathbb{C}^2 : |z_1| + |z_2| < 1\}$$

과 동치이므로 이해하기 쉽다. 하지만, $n \geq 3$에 대해서는 라인하르트영역도 아니고, 동질영역도 아니다. 정리 2.45를 사용하여 다음을 얻을 수 있다.

정리 2.72 (최소구에서의 버그만 핵함수, [111])

최소노름으로 정의되는 단위구

$$\left\{z \in \mathbb{C}^n : N(z) < \frac{1}{\sqrt{2}}\right\}$$

의 버그만 핵함수는

$$K(z,w) = C_n \times \frac{\sum_{j=0}^{[n/2]} \binom{n+1}{2j+1} X^{n-1-2j} Y^j (2nX - (n-2j)(X^2 - Y))}{(X^2 - Y)}$$

이다. 여기에서 $X = 1 - \langle z, w\rangle$이고, $Y = (z \bullet z)(\overline{w \bullet w})$이다.

이제 대칭원판곱의 정의에 대해서 설명한다.

정의 2.73 (대칭원판곱)

Δ를 $\mathbb{C}$의 단위원판이라 하고, $\lambda = (\lambda_1, \ldots, \lambda_n)$를 원판곱 Δ^n의 원소라고 하자. 그리고, 사상 $\pi_n = (\pi_{n,1}, \ldots, \pi_{n,n}) : \mathbb{C}^n \to \mathbb{C}^n$을

$$\pi_{n,k}(\lambda) := \sum_{1 \le j_1 < \cdots < j_k \le n} \lambda_{j_1} \cdots \lambda_{j_k}, \quad 1 \le k \le n$$

라고 정의하자. 그러면, $\mathbb{G}_n := \pi_n(\Delta^n)$를 **대칭원판곱**(symmetrized polydisk)이라고 정의한다.

대칭원판곱은 다음의 두 성질을 동시에 갖는 최초의 영역이라고 알려져 있다 (논문 [8] 참고할 것):

(i) 카라테오도리 (Carathéodory) 거리와 고바야시 (Kobayashi) 거리가 일치하지 않는다.

(ii) 의사볼록 유계영역이지만, 볼록영역과 정칙동치가 아니다.

정리 2.74 (대칭원판곱에서의 버그만 핵함수, [45, 108])

대칭원판곱 $\mathbb{G}_n$의 버그만 핵함수는

$$K_{\mathbb{G}_n}(\pi_n(\lambda), \pi_n(\mu)) = \frac{\det[(1 - \lambda_j \overline{\mu}_k)^{-2}]_{1 \le j,k \le n}}{\pi^n \prod_{1 \le j < k \le n} [(\lambda_j - \lambda_k)(\overline{\mu}_j - \overline{\mu}_k)]}$$

이다.

[증명] 정리 2.45에 의해

$$\begin{aligned} K_{\mathbb{G}_n}(\pi_n(\lambda), \pi_n(\mu)) &= \frac{1}{\det \pi_n'(\lambda)} \sum_{\sigma \in \sum_n} K_{\Delta^n}(\lambda, \mu_\sigma) \frac{1}{\det \overline{\pi_n'(\mu_\sigma)}} \\ &= \frac{1}{\pi^n \det \pi_n'(\lambda) \det \overline{\pi_n'(\mu)}} \sum_{\sigma \in \sum_n} \frac{(-1)^{\operatorname{sgn} \sigma}}{(1 - \lambda_j \overline{\mu}_{\sigma(k)})^2} \\ &= \frac{\det[(1 - \lambda_j \overline{\mu}_k)^{-2}]_{1 \le j,k \le n}}{\pi^n \det \pi_n'(\lambda) \det \overline{\pi_n'(\mu)}} \end{aligned}$$

가 된다. 간단한 계산에 의해

$$\det \pi_n'(\lambda) = \begin{cases} 1, & n = 1; \\ \displaystyle\prod_{1 \le j < k \le n} (\lambda_j - \lambda_k), & n \ge 2 \end{cases}$$

가 됨을 알 수 있다. □

2.9 버그만 핵함수의 영점

리만사상정리에 의해 평면 전체가 아닌 단순연결영역은 항상 단위원판과 정칙동치이다. 하지만, 고차원복소공간에서는 1장에서 단위구와 원판곱이 정칙동치가 아님을 보였듯이, $(n \geq 2)$ 일 때, $\mathbb{C}^n$ 에서는 리만사상정리가 성립하지 않는다.

그래서, $\mathbb{C}^n$ $(n \geq 2)$ 에서 다음과 같은 질문을 할 수 있다.

(i) 단윈원판과 같은 "대표영역"이 있겠는가? 만약 있다면, 주어진 영역으로부터 어떤 "대표사상"에 의해 대응되겠는가?

(ii) 두 영역이 정칙동치가 아님을 어떻게 설명할 수 있겠는가?

버그만은 다음과 같이 첫 번째 질문 (i)에 대해서 접근하였다. 주어진 영역 D의 버그만 핵함수를 $K_D(z,w)$ 라고 할때, 정의 2.43에서 정의한 버그만 계량

$$g_{jk} := \frac{\partial^2}{\partial z_j \partial \overline{z}_k} \log K_D(z,z)$$

을 이용하였다. 주어진 점 $a \in D$ 에서의 **국소대표사상** (local representative coordinates)은 $1 \leq j \leq n$ 에 대해서

$$f_j(z) := \sum_{k=1}^{n} g_{kj}^{-1}(a) \frac{\partial}{\partial \overline{w}_k} \log \frac{K_D(z,w)}{K_D(w,w)}\Big|_{w=a} \tag{2.28}$$

로 주어진다. 사상 $f(z) = (f_1(z), \ldots, f_n(z))$ 은

$$f(a) = 0, \quad \det \mathcal{J}_{\mathbb{C}} f(0) = Id$$

을 만족한다. 여기에서 버그만 핵함수 $K_D(z,w)$ 가 영점을 갖는다면 식 (2.28) 은 아무런 의미가 없다. 1966년에 논문 [97] 에서 Qi-Keng Lu가 어떤 영역이 이러한 성질을 만족하겠느냐라는 질문을 하여 그 후로 Lu Qi-Keng 문제라고 부른다. 성이 Lu이기 때문에, Qi-Keng Lu가 맞는 표현이지만, Lu Qi-Keng으로 잘못 알려져서, 지금은 Lu Qi-Keng 문제라고 부르기 때문에, 우리도 그렇게 부르도록 하겠다.

정의 2.75 (버그만 핵함수의 영점)

임의의 점 $z, w \in D$에 대해서 $K_D(z,w) \neq 0$이면, D를 Lu Qi-Keng 영역(Lu Qi-Keng domain)이라고 부른다.

D의 임의의 점 z에 대해서

$$K_D(z,z) > 0$$

임은 따름정리 2.30에서 이미 증명하였다. 그런데, D의 서로 다른 두 점 z, w에 대해서, $K_D(z,w)$는 일반적으로 실수의 값을 갖지 않는다.

만약 버그만 핵함수가 영점을 갖는다면, 버그만이 생각한 국소대표사상은 이룰 수 없지만, 두 번째 질문 (ii) 에 해답을 줄 수도 있다. 정리 2.39을 보면 ϕ가 주어진 영역 D_1과 D_2 사이의 쌍정칙사상이면,

$$K_{D_1}(z,w) = \det J_{\mathbb{C}}\phi(z) \cdot K_{D_2}(\phi(z), \phi(w)) \cdot \overline{\det J_{\mathbb{C}}\phi(w)}$$

가 성립한다. ϕ가 쌍정칙사상이므로 $\det J_{\mathbb{C}}\phi(z) \neq 0$이고 $\det J_{\mathbb{C}}\phi(w) \neq 0$이므로, D_1과 D_2의 버그만 핵함수들의 영점은 보존된다. 즉, 버그만 핵함수가 영점은 존재 여부에 상관없이 연구할 만한 가치가 있다.

앞서 여러 영역에 대해서 버그만 핵함수를 닫힌형태 (closed form) 로 표현하였는데, 대부분의 경우 닫힌형태로 표현되더라도 영점의 존재 여부는 파악하기 힘들다. 게다가 일반적으로 명제 2.29을 이용하여 버그만 핵함수가 무한급수로 표현되는데, 무한급수의 영점을 연구하는 것은 상당히 어려운 일이다. 예를 들면, 무한급수

$$1 + \sum_{k=1}^{\infty} \frac{1}{k!} z^k, \quad 2 + \sum_{k=1}^{\infty} \frac{1}{k!} z^k$$

이 영점을 갖는가? 첫 번째 급수가 지수함수라는 사실을 이용하면, 첫 번째 급수는 영점을 갖지 않고, 두 번째 급수는 $z = \pi i$에서 영점을 갖는다는것을 알 수 있다. 지수함수가 된다는 사실을 모른다면, 주어진 무한급수들의 영점을 찾는 것은 매우 어려운 일이다.

앞에서 이미 닫힌형태로 표현한 버그만 핵함수를 살펴보자. 정리 2.51과 보조정리 2.38에서 단위구와 원판곱은 Lu Qi-Keng 영역이 아님을 알 수 있다.

영점을 갖는 버그만 핵함수는 1969년에 스크바르진스키 (M. Skwarczynski) [134] 와 로젠탈 (Paul Rosenthal) [129] 에 의해 각각 가장 처음 알려졌다. 그들은 연습문제 2.35에서 정의한 원환 $A(r)$ 의 버그만 핵함수가 항상 영점을 갖는다는 것을 증명하였다. 더 나아가, 1976년에 수이타 (Nobuyuki Suita) 와 야마다 (Akira Yamada) 는 논문 [135] 에서 다음과 같이 $\mathbb{C}^1$ 에서의 모든 매끄러운 Lu Qi-Keng 영역을 구하였다.

정리 2.76 (복소평면에서의 버그만 핵함수)

$\mathbb{C}$ 의 매끄러운 영역 D가 Lu Qi-Keng 영역일 필요충분조건은 D가 단순연결영역이라는 것이다.

논문 [135] 에서 단순연결영역이 아닌 영역의 버그만 핵함수의 영점의 개수를 구하였다. 즉, D가 경계 수 (boundary contours) 가 n 이고 위수 (genus) 가 p 이고, 단순연결이 아닌 열린 리만 곡면 (open Riemann surface) 이라고 하면, 버그만 핵함수는 정확히 $(n+2p-1)$ 개의 영점을 갖는다.

고차원 복소공간에서는 위의 정리에 대응되는 추측은 영역 D가 Lu Qi-Keng 영역일 필요충분조건은 위상적으로 자명한 (topologically trivial) 영역인 것이다. 하지만, 1980 년에 다음과 같은 내용이 [20] 에서 증명되면서, 이 추측도 거짓이 되었다.

정리 2.77 ([20])

다음과 같은 성질을 만족하는 복소 2차원의 매끄럽고 유계인 강의사볼록영역 D가 존재한다.

(i) D는 단위구와 미분동형 (diffeomorphic) 이다.

(ii) 버그만 핵함수 $K_D(z,w)$는 영점을 갖는다.

정리 2.77의 증명을 위해서 다음과 같은 영역

$$D = \left\{(z_1, z_2) \in \mathbb{C}^2 : |z_2| < \frac{1}{1+|z_1|}\right\} \tag{2.29}$$

을 생각하자.

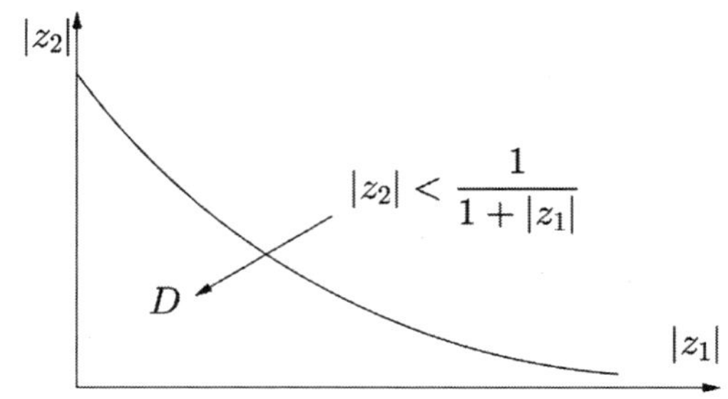

그림 2.3: 영역 D

영역 D 에서 정의된 임의의 정칙 함수는 $z_1^{j_1} z_2^{j_2}$ 의 합으로 표현이 되고, 이 중에서 $L^2(D)$ 에 속하는 단항식의 조건을 구하자.

보조정리 2.78

D 가 (2.29) 에서 정의된 $\mathbb{C}^2$ 의 영역이라고 하자.

(i) 임의의 $j_1, j_2 = 0, 1, 2, \ldots$ 에 대해서,

$$z_1^{j_1} z_2^{j_2} \in L_a^2(D)$$

일 필요충분조건은 $j_1 < j_2$ 이다.

(ii) $z = (z_1, 0)$ 또는 $w = (w_1, 0)$ 에서 $K_D(z, w) = 0$ 이다.

[증명] (i) 보조정리 2.49의 증명에서처럼, $z_k = r_k e^{i\theta_k}$ $(k = 1, 2)$ 라고 하면,

$$\begin{aligned}
\|z_1^{j_1} z_2^{j_2}\|_{L^2(D)} &= \int_D |z_1|^{2j_1} |z_2|^{2j_2} dV(z) \\
&= (2\pi)^2 \int_0^1 \int_0^{\frac{1}{1+r_1}} r_1^{2j_1+1} r_2^{2j_2+1} dr_2 dr_1 \\
&= \frac{(2\pi)^2}{2j_2+2} \int_0^1 \frac{r_1^{2j_1+1}}{(1+r_1)^{2j_2+2}} dr_1
\end{aligned}$$

이다. 만약, $j_1 < j_2$ 이면,

$$\frac{r_1^{2j_1+1}}{(1+r_1)^{2j_2+2}} dr_1 \le \int_0^1 \frac{dr_1}{(1+r)^{2(j_2-j_1)+1}} < \infty$$

이므로, $z_1^{j_1} z_2^{j_2} \in L_a^2(D)$ 가 된다. 만약, $j_1 \ge j_2$ 이면,

$$\frac{r_1^{2j_1+1}}{(1+r_1)^{2j_2+2}} dr_1 \ge \int_0^2 \frac{r^{2j_1+1}}{r^{2j_2+2}} dr_1 = \int_0^1 r^{2(j_1-j_2)+1} dr_1 = \infty$$

이므로, $z_1^{j_1} z_2^{j_2} \notin L_a^2(D)$가 되어 증명이 끝난다.

(ii) 버그만 핵함수 $K_D(z, w)$는 z 변수에 대해서 정칙이므로, (i)에 의해, $z_1 = 0$ 또는 $w_2 = 0$이면 반드시 0이 된다. □

한편, 임의의 자연수 m에 대해서, 영역 D_m을

$$D_m = D \cap \{(z_1, z_2) \in \mathbb{C}^2 : |z_1|^2 + |z_2|^2 < m^2\}$$

와 같이 정의하면 영역 D_m은 항상 유계 영역이 된다. 라마다노프(Ramadanov)의 정리에 따르면, m이 무한대로 갈 때, 버그만 핵함수 K_{D_m}은 K_D로 고른수렴한다. 보조정리 2.78 (ii)와 후르비츠(Hurwitz)의 정리에 의해서, 충분히 큰 자연수 m에 대해서 K_{D_m} 역시 영점을 갖게 된다.

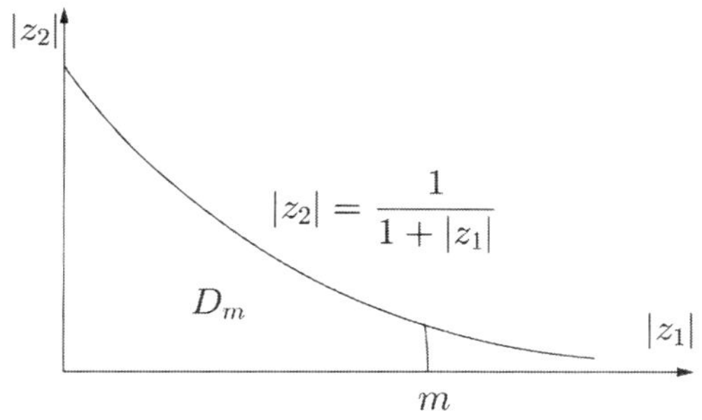

그림 2.4: 영역 D_m

유계 영역 D_m의 내부에서 D_m으로 수렴하는 매끄럽고 로그 볼록인 유계 영역을 만들면, 정리의 내용을 만족하는 영역을 찾을 수 있다.

하지만, 우리가 예상하는 것보다 버그만 핵함수가 영점을 갖는 유계 영역은 굉장히 많다. $\mathbb{C}^n$의 임의의 두 영역 D_1, D_2에 대해서, 하우스도르프 거리(Hausdorff distance)를

$$d_H(D_1, D_2) = \max\{\sup_{x \in D_1} \inf_{y \in D_2} \|x - y\|, \sup_{y \in D_2} \inf_{x \in D_1} \|x - y\|\}$$

라고 정의한다. 1996년에 보아스(Boas)는 두 영역 D_1과 D_2 사이의 거리를

$$\rho_1(D_1, D_2) := d_H(\overline{D}_1, \overline{D}_2) + d_H(bD_1, bD_2)$$

라고 정의하였다. 그리고, 그는 1996년에 다음과 같은 정리를 증명하여, 매우 많은 영역들이 Lu Qi-Keng 영역이 아님을 설명하였다.

정리 2.79 ([21])

Lu Qi-Keng 영역이 아닌 영역들의 집합은 ρ_1 계량으로 (강) 의사볼록인 유계영역들의 집합에서 조밀 (dense) 하다.

자연스럽게 이제 관심은 볼록영역집합의 모임으로 좁혀졌다.

1998년에 플루크 (Pflug) 와 유스피 (Youssfi) 는 논문 [125] 에서 정리 2.72에 있는 최소구의 버그만 핵함수가 $n \geq 4$일 때, 영점을 갖는다는 것을 증명하였다. 최소구는 노름에 의한 단위구이므로 당연히 볼록영역이다.

1999년에는 보아스 (Boas), 푸 (Fu), 슈트라우베 (Straube) 가 논문 [22] 에서 Lu Qi-Keng 이 아닌 다음과 같은 비교적 단순한 영역을 구하였다. 연습문제 2.56으로부터 임의의 양수 p에 대해서, 영역

$$\left\{(z_1, z_2) \in \mathbb{C}^2 : |z_1|^2 + |z_2|^{2/p} < 1\right\} \tag{2.30}$$

의 버그만 핵함수는

$$\frac{1}{p\pi^2}\frac{\partial^2}{\partial t^2}\left(\frac{1}{(1-t)^p - z_2\overline{w}_2}\right)\bigg|_{t=z_1\overline{w}_1}$$

와 같다.

영역 (2.30) 은 하르톡스 영역

$$\left\{(z_1, z_2) \in \mathbb{C}^2 : |z_1|^2 < 1 - |z_2|^{2/p}\right\}$$

으로 생각하여 명제 2.64을 적용하면,

$$\left\{(z', z_n) \in \mathbb{C}^{n-1} \times \mathbb{C} : \|z'\|^2 < 1 - |z_n|^{2/p}\right\}$$

의 버그만 핵함수는

$$\frac{1}{p\pi^n}\frac{\partial^n}{\partial t^n}\left(\frac{1}{(1-t)^p - z_n\overline{w}_n}\right)\bigg|_{t=\sum_{l=1}^{n-1} z_l\overline{w}_l}$$

이 된다. 이 때, $p_1, \ldots, p_{n-1}$ 가 자연수일 때, 고유정칙사상

$$(z_1, \ldots, z_{n-1}, z_n) \mapsto (z_1^{p_1}, \ldots, z_{n-1}^{p_{n-1}}, z_n)$$

에 대하여 명제 2.45를 적용하면 다음을 얻는다.

명제 2.80

임의의 자연수 n 에 대하여 $p_1, \ldots, p_{n-1}$ 은 자연수이고, p 는 임의의 양수라고 하자. 이 때, 영역

$$\{z \in \mathbb{C}^n : |z_1|^{2/p_1} + \cdots + |z_{n-1}|^{2/p_{n-1}} + |z_n|^{2/p} < 1\}$$

의 버그만 핵함수 K 는

$$K((z_1^{p_1}, \ldots, z_{n-1}^{p_{n-1}}, z_n), (w_1^{p_1}, \ldots, w_{n-1}^{p_{n-1}}, w_n))$$
$$= \frac{1}{p\pi^n} \prod_{l=1}^{n-1} \frac{1}{p_l^2 (z_l \overline{w}_l)^{p_l - 1}} \sum_{j_1=1}^{p_1} \cdots \sum_{j_{n-1}=1}^{p_{n-1}} \frac{\partial^n}{\partial t^n} \left(\frac{\overline{\omega}_1^{j_1} \cdots \overline{\omega}_{n-1}^{j_1}}{(1-t)^p - z_n \overline{w}_n} \right) \Bigg|_{t = \sum_{l=1}^{n-1} z_l \overline{w}_l \overline{\omega}_l^{j_l}}$$

을 만족한다. 단, ω_l 은 p_l 차 단위원시근이다.

명제 2.80에서 $n = 2$, $p_1 = 2$를 대입하면,

$$\{(z_1, z_2) \in \mathbb{C}^2 : |z_1| + |z_2|^{2/p} < 1\} \tag{2.31}$$

의 버그만 핵함수 K 는

$$\begin{aligned} K((z_1^2, z_2), (w_1^2, w_2)) &= \frac{1}{4p\pi^2 z_1 \overline{w}_1} \sum_{j=1}^{2} \frac{\partial^2}{\partial t^2} \left(\frac{(-1)^j}{(1-t)^p - z_2 \overline{w}_1} \right) \Bigg|_{t = (-1)^j z_1 \overline{w}_1} \\ &= \frac{1}{4p\pi^2 x} \frac{\partial^2}{\partial x^2} \left(\frac{1}{(1-x)^p - y} - \frac{1}{(1+x)^p - y} \right) \end{aligned} \tag{2.32}$$

를 만족한다. 여기에서 $x = z_1 \overline{w}_1$ 이고, $y = z_2 \overline{w}_2$ 이다.

만약 $z_2 = 0$ 또는 $w_2 = 0$ 이면, $y = 0$ 이다. 그러면, 식 (2.32)는

$$p(p+1) \left(\frac{1}{(1-x)^{p+2}} - \frac{1}{(1+x)^{p+2}} \right)$$

가 되어, $K((z_1^2, 0), (w_1^2, 0))$ 이 영점을 가질 필요충분조건은

$$\left(\frac{1+x}{1-x} \right)^{p+2} = 0 \tag{2.33}$$

이 단위원판 $\Delta = \{z \in \mathbb{C} : |z| < 1\}$ 에서 해를 갖는 것이다. 함수

$$x \mapsto \frac{1+x}{1-x}$$

는 단위원판에서 상반평면으로 가는 쌍정칙함수이므로, 만약 $p > 2$ 이면, 방정식 (2.33) 이 단위원판에서 해를 갖게 되어, 영역 (2.32) 는 Lu Qi-Keng 영역이 아니다.

명제 2.81

양수 $p > 2$ 에 대해서

$$\{(z_1, z_2) \in \mathbb{C}^2 : |z_1| + |z_2|^{2/p} < 1\}$$

의 버그만 핵함수 $K((z_1, z_2), (w_1, w_2))$ 는 $z_2 = 0$ 또는 $w_2 = 0$ 이 되는 영점을 갖는다.

연습문제 2.82

식 (2.32) 가 $p = 2$ 이면, $\sqrt{|x|} + \sqrt{|y|} < 1$ 의 범위에서 영점을 갖지 않음을 증명하여라.

양수의 값을 갖는 연속함수 ϕ 에 대해서 유계영역 D 를

$$D := \{z \in \mathbb{C}^n : \phi(z) < 1\}$$

라고 정의하자. 이 때, 양수 p, q 에 대해서,

$$\begin{aligned} D_1 &:= \{(z, \zeta) \in D \times \mathbb{C}^2 : \phi(z) + |\zeta_1|^{\frac{2}{p}} + |\zeta_2|^{\frac{2}{q}} < 1\}, \\ D_2 &:= \{(z, \zeta) \in D \times \mathbb{C} : \phi(z) + |\zeta|^{\frac{2}{p+q}} < 1\} \end{aligned} \tag{2.34}$$

라고 정의하자.

명제 2.83

$j = 1, 2$에 대해서 D_j를 (2.34) 라고 정의하는 영역의 버그만 핵함수를 K_{D_j} 라고 하자. 그러면, 임의의 점 $z, w \in D$에 대해서

$$\pi K_{D_2}((z,0),(w,0)) = \frac{\pi^2\Gamma(p+1)\Gamma(q+1)}{\Gamma(p+q+1)} K_{D_1}((z,0,0),(w,0,0)) \tag{2.35}$$

가 성립한다.

[증명] 식 (2.35) 의 양변이 모두 $(1-\phi)^{p+q}$를 가중치로 하는 버그만 핵함수임을 보이면, 명제 2.27에 의해 양변이 같게 된다. D에서 정칙인 함수 $f(z)$를 D_1과 D_2로 정칙이 되도록 확장하면, D_2의 버그만 핵함수의 재생 성질에 의해

$$f(z) = \int_{D_2} f(w) K_{D_2}((z,0),(w,\eta)) dV(w,\eta) \tag{2.36}$$

를 만족한다. 한편,

$$D_2 = \{(z,\zeta) : |\zeta| < (1-\phi(z))^{\frac{p+q}{2}}\}$$

이므로 식 (2.36) 을 η 변수로 적분하고, 평균값정리를 적용하면

$$f(z) = \int_D f(w)(1-\phi(w))^{p+q} \pi K_{D_2}((z,0),(w,0)) dV(w)$$

가 된다. 마지막으로, 보조정리 2.54을 사용하면, $\{(z,w) \in \mathbb{C}^2 : |z|^{2/p} + |w|^{2/q} < 1\}$의 부피는

$$\frac{\pi^2\Gamma(p+1)\Gamma(q+1)}{\Gamma(p+q+1)}$$

이 되어 원하는 식을 얻는다. □

정리 2.84

$n \geq 3$이면, 영역

$$\{(z_1, z_2, \ldots, z_n) \in \mathbb{C}^n : |z_1| + |z_2| + \cdots + |z_n| < 1\} \tag{2.37}$$

의 버그만 핵함수는 영점을 갖는다.

[증명] 먼저 $n=3$인 경우를 설명하겠다. 식 (2.34)에서 정의된 영역에서 $\phi(z)=|z|$이고, $p=q=2$이면, 명제 2.83에 의해

$$K_{D_2}((z,0),(w,0)) = \frac{\pi}{6} K_{D_1}((z,0,0),(w,0,0))$$

가 성립한다. 명제 2.81에 의해 $K_{D_2}((z,0),(w,0))$가 해를 갖기 때문에,

$$K_{D_1}((z,0,0),(w,0,0))$$

도 해를 갖는다.

일반적으로 $n \geq 3$인 경우의 증명을 위해서, 임의의 자연수 k에 대해서 영역

$$E_k := \{(z_1,\ldots,z_{n-k+1}) \in \mathbb{C}^{n-k+1} : |z_1| + \cdots + |z_{n-k}| + |z_{n-k+1}|^{\frac{1}{k}} < 1\}$$

라고 하고, $c_q = \frac{2\pi}{(q+1)(q+2)}$라고 하자. $n=3$에서와 비슷한 방법으로 명제 2.83에 의해

$$\begin{aligned} & K_{E_{n-1}}((z_1,0),(w_1,0)) \\ =& c_{n-2} K_{E_{n-1}}((z_1,0,0),(w_1,0,0)) \\ =& c_{n-2}c_{n-3} K_{E_{n-3}}((z_1,0,0,0),(w_1,0,0,0)) \\ =& \cdots \\ =& c_{n-2}c_{n-3}\cdots c_1 K_{E_1}((z_1,0,\ldots,0),(w_1,0,\ldots,0)) \end{aligned}$$

가 성립한다. 여기에서

$$E_{n-1} = \{(z_1,z_2) : |z_1| + |z_2|^{\frac{2}{2n-2}} < 1\}$$

이므로, 명제 2.81에 의해 $2n-2>2$, 즉 $n \geq 3$이면,

$$K_{E_{n-1}}((z_1,0),(w_1,0)) = 0$$

이 되는 z_1, w_1이 존재한다. 영역 E_1은 (2.37)이므로, 원하는 결과를 얻는다. □

정리 2.84에 의해 $n \geq 3$일 때, 버그만 핵함수가 영점을 갖는 $\mathbb{C}^n$의 볼록영역이 존재한다. $\mathbb{C}^2$의 볼록영역이 항상 Lu Qi-Keng 영역인지는 아직도 풀리지 않은 문제이다.

2.10 버그만 공간의 차원

이 절에서는 버그만 공간의 차원의 유한성 (finiteness) 에 대해서 설명한다. 영역 $\Omega \subset \mathbb{C}^n$ 가 유계 영역이라고 하면, 임의의 다항 함수 z^α 가 버그만 공간 $L_a^2(\Omega)$ 의 원소가 되므로, $L_a^2(\Omega)$ 의 차원은 항상 유한이 아니다.

따라서, 버그만 공간의 차원이 무한이려면, 영역 Ω 는 유계가 아닌 영역 (unbounded domain) 이어야 한다.

정리 2.85

임의의 자연수 k 에 대해서, $L_a^2(\Omega)$ 의 차원이 k 인 영역 $\Omega_k \subset \mathbb{C}^n$ $(n \geq 2)$ 가 존재한다.

임의의 차원에 대해서 비슷한 방법으로 하면 되므로, $n = 2$ 인 경우만 설명하기로 한다. 비유계 영역 X_1 과 X_2 를

$$X_1 := \left\{ (z_1, z_2) \in \mathbb{C}^2 \ : \ |z_2| < \frac{1}{|z_1| \ln |z_1|}, \ |z_1| > e \right\}$$

$$X_2 := \left\{ (z_1, z_2) \in \mathbb{C}^2 \ : \ |z_1| < \frac{1}{|z_2| \ln |z_2|}, \ |z_2| > e \right\}$$

라고 하고, D 를

$$D := X_1 \cup X_2 \cup \{ (z_1, z_2) \in \mathbb{C}^2 \ : \ |z_1| < 2e, \ |z_2| < 2e \}$$

라고 정의한다. 그러면, 보조정리 2.78의 증명과 비슷한 방법으로 다음을 보일 수 있다.

보조정리 2.86

버그만 공간 $L_a^2(D)$ 의 원소는 $c(j)(z_1 z_2)^j$ $(j = 0, 1, 2, \ldots)$ 뿐이다. 여기에서, $c(j)$ 는 $c(j)(z_1 z_2)^j$ 의 크기를 1로 만들어 주는 상수이다.

[증명] 임의의 음수가 아닌 정수 j_1, j_2 에 대해서,

$$\begin{aligned}\int_{X_1} |z_1^{j_1} z_2^{j_2}|^2 dV &= \int_{|z_1| > e} \int_{|z_2| < 1/(|z_1| \ln |z_1|)} |z_1|^{2j_1} |z_2|^{2j_2} dV \\ &= (2\pi)^2 \int_e^\infty r_1^{2j_1+1} \left(\int_0^{\frac{1}{r_1 \ln r_1}} r_2^{2j_2+1} dr_2 \right) dr_1\end{aligned}$$

$$= \frac{(2\pi)^2}{2j_2+2}\int_e^{\infty} \frac{r_1^{2(j_1-j_2)-1}}{(\ln r_1)^{2j_2+2}} dr_1 < \infty$$

일 필요충분조건은 $j_2 \geq j_1$ 이다. 같은 방법으로

$$\int_{X_2} |z_1^{j_1} z_2^{j_2}|^2 dV < \infty$$

일 필요충분조건은 $j_1 \geq j_2$ 가 되므로, 원하는 결과를 얻는다. □

이제 임의의 자연수 k 에 대해서, 영역 B_{4k} 를

$$B_{4k} := \left\{ (z_1, z_2) \in \mathbb{C}^2 \;:\; |z_1| > 1, |z_2| > 1, \Big| |z_1| - |z_2| \Big| < \frac{1}{(|z_1| + |z_2|)^{4k}} \right\}$$

라고 하고, 임의의 자연수 k 에 대해서,

$$\Omega_k := D \cup B_{4k}$$

라고 정의하자. 그러면, 다음을 증명할 수 있다.

보조정리 2.87

버그만 공간 $L_a^2(\Omega_k)$ 의 원소는 $c'(j)(z_1z_2)^j$ $(j = 0, 1, 2, \ldots, k-1)$ 뿐이다. 여기에서, $c'(j)$ 는 $c'(j)(z_1z_2)^j$ 의 크기를 1 로 만들어 주는 상수이다.

[증명] 보조정리 2.86에 의해 $z_1^{j_1} z_2^{j_2} \in L_a^2(D)$ 이면, $j_1 = j_2$ 이므로,

$$\int_{B_{4k}} |z_1^j z_2^j| dV = (2\pi)^2 \iint_{\{(r_1,r_2): r_1>1, r_2>1, |r_1-r_2|<1/(r_1+r_2)^{4k}\}} r_1^{2j+1} r_2^{2j+1} dr_1 dr_2$$

를 계산하면 된다. 변수치환을 하면,

$$\begin{aligned}
\int_{B_{4k}} |z_1^{j_1} z_2^{j_2}| dV &= \iint_{y>2, x<1/y^{4k}} (x+y)^{2j_1+1}(y-x)^{2j+1} dx dy \\
&\approx \int_2^{\infty} \int_0^{\frac{1}{y^{4k}}} (y^2 - x^2)^{2j+1} dx dy \\
&= \int_2^{\infty} \sum_{l=0}^{2j+1} (-1)^l \binom{2j+1}{l} y^{4j+2-2l} \int_0^{\frac{1}{y^{4k}}} x^{2l} dx dy
\end{aligned}$$

가 되어 적당한 상수 $c_{l,j}$ 에 대해서,

$$\int_{B_{4k}} |z_1^{j_1} z_2^{j_2}| dV = \sum_{l=0}^{2j+1} c_{l,j} \int_2^{\infty} y^{4j+2-2l-4k(2l+1)} dy < \infty$$

이려면 $0 \leq l \leq 2j+1$ 인 모든 정수 l 에 대해서,

$$4j + 2 - 2l - 4k(2l+1) < -1$$

이어야 하므로,

$$4k > 4j + 3$$

을 만족하여야 한다. 따라서, $j \leq k - 1$ 이다. □

3. 요르단 대수와 유계 대칭 영역

CHAPTER 3

요르단 대수와 유계 대칭 영역

리만 (B. Riemann) 의 박사학위논문 (1851 년) 에 포함되었던 리만 사상 정리에 따르면, 복소평면 전체가 아닌 모든 단순 연결 영역 (simply connected domain) 은 단위원판과 정칙동치 (holomorphically equivalent) 이다. 즉, 구멍이 없이 연결되어 있는 영역은 단위원판만 연구하면 어떤 의미에서는 충분하다는 뜻이다.

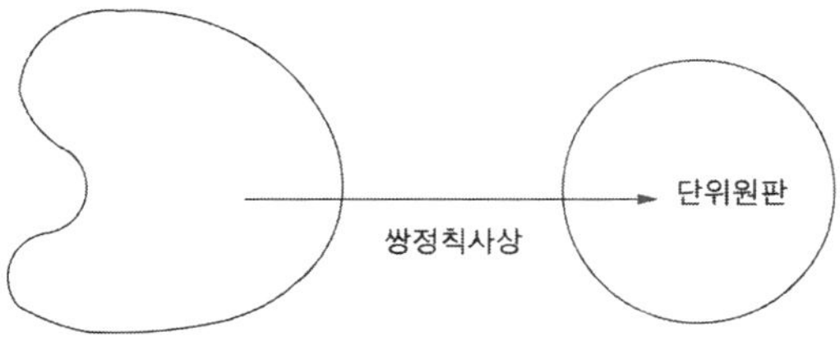

그림 3.1: 리만 사상 정리

그렇다면, 단위원판은 어떤 성질을 갖고 있는가? 학부과정의 복소함수론 시간에 등각사상이나 뫼비우스 변환을 배울 때, 다음과 같은 뫼비우스 변환이 등장한다.

(I) 주어진 $a \in \Delta$ 에 대하여, $f_1(z) = \dfrac{a-z}{1-\bar{a}z}$ 은 Δ 를 Δ 위로 일대일 대응하는 정칙함수이다.

(II) $f_2(z) = \dfrac{z-i}{z+i}$ 는 상반평면 (upper half-plane) 을 Δ 위로 일대일 대응하는 정칙함수이다.

$\mathbb{C}^n$ 의 유계 영역 D 가 주어져 있을 때, D 에서 D 로 가는 정칙 자기동형사상들의 모임을 자기동형군 (automorphism group) 이라고 하는데, 이는 리 군 (Lie group) 을 이룬다. 이 때, 자기동형군이 D 에서 추이적으로 작용 (transitively act) 하면, D 를 **동질 영역**

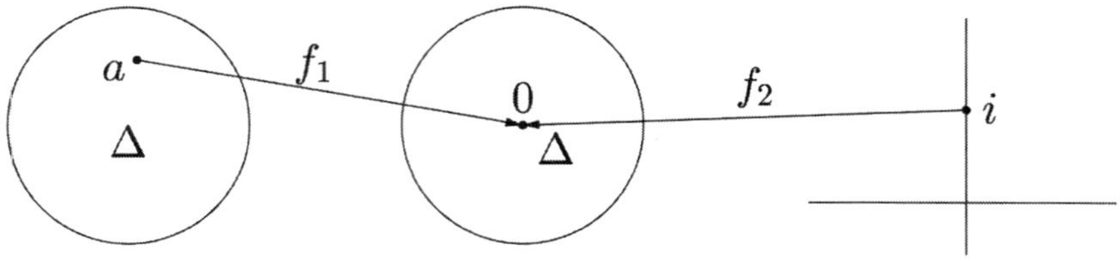

그림 3.2: 뫼비우스 변환

(homogeneous domain)이라고 부르고, 영역의 모든 점에서 대칭사상(symmetry)이 존재하면, **대칭 영역**(symmetric domain)이라고 부른다. $n \leq 3$이면, 모든 유계 대칭 영역이 항상 동질이지만, $n \geq 4$인 경우에는 각 차원마다 대칭이 아닌 유계 동질 영역의 예가 알려져 있다. 위의 뫼비우스 변환 f_1을 이용하면, 단위원판이 유계 동질이고 유계 대칭임을 알 수 있다.

$n \geq 2$일 때, 1장에서 증명한 것처럼 복소 n차원에서는 리만 사상 정리가 성립하지 않는다. 그러면, 정칙 동치가 아닌 영역을 얼마나 있겠는가? 이 질문에 대한 답은 아직도 미해결 상태이지만, 유계 영역이 대칭이거나 동질인 경우는 많은 수학자들에 의해 분류가 되고 있다.

1926년에 카르탕(E. Cartan)은 리만 대칭 공간(Riemannian symmetric space)의 모든 형태를 7개의 고전적인(classical) 형태와 12개의 예외적인(exceptional) 형태로 분류하였다. 뿐 리만 대칭 공간은 유클리드 형(Euclidean), 콤팩트 형(compact type), 비콤팩트 형(non-compact type)으로 분류된다. 임의의 유계 대칭 영역은 버그만 계량과 더불어 비콤팩트 형 에르미트 대칭 공간이 된다. 또한, 임의의 비콤팩트 형 에르미트 대칭 공간이 주어져 있을 때, 정칙 미분동형인 유계 대칭 영역이 존재한다. 19개의 리만 대칭 공간 중에서 비콤팩트 형은 4개의 고전적인(classical) 형태와 2개의 예외적인(exceptional) 형태로 분류된다.

이 책에서는 유계 대칭 영역(bounded symmetric domains)과 요르단 대수(Jordan algebra)의 관계에 대해서 설명하겠다. **요르단 대수**는 독일의 물리학자인 요르단(Pascual Jordan)에 의해 만들어지고 연구되었다. 양자역학(quantum mechanics)과 양자장론(quantum field theory)에 커다란 공헌을 한 그는 두 에르미트 행렬 A, B에서 새로운 에르미트 행렬을 만드는 방법을 생각하였는데, $AB+BA$가 중요한 에르미트 행렬이라고 생각하였다. 두 행렬의 곱을

$$AB = \frac{AB+BA}{2} + \frac{AB-BA}{2}$$

라고 쓸 때, 뒷부분이 리 대수를 이끌었다면, 앞부분이 바로 요르단 대수의 시초가 되었다.

1934년에 요르단은 두 명의 유명한 헝가리 과학자인 폰 노이만(J. v. Neumann)과 위그너(E. Wigner)와 함께, 요르단 대수의 첫 논문 [86]을 발표하였다. 그들은 일반적으로 요르단 대수는 비결합적이지만, 멱 결합법칙(power associativity)이 성립함을 증명하였다. 모든 결합대수는 항상 요르단 대수 구조를 갖는데, 이러한 대수를 특별한(special) 요르단 대수라고 하고, 그렇지 않으면 예외적인(exceptional) 요르단 대수라고 부른다. 위에서 언급한 논문 [86]에서 모든 유한차원의 유클리드 요르단 대수는 $Sym_m(\mathbb{R})$, $Herm_m(\mathbb{C})$, $Herm_m(\mathbb{H})$, $Herm_3(\mathbb{O})$와 Spin factor $(\mathbb{R}\times\mathbb{R}^n)$들뿐임을 증명하였다. 이 중에서, 예외적인 대수는 $Herm_3(\mathbb{O})$ 하나뿐이고, 이는 알버트(A. A. Albert)가 논문 [12]에서 증명을 했기 때문에, 알버트 대수(Albert algebra)라고 부른다. 사실 3보다 큰 m에 대해서 $Herm_m(\mathbb{O})$는 심지어는 요르단 대수도 아니다. 무한차원의 예외적인 대수와 요르단 대수와의 관계에 관심이 있었던 과학자들의 희망은 젤마노프(E. Zelmanov)에 의해 사라졌다. 그는 논문 [142], [143]에서 무한차원까지 고려하더라도 예외적인 요르단 대수는 알버트 대수가 유일하는 사실을 1979년에 증명하였다. 요르단 대수의 관심이 끝난 것처럼 보였지만, 다른 분야로의 극적인 발전은 1960년대부터 이미 이루어지고 있었다.

이제 앞서 설명한 뫼비우스 변환 f_2를 다시 살펴보자. 이는 유계 대칭 영역(단위원판)을 유계가 아닌 영역(상반평면)으로 표현하는 중요한 예이다. 그러면, 이러한 표현법의 고차원으로의 일반화를 생각해보자. 상반 평면 $\mathbb{R}+i\mathbb{R}^+$을 일반적으로 일반화된 상반공간(upper half-space) $V+i\Omega$라고 하자. 지겔(C. L. Siegel)은 $V=Sym_m(\mathbb{R})$이고, Ω는 V의 원소 중에서 양의 정부호인 원소들의 집합으로 정의하였다. 이를 지겔 상반공간(Siegel's upper half-space)이라고 하는데, 정수론의 중요한 지겔 보형 형식(Siegel modular form)의 연구에서 중요하게 쓰인다. 그렇다면, V를 임의의 유한차원 유클리드 요르단 대수라고 하면, Ω는 어떤 부분대수로 선택해야만 하는가?

이 질문은 1960년대에 쾨허(M. Koecher)에 의해 연구되기 시작하였는데, 유클리드

요르단 대수 V에서 유일하게 생성되는 대칭원뿔(symmetric cone)을 Ω로 정의하였다. 그리고, f_2의 요르단 대수로의 일반화를 정의하고, 각각의 상(image)이 유계 대칭 영역임을 증명하였는데, 앞서 언급한 것처럼 5개의 튜브 형의 유계 대칭 영역을 얻을 수 있다. 하지만, 카르탕이 분류한 유계 대칭 영역에서 빠진 것들이 있다. 이 불완전한 설명은 **요르단 삼중계**(Jordan triple system)로 보완이 된다.

요르단 대수는 애초에 두 정사각행렬들의 집합만을 생각하였는데, 직사각행렬들끼리는 이항 연산을 정의하기 어렵다. 이러한 경우에는 대칭성까지 고려하여, 연산 $\{A, B, C\} := AB^tC + CB^tA$을 생각할 수 있는데, 이를 벡터공간으로 일반화한 것이 바로 요르단 삼중계이다.

모든 요르단 대수는 항상 요르단 삼중계 구조를 갖는다. 반면에, 요르단 삼중계에서 한 점을 고정하면, 요르단 대수 구조를 갖게 된다. 이러한 내용은 1969년에 쾨허의 학생이었던 메이버그(K. Meyberg)가 리 대수의 TKK(Tits-Kantor-Koecher) 이론을 일반화하는 과정에서 요르단 삼중계를 연구하기 시작하였다.

역시 쾨허의 학생이었던 로스(O. Loos)에 의해 유계 동질 영역과 유한차원의 양의 에르미트 요르단 삼중계(Positive Hermitian Jordan triple system)와 일대일 대응이 있음을 증명하였다.

본 장은 주로 [13]와 [49]의 내용을 참고하였다. 이 책에서는 언급하지는 않겠지만, 유계 동질 영역은 대칭 영역에 비해 더 광범위한 이론이 필요하다. 1974년에 10차원 이하의 모든 유계 동질 영역의 형태가 알려졌다. 하지만, 유계 대칭 영역과는 달리, 각 차원마다 정칙동치가 아닌 유계 동질 영역의 수가 무한히 많다. 1960년대에 Piatetski-Shapiro에 의해 모든 유계 동질 영역은 normal j-algebra와 일대일 대응관계가 있음이 증명되었다.

⊙ 리만

3.1 유계 동질 영역과 유계 대칭 영역

D를 $\mathbb{C}^n$의 영역이라고 하자.

정의 3.1 (동질 영역과 대칭 영역)

(i) 임의의 두 점 $p, q \in D$에 대하여, p를 q로 보내는 정칙 자기동형사상(holomorphic automorphism)이 존재하면, 영역 D를 **동질 영역**(homogeneous domain)이라고 부른다.

(ii) 만약, $s \circ s$는 항등사상이 되고 p만을 고정하는 정칙 자기동형사상 s가 존재하면, s를 의 영역 D의 **대칭사상**(symmetry)이라고 부른다.

(iii) 동질 영역 D에 대칭사상을 갖는 점이 존재하면 **대칭 영역**(symmetric domain)이라고 한다.

먼저 복소평면에서 대칭 영역이 되는 가장 간단한 영역인 단위원판에 대해서 설명하겠다. 1장 6절에서 증명한 정리 1.72에서 설명한 대로 단위원판 $\Delta = \{z \in \mathbb{C} : |z| < 1\}$의 자기동형군은 다음과 같다.

명제 3.2 (단위원판의 자기동형군)

단위원판 Δ의 자기동형군 G는

$$G = \left\{ z \mapsto e^{i\theta} \frac{a - z}{1 - \bar{a}z} \;\middle|\; a \in \Delta,\ \theta \in \mathbb{R} \right\}$$

이다.

명제 3.3 (단위원판의 동질성)

임의의 두 점 $p, q \in \Delta$에 대해서, $\phi(p) = q$를 만족하는 자기동형사상 $\phi \in G$가 존재한다. 즉, 단위원판은 동질 영역이다.

[증명] 임의의 점 $a \in \Delta$에 대해서,

$$\phi_a(z) = \frac{a - z}{1 - \bar{a}z}$$

라고 하면, $\phi_a \in G$이다. 이 때, $\phi := \phi_q \circ \phi_p$라고 하면, $\phi \in G$이고,

$$\phi(p) = \phi_q(\phi_p(p)) = \phi_q(0) = q$$

가 성립한다. □

명제 3.4 (단위원판의 대칭성)

임의의 점 $p \in \Delta$을 고정하자. 그러면, $\psi \circ \psi$은 Δ의 항등함수가 되고, p만을 고정점으로 갖는 자기동형사상 $\psi \in G$가 존재한다. 즉, 단위원판은 대칭 영역이다.

[증명] 함수 $\phi_0(z) = -z$를 생각하자. 그러면, ϕ_0가 단위구의 자기동형사상임은 쉽게 알 수 있다. 이 때, $\psi(z) = \phi_p \circ \phi_0 \circ \phi_p$라고 하면, $\psi \in G$이고,

$$\begin{aligned}\psi \circ \psi &= \phi_p \circ \phi_0 \circ \phi_p \circ \phi_p \circ \phi_0 \circ \phi_p \\ &= \phi_p \circ \phi_0 \circ \phi_0 \circ \phi_p \\ &= \phi_p \circ \phi_p\end{aligned}$$

이므로, $\psi \circ \psi$는 항등함수가 된다. 이제는 ψ의 고정점이 p뿐임을 보이기 위해서 $\psi(z) = z$라고 하자. 즉, $\phi_p \circ \phi_0 \circ \phi_p(z) = z$이므로, $\phi_0(\phi_p(z)) = \phi_p(z)$가 되어 ϕ_0의 성질로부터, $\phi_p(z) = 0$을 얻을 수 있고, 이것은 $z = p$임을 의미하여, ψ의 고정점이 p뿐이다. □

명제 3.5

모든 유계대칭영역은 항상 동질영역이다.

위 명제의 역은 $n \leq 3$일 때에는 참이다. 하지만, $n \geq 4$에 대해서는 모든 차원에 대해서 반례가 알려져 있다. 예를 들어 $n = 5$일 때,

$$Z = \begin{pmatrix} z_1 & z_2 \\ z_2 & z_1 \end{pmatrix}$$

라 하고,

$$U = \begin{pmatrix} u_1 \\ u_2 \end{pmatrix}$$

라고 하자. 이때, H를

$$H = \left\{(Z, U) : -i(Z - \overline{Z}) - U\overline{U}' - \overline{U}U' \gg 0\right\}$$

이라고 하자. 그러면, H 는 $\mathbb{C}^5$ 상의 유계영역과 정칙동치가 되는데 동질이지만, 대칭은 아니다 ([126]를 참고할 것).

3.2 리만 대칭 공간

이 절에서는 1930년대에 카르탕이 연구한 리만 대칭 공간의 분류법에 대해서 간략하게 설명한다. 그리고, 그 분류 중에서 유계 대칭 영역에 해당하는 내용을 설명한다.

리만 다양체 (M, g)이 주어져 있고, p를 M상의 점이라고 하자. 점 p를 고정하고, p를 지나는 모든 측지선(geodesic)의 방향을 반대로 만들어주는 함수를 p의 **측지 대칭사상 (geodesic symmetry)**이라고 한다. 즉, $\gamma(0) = p$ 인 γ가 측지선이고 f가 측지 대칭사상이면, $f(\gamma(t)) = \gamma(-t)$를 만족한다.

정의 3.6 (리만 대칭 공간)

측지 대칭사상이 등거리사상(isometric)이면, M을 **국소 리만 대칭 공간(locally Riemannian symmetric space)**이라고 부른다. 게다가, M 상의 모든 점 p 가 대합적 등거리사상(involutive isometry) s_p 의 유일한 고정점이 되면, M을 **대역적 리만 대칭 공간 (globally Riemannian symmetric space)**이라고 부른다. 여기에서 대합적 등거리사상은 항등함수는 아니지만, 두 번 합성했을 때 항등함수가 되는 함수를 의미한다.

일반적인 리만 다양체 M에 대해서, $Isom(M)$을 M의 등거리사상들의 모임이라고 하면, 이는 리 군(Lie group)을 이룬다. 특히, M이 리만 대칭 공간이면, $Isom(M)$은 M에서 추이적으로 작용한다.

$Isom(M)$의 항등성분을 G라고 하자. M이 고정된 점 p에 대해서, G에서 p의 isotropy 부분군을 K라고 하자. 그러면, K는 G의 닫힌 부분군이고, M은 G/K와 동형(isomorphic)이다.

이 때, 리 군 G와 K에 대응되는 리 대수를 각각 $\mathfrak{g}$와 $\mathfrak{k}$라 한다. 그러면, $p \in M$에서의 접평면 T_pM은 $\mathfrak{g}/\mathfrak{k}$에 대응된다.

그리고, 사상 $\sigma : G \to G$를 $g \mapsto s_p \circ g \circ s_p$라고 정의하면, σ는 G의 대합적 자기동형사상(involutive automorphism)이 된다. 그러면, σ의 고유값 1과 -1에 대응되는 고유공간

$$\mathfrak{k} = \{X \in \mathfrak{g} \ : \ \sigma X = X\}$$

와

$$\mathfrak{p} = \{X \in \mathfrak{g} \ : \ \sigma X = -X\}$$

에 대해서

$$\mathfrak{g} = \mathfrak{k} \oplus \mathfrak{p}$$

로 분해된다. 그러면, $T_pM \cong \mathfrak{p}$ 이고,

$$[\mathfrak{k}, \mathfrak{k}] \subset \mathfrak{k}, \quad [\mathfrak{k}, \mathfrak{p}] \subset \mathfrak{p}, \quad [\mathfrak{p}, \mathfrak{p}] \subset \mathfrak{p}$$

가 만족된다.

한편, $p \in M$ 에서의 곡률텐서 (curvature tensor) $R_p(X, Y)$ 는

$$R_p(X, Y)Z = -[[X, Y], Z]$$

가 되고, 리치 곡률 (Ricci curvature) 은 T_pM 에서

$$Z \mapsto R_p(Z, Y)X$$

을 만족하는 대칭 쌍선형 형식 (symmetric bilinear form) 이다.

리만 대칭 공간 M 은 $[\mathfrak{p}, \mathfrak{p}] = 0$ 이면 유클리드 형 (Euclidean type) 이라고 부른다. M 이 유클리드 형이 아닌 경우, r_p 가 양의 정부호 (positive definite) 이면, M 은 콤팩트 형 (compact type) 이라 하고, r_p 가 음의 정부호 (negative definite) 이면, M 은 비콤팩트 형 (noncompact type) 이라 하고,

정의 3.7

이제는 M 을 복소 다양체 (complex manifold) 라고 하자. 만약 임의의 점 $p \in M$ 에 대해서, 적당한 대합적 정칙 등거리사상 (involutive holomorphic isometry) 인 s_p 가 존재하여 p 가 s_p 의 유일한 고정점이라고 하면, M 은 **에르미트 대칭 공간 (Hermitian symmetric space)** 이라고 부른다.

복소 다양체 (M, h) 에 주어져 있는 에르미트 계량 (Hermitian metric) h 에 대해서, $g := \mathrm{Re}\, h$ 라고 하면, (M, g) 는 리만 대칭 공간이 된다. 따라서, 에르미트 대칭 공간의 유클리드 형, 콤팩트 형, 비콤팩트 형의 분류는 리만 대칭 공간의 그것으로 정의한다 ([101]

참고할 것).

정리 3.8 (비콤팩트 형 에르미트 대칭 공간과 유계 대칭 영역)

(i) 임의의 유계 대칭 영역은 버그만 계량과 더불어 비콤팩트형 에르미트 대칭 공간이 된다.

(ii) M이 임의의 비콤팩트형 에르미트 대칭 공간이라고 하자. 그러면, 유계 대칭 영역 D와 M에서 D로 가는 정칙 미분동형사상이 존재한다.

3.3 요르단 대수

앞 절에서 설명한 유계 대칭 영역을 리 대수에 대응되는 요르단 대수(Jordan algebra)로 설명할 수 있다. 이 절에서는 요르단 대수의 정의와 기본적인 성질을 다루고자 한다. 간략하게 얘기하면, 두 정사각행렬 A, B에 대해서

$$[A, B] := AB - BA \tag{3.1}$$

라고 정의하면, 임의의 정사각행렬 A, B, C에 대해서 **야코비 항등식**(Jacobi identity)

$$[A, [B, C]] + [C, [A, B]] + [B, [C, A]] = 0 \tag{3.2}$$

을 만족하여 정사각행렬의 모임은 리 대수 구조를 갖는다.

한편, (3.1)의 오른쪽 항에서 부호를 바꾸어 $AB + BA$로 바꾸면, 야코비 항등식 (3.2)에 대응되는 항등식은 어떻게 변화하겠는가? 그리고, 어떠한 그 구조는 어떠한 성질을 갖겠는가?

위 개념은 1933년에 파스쿠엘 요르단(Pascual Jordan)이 양자역학(quantum mechanics)에서 observable들의 대수적인 구조를 설명하기 위해 만들었다. 예를 들면, 두 에르미트 행렬 A, B가 주어져 있을 때, AB는 에르미트 행렬이 되지 않지만, ABA, A^n, 또는 $AB + BA$ 역시 새로운 에르미트 행렬이 됨을 쉽게 알 수 있다. 요르단 대수는 이러한 성질을 갖는 대수 구조를 일반화하는 개념이다.

3.3.1 서론

먼저 요르단 대수의 정의를 소개한다. 요르단 대수는 주어진 벡터공간이 야코비 항등식에 대응되는 항등식을 만족하는 가환 이항 연산을 갖고 있는 구조이다.

정의 3.9 (요르단 대수)

V를 (실 또는 복소) 벡터 공간이라고 하자. V의 두 원소 x, y에 대하여

(i) $x \bullet y = y \bullet x$

(ii) $x^2 \bullet (x \bullet y) = x \bullet (x^2 \bullet y)$

를 만족하는 이항 연산 $\bullet$이 있다고 하자. 여기에서 $x^2 = x \bullet x$으로 정의한다. 그러면, 쌍 $(V, \bullet)$을 **요르단 대수**(Jordan algebra)라고 한다.

위의 정의에서 보는 것처럼 요르단 대수에 주어져 있는 이항 연산은 가환적(commutative)이지만, 일반적으로 결합적(associative)은 아니다.

예제 3.10 (실대칭행렬들의 집합) V를 $m \times m$의 실대칭행렬들의 집합이라고 하자. 이때,

$$x \bullet y := \frac{1}{2}(xy + yx)$$

라고 정의하자. 여기에서 xy는 두 행렬의 일반적인 곱이다. $x \bullet y$가 정의 3.9의 (i)을 만족하는 것은 쉽게 알 수 있다. 그리고, 임의의 두 m차 실대칭행렬 x, y에 대해서

$$\begin{aligned} x^2 \bullet (x \bullet y) &= \frac{1}{2}x^2 \bullet (xy + yx) \\ &= \frac{1}{4}(x^3y + x^2yx + xyx^2 + yx^3) \\ &= \frac{1}{4}(x(x^2y + yx^2) + (x^2y + yx^2)x) \\ &= \frac{1}{2}x \bullet (x^2y + yx^2) \\ &= x \bullet (x^2 \bullet y) \end{aligned} \tag{3.3}$$

이므로 정의 3.9의 (ii)를 만족한다. 따라서 실대칭행렬들의 집합은 요르단 대수 구조를 갖는다.

위의 예제와는 달리 단순하지 않은 예제를 하나 더 설명하겠다.

예제 3.11

실벡터공간 W에서 정의되는 대칭 쌍선형 형식(symmetric bilinear form) B가 있다고 하자. $V := \mathbb{R} \times W$라고 정의하고, V의 두 원소 (λ, u), (μ, v)에 대해서,

$$(\lambda, u) \bullet (\mu, v) := (\lambda\mu + B(u, v), \lambda v + \mu u)$$

라고 정의하자. B가 대칭 쌍선형 형식이라는 성질로부터 이항 연산 $\bullet$이 가환적임은 쉽게 보일 수 있다. 정의 3.9의 (ii)를 보이기 위해,

$$x := (\lambda, u), \quad y := (\mu, v)$$

라고 하자. 그러면, 단순한 계산을 통해

$$x^2 = (\lambda^2 + B(u,u), 2\lambda u)$$

이고,

$$\begin{aligned} x^2 \bullet (x \bullet y) = (&\lambda^3\mu + 3\lambda\mu B(u,u) + 3\lambda^2 B(u,v) + B(u,u)B(u,v), \\ &(3\lambda^2\mu\mu B(u,u) + 2\lambda B(u,v))u + (\lambda^3 + \lambda B(u,u))v) \end{aligned}$$

가 됨을 보일 수 있고, $x \bullet (x^2 \bullet y)$ 또한 같은 결과를 얻을 수 있다. 따라서, 위와 같이 정의된 $(V, \bullet)$도 또한 요르단 대수가 된다.

예제 3.10에서 실대칭행렬들의 집합에 요르단 구조를 정의할 수 있었다. 이는 실대칭행렬들의 집합이 결합 대수 구조를 갖기 때문이다. 사실 다음 명제와 같이 일반화할 수 있다.

명제 3.12

모든 결합 대수는 요르단 대수 구조를 갖는다.

[증명] 결합 대수 $(V, \cdot)$가 주어져 있다고 하자. 임의의 $x, y \in V$에 대해서,

$$x \bullet y = x \cdot y + y \cdot x$$

라고 정의하면,

$$x \bullet y = x \cdot y + y \cdot x = y \cdot x + x \cdot y = y \bullet x$$

이므로, 정의 3.9의 (i)을 만족한다. 또한, 예제 3.10의 계산 (3.3)와 같은 방법으로

$$x^2 \bullet (x \bullet y) = x \bullet (x^2 \bullet y)$$

을 증명할 수 있다. □

연습문제 3.13

$(V, \bullet)$를 예제 3.10이나 예제 3.11의 요르단 대수라고 하자. $x, y, z \in V$에 대하여,

$$x \bullet (y \bullet z) \neq (x \bullet y) \bullet z$$

임을 확인하여라.

위의 연습문제처럼 일반적으로 요르단 대수는 결합 대수는 아니다. 하지만, 명제 3.12에서처럼 모든 결합 대수는 요르단 대수로 만들 수 있다.

정의 3.14 (선형작용소 L)

임의의 원소 $x \in V$에 대하여, 선형 작용소 $L(x)$를 $L(x)y = x \bullet y$라고 정의하자.

그러면 정의 3.9의 조건 (ii)는

$$[L(x), L(x^2)] = 0 \tag{3.4}$$

라고 쓸 수 있다. 이 선형 작용소 $L(\cdot)$은 요르단 대수 이론을 공부할 때에, 계속 쓰이는 중요한 작용소이다. 먼저 $L(\cdot)$의 중요한 성질들을 살펴보자.

명제 3.15 (선형작용소 L의 성질)

요르단 대수 V에 속하는 원소 x, y에 대하여, 선형 작용소 $L(\cdot)$는 다음 항등식들을 만족한다.

(i) $[L(x^2), L(y)] = 2[L(x), L(xy)]$

(ii) $L(x^2y) - L(x^2)L(y) = 2L(xy)L(x) - 2L(x)L(y)L(x)$

[증명] 식 (3.4)에서 양변을 각각 y의 방향으로 미분하면,

$$\begin{aligned} D_y[L(x), L(x^2)] &= \frac{d}{dt}[L(x+ty), L((x+ty)^2)]\Big|_{t=0} \\ &= [L(y), L(x^2)] + [L(x), L(2xy)] \end{aligned}$$

가 되어 (i)을 얻는다. (i)의 양변에 z를 취하면,

$$y(x^2z) - x^2(yz) = 2(xy)(xz) - 2x((xy)z)$$

이 된다. 이 식을 y의 선형식으로 보면,

$$(x^2z)y - x^2(zy) = 2x(z(xy)) - 2(xz)(xy)$$

가 되는데, y와 z를 교환하면 (ii)를 얻는다. □

정의 3.16 (요르단 대수에서의 거듭제곱)

자연수 n에 대하여 $x^{n+1} = x \bullet x^n$으로 정의한다.

요르단 대수의 이항 연산은 교환법칙이 성립하기 때문에 거듭제곱은 잘 정의된다. 요르단 대수는 결합법칙이 성립하지는 않지만, 다음과 같은 **멱결합법칙**(power-associativity)은 성립한다.

정리 3.17 (멱결합법칙)

임의의 자연수 p, q에 대하여, $x^{p+q} = x^p \bullet x^q$이다.

명제 3.15의 (ii)에서 $y = x$이면

$$L(x^3) = 3L(x^2)L(x) - 2L^3(x) \tag{3.5}$$

이 되어 $L(x^3)$은 $L(x)$와 $L(x^2)$의 결합으로 표현할 수 있다. 일반적으로 모든 자연수 m에 대하여, $L(x^m)$은 $L(x)$와 $L(x^2)$의 결합으로 표현된다.

보조정리 3.18

3보다 큰 자연수 m에 대하여

$$L(x^m) = 2L(x^{m-1})L(x) - L(x^{m-2})(2L^2(x) - L(x^2)) \tag{3.6}$$

이 성립한다. 따라서, 임의의 자연수 m, n에 대하여

$$[L(x^m), L(x^n)] = 0$$

이다.

[증명] m에 관한 수학적 귀납법으로 증명한다. m보다 작은 자연수에 대하여 식 (3.6)가 성립한다고 하자. $[L(x), L(x^2)] = 0$이므로, $n_1, n_2 \le m$이면,

$$[L(x^{n_1}), L(x^{n_2})] = 0$$

이 성립한다. 따라서,

$$\begin{aligned} x^2 \bullet x^{m-1} &= L(x^{m-1})L(x)x = L(x)L(x^{m-1})x \\ &= L(x)(x^{m-1} \bullet x) = L(x)x^m = x^{m+1} \end{aligned}$$

이다. 명제 3.15의 (ii)에서 $y = x^{m-1}$이면,

$$\begin{aligned} L(x^2 \bullet x^{m-1}) &= L(x^2)L(x^{m-1}) + 2L(x^m)L(x) - 2L(x)L(x^{m-1})L(x) \\ &= L(x^{m-1})L(x^2) + 2L(x^m)L(x) - 2L(x^{m-1})L^2(x) \\ &= 2L(x^m)L(x) - L(x^m)(2L^2(x) - L(x^2)) \end{aligned}$$

가 되어 증명이 끝난다. □

정리 3.17(멱결합법칙)의 증명 : $q = 1$이면 정의에 따라 자명하다. $q = 2$이면, 보조정리 3.18에 의해

$$x^p \bullet x^2 = x^p \bullet (x \bullet x) = x \bullet (x^p \bullet x) = x \bullet x^{p+1} = x^{p+2}$$

이다. $p + q \le r$인 p, q에 대하여 멱결합법칙이 성립한다고 가정하자. 그러면,

$$x^p \bullet x^{q+1} = x^p \bullet (x \bullet x^q) = x \bullet (x^p \bullet x^q) = x \bullet x^{p+q} = x^{p+q+1}$$

이 되어 증명이 끝난다. ■

한편, 정사영처럼 생긴 다음의 원소는 요르단 대수에서 중요한 역할을 한다.

정의 3.19 (멱등원)

$x^2 = x$ 인 원소 x 를 **멱등원**(idempotent)이라고 부른다.

x 가 멱등원이면, $x^3 = x^2 = x$ 이므로 식 (3.5) 로부터

$$2L^3(x) - 3L^2(x) + L(x) = 0$$

을 얻는다. 선형작용소 $L(x)$ 의 고유값 λ 는

$$2\lambda^3 - 3\lambda^2 + \lambda = 0$$

의 해이므로 다음과 같은 결과를 얻는다.

명제 3.20

x 가 요르단 대수의 멱등원이면, $L(x)$ 의 고유값은 $0, \frac{1}{2}, 1$ 중의 하나이다.

따라서, 고유 공간 $V_\alpha(x)$ 를 고유값이 α 인 고유벡터들의 부분공간이라고 하면,

$$V = V_0(x) + V_{1/2}(x) + V_1(x)$$

로 벡터공간이 분해되는데 이를 요르단 대수 V 의 멱등원 x 에 대한 **퍼스 분해**(Peirce decomposition)라고 부른다. 그런데, 이 분해는 직교합은 아니지만, 다음과 같은 성질들을 갖고 있다.

명제 3.21 (고유 공간의 성질)

x를 V의 멱등원이라고 하자. 그러면 다음이 성립한다.

(i) $\alpha = 0, 1$이면, $V_\alpha(x) \bullet V_\alpha(x) \subset V_\alpha(x)$

(ii) $\beta = 0, 1$이면, $V_{1/2}(x) \bullet V_\beta(x) \subset V_{1/2}(x)$

(iii) $V_0(x) \bullet V_1(x) = \{0\}$

(iv) $V_{1/2}(x) \bullet V_{1/2}(x) \subset V_0(x) + V_1(x)$

[증명] $y \in V_\alpha(x)$이고 $z \in V_\beta(x)$라고 하자. 명제 3.15의 (iii)으로부터,

$$L(x^2y)z - L(x^2)L(y)z = 2L(xy)L(x)z - 2L(x)L(y)L(x)z$$

가 성립한다. 여기에서 $x^2 = x$, $x \bullet y = \alpha y$, $x \bullet z = \beta z$ 임을 이용하면,

$$\alpha(y \bullet z) - L(x)(y \bullet z) = 2\alpha\beta(y \bullet z) - 2\beta L(x)(y \bullet z)$$

가 되어

$$(2\beta - 1)(L(x) - \alpha)(y \bullet z) = 0 \tag{3.7}$$

을 얻는다.

(i) $\alpha = \beta = 0$ 또는 1이면, 식 (3.7)로부터 $L(x)(y \bullet z) = \alpha(y \bullet z)$가 되어 (i)을 얻는다.

(ii) $\alpha = 1/2$이고 $\beta = 0$ 또는 1이면, 식 (3.7)로부터

$$\left(L(x) - \frac{1}{2}\right)(y \bullet z) = 0$$

가 되어 (ii)을 얻는다.

(iii) $y \in V_0(x)$이고, $z \in V_1(x)$이면, 식 (3.7)로부터 $L(x)(y \bullet z) = 0$을 얻는다. 한편, y와 z의 위치를 바꾸어서 같은 계산을 하면, $(2\alpha - 1)(L(x) - \beta)(z \bullet y) = 0$을 얻고, 이 식에 $\alpha = 0$, $\beta = 1$을 대입하면, $(L(x) - 1)(y \bullet z) = 0$을 얻는다. 따라서, $y \bullet z = 0$이 되어 (iii)을 얻는다.

(iv) $y \in V_{1/2}(x)$이면, $y^2 = (y^2 - x \bullet y^2) + x \bullet y^2$으로 쓸 수 있고, $y^2 - x \bullet y^2 \in V_0(x)$이고, $x \bullet y^2 \in V_1(x)$를 보이면 된다. x가 멱등원이므로,

$$\begin{aligned} L(x)(y^2 - x \bullet y^2) &= x \bullet y^2 - x \bullet (x \bullet y^2) \\ &= L(y^2)x - L(x \bullet y^2)x \end{aligned}$$

$$= (L(y^2)L(x) - L(x \bullet y^2))x$$

가 된다. 여기에서 명제 3.15의 (ii)를 이용하면,

$$\begin{aligned} L(x)(x \bullet y^2) &= 2(L(y)L(x)L(y) - L(x \bullet y)L(y))x \\ &= 2(L(y)L(x) - L(x \bullet y))L(y)x \\ &= (L(y)L(x) - \frac{1}{2}L(y))y \\ &= L(y)(L(x)y - \frac{1}{2}y) = 0 \end{aligned}$$

이 되므로, $y^2 - x \bullet y^2 \in V_0(x)$를 얻을 수 있다. 한편,

$$L(x)(x \bullet y^2) = L(x)y^2 = x \bullet y^2$$

이므로, $x \bullet y^2 \in V_1(x)$를 얻는다. 따라서, $y^2 \in V_0(x) + V_1(x)$이다. □

연습문제 3.22

V를 예제 3.10에서 정의되는 요르단 대수라고 하자. 이 때,

$$x_p = \begin{pmatrix} I_p & O \\ O & O \end{pmatrix}$$

가 멱등원임은 쉽게 알 수 있다. 여기에서 I_p는 p차 단위행렬이다. 그러면,

$$V_0(x_p) = \left\{ \begin{pmatrix} O & O \\ O & A \end{pmatrix} \ : \ A \text{ 는 } q \text{ 차 실대칭행렬} \right\},$$

$$V_{1/2}(x_p) = \left\{ \begin{pmatrix} O & B \\ B^t & O \end{pmatrix} \ : \ B \text{ 는 } p \times q \text{ 형의 실행렬} \right\},$$

$$V_1(x_p) = \left\{ \begin{pmatrix} C & O \\ O & O \end{pmatrix} \ : \ C \text{ 는 } p \text{ 차 실대칭행렬} \right\}$$

임을 증명하여라.

예제 3.23 예제 3.11에서 설명한 요르단 대수를 생각하자. 그러면, 멱등원은 $B(w,w)=\frac{1}{4}$가 되는 $w\in W$에 대해서

$$(0,0),(1,0),\left(\frac{1}{2},w\right)$$

의 형태뿐이다.

정의 3.24 (멱등원의 수직성과 분해)

(i) x,y가 멱등원일 때, $x\bullet y=0$이면 x와 y는 서로 **수직**(orthogonal)이라고 한다.
(ii) 0이 아닌 두 개의 멱등원들의 합으로 표현될 수 없는 멱등원을 **원시 원소**(primitive element)라고 한다.

서로 수직인 멱등원들의 합이 다음과 같이 항등원이 되는 모임은 나중에 스팩트럴 정리에서 쓰인다.

정의 3.25 (요르단 틀)

$1\le j\le p$에 대해서 $x_j^2=x_j$이고, $1\le j\neq k\le p$에 대해서 $x_j\bullet x_k=0$이고,

$$x_1+\cdots+x_p=e$$

라고 하면, $x_1,\ldots,x_p$는 **수직완비계**(complete orthogonal system)라고 부른다. 특히, 모든 x_j들이 원시 원소들로 구성되어 있으면, 이 수직완비계를 **요르단 틀**(Jordan frame)이라고 부른다.

$\{x_1,\ldots,x_p\}$를 V의 요르단 틀이라고 하자. 이 때, V의 부분공간 V_{ij}를

$$\begin{aligned}V_{ii}&:=V_1(x_i)=\mathbb{R}x_i,\\ V_{ij}&:=V_{1/2}(x_i)\cap V_{1/2}(x_j)\end{aligned}\tag{3.8}$$

와 같이 정의하자.

정리 3.26 (요르단 대수의 직교합)

V는 (3.8)에서 정의된 부분공간들의 합

$$V = \bigoplus_{1 \le i \le j \le p} V_{ij}$$

와 같이 직교합으로 표현된다. 그리고, 각각의 부분공간들은 다음과 같은 성질을 만족한다.

(i) $V_{ij} \bullet V_{ij} \subset V_{ii} + V_{jj}$

(ii) $i \neq k$ 에 대해서 $V_{ij} \bullet V_{jk} \subset V_{ik}$

(iii) $\{i, j\} \cap \{k, l\} = \varnothing$ 에 대해서 $V_{ij} \bullet V_{kl} = \{0\}$

[증명] 모든 $1 \le j \le p$에 대해서, 선형 작용소 $L(x_i)$들이 동시대각화가 가능하다. 공통의 고유공간에 대해서는 고유값이 0, $\frac{1}{2}$, 1이고

$$\sum L(x_j) = L(e) = I$$

이므로, 공통의 고유공간이 될 수 있는 가능성이 있는 V의 부분공간은

$$\{y \in V : L(x_k)y = \delta_{ik}y\} \quad \text{또는} \quad \left\{y \in V : L(x_k)y = \frac{1}{2}(\delta_{ik} + \delta_{jk})y\right\}$$

의 형태뿐이다. 이 부분공간들은 각각 (3.8)에서 정의된 V_{ii}와 V_{ij}와 같음을 알 수 있다. 부분공간 V_{ij}들의 성질은 명제 3.21로부터 얻을 수 있다. □

3.3.2 역원

정리 3.17에서 증명한 것처럼 요르단 대수 $(V, \bullet)$는 멱결합법칙이 성립한다. 그리고, V가 유한차원이고 항등원 e를 갖는다고 가정하자.

한편, $\mathbb{F}[X]$는 $\mathbb{F}$의 원소를 계수로 갖는 일변수 다항식(polynomial)의 집합이라고 쓰자. 임의의 $x \in V$에 대해서

$$\mathbb{F}[x] := \{p(x) : p \in \mathbb{F}[X]\}$$

라고 정의한다. 이 때,

$$I(x) := \{p \in \mathbb{F}[X] : p(x) = 0\}$$

은 $\mathbb{F}[X]$의 아이디얼(ideal)이 되고, $\mathbb{F}[X]$는 PID이므로, $I(x)$는 하나의 모닉다항식으로 생성이 되는데, 이 다항식을 $x \in V$의 모닉다항식이라고 부른다. 이 다항식의 차수(degree)를 $rank(x)$라고 하고,

$$rank(V) := \max\{rank(x) : x \in V\}$$

를 요르단 대수 V의 계수(rank)라고 정의한다. 계수는 항상 벡터공간 V의 차원보다 클 수 없는데, 최대 계수를 갖는 $x \in V$를 정규원소(regular element)라고 부른다.

명제 3.27 (모닉다항식)

정규원소들의 집합은 V에서 열린 조밀한(dense) 집합이다. 그리고, 임의의 정규원소 x에 대해서, 모닉다항식은

$$f_x(\lambda) := \lambda^r - a_1(x)\lambda^{r-1} + a_2(x)\lambda^{r-2} - \cdots + (-1)^r a_r(x) \tag{3.9}$$

로 주어진다. 이 때, $a_j(x)$는 유일하며, x 변수로 차수가 j인 동차식이다.

B가 실벡터공간 W에서 정의되는 대칭 쌍선형 형식이고, $V = \mathbb{R} \times W$일 때, V의 두 원소 (λ, u), (μ, v)에 대해서,

$$(\lambda, u) \bullet (\mu, v) := (\lambda\mu + B(u, v), \lambda v + \mu u)$$

라고 정의하면, $(V, \bullet)$는 요르단 대수임을 예제 3.11에서 설명하였다. 먼저 모든 (μ, v)에 대해서

$$(\lambda, u) \bullet (\mu, v) = (\lambda, u)$$

가 성립한다고 가정하면, $\mu = 1$, $v = 0$이므로, 항등원은 $e = (1, 0)$이다. 임의의 $x = (\lambda, u) \in V$에 대해서

$$x^2 = (\lambda^2 + B(u, u), 2\lambda u)$$

이므로,

$$x^2 - 2\lambda x = (-\lambda^2 + B(u, u)) = -(\lambda^2 - B(u, u))e$$

가 된다. 따라서,

$$x^2 - 2\lambda x + (\lambda^2 - B(u,u))e = 0 \tag{3.10}$$

이 성립하고, 계수는 2이다.

정의 3.28 (자취와 행렬식)

식 (3.29) 에서 x 의 자취 $tr(x)$ 와 행렬식 $det(x)$ 을

$$tr(x) := a_1(x), \quad det(x) := a_r(x)$$

라고 각각 정의한다.

예제 3.29 식 (3.10) 에서는 $tr(x) = 2\lambda$ 이고, $det(x) = \lambda^2 - B(u,u)$ 이다.

한편, 요르단 대수에서의 가역적인 원소를 정의하는 방법을 생각해보자.

제안 : 항등원 e를 갖는 요르단 대수 V 의 원소 x에 대해서

$$x \bullet y \ (= y \bullet x) = e$$

인 $y \in V$ 가 존재하면 x는 가역적이고, 이 때, y를 x의 역원이라고 정의하는 것은 어떠한가?

불행히도 이 자연스러운 제안에는 다음과 같은 반례가 있다. V를 2×2 실대칭행렬들의 집합이라고 하고, $x \bullet y = \frac{1}{2}(xy + yx)$ 라고 정의하면, 예제 3.10에서 설명한 것처럼 요르단 대수가 된다. 이 때,

$$x = \begin{pmatrix} 1 & 0 \\ 0 & -1 \end{pmatrix}, \quad y = \begin{pmatrix} 1 & a \\ a & -1 \end{pmatrix}$$

라고 할때, $x \bullet y$는 항등행렬, 즉 항등원이 된다. 그런데, 임의의 실수 a에 대해서 항상 성립하므로, x의 역원이라고 정의하려고 하는 y는 유일하지 않다. 따라서 위에서 언급한 제안은 요르단 대수의 역원에 대한 타당한 주장이라고 볼 수 없다. 대신에 우리는 다음과 같이 정의한다.

정의 3.30 (가역원소)

x가 $\mathbb{F}[x]$에서 zero divisor가 아니면 x는 **가역적**(invertible)이라고 부른다.

보조정리 3.31

다음 두 명제는 동치이다.
(i) x가 가역적이다.
(ii) $x \bullet y = e$이고 $L(x)L(y) = L(y)L(x)$인 $y \in V$가 유일하게 존재한다.

[증명] 먼저 조건 (ii)를 만족하는 y는 유일함을 보이자. y_1, y_2가 조건 (ii)를 만족한다고 가정하면,

$$y_1 = y_1 \bullet (x \bullet y_2) = (y_1 \bullet x) \bullet y_2 = y_2$$

이므로 유일한다. x가 가역이면, $y \mapsto y \circ x$는 $\mathbb{F}[x]$의 일대일 자기준동형사상(injective endomorphism)이다. 이 사상은 일대일대응(bijective)이므로 $y \circ x = e$인 $y \in \mathbb{F}[x]$가 유일하게 존재하고 당연히 $L(y)L(x) = L(x)L(y)$이다. 역으로, 조건 (ii)를 만족하는 y가 존재한다고 하자. $z \in F[x]$에 대하여 $x \bullet z = 0$이면,

$$z = z \bullet (y \bullet x) = y \bullet (z \bullet x) = 0$$

이므로, x는 가역적이다. □

보조정리 3.31 (ii)를 만족하는 y가 다음과 같이 표현됨은 쉽게 증명할 수 있다.

명제 3.32

$x \in V$에 대해서, $a_1(x), a_2(x), \ldots, a_{r-1}(x)$를 명제 3.27에 있는 모닉다항식의 계수라고 하자. $x \in V$가 가역적이면, $det(x) \neq 0$이고,

$$x^{-1} = \frac{(-1)^{r-1}}{det(x)}(x^{r-1} - a_1(x)x^{r-2} + \cdots + (-1)^{r-1}a_{r-1}(x)e)$$

이다.

보조정리 3.31 (ii) 나 명제 3.32을 만족하는 원소 y를 x의 역원이라고 부르고 $y := x^{-1}$ 이라고 쓴다. 그러면, 임의의 자연수 m에 대하여, $x^{-m} := (x^{-1})^m$ 이라고 정의하면, 정리 3.17처럼 임의의 정수 p, q에 대하여, $x^p \bullet x^q = x^{p+q}$를 증명할 수 있다.

정의 3.33 (선형작용소 P)

임의의 $x \in V$에 대하여, $P(x) := 2L^2(x) - L(x^2)$ 라고 정의한다.

요르단 대수의 원소 x의 가역성은 다음과 같이 선형작용소 $P(x)$의 가역성과 동치이다.

정리 3.34 (가역원소의 성질)

x가 가역적일 필요충분조건은 $\det P(x) \neq 0$이다.

[증명] 먼저 x가 가역적이라고 가정하자. 명제 3.15 (ii) 에서 y 대신에 x^{-1}를 대입하면

$$2L(x) + L(x^2)L(x^{-1}) = 2L(x)L(x^{-1})L(x) + L(x^2 \bullet x^{-1})$$

가 되는데, 보조정리 3.31 (ii) 에서

$$L(x)L(x^{-1}) = L(x^{-1})L(x)$$

이므로,

$$L(x) = 2L(x)L(x^{-1})L(x) - L(x^2)L(x^{-1}) = P(x)L(x^{-1}) \tag{3.11}$$

이 된다. 비슷한 방법으로 명제 3.15 (ii) 에서 y 대신에 x^{-2}를 대입하여

$$2L(x)L(x^{-1}) - P(x)L(x^{-2}) = Id$$

를 얻을 수 있다. 식 (3.11) 을 이용하면,

$$2P(x)L^2(x^{-1}) - P(x)L(x^{-2}) = Id$$

가 되어, $P(x)P(x^{-1}) = Id$를 얻는다. 따라서, $P(x)$가 가역적이고, $\det P(x) \neq 0$ 이다.

역으로 만약 x가 비가역적이면, $x \bullet y = 0$인 $y \in \mathbb{F}[x] \setminus \{0\}$가 존재한다. 그러면, $P(x)y = x \bullet (x \bullet y) = 0$이 되어, $y \neq 0$이므로, $P(x)$가 비가역적이다. □

3.3.3 대칭원뿔

이 절에서는 요르단 대수 V가 유한차원 벡터공간이고 항등원 e가 있다고 가정한다. 이 때, 임의의 원소 $x, y, z \in V$에 대하여

$$(x \bullet y, z) = (y, x \bullet z)$$

가 성립하는 내적 $(\cdot, \cdot)$이 존재하면 V를 유클리드 요르단 대수(Euclidean Jordan algebra)라고 부른다.

예제 3.35 V를 $m \times m$의 실대칭행렬들의 집합이라고 하자. 이 때, $x, y \in V$에 대해서,

$$x \bullet y := xy + yx$$

라고 정의하면, 예제 3.10에서 설명한 것처럼 $(V, \bullet)$가 요르단 대수가 된다. 이 때, 내적을

$$(x, y) := \mathrm{tr}(xy)$$

라고 정의하자. 여기에서 $\mathrm{tr}(x)$는 실대칭행렬 x의 대각합(trace)이다. 그러면,

$$(x \bullet y, z) = (xy + yx, z) = \mathrm{tr}(xyz + yxz + zxy + zyx),$$

$$(y, x \bullet z) = (y, xz + zx) = \mathrm{tr}(yxz + yzx + xzy + zxy)$$

인데, $\mathrm{tr}(x(yz)) = \mathrm{tr}((yz)x)$이고 $\mathrm{tr}((zy)x) = \mathrm{tr}(x(zy))$이므로, $(x \bullet y, z) = (y, x \bullet z)$가 성립한다.

예제 3.36 예제 3.11에서 설명한 요르단 대수에서 B가 양의 정부호를 갖는 대칭 쌍선형 형식(positive definite bilinear form)이라고 하자. 그러면, 이 요르단 대수도 역시 유클리드 요르단 대수가 된다.

V를 유클리드 요르단 대수라고 하자. 이 때, $\{x^2 : x \in V\}$의 내부(interior)를 $\Omega := \Omega(V)$라고 정의하자. 그러면, Ω는 대칭원뿔이 되는데 다음과 같은 성질을 갖는다.

명제 3.37

Ω는 가역원소들의 집합의 항등성분(identity component)이다. 또한, Ω는 $L(x)$가 양의 정부호인 x들의 집합이기도 하다.

$x \in \Omega$에 대하여, $P(x)$는 자기동형사상이 된다.

예제 3.38 예제 3.35에서 설명한 유클리드 요르단 대수의 대칭원뿔은 양의 정부호를 갖는 실대칭행렬들의 집합이다. 한편, 예제 3.36에서 설명한 유클리드 요르단 대수의 대칭원뿔은

$$\left\{(\lambda, u) \in V : \lambda > \sqrt{B(u,u)}\right\}$$

이다.

3.3.4 유클리드 요르단 대수의 분류

이 절에서는 증명없이 유한차원 유클리드 요르단 대수의 분류에 대해서 설명하고자 한다.

실수 전체의 집합과 복소수 전체의 집합을 각각 $\mathbb{R}$과 $\mathbb{C}$라고 하자. 그리고, 해밀턴 사원수(Hamiltonian quaternion)의 집합과 케일리-딕슨 팔원수(Cayley-Dickson octonions)의 집합을 각각 $\mathbb{H}$와 $\mathbb{O}$라고 하자. 이 때, 체 $\mathbb{F}$를 $\mathbb{R}$, $\mathbb{C}$, $\mathbb{H}$, $\mathbb{O}$중의 하나라고 하자. 그러면 각 $\mathbb{F}$에는 $\mathbb{R}$만 고정하는 대합사상(involution map) $x \mapsto \overline{x}$가 있다.

$\mathbb{F}$를 성분으로 갖는 $m \times m$의 행렬들의 집합 $M_m(\mathbb{F})$는 벡터공간이 되는데, 부분집합

$$Herm_m(\mathbb{F}) := \{x \in M_m(\mathbb{F}) : \overline{x}^t = x\}$$

를 생각하자. 여기에서 x^t는 행렬 x의 전치행렬이다. 주어진 $x, y \in M_m(\mathbb{F})$에 대해서

$$x \bullet y := \frac{1}{2}(xy + yx)$$

라고 정의하자. 예제 3.10에서 실대칭행렬들의 집합이 주어진 이항연산에 대해서 요르단

대수가 되는 이유를 생각해보면, 행렬들의 집합이 결합적이라는 사실만 쓰였을 뿐이다. 마찬가지로, $\mathbb{R}, \mathbb{C}, \mathbb{H}$는 결합적이므로, $Herm_m(\mathbb{R})$, $Herm_m(\mathbb{C})$, $Herm_m(\mathbb{H})$는 요르단 대수가 됨을 쉽게 알 수 있다. 뿐만 아니라,

$$(x, y) := \text{Re } tr(x \bullet y)$$

라고 정의하면 $(x \bullet y, z) = (y, x \bullet z)$가 성립함을 보일 수 있기 때문에 $Herm_m(\mathbb{R})$, $Herm_m(\mathbb{C})$, $Herm_m(\mathbb{H})$는 유클리드 요르단 대수가 된다.

그렇다면, 비결합적인 $\mathbb{O}$로 생성되는 $Herm_m(\mathbb{O})$는 요르단 대수가 될까? 놀랍게도 3보다 작거나 같은 m에 대해서 $Herm_m(\mathbb{O})$도 유클리드 요르단 대수이다. 하지만, m이 3보다 큰 자연수일때, $Herm_m(\mathbb{O})$는 심지어는 요르단 대수도 아니다.

이밖에도 $V = \mathbb{R}^n$도 유클리드 요르단 대수 구조를 만들 수 있다. $x, y \in \mathbb{R}^n$에 대해서 $x \bullet y := (z_1, \ldots, z_n)$라고 정의하자. 여기에서

$$z_1 := x_1 y_1 + \cdots + x_n y_n$$

이고, $2 \leq j \leq n$에 대해서 $z_j := x_1 y_j + x_j y_1$이라고 정의한다. 그러면 $\mathbb{R}^n$의 표준 스칼라 내적으로 유클리드 요르단 대수가 된다.

3.4 요르단 삼중계

정의 3.39 (요르단 삼중계)

V를 $\mathbb{C}$의 벡터공간이라고 하자. 임의의 원소 $x, y, z \in V$에 대하여 주어지는

$$(x, y, z) \mapsto \{xyz\} = \{x, y, z\}$$

로 대응되는 삼중곱(triple product)이 다음의 세 성질을 만족한다고 하자.

(i) x와 z 변수에 대해서는 복소 선형이고, y 변수에 대해서는 복소 비선형(antilinear)이다.

(ii) $\{xyz\} = \{zyx\}$이다.

(iii) 임의의 원소 $x, y, z, u, v \in V$에 대하여

$$\{xy\{uvz\}\} - \{uv\{xyz\}\} = \{\{xyu\}vz\} - \{u\{vxy\}z\}$$

가 만족된다.

그러면, 쌍 $(V, \{\cdot, \cdot, \cdot\})$를 **에르미트 요르단 삼중계**(Hermitian Jordan triple system)라고 부른다.

특히, 조건 (iii)의 항등식을 요르단 항등식(Jordan identity)이라고 부른다.

V를 $m \times n$의 복소행렬들의 집합이라고 하자. 임의의 $x, y, z \in V$에 대하여, 삼중곱을

$$\{xyz\} := x\overline{y}^t z + z\overline{y}^t x \tag{3.12}$$

라고 정의하면 정의 3.39의 조건 (i)과 (ii)를 만족하는 것은 쉽게 알 수 있다.

연습문제 3.40

식 (3.12)가 정의 3.39의 조건 (iii)을 만족함을 보여라.

요르단 삼중계에서 중요한 두 개의 선형작용소를 정의하겠다.

정의 3.41 (선형작용소 D 와 Q)

쌍 $(V, \{\cdot,\cdot,\cdot\})$가 에르미트 요르단 삼중계라고 하자. 주어진 $x, y \in V$에 대하여, V에서 V로 가는 선형작용소 $D(x,y)(\cdot)$와 $Q(x,y)(\cdot)$를

$$D(x,y)z = \{xyz\}, \quad Q(x,y)z = \{xzy\}$$

와 같이 정의한다.

이 때, 사상 $Q : V \times V \to End(V)$는 쌍선형이고 대칭이므로,

$$Q(x,x) = 2Q(x), \quad Q(x,z) = Q(x+z) - Q(x) - Q(z)$$

를 만족하는 이차사상(quadratic map)을 $Q(x)$라고 한다.

명제 3.42 (D 와 Q 의 성질)

쌍 $(V, \{\cdot,\cdot,\cdot\})$가 에르미트 요르단 삼중계라고 하자. 주어진 $x, y \in V$에 대하여,

(i) $Q(x, Q(x)y) = D(x,y)Q(x)$
(ii) $D(Q(x)y, y) = D(x,y)^2 - 2Q(x)Q(y)$
(iii) $D(x,y)Q(x) = Q(x)D(y,x)$
(iv) $D(Q(x)y, y) = D(x, Q(y)x)$

를 만족한다.

[증명] (i)의 양변에 z를 취하면,

$$\{xz\{xyx\}\} = \{\{xzx\}yx\} \tag{3.13}$$

와 동치이므로 식 (3.13)을 보이면 된다. 요르단항등식을 이용하면,

$$\begin{aligned}\{xz\{xyx\}\} &= \{\{xzx\}yx\} + \{xy\{xzx\}\} - \{x\{yxz\}x\} \\ &= 2\{xy\{xzx\}\} - \{x\{yxz\}x\} \end{aligned} \tag{3.14}$$

이다. 식 (3.14)에서 y와 z를 교환하면,

$$\{xy\{xzx\}\} = 2\{xz\{xyx\}\} - \{x\{yxz\}x\} \tag{3.15}$$

를 얻어서 이를 다시 식 (3.14)에 대입하면,

$$\{xz\{xyx\}\} = 2\{xy\{xzx\}\} - \{x\{yxz\}x\}$$

$$
\begin{aligned}
&= 2(2\{xz\{xyx\}\} - \{x\{zxy\}x\}) - \{x\{yxz\}x\} \\
&= 4\{xz\{xyx\}\} - 3\{x\{yxz\}x\}
\end{aligned}
$$

가 되어

$$
\{xz\{xyx\}\} = \{x\{yxz\}x\} \tag{3.16}
$$

를 얻는다. 식 (3.14)와 식 (3.16)을 결합하면 식 (3.13)을 얻어서 (i)의 증명이 끝난다.

임의의 $z \in V$에 대하여, 요르단항등식을 적용하면,

$$
\begin{aligned}
D(Q(x)y, y)z &= \frac{1}{2}\{zy\{xyx\}\} \\
&= \frac{1}{2}(\{\{zyx\}yx\} + \{xy\{zyx\}\} - \{x\{yzy\}x\}) \\
&= \{xy\{xyz\}\} - \frac{1}{2}\{x\{yzy\}x\} \\
&= D(x,y)D(x,y)z - 2Q(x)Q(y)z
\end{aligned}
$$

가 되어 (ii)를 얻는다.

(iii)의 증명은 (i)과 비슷한 방법으로

$$
\begin{aligned}
\{xy\{xzx\}\} &= 2\{xz\{xyx\}\} - \{x\{zxy\}x\} \\
&= 2(2\{\{xzx\}yx\} - \{x\{yxz\}x\}) - \{x\{zxy\}x\} \\
&= 4\{xy\{xzx\}\} - 3\{x\{yxz\}x\}
\end{aligned}
$$

에서

$$
\{xy\{xzx\}\} = \{x\{yxz\}x\}
$$

를 얻는데 이 식은 (iii)과 동치이다.

마지막으로 요르단항등식에 의해

$$
\{xy\{xyz\}\} = \{\{xyx\}yz\} + \{xy\{xyz\}\} - \{x\{yxy\}z\}
$$

가 되어 $\{\{xyx\}yz\} = \{x\{yxy\}z\}$를 얻는데 이 식은 (iv)와 동치이다. □

정의 3.39의 조건 (iii)인 요르단 항등식은 명제 3.42의 조건 (iii)과 (iv)로 대체될 수 있다.

정리 3.43 (요르단 삼중계의 판별법)

V가 $\mathbb{C}$의 벡터공간이라고 하자. 삼중곱 $\{\cdot,\cdot,\cdot\}$이 다음의 네 조건을 만족한다고 하자.

(i) x와 z 변수에 대해서는 복소 선형이고, y 변수에 대해서는 복소 비선형(antilinear)이다.

(ii) $\{xyz\} = \{zyx\}$이다.

(iii) $D(x,y)Q(x) = Q(x)D(y,x)$이다.

(iv) $D(Q(x)y,y) = D(x,Q(y)x)$이다.

그러면, 쌍 $(V,\{\cdot,\cdot,\cdot\})$는 요르단 항등식을 만족한다. 즉, 에르미트 요르단 삼중계가 된다.

[증명] 조건 (iii)에서 x 대신에 $x+\lambda v$를 대입한 후, λ의 일차항의 계수를 비교하면

$$2D(x,y)Q(x,v) + D(v,y)Q(x,x) = Q(x,x)D(y,v) + 2Q(x,v)D(y,x)$$

를 얻는다. 이 식의 양변에 z를 취하고, v의 식으로 생각하면,

$$2D(x,y)D(x,z) + D(Q(x,x)z,y) = Q(x,x)Q(y,z) + 2D(x,\{yxz\}) \tag{3.17}$$

가 된다.

비슷한 방법으로 조건 (iv)에서 y 대신에 $y+\lambda z$를 대입한 후, λ의 일차항의 계수를 비교하면

$$D(Q(x,x)y,z) + D(Q(x,x)z,y) = 2D(x,\{yxz\}) \tag{3.18}$$

를 얻는다. 식 (3.17)과 식 (3.18)을 결합하면,

$$2D(x,y)D(x,z) - D(Q(x,x)y,z) = Q(x,x)Q(y,z) \tag{3.19}$$

가 된다. 마지막으로 식 (3.19)에서 x 대신에 $x+\lambda z$를 대입하고 λ의 일차항의 계수를 비교한 후, 양변에 w를 취하면,

$$\{wz\{xyv\}\} = \{\{wzx\}yv\} + \{xy\{wzv\}\} - \{x\{ywz\}v\}$$

가 되는데, 이는 바로 요르단 항등식이다. □

3.5 요르단 대수와 요르단 삼중계의 관계

이번 절에서는 앞에서 설명한 요르단 대수와 요르단 삼중계의 관계에 대해서 설명하겠다.

먼저 요르단 삼중계 $(V, \{\cdot,\cdot,\cdot\})$가 주어져 있다고 하자. 이 때, V의 원소 y를 고정하고, 임의의 $x, z \in V$에 대해서, 이항 연산 $\bullet_y$를

$$x \bullet_y z := \frac{1}{2}\{xyz\}$$

라고 정의하자.

정리 3.44 (요르단 삼중계 $\Longrightarrow$ 요르단 대수)

벡터공간 V는 각각의 $y \in V$와 이항 연산 $\bullet_y$에 대해서, 요르단 대수가 된다. 이 요르단 대수를 $V^{(y)}$라고 쓴다.

[증명] 편의상 고정된 $y \in V$에 대해서

$$L(x)z = L_y(x)z = x \bullet_y z = \frac{1}{2}D(x,y)z$$

라고 쓰자. 이 때,

$$[L(x), L(x^2)] = 0$$

임을 보이면 된다. 먼저 $x^2 = x \bullet_y x = \frac{1}{2}\{xyx\} = Q(x)y$이므로,

$$L(x^2) = \frac{1}{2}D(x^2, y) = \frac{1}{2}D(Q(x)y, y)$$

가 되어 명제 3.42 (ii)에 의해

$$\begin{aligned} L(x^2) &= \frac{1}{2}D(x,y)^2 - Q(x)Q(y) \\ &= 2L(x)^2 - Q(x)Q(y) \end{aligned} \tag{3.20}$$

이다. 한편 명제 3.42 (iii)에 의해서

$$D(x,y)Q(x)Q(y) = Q(x)D(y,x)Q(y) = Q(x)Q(y)D(x,y) \tag{3.21}$$

이다. 식 (3.20)과 (3.21)에 의해

$$L(x)L(x^2) = 2L(x)^3 - L(x)Q(x)Q(y)$$

$$= 2L(x)^3 - Q(x)Q(y)L(x)$$
$$= L(x^2)L(x)$$

이므로, $[L(x), L(x^2)] = 0$을 만족해서 이항 연산 $\bullet_y$에 대해서, 요르단 대수가 됨을 알 수 있다. □

명제 3.45

V가 요르단 대수일 때, $x, y, z \in V$에 대해서

(i) $L((xy)y) = 2L(xy)L(y) + L(y^2)L(x) - L(x)L^2(y) - L^2(y)L(x)$

(ii) $L((xy)y) = 2L(y)L(xy) + L(x)L(y^2) - L^2(y)L(x) - L(x)L^2(y)$

(iii) $L(x(yz)) - L(y(xz)) = [[L(x), L(y)], L(z)]$

(iv) $[L(x), L(yz)] + [L(y), L(xz)] + [L(z), L(xy)] = 0$

가 성립한다.

[증명] 명제 3.15 (ii) 에서

$$L(x^2y) = L(x^2)L(y) + 2L(xy)L(x) - 2L(x)L(y)L(x)$$

를 이미 증명하였다. 위 식에서 x 대신에 $x + \lambda y$를 대입한 뒤에 양변에서 λ의 계수를 비교하면,

$$2L((xy)y) = 2L(xy)L(y) + 2L(xy)L(y) + 2L(y^2)L(x) - 2L(x)L^2(y) - 2L^2(y)L(x)$$

가 되어 (i)을 얻는다.

식 (3.5) 에서

$$L(x^3) = 3L(x^2)L(x) - 2L^3(x)$$

를 이미 증명하였다. 마찬가지로 위 식에서 x 대신에 $x + \lambda y$를 대입한 뒤에 양변에서 λ의 계수를 비교하면,

$$L(x^2y) + 2L(x(xy)) = 6L(x)L(xy) + 3L(y)L(x^2) - 2L(y)L^2(x) - 2L(x)L(y)L(x) - 2L^2(x)L(y) \quad (3.22)$$

를 얻는다. 양변에 z를 취하면,

$$(x^2y)z+2(x(xy))z = 6x((xy)z)+3y(x^2z)-2y(x(xz))-2x(y(xz))-2x(x(yz))$$

가 되고, 이를 다시 y의 식으로 생각하면

$$z(x^2y)+2z(x(xy)) = 6x(z(xy))+3(x^2z)y-2(x(xz))y-2x((xz)y)-2x(x(zy))$$

와 같이 쓸 수 있다. 위의 식에서 y와 z를 서로 바꾸면

$$\begin{aligned} L(y)L(x^2) + 2L(y)L^2(x) &= 6L(x)L(y)L(x) + 3L(x^2y) \\ &\quad - 2L(x)L(xy) - 2L(x)L(xy) - 2L^2(x)L(y) \end{aligned} \tag{3.23}$$

가 된다. 식 (3.22)에서 식 (3.23)을 빼면,

$$4L(x^2y) = 8L(x)L(xy) + 4L(y)L(x^2) - 8L(x)L(y)L(x)$$

가 되어

$$L(x^2y) = 2L(x)L(xy) + L(y)L(x^2) - 2L(x)L(y)L(x)$$

가 된다. 마찬가지로 마지막 식에서 x 대신에 $x + \lambda z$를 대입한 뒤에 양변에서 λ의 계수를 비교하면,

$$\begin{aligned} 2L((xz)y) &= 2L(z)L(xy) + 2L(x)L(yz) + 2L(y)L(xz) \\ &\quad - 2L(z)L(y)L(z) - 2L(x)L(y)L(z) \end{aligned}$$

가 되어

$$\begin{aligned} L((xz)y) &= L(z)L(xy) + L(x)L(yz) + L(y)L(xz) \\ &\quad - L(z)L(y)L(x) - L(x)L(y)L(z) \end{aligned} \tag{3.24}$$

가 되는데, $z = y$라고 하면 (ii)를 얻는다.

식 (3.24)의 양변에 w를 취하고 z의 식으로 생각하면

$$\begin{aligned} L(w)L(y)L(x) &= L((xy)w) + L(x)L(w)L(y) + L(y)L(w)L(x) \\ &\quad - L(y(xw)) - L(x)L(y)L(x) \end{aligned}$$

가 되므로,

$$
\begin{aligned}
&L((xy)w) - L(y(xw)) \\
=&L(w)L(y)L(x) - L(y)L(w)L(x) + L(x)L(y)L(w) - L(x)L(w)L(y) \\
=&[L(w), L(y)]L(x) - L(x)[L(w), L(y)] \\
=&[[L(w), L(y)], L(x)]
\end{aligned}
$$

가 되어 (iii) 의 증명이 끝난다.

명제 3.15 (i) 에서 이미

$$2[L(x), L(xy)] + [L(y), L(x^2)] = 0 \tag{3.25}$$

을 증명하였다. 이 때, x 대신에 $x+\lambda z$를 대입한 뒤에 양변에서 λ의 계수를 비교하여 (iv)를 얻는다. □

명제 3.46

V가 요르단 대수일 때, $x, y, z \in V$에 대해서
(i) $[L(x), L(xy^2)] + [L(y), L(x^2y)] = 0$
(ii) $[L(x), L(y(xy))] + [L(y), L(x(xy))] = 0$
(iii) $L((P(x)y)y) - L((P(y)x)x) = 0$
가 성립한다.

[증명] 식 (3.25) 에서 y 대신에 y^2을 대입하면,

$$2[L(x), L(xy^2)] + [L(y^2), L(x^2)] = 0$$

이 되고, x와 y를 서로 바꾸면

$$2[L(y), L(yx^2)] + [L(x^2), L(y^2)] = 0$$

이 되어 두 식을 더하면 (i)을 얻는다. 명제 3.45 (iv) 에서 z 대신에 xy를 대입하면, (ii)를 얻는다. 명제 3.45 (iii) 에서 z 대신에 xy를 대입하면,

$$L(x(y(xy))) - L(y(x(xy))) = [[L(x), L(y)], L(xy)]$$

가 되는데, 우변에 $L(x)L(xy)L(y) + L(y)L(xy)L(x)$를 더해주고 빼서 정리하면,

$$\begin{aligned} &L(x(y(xy))) - L(y(x(xy))) \\ =&[[L(x), L(xy)], L(y)] + [L(x), [L(y), L(xy)]] \end{aligned} \tag{3.26}$$

가 된다. □

이제는 요르단 대수 $(A, \bullet)$가 주어져 있다고 하자. 이 때, 임의의 원소 $x, y, z \in A$에 대해서, 삼중곱 $\{\cdot, \cdot, \cdot\}$을

$$\begin{aligned} \{xyz\} :=&2((x \bullet y) \bullet z + (z \bullet y) \bullet x - (x \bullet z) \bullet y) \\ =&2((xy)z + (zy)x - (xz)y) \end{aligned} \tag{3.27}$$

와 같이 정의하자. 그러면, 요르단 삼중계에서 중요한 작용소 D와 Q는 다음과 같이 요르단 대수의 작용소 L로 표현됨을 알 수 있다.

보조정리 3.47

임의의 x, y, z에 대해서 다음이 성립한다.
(i) $D(x, y) = 2(L(xy) + [L(x), L(y)])$
(ii) $Q(x, y) = 2(L(x)L(y) + L(y)L(x) - L(xy))$
(iii) $Q(x) = 2L^2(x) - L(x^2)$

위의 보조정리 (iii)은 요르단 대수에서 작용소 P에 대응되는 관계식이다. 정의 3.33를 참고하여라.

[증명] 임의의 $x, y, z \in A$에 대해서,

$$\begin{aligned} D(x, y)z = \{xyz\} &= 2((xy)z + (zy)x - (xz)y) \\ &= 2((xy)z + x(yz) - y(xz)) \\ &= 2(L(xy)z + L(x)L(y)z - L(y)L(x)z) \\ &= 2(L(xy) + [L(x), L(y)])z \end{aligned}$$

이므로, (i)을 얻는다. 또한,

$$Q(x, y)z = \{xzy\} = 2((xz)y + (yz)x - (xy)z)$$

$$\begin{aligned}&= 2(y(xz) + x(yz) - (xy)z)\\ &= 2(L(y)L(x) + L(x)L(y) - L(xy))z\end{aligned}$$

가 되어 (ii)를 얻는다. (iii)은 (ii)로부터 쉽게 구할 수 있다. □

정리 3.48 (요르단 대수 $\Longrightarrow$ 요르단 삼중계)

위와 같이 정의된 삼중곱에 대해서, 벡터공간 A는 요르단 삼중계의 구조를 갖는다.

[증명] 정리 3.43을 이용해서 증명하려고 한다. (3.27)이 정리 3.43의 (i)과 (ii)를 만족하는 것은 쉽게 보일 수 있으므로, (iii)과 (iv)를 만족함을 증명하면 된다.

먼저 $D(x,y)Q(x) - Q(x)D(y,x)$를 계산해 보자. 보조정리 3.47에 의해 D와 Q를 L로 표현하면,

$$\begin{aligned}&\frac{1}{2}(D(x,y)Q(x) - Q(x)D(y,x))\\ =&(L(xy) + L(x)L(y) - L(y)L(x))(2L^2(x) - L(x^2))\\ &\qquad - (2L^2(x) - L(x^2))(L(xy) + L(y)L(x) - L(x)L(y))\\ =&2L(xy)L^2(x) - L(xy)L(x^2) + 2L(x)L(y)L^2(x)\\ &\qquad - L(x)L(y)L(x^2) - 2L(y)L^3(x) + L(y)L(x)L(x^2)\\ &\quad - 2L^2(x)L(xy) - 2L^2(x)L(y)L(x) + 2L^3(x)L(y)\\ &\qquad + L(x^2)L(xy) + L(x^2)L(y)L(x) - L(x^2)L(x)L(y)\end{aligned}$$

가 된다. 그런데, 명제 3.45의 (i)과 (ii)의 두 식을 더하면,

$$\begin{aligned}2L((xy)x) = &\, 2L(xy)L(x) + 2L(x)L(xy)\\ &+ L(x^2)L(y) + L(y)L(x^2) - 2L(y)L^2(x) - 2L^2(x)L(y) \qquad (3.28)\end{aligned}$$

가 되어서 위의 식을 이용하면

$$D(x,y)Q(x) - Q(x)D(y,x) = 4[L(xy)x, L(x)] + 2[L(x^2), L(xy)]$$

가 됨을 알 수 있다. 이는 식 (3.25)에서 y 대신에 xy를 대입해 보면, 0이 되어서 정리 3.43의 (iii)을 증명했다.

마지막으로 $D(Q(x)y, y) - D(x, Q(y)x) = 0$이 됨을 증명하면 된다. 마찬가지로 보조정리 3.47의 (i)에 의해

$$D(Q(x)y, y) - D(x, Q(y)x) = 2L((Q(x)y)y) + 2[L(Q(x)y), L(y)] \\ - 2L(x(Q(y)x)) - 2[L(x), L(Q(y)x)]$$

인데, 명제 3.46의 (iii)에 의해

$$L((Q(x)y)y) - L(x(Q(y)x)) = 0$$

이므로,

$$D(Q(x)y, y) - D(x, Q(y)x) = 2[L(Q(x)y), L(y)] - 2[L(x), L(Q(y)x)]$$

가 되고, 보조정리 3.47의 (iii)에 의해

$$Q(x)y = 2x(xy) - x^2y$$

이므로,

$$\begin{aligned} &D(Q(x)y, y) - D(x, Q(y)x) \\ =&2[L(2x(xy) - x^2y), L(y)] - 2[L(x), L(2y(yx) - y^2x)] \\ =&4[L(x(xy)), L(y)] - 4[L(x), L(y(yx))] - 2[L(x^2y), L(y)] + 2[L(x), L(y^2x)] \end{aligned}$$

인데 이는 명제 3.46의 (i)과 (ii)에 의해 0이 되어 정리 3.43의 (iv)가 만족됨을 증명하였다. □

정리 3.44에 의해 요르단 삼중계는 요르단 대수의 구조를 갖게 되고 또한, 정리 3.48에 의해 다시 요르단 대수도 마찬가지로 요르단 삼중계의 구조를 갖게 된다.

유한차원 에르미트 요르단 삼중계 $(V, \{\cdot, \cdot, \cdot\})$가 주어져 있다. 정리 3.44에 의해, 각각의 $y \in V$에 대해서 $(V, \circ_y)$는 요르단 대수이다. 1절의 정리 3.16에서 했던 것처럼 요르단 대수의 구조 안에서 요르단 삼중계의 원소의 거듭제곱을 다음과 같이 정의한다.

정의 3.49 (거듭제곱)

임의의 자연수 p와 임의의 $x, y \in V$에 대해서, $x^{(p,y)}$를 요르단 대수 $V^{(y)}$에서 x의 p 거듭제곱으로 정의한다.

그러면, 각각의 $y \in V$에 대해서, rank $V^{(y)}$는 부분공간

$$\langle x, x^{(2,y)}, x^{(3,y)}, \ldots, x^{(p,y)} \rangle$$

의 차원의 최대값이 된다.

정의 3.50 (요르단 삼중계의 계수(rank))

$(V, \{\cdot,\cdot,\cdot\})$를 유한차원 에르미트 요르단 삼중계라고 하자.

(i) V의 **계수(rank)**를

$$\max\{\text{rank } V^{(y)} : y \in V\}$$

의 값으로 정의한다.

(ii) rank $V^{(y)} =$ rank V이고, x가 $V^{(y)}$에서 정규 원소(regular element)이면, 쌍 $(x, y) \in V \times V$가 **정규 원소(regular element)**라고 정의한다.

명제 3.51 (모닉다항식)

유한차원 에르미트 요르단 삼중계 V의 계수를 r이라고 하자. 정규원소 (x, y)들의 집합은 $V \times \overline{V}$에서 열린 조밀한 집합이다. 그리고, 임의의 정규원소 (x, y)에 대해서, $V^{(y)}$에서 x의 모닉다항식은

$$f(\lambda, x, y) := \lambda^r - a_1(x, y)\lambda^{r-1} + a_2(x, y)\lambda^{r-2} - \cdots + (-1)^r a_r(x, y) \qquad (3.29)$$

로 주어진다. 이 때, $a_j(x, y)$는 유일하며, (x, y) 변수로 차수가 (j, j)인 동차식이다.

정의 3.52 (요르단 삼중계의 generic norm)

다항식

$$m(\lambda, x, y) := \lambda^r - a_1(x,y)\lambda^{r-1} + a_2(x,y)\lambda^{r-2} - \cdots + (-1)^r a_r(x,y)$$

를 (x, y)의 generic minimal polynomial이라고 한다. 또한,

$$N(x,y) := m(1,x,y)$$

라고 할 때, 다항함수 $N : V \times \overline{V} \to \mathbb{C}$를 요르단 삼중계 V의 generic norm이라고 부른다.

다음과 같이 요르단 삼중계 구조에서는 홀수차의 거듭제곱만 정의할 수 있다.

정의 3.53 (거듭제곱)

임의의 자연수 p에 대해서, $x^{(2p+1)} = x^{(p,x)}$라고 정의하자.

예를 들면, $x^{(3)} = \frac{1}{2}\{xxx\}$이다.[1] $x^{(3)} = x$인 x는 다음과 같은 성질을 갖는다.

명제 3.54

$x^{(3)} = x$를 만족하는 $x \in V$에 대해서, 작용소 $D(x,x)$는

$$D(x,x)^3 - 3D(x,x)^2 + 2D(x,x) = 0$$

을 만족한다.

[증명] $x^{(3)} = Q(x,x) = x$라고 하자. 명제 3.42 (ii)에 의해

$$D(x,x)^2 - 2Q(x)^2 = D(Q(x),x) = D(x,x) \tag{3.30}$$

가 된다. 이 때, 양변에 $D(x,x)$를 왼쪽에서 작용하면,

$$D(x,x)^3 - D(x,x)^2 = 2D(x,x)Q(x)^2 \tag{3.31}$$

[1] $\{xxx\} = x$가 아님을 주의하자.

를 만족한다. 한편, 명제 3.42 (i)을 이용하면,

$$D(x,x)Q(x) = Q(x,Q(x),x) = Q(x,x) = 2Q(x) \tag{3.32}$$

가 된다. 식 (3.31)과 식 (3.32)로부터

$$D(x,x)^3 - D(x,x)^2 = 4Q(x)^2$$

이 되고, 이를 식 (3.30)에 대입하면, 원하는 식을 얻는다. □

정의 3.55 (삼중멱등원)

$e^{(3)} = e$를 만족하는 $e \in V$를 **삼중멱등원**(tripotent element)이라고 부른다.

$e \in V$를 삼중멱등원이라고 하자. 명제 3.54에 의해서 작용소 $D(e,e)$는

$$D(e,e)(D(e,e)-I)(D(e,e)-2I) = 0$$

을 만족하므로 대각화 가능하고, 그 고유값은 0, 1 또는 2이다. 각각의 고유공간을

$$V_\alpha(e) = \{z \in V \mid D(e,e)x = \alpha z\}$$

라고 하자. 여기에서 α는 0, 1, 또는 2이다. 이 때,

$$V = V_0(e) \oplus V_1(e) \oplus V_2(e)$$

가 성립하는데, 이를 V의 **퍼스 분해**(Peirce decomposition)라고 부른다.

이제는 요르단 삼중계의 구조 안에서 삼중멱등원들의 직교성에 대해서 설명하겠다.

정의 3.56 (삼중멱등원들의 수직성)

V가 에르미트 요르단 삼중계라고 할 때, 삼중멱등원소들 $e_1, e_2 \in V$가 수직(orthogonal)이라는 것은

$$D(e_1,e_2) = 0 \tag{3.33}$$

을 의미한다.

보조정리 3.57

임의의 $x, y, u, v \in V$ 에 대해서, 다음이 성립한다.

(i) $[D(x,y), D(u,v)] = D(\{xyu, v\}) - D(u, \{vxy\})$,

(ii) $[D(x,y), D(u,v)] = D(x, \{yuv\}) - D(\{uvx\}, y)$.

[증명] 임의의 $z \in V$ 에 대해서

$$\begin{aligned}[D(x,y), D(u,v)]z &= \{xy\{uvz\}\} - \{uv\{xyz\}\} \\ &= \{\{xyu\}, vz\} - \{u\{vxy\}z\} \\ &= D(\{xyu\}, v)z - D(u, \{vxy\})z\end{aligned}$$

가 성립하므로, (i)을 얻는다. (i)에서 x 와 u, y 와 v를 각각 교환하여 정리하면 (ii)를 얻는다. □

명제 3.58

삼중멱등원들 $e_1, e_2 \in V$ 가 수직이라는 정의 (3.33)은 $D(e_2, e_1) = 0$과 동치이다.

[증명] 먼저 $D(e_1, e_2) = 0$이라고 하자. 그러면, e_2가 삼중멱등원이므로,

$$\{e_2e_1e_2\} = D(e_2, e_1)e_2 = D(e_2, e_1)Q(e_2)e_2$$

가 된다. 명제 3.42 (iii)에 의해

$$D(e_2, e_1)Q(e_2)e_2 = Q(e_2)D(e_1, e_2)e_2 = 0$$

이 되어서

$$\{e_2e_1e_2\} = 0 \tag{3.34}$$

을 얻는다. 그리고, 보조정리 3.57 (i)을 이용하면,

$$\begin{aligned}[D(e_2,e_2), D(e_2,e_1)] &= D(\{e_2e_2e_2\}, e_1) - D(e_2, \{e_1e_2e_2\}) \\ &= 2D(e_2, e_1) - D(e_2, D(e_1, e_2)e_2) \\ &= 2D(e_2, e_1)\end{aligned}$$

가 된다. 한편, 비슷한 방법으로 보조정리 3.57 (ii)와 식 (3.34)를 이용하면,

$$\begin{aligned}[D(e_2,e_2),D(e_2,e_1)] &= D(e_2,\{e_2e_2e_1\}) - D(\{e_2e_1e_2\},e_2)\\ &= D(e_2,D(e_1,e_2)e_2) = 0\end{aligned}$$

이 된다. 따라서, $D(e_2,e_1)=0$을 얻는다. 삼중멱등원 e_1 과 e_2를 바꾸면, 반대방향을 증명할 수 있다. □

명제 3.59

V가 에르미트 요르단 삼중계이고, $e_1,e_2 \in V$가 수직인 삼중멱등원들일 때, 다음이 성립한다.

(i) $D(e_1,e_1)$과 $D(e_2,e_2)$는 교환가능(commute)하다.

(ii) $D(e_1+e_2,e_1+e_2) = D(e_1,e_1)+D(e_2,e_2)$가 성립한다.

(iii) e_1+e_2도 삼중멱등원들이다.

[증명] 보조정리 3.57 (i)에 의해

$$\begin{aligned}[D(e_1,e_1),D(e_2,e_2)] &= D(\{e_1e_1e_2\},e_2) - D(e_2,\{e_2e_1e_1\})\\ &= D(D(e_2,e_1)e_1,e_2) - D(e_2,D(e_2,e_1)e_1)\\ &= 0\end{aligned}$$

가 되어 (i)을 얻는다. 작용소 D가 각 변수에 대해서 선형이므로, 식 (3.33)과 명제 3.58에 의해 (ii)를 얻는다. (ii)를 이용하면

$$\begin{aligned}(e_1+e_2)^{(3)} &= \frac{1}{2}D(e_1+e_2,e_1+e_2)(e_1+e_2)\\ &= \frac{1}{2}(D(e_1,e_1)+D(e_2,e_2))(e_1+e_2)\end{aligned}$$

가 되는데,

$$D(e_1,e_1)e_2 = D(e_2,e_1)e_1 = 0, \quad D(e_2,e_2)e_1 = D(e_1,e_2)e_2 = 0$$

이므로, (iii)을 얻는다. □

삼중멱등원들 사이에 대소관계(order)를 정의하여 극대와 극소를 정의할 수도 있지만,

이 책에서는 다음과 같이 정의하기로 한다.

정의 3.60 (삼중멱등원들의 극대와 극소)

(i) $V_0(e) = 0$ 인 삼중멱등원 e를 극대(maximal)라고 한다.
(ii) $\dim V_2(e) = 1$ 인 삼중멱등원 e를 극소(minimal)라고 한다.
(iii) $V_2(e) = \mathbb{C}e$ 인 삼중멱등원 e를 원시 원소(primitive element)라고 한다.

임의의 i, j $(1 \le i \ne j \le p)$에 대해서, e_i와 e_j는 수직이 되는 $\{e_1, e_2, \ldots, e_p\}$를 생각하자. 그러면, 명제 3.59에 의해 $D(e_j, e_j)$ $(1 \le j \le p)$는 동시대각화(simultaneously diagonalizable) 가능하며 $e := e_1 + e_2 + \cdots + e_p$라고 하면,

$$D(e, e) = D(e_1, e_1) + \cdots + D(e_p, e_p)$$

가 성립한다. 이 때, 임의의 α, β $(1 \le \alpha, \beta \le p)$에 대해서, V의 부분공간 $V_{\alpha\beta}$를

$$V_{\alpha\beta} = \left\{ x \in V \mid D(e_j, e_j)x = (\delta^j_\alpha + \delta^j_\beta)x, \quad 1 \le j \le p \right\}$$

라고 정의하자. 그러면,

$$V = \bigoplus_{0 \le \alpha \le \beta \le p} V_{\alpha\beta} \tag{3.35}$$

와 같이 분해가 되고 다음의 성질을 만족한다.

명제 3.61 (요르단 삼중계의 직교합 분해)

요르단 삼중계 V의 분해 (3.35)는 다음과 같이 분해된다.

$$V_0(e) = V_{00} = \bigcap_{1 \le j \le p} V_0(e_j),$$

$$V_1(e) = \bigoplus_{1 \le \alpha \le p} V_{0\alpha},$$

$$V_2(e) = \bigoplus_{1 \le \alpha \le \beta \le p} V_{\alpha\beta}.$$

모든 $1 \le \alpha \le p$에 대해서 $V_{\alpha\alpha}$는 e_α를 포함하므로, 항상 공집합이 아니다.

V를 유한차원 에르미트 요르단 삼중계라고 하자. 다음과 같이 '양' (positivity)의 개념

을 정의할 수 있다.

정의 3.62 (양의 요르단 삼중계)

임의의 $x, y \in V$에 대해서,

$$(x, y) \mapsto \mathrm{Tr}\ D(x, y)$$

가 에르미트 내적곱(Hermitian inner product)이 되면, 에르미트 요르단 삼중계가 양(positive)이라고 한다.

정의 3.63 (요르단 삼중계의 틀)

V가 양의 에르미트 요르단 삼중계라고 하자. 서로 수직이고 원시 원소들인 삼중멱등원들의 최대 집합을 V의 틀(frame)이라고 한다.

명제 3.64 (generic minimal polynomial)

양의 에르미트 요르단 삼중계 V의 계수가 r이라고 하자. 그러면, V의 틀의 원소 개수는 r이고, 임의의 원소 $x \in V$는 적당한 틀 $(c_1, c_2, \ldots, c_r)$에 대해서,

$$x = \lambda_1 c_1 + \lambda_2 c_2 + \cdots + \lambda_r c_r \tag{3.36}$$

로 표현된다. 이 때, (x, x)의 generic minimal polynomial은

$$m(T, x, x) = \prod_{i=1}^{r} (T - \lambda_i^2)$$

이다.

표현법 (3.36)에서 $\lambda_1 > \lambda_2 > \cdots > \lambda_r > 0$이면, $x \in V$는 정규원소이다.

정의 3.65 (자기동형사상)

V는 양의 에르미트 요르단 삼중계라고 하자. V의 자기동형사상(automorphism)은 삼중곱을

$$f\{u, v, w\} = \{fu, fv, fw\}$$

와 같이 보존하는 **복소 선형 동형사상**(isomorphism)으로 정의한다. V의 모든 자기동형사상의 모임을 Aut V이라고 쓴다.

정리 3.66

V는 단순한 양의 에르미트 요르단 삼중계라고 하자. 그러면, Aut V는 V의 틀의 모임인 $\mathcal{F}$에서 추이적으로 작용(transitively act)한다. V의 임의의 틀 $e = (e_1, e_2, \ldots, e_r)$에 대해서,

$$V_{00}(e) = 0, \quad V_{jj}(e) = \mathbb{C}e_j \quad (1 \leq j \leq r)$$

이고, 모든 $1 \leq j < k \leq r$에 대해서, 모든 $V_{jk}(e)$는 같은 차원을 갖고, 모든 $1 \leq j \leq r$에 대해서, 모든 $V_{0j}(e)$는 같은 차원을 갖는다.

정의 3.67 (요르단 삼중계의 불변상수)

단순한 양의 에르미트 요르단 삼중계 V의 **불변상수**(numerical invariants) (r, a, b)를

(i) r은 V의 계수(rank)

(ii) a는 $V_{jk}(e)$의 차원 $(1 \leq j < k \leq r)$

(iii) b는 $V_{0j}(e)$의 차원 $(1 \leq j \leq r)$

이라고 정의한다. 그리고, 만약 $b = 0$이면, 양인 에르미트 요르단 삼중계가 **튜브형**(tube type)이라고 한다.

여기에서 상수 a, b는 정리 3.66에 의해 잘 정의된다.

또한, 위의 불변상수로부터 V의 genus g는

$$g := 2 + a(r-1) + b$$

라고 정의한다.

연습문제 3.68

V의 차원을 d라고 하면 불변상수를 이용해서 표현하면,

$$d = r + a\frac{r(r-1)}{2} + br$$

을 만족함을 증명하여라. (힌트 : 명제 3.61)

정리 3.69

V는 단순한 양의 에르미트 요르단 삼중계라고 하자. 그러면,

$$\text{Det } B(x,y) = N(x,y)^g,$$
$$\text{Tr } D(x,y) = gm_1(x,y)$$

가 성립한다.

V가 양의 에르미트 요르단 삼중계라고 하자. $x \in V$의 스펙트럴 분해가

$$x = \lambda_1 e_1 + \cdots + \lambda_p e_p \quad (\lambda_1 > \cdots > \lambda_p > 0)$$

으로 표현될 때, $|x| := \lambda_1$으로 정의하자. 그러면 $|x|$는 V에서 정의되는 노름(norm)이 됨을 보일 수 있다. 이를 양의 에르미트 요르단 삼중계 V의 spectral norm이라고 부른다. 그리고, 이 노름으로 생성되는 단위구

$$\Omega := \{x \in V \ : \ |x| < 1\}$$

를 V에 대응되는 영역이라고 부른다. 이 영역은 다음과 같이 설명할 수 있다.

명제 3.70

V에 대응되는 영역 Ω는 다음과 동치이다.

(i) $B(x,x)$가 양의 작용소인 x들의 집합의 항등성분

(ii) 모든 $0 \le p \le r-1$에 대해서,

$$\frac{d^p}{dT^p} m(T,x,x)\bigg|_{T=1} > 0$$

를 만족하는 $x \in V$들의 집합

3.6 유계대칭영역

이 절에서는 유계대칭영역의 분류에 대해서 설명한다. 먼저 튜브형의 유계대칭영역에 대해서 설명한다.

3.6.1 튜브형의 유계대칭영역

V를 단순 유클리드 요르단 대수라고 하고, Ω는 $\{x^2 : x \in V\}$의 내부(interior)라고 하자. 이 절에서는 $T(\Omega) := V + i\Omega$는 대칭(symmetric)임을 보인다.

예를 들어, V가 실수 전체의 집합 $\mathbb{R}$이고, $x \bullet y = xy$라고 하면, Ω는 양의 실수의 집합이 된다. 즉, $T(\Omega)$는 상반평면 $\{z \in \mathbb{C} : \text{Im } z > 0\}$이다.

이런 이유로, $T(\Omega)$를 단순 유클리드 요르단 대수 V의 상반공간(upper half space)이라고 부른다.

정리 3.71

$j(z) = -z^{-1}$라고 정의하면, f는 $ie \in T(\Omega)$에서의 대칭사상(symmetry)이 된다.

[증명] $y \in \Omega$일 필요충분조건은 $L(y)$가 양의 정부호이다. 즉, $z \in T(\Omega)$일 필요충분조건은 Im $L(z)$가 양의 정부호이다. 따라서, $z \in T(\Omega)$이면, $L(z)$는 가역적이고 $z^{-1} = L(z)^{-1}e$이다.

그리고, j가 정칙이고, involutive인 것은 당연하다. 마지막으로 j의 고정점은 ie뿐임을 보이기 위해, $a + ib$가 j의 고정점이라고 가정하자. 즉,

$$-e = (a + ib)^2 = a^2 - b^2 + i(2ab)$$

에서 $ab = 0$을 얻는다. 그런데, $b \in \Omega$이므로 $L(b)$가 가역적이다. 따라서, $0 = ba = L(b)a$에서 $a = 0$을 얻고 $-e = a^2 - b^2$에서 $b = e$를 얻는다. 결국, j의 고정점은 ie뿐이다. □

이 때, $V + iV$의 부분집합에서 정의되는 다음과 같은 두 사상을 생각하자. 사상 p, q를

$$p(z) = (z - ie)(z + ie)^{-1}, \tag{3.37}$$

$$q(w) = i(e+w)(e-w)^{-1} \tag{3.38}$$

라고 정의하자. 여기에서 $p(z)$와 $q(w)$는 각각

$$Dom(p) := \{z \in V + iV : z + ie \text{ 가 가역적이다}\}$$

$$Dom(q) := \{w \in V + iV : e - w \text{ 가 가역적이다}\}$$

에서 정의된다.

연습문제 3.72

V가 실수 전체의 집합 $\mathbb{R}$일 때, $T(\Omega)$는 상반평면이라고 위에서 설명했다. 이 때, p는 어떤 사상이고, $Dom(p)$는 어떤 집합인지 설명하여라. 그리고, p에 대한 $T(\Omega)$의 상은 복소평면의 단위원판임을 보여라.

보조정리 3.73

p는 $Dom(p)$에서 $Dom(q)$ 위로 일대일대응되는 정칙사상이고, q는 p의 역사상이다.

[증명] $z \in Dom(p)$이고, $w \in Dom(q)$일 때,

$$p(z) = e - 2i(z+ie)^{-1}$$

이고,

$$q(w) = -ie + 2i(e-w)^{-1}$$

이 됨을 쉽게 확인할 수 있다. 위 식으로부터 $q(p(z)) = z$이고, $p(q(w)) = w$를 증명할 수 있다. □

사상 p는 케일리 변환(Cayley transform)이라고 부른다. 사실 $Dom(p)$는 $\overline{T(\Omega)}$를 포함한다.

연습문제 3.72의 결과를 일반화하여 유클리드 요르단 대수 V에서 (3.37)과 같이 정의

되는 케일리 변환 p에 대한 상반공간 $T(\Omega)$의 상은 무엇이며 어떤 성질을 갖겠는가?

편의상, $\{p(z) : z \in T(\Omega)\}$를 D라고 쓰자.

정리 3.74

위에서 정의한 D는

$$\{z \in V + iV : I - P(z)P(\overline{z})\text{이 양의 정부호}\}$$

이고, p는 상반평면 $T(\Omega)$에서 D 위로의 쌍정칙사상이다.

명제 3.75

D는 다음과 같은 동치표현법이 있다.

(i) $D = \{z \in V + iV : |w| < 1\}$

(ii) $D = \{z \in V + iV : I - z\square\overline{z}\text{가 양의 정부호}\}$

(iii) D는 $\{z \in V + iV : I - 2z\square\overline{z} + P(z)P(\overline{z})\text{가 양의 정부호}\}$의 항등성분

명제 3.75 (i)의 표현법처럼 D는 유계이다. 유계영역 D의 실로프 경계(Shilov boundary)도 대수적으로 다음과 같이 표현된다.

정리 3.76

영역 D의 실로프 경계는

$$\{z \in V + iV : z^{-1} = \overline{z}\}$$

이다.

일변수 복소공간에서는 실로프 경계와 위상적 경계가 일치하지만, 복소 2차원 이상의 다변수 복소공간에서는 일반적으로 실로프 경계가 위상적 경계보다 더 작아질 수 있다.

예제 3.77 $V = \mathbb{R}^n$이라 하자. 이 이항연산에 의해 $x, y \in V$에 대해서,

$$x \bullet y := (z_1, \ldots, z_n)$$

을 다음과 같이 정의한다. 이 때,

$$z_1 := x_1y_1 + \cdots + x_ny_n$$

이고, 임의의 $2 \leq j \leq n$에 대해서

$$z_j = x_1y_j + x_jy_1$$

이다. 이 이항연산에 의해 V는 요르단 대수 구조를 갖게 되고, 항등원은 $e = (1, 0, \ldots, 0)$이다.

먼저 최소다항식을 구하자.

$$x = (x_1, \ldots, x_n)$$

라고 하면,

$$x^2 = (x_1^2 + \cdots + x_n^2, 2x_1x_2, 2x_1x_3, \ldots, 2x_1x_n)$$

이다. 따라서, $x^2 - 2x_1x + (x_1^2 - x_2^2 - \cdots - x_n^2)e = 0$이 된다. 즉, 최소다항식은

$$\lambda^2 - 2x_1\lambda + (x_1^2 - x_2^2 - \cdots - x_n^2)$$

이 되기 때문에,

$$tr(x) = 2x_1, \quad det(x) = x_1^2 - x_2^2 - \cdots - x_n^2$$

이다.

3.6.2 유계대칭영역의 분류

유계대칭영역은 4가지의 고전적 (classical) 인 형태와 2가지의 예외적 (exceptional) 인 형태가 있다. 이 절에서는 이 6가지의 유계대칭영역에 대응되는 요르단 삼중계, 불변상수, generic norm들과 튜브형의 영역을 설명하려 한다.

(1) $I_{p,q}$ **형태** $(1 \leq p \leq q)$: V는 $p \times q$ 복소행렬들의 집합이고, 삼중곱은

$$\{xyz\} = x\overline{y}^t z + z\overline{y}^t x \tag{3.39}$$

이다. 여기에서 y^t는 행렬 y의 전치행렬을 의미한다. 이 때, generic minimal polynomial 은

$$m(T, x, y) = \text{Det } (TI_{p,p} - x\overline{y}^t)$$

이고, 대응되는 유계 대칭 영역은

$$\Omega = \{x \in V \ : \ I - x\overline{x}^t > 0\}$$

이다. 불변상수 (r, a, b)는 $(p, 2, q-p)$이고, genus $g = p + q$이다.

(2) II_n **형태** $(n \geq 2)$: V는 n차 반대칭(skew-symmetric) 복소행렬들의 집합이고, 삼중곱은 (3.39)와 같다. 이 때, generic minimal polynomial은 반대칭복소행렬의 Pfaffian으로 표현가능하다. 그리고, 대응되는 유계 대칭 영역은

$$\Omega = \{x \in V \ : \ I + x\overline{x} > 0\}$$

이다.

한편, n이 짝수이면, (r, a, b)는 $(n/2, 4, 0)$이고 genus g는 $2(n-1)$이고, 항상 튜브형이다. n이 홀수이면, (r, a, b)는 $([n/2], 4, 2)$이고, genus g는 $2(n-1)$이고, 항상 튜브형이 아니다.

(3) III_n **형태** $(n \geq 1)$: V는 n차 대칭(symmetric) 복소행렬들의 집합이고, 삼중곱은 (3.39)와 같다. 이 때, generic minimal polynomial은

$$m(T, x, y) = \text{Det } (TI_{n,n} + x\overline{y})$$

이고, 대응되는 유계 대칭 영역은

$$\Omega = \{x \in V \ : \ I + x\overline{x} > 0\}$$

이다.

불변상수 (r, a, b)는 $(n, 1, 0)$이고, genus $g = n + 1$이고, 항상 튜브형이다.

(4) IV_n 형태 $(n \geq 3)$: V는 $\mathbb{C}^n$이고, 삼중곱은

$$Q(x)y = q(x, \overline{y})x - q(x)\overline{y}$$

로부터 생성이 된다. 여기에서 $q(x) = \sum x_i^2$이고, $q(x, y) = 2\sum x_i y_i$이다. 이 때, generic minimal polynomial은

$$m(T, x, y) = T^2 - q(x, \overline{y}) + q(x)q(\overline{y})$$

이고, 대응되는 유계 대칭 영역은

$$\Omega = \{x \in V \ : \ 1 - q(x, \overline{x}) + |q(x)|^2 > 0, \quad q(x, \overline{x}) < 2\}$$

이다. 불변상수 (r, a, b)는 $(2, n-2, 0)$이고, genus $g = n$이고, 항상 튜브형이다.

(5) V_{27} 형태 : V는 성분(entry)이 $\mathbb{O}_{\mathbb{C}}$인 3차 에르미트 행렬들의 집합이다. 여기에서 $\mathbb{O}_{\mathbb{C}}$는 $\mathbb{C}$에서의 팔원수(octonion)들의 집합이다. 이 때, V는 케일리 켤레(Cayley conjugation)를 갖는다. 그리고, 삼중곱은

$$Q(x)y := (x|y) - x^\sharp \times \overline{y}$$

으로부터 생성되는데, $\times$는 프로이덴탈 곱(Freudental product)이고, $x^\sharp$은 V에서의 수반행렬(adjoint matrix)이다. 한편, generic minimal polynomial은

$$m(T, x, y) = T^3 - (x|y)T^2 + (x^\sharp|y^\sharp)T - \det x \det \overline{y}$$

이고, 대응되는 유계 대칭 영역은

$$\Omega = \{x \in V : 3 - \langle x|x \rangle > 0, \quad 3 - 2\langle x|x \rangle + \langle x^\sharp|x^\sharp \rangle > 0,$$
$$1 - \langle x|x \rangle + \langle x^\sharp|x^\sharp \rangle - |\det x|^2 > 0\}$$

이다. 불변 상수 (r, a, b)는 $(3, 8, 0)$이고, genus g는 18이고, 튜브형이다.

(6) VI_{16} 형태 : V는 성분(entry)이 $\mathbb{O}_{\mathbb{C}}$인 3차 에르미트 행렬들 중에서

$$\begin{pmatrix} 0 & a_3 & \tilde{a}_2 \\ \tilde{a}_3 & 0 & 0 \\ a_2 & 0 & 0 \end{pmatrix}$$

형태의 행렬들의 부분집합이고, 삼중곱은 V_{27}의 경우와 같다. 여기에서 $\tilde{a}$는 a의 케일리

켤레이다. 이 때, generic minimal polynomial 은

$$m(T,x,y) = T^2 - (x|y)T + (x^\sharp|y^\sharp)$$

이고, 대응되는 유계 대칭 영역은

$$\Omega = \{x \in V \ : \ 2 - \langle x|x\rangle > 0, \quad 1 - \langle x,x\rangle + \langle y^\sharp|y^\sharp\rangle > 0\}$$

이다. 불변 상수 (r,a,b)는 $(2,6,4)$이고, genus g는 12이고, 튜브형이 아니다.

4. 과결정 일계 편미분방정식

CHAPTER 4

과결정 일계 편미분방정식

과결정 미분방정식이란 미지함수의 개수보다 방정식의 개수가 많은 경우를 말한다. 다변수 복소함수에 대한 코시-리만 방정식

$$\frac{\partial f}{\partial \bar{z}^j} = 0, \quad j = 1, \ldots, n,$$

과 같이 많은 대칭성을 갖는 특수한 경우를 제외하고는 과결정 편미방은 정립된 이론이나 방법론이 없는 미개척 영역이다. 과결정 일계 편미분방정식의 가능한 방법론으로 미분방정식의 대칭성과 해의 존재 및 보존률에 관한 리(S. Lie)와 뇌터(E. Noether)의 이론, 제트(jet) 공간의 파피안 시스템에 관한 다르부(J. Darboux)와 카르탕(E. Cartan)의 이론, 몽주 뿔(Monge cone)과 특성곡선 방법(method of characteristics) 등의 고전적 이론을 복습하고, 현재 진행중인 과결정 편미분방정식의 해의 존재 문제에 관하여 간략히 소개하고자 한다. 우리는 이 장에서 첨자사용을 함수와 미분형식에는 위의 첨자(superscript)를, 벡터장에는 아래 첨자(subscript)를 사용하겠다. 그리고 논의를 간편하게 하기 위하여 C^∞의 범주안에서, 즉 모든 부분다양체와 모든 함수가 무한히 미분가능하다는 가정하에서 논의를 진행하겠다.

⊙ 리 (Marius Sophus Lie, 1842-1899, 노르웨이)

⊙ 뇌터 (Emmy Noether, 1882-1935, 독일계 유대인), Erlangen 에서 Max Noether 의 딸로 태어남.

⊙ 다르부 (Jean-Gaston Darboux, 1842-1917, 프랑스)

⊙ 몽주 (Gaspard Monge, 1746-1818, 프랑스)

4.1 미분방정식의 기하적 표현

독립변수 $x = (x^1, \ldots, x^p)$의 함수 $u = (u^1, \ldots, u^q)$에 대한 m계의 연립미분방정식

$$\triangle_\lambda(x, u^{(m)}) = 0, \quad \lambda = 1, \ldots, \ell \tag{4.1}$$

을 기하적으로 접근하기 위하여 먼저 독립변수 x와 종속변수 u의 m계까지의 편도함수 $u^{(m)}$의 집합을 생각한다. 열린집합 $X \subset \mathbb{R}^p$, $U \subset \mathbb{R}^q$에 대하여 m번째의 **제트 공간**(**jet space**)을

$$J^m(X, U) := \{(x, u^{(m)}), x \in X, u \in U\}$$

와 같이 정의한다. 미분방정식 (4.1)은 m번째의 제트 공간의 부분집합 $\mathcal{S}_\triangle$를 정의한다. 우리는 $\mathcal{S}_\triangle$이 C^∞ 다양체가 되는 경우만 취급하기로 한다. 함수 $f \in C^\infty(X, U)$에 대하여

$$x \mapsto (x, f^{(m)}), \quad x \in X \tag{4.2}$$

를 f의 m번째 **제트 그래프**(**jet graph**)라고 부른다. 정수 집합 $\{1, \ldots, p\}$의 유한수열 $J = \{j_1, j_2, \ldots\}$에 대하여

$$u_J = \left(\frac{\partial}{\partial x^{j_1}} \frac{\partial}{\partial x^{j_2}} \cdots\right) u$$

라고 하자. 임의의 미분가능한 함수 $u(x)$에 대하여

$$du = \sum_{j=1}^{p} u_j dx^j$$

이므로 (4.2)는

$$\begin{aligned} \theta^\alpha &:= du^\alpha - \sum_{j=1}^{p} u^\alpha_j dx^j \\ \theta^\alpha_j &:= du^\alpha_j - \sum_{k=1}^{p} u^\alpha_{jk} dx^k \\ &\vdots \\ \theta^\alpha_J &:= du^\alpha_J - \sum_{k=1}^{p} u^\alpha_{Jk} dx^k, \quad \alpha = 1, \ldots, q, \ |J| = m-1 \end{aligned} \tag{4.3}$$

의 적분 다양체(integral manifold)가 되면서 x는 독립변수이므로 제트 그래프 위에서는

$$dx^1 \wedge \cdots \wedge dx^p \neq 0 \tag{4.4}$$

이 만족된다. (4.3) 을 **접촉형식**(contact form)이라고 부르고, (4.4) 를 **독립조건**(independence condition)이라고 부른다.

일반적으로 미분다양체 M 위에 1-형식들의 집합 $\theta = (\theta^1, \ldots, \theta^s)$ 이 주어졌다 하자.

$$\text{rank}\ \theta := \dim\langle\theta^1, \ldots, \theta^s\rangle$$

가 상수일 때, θ를 **파피안 시스템**(Pfaffian system)이라 부른다. 부분다양체 $i : N \hookrightarrow M$ 이 파피안 시스템 θ의 **적분 다양체**(integral manifold)라 함은 $i^*\theta = 0$ 임을 말한다. 미분방정식 (4.1) 의 해를 구한다는 것은 다양체 $\mathcal{S}_\triangle$ 위에서 파피안 시스템 (4.3) 의 p차원 적분 다양체 중에서 (4.4) 를 만족하는 N 을 찾는 것이다.

연습문제 4.1 (중복조합)

a) ${}_pH_m = {}_{p+m-1}C_r$.

b) ${}_pH_0 + {}_pH_1 + \cdots + {}_pH_m = {}_{(p+1)}H_m$.

c) 한 개의 실함수 $u(x^1, \ldots, x^p)$ 의 m계 이하의 미분 $u^{(m)}$ 의 개수는

$$\frac{(p+m)!}{p!m!}$$

이다.

4.1.1 일계 편미분방정식

함수 $u(x, y)$ 에 관한 미분방정식

$$\triangle(x, y, u, u_x, u_y) = 0 \tag{4.5}$$

을 생각해 보자. 단, $\frac{\partial\triangle}{\partial u_y} \neq 0$ 이라고 가정한다. $\mathcal{S}_\triangle$ 를 (4.5) 가 정의하는

$$J^1(X, U) = \{(x, y, u, u_x, u_y)\} = \mathbb{R}^5$$

의 부분다양체라 하자. 접촉형식은

$$\theta := du - u_x dx - u_y dy \tag{4.6}$$

이다. 실제로 $(J^1(X,U),\theta)$은 다음과 같은 의미에서 접촉 다양체(contact manifold)이다 ([25] 참조). 즉,

$$(d\theta)^2 \wedge \theta = -2dx \wedge dy \wedge du \wedge du_x \wedge du_y \neq 0$$

를 만족한다. 4차원 다양체 $\mathcal{S}_\triangle$ 상의 파피안 시스템 θ

$$(\mathcal{S}_\triangle, \theta), \tag{4.7}$$

에 대하여 $\mathcal{S}_\triangle$의 접벡터 중 θ에 의하여 영이 되는 것들로 이루어진 3차원 접평면 분포(distribution, plane field) $\mathcal{D}$를 정의한다. 그러면 C^∞ 함수 $u = f(x,y)$에 대하여 다음 사실들은 동치이다 :

a) $u = f(x,y)$는 (4.5)의 해이다.
b) 1계의 제트 그래프(jet graph) $(j^1 f)(x,y)$는 $\mathcal{S}_\triangle$ 안에 품긴다.
c) 1계의 제트 그래프 $(j^1 f)(x,y)$는 (4.7)의 적분다양체(integral manifold)이며 독립 조건

$$dx \wedge dy \neq 0 \tag{4.8}$$

을 만족한다.

4.1.2 일계의 코시 문제

다음 초기치 문제를 생각하자 :

$$\begin{aligned} \triangle(x,y,u,u_x,u_y) &= 0, \\ u(x,0) &= \phi(x), \quad a < x < b. \end{aligned} \tag{4.9}$$

단, $\frac{\partial \triangle}{\partial u_y} \neq 0$라고 가정한다. 초기조건에서 $u_x(x,0) = \phi'(x)$을 얻고, 이를 (4.9)에 대입하면

$$\triangle(x,0,\phi(x),\phi'(x),u_y) = 0$$

을 얻는다. 그러면 하나의 곡선

$$\gamma(x) := (x,0,\phi(x),\phi'(x),u_y(x))$$

이 결정되어 $\gamma^*\theta = 0$을 만족하게 된다. 사상

$$\Gamma : (a,b) \times (-\varepsilon,\varepsilon) \to \mathcal{S}_\triangle$$

이 $\Gamma^*\theta = 0$와 $\Gamma(x,0) = \gamma(x)$를 만족할 때 사상 Γ를 초기치 문제 (4.9)의 해라고 말한다. $\triangle$이 변수들 (x, y, u, u_x, u_y)에 관하여 해석적(analytic, C^ω)이면 코시-코발렙스키 정리 ([56] 참조)에 의하여 해석적인 초기조건 ϕ에 대하여 항상 해석적인 유일한 해를 갖는다.

4.1.3 일계의 경계치 문제

영역 $D \subset \mathbb{R}^2$의 경계 bD가 C^∞라고 가정하고

$$\begin{aligned} \triangle(x, y, u, u_x, u_y) &= 0, \quad \forall (x,y) \in D \\ u(x,y) &= \psi(x,y), \quad \forall (x,y) \in bD \end{aligned} \tag{4.10}$$

을 만족하는 함수 $u \in C^\infty(\overline{D})$를 구하는 문제를 생각하자.

위의 문제에서 경계치는 임의로 줄 수 없고 영역 내부의 미방과 양립가능(compatible)해야 한다. 따라서 경계치 ψ에는 국소적인 제약과 대역적인 제약이 따른다. 국소적인 제약을 보기 위해서 bD가 국소적으로 곡선 $(x(t), y(t))$라고 하자. $\psi(t) := \psi(x(t), y(t))$라고 두면 경계선을 따라 u_x와 u_y의 값은

$$\begin{aligned} \Delta(x(t), y(t), \psi(t), u_x, u_y) &= 0 \\ \frac{du}{dt} &= u_x x'(t) + u_y y'(t) = \psi'(t) \end{aligned}$$

를 만족한다.

문제 4.2

경계치가 만족해야 할 대역적 제약은 무엇인가?

문제 4.3

영역 $D \subset \mathbb{R}^2$를 열린단위원반 $\{(x,y) : x^2 + y^2 < 1\}$이라고 하자. 경계치 문제

$$\begin{aligned} (u_x)^2 - u_y + 1 &= 0, \quad \forall (x,y) \in D \\ u(x,y) &= x, \quad \forall (x,y) \in bD \end{aligned}$$

를 만족하는 $u \in C^\infty(\overline{D})$는 존재하지 않음을 보여라.

4.1.4 두 변수 함수에 관한 이계 편미분방정식

미지함수 $u(x,y)$ 에 관한 이계 편미분방정식

$$\triangle(x,y,u,u_x,u_y,u_{xx},u_{xy},u_{yy})=0 \tag{4.11}$$

을 생각하자. 여기에서 $\frac{\partial\triangle}{\partial u_{yy}}\neq 0$ 이라고 가정한다. 이제 제트 공간

$$J^2(X,U)=\{(x,y,u,u_x,u_y,u_{xx},u_{xy},u_{yy})\}=\mathbb{R}^8$$

에서 접촉형식을 $\theta:=(\theta^0,\theta^1,\theta^2)$ 라고 하자. 여기에서 θ^0, θ^1, θ^2 는 각각

$$\begin{aligned}\theta^0 &:= du-u_x dx-u_y dy,\\ \theta^1 &:= du_x-u_{xx}dx-u_{xy}dy,\\ \theta^2 &:= du_y-u_{xy}dx-u_{yy}dy\end{aligned} \tag{4.12}$$

와 같다.

그리고 $\mathcal{S}_\triangle\subset J^2(X,U)$ 를 (4.11) 이 정의하는 부분다양체라 하자. 그러면 (4.12) 는 4차원 접평면분포 (distribution) $\mathcal{D}$ 를 7차원 다양체 $\mathcal{S}_\triangle$ 위에 정의한다. 그러면 앞에서 든 예에서와 같이 (4.11) 의 해는 파피안 시스템 $(\mathcal{S}_\triangle,\theta)$ 의 해들 중에서 독립조건 (4.8) 을 만족하는 것들과 일대일로 대응된다.

4.2 일계 편미방의 고전적인 이론

18세기 후반부와 19세기 전반부에 걸쳐 편미분방정식을 기하적으로 이해하고자 하는 방법론이 대두되었다. 일계 편미분방정식에 관한 몽주 뿔(Monge cone), 특성곡선 방법(method of characteristics), 제일적분(first integral)을 이용한 준선형미방의 초기치 문제의 해법 등이 중요한 고전이론들이다. 우리는 이 절에서 제일적분과 하나의 미지함수 $u(x)$, $x = (x^1, \ldots, x^p)$에 대한 준선형 일계미방의 초기치 문제를 공부한 후 일반적인 일계미방

$$F(x, u, u_1, \ldots, u_p) = 0, \tag{4.13}$$

단, $u_j = \frac{\partial u}{\partial x^j}$ 의 해법으로 특성곡선 방법을 공부하고자 한다.

4.2.1 벡터장과 제일 적분

$\mathbb{R}^p$의 열린 부분집합에서 정의된 벡터장

$$V = \sum_{k=1}^{p} a^k(x) \frac{\partial}{\partial x^k} \tag{4.14}$$

이 어디에서도 영이 아니라고 가정하자.

정의 4.4

미분가능한 곡선 $x(t) = (x^1(t), \ldots, x^p(t))$, $a < t < b$의 속도벡터가 V와 같으면, 즉,

$$x'(t) = V(x(t)) \tag{4.15}$$

이면 곡선 $x(t)$ 는 벡터장 V의 **적분 곡선**(integral curve)이라고 부른다.

실함수 $u(x)$가 벡터장 V의 적분 곡선을 따라서 상수이면 다음과 같이 u를 벡터장 V의 제일적분이라 부른다.

정의 4.5

$du \neq 0$ 인 실함수 u 가

$$Vu = 0 \tag{4.16}$$

를 만족하면 u 를 벡터장 V 의 **제일적분**(first integral)이라 부른다.

위의 식 (4.16) 은 u 에 관한 일계 선형 편미분방정식이다.

정의 4.6

열린집합 $X \subset \mathbb{R}^p$ 에서 정의된 k 개의 실함수 $u = (u^1, \dots, u^k)$, $k \leq p$ 가 **비퇴화**(non-degenerate)라 함은 X 의 모든 점에서 $du^1 \wedge \cdots \wedge du^p \neq 0$ 임을 의미한다.

정의 4.7

독립변수 $x = (x^1, \dots, x^p)$ 의 함수 $(u^1, \dots, u^k)$ 가 **함수적으로 종속**(functionally dependent)이라 함은 영이 아닌 함수 $F : \mathbb{R}^p \to \mathbb{R}$ 이 존재하여 $F(u^1, \dots, u^k) = 0$ 임을 의미한다.

함수 $(u^1, \dots, u^k)$ 가 함수적으로 종속이 아니면 다음과 같이 함수적으로 독립(functionally independent) 이라 부른다.

정의 4.8

열린집합 $X \subset \mathbb{R}^p$ 에서 정의된 k 개의 실함수 $u = (u^1, \dots, u^k)$, $k \leq p$ 가 다음 조건을 만족할 때 **함수적으로 독립**(functionally independent)이라 말한다.

어떤 $F : \mathbb{R}^p \to \mathbb{R}$ 에 대하여 $F(u^1(x), \dots, u^k(x)) = 0, \forall x \in X$ 이면 $F = 0$ 이다.

연습문제 4.9

실함수들 $u^1, \dots, u^k$ 가 비퇴화이면 이들은 함수적으로 독립이다.

벡터장 V 의 적분곡선의 방정식 (4.15)는 연립상미방

$$\frac{dx^j}{dt} = a^j(x), \quad j = 1, \ldots, p$$

이다. 상미방의 이론에 의하여 $(p-1)$개의 비퇴화된 함수 $(y^1, \ldots, y^{p-1})$이 존재하여 적분곡선

$$y^j = c^j : \text{상수}, \quad j = 1, \ldots, p-1 \tag{4.17}$$

으로 주어진다 ([35], [138] 참조).

명제 4.10

$\mathbb{R}^p$ 의 열린집합에서 정의된 벡터장 V 에 대하여 국소적으로 $(p-1)$개의 함수적으로 독립인 제일적분이 존재한다.

벡터장 V 의 임의의 적분곡선을 따라 $dx^1 : dx^2 : \cdots : dx^p$ 의 비는 $a^1 : a^2 : \cdots : a^p$ 의 비와 같으므로 V 의 함수적으로 독립인 $(p-1)$개의 제일적분은 실제로

$$\frac{dx^1}{a^1} = \cdots = \frac{dx^p}{a^p} \tag{4.18}$$

의 $(p-1)$개의 등식으로부터 얻는다.

예제 4.11 $\mathbb{R}^3$ 의 벡터장 $V = (-y, x, 0)$, 즉,

$$V = -y\frac{\partial}{\partial x} + x\frac{\partial}{\partial y}$$

의 적분곡선을 따라 $dx : dy : dz$ 의 비는 $-y : x : 0$이므로

$$\frac{dx}{-y} = \frac{dy}{x} = \frac{dz}{0}$$

이 성립하고 첫 번째 등식으로부터

$$xdx + ydy = 0,$$

즉 $d(x^2 + y^2) = 0$을 얻는다. 두 번째 등식으로부터 $dz = 0$를 얻는다. 그러므로 $x^2 + y^2$과 z는 함수적으로 독립인 제일적분들이다.

연습문제 4.12

$\mathbb{R}^3$의 다음 각 벡터장에 대하여 두 개의 함수적으로 독립인 제일적분을 구하라.

a) $V = (x, y, z)$.

b) $V = (x^2 + z^2, xz, -xy)$.

c) $V = (y + z, y, x - y)$.

4.2.2 준선형 일계 편미방의 초기치 문제

미분방정식 (4.13)이 u의 모든 일계 미분에 대하여 선형인 경우, 즉

$$a^1(x,u)u_1 + \cdots + a^p(x,u)u_p = c(x,u) \tag{4.19}$$

꼴이면 **준선형**(quasi-linear)이라 부른다. $p = 2$인 경우

$$a(x,y,u)u_x + b(x,y,u)u_y = c(x,y,u) \tag{4.20}$$

를 생각하자. $u(x,y)$가 (4.20)의 해라 가정하면 (4.20)이 말하는 바는 $z = u(x,y)$의 그래프의 법벡터장(normal vector field) $N := (u_x, u_y, -1)$과 $\mathbb{R}^3 = \{(x, y.z)\}$의 벡터장

$$V := (a(x,y,z), b(x,y,z), c(x,y,z)) \tag{4.21}$$

가 $N \cdot V = 0$, 즉 서로 직교한다는 것이다. 그러므로 V의 적분곡선 $\gamma(t)$는 초기조건 $\Gamma(s)$가 곡면 $z = u(x,y)$에 있으면 모든 t에 대하여 곡면 위에 품기게 된다. 좀 더 정확히 말하면 $z = u(x,y)$가 (4.20)의 해이고 $F(x,y,z) := u(x,y) - z$라 두면

$$\begin{aligned}\frac{d}{dt}F(\gamma(t)) &= F_x x' + F_y y' + F_z z' \\ &= u_x a + u_y b - 1 \cdot c \\ &= 0\end{aligned}$$

이므로 $F(\gamma(0)) = 0$이면 모든 t에 대하여 $F(\gamma(t)) = 0$이다. V를 **특성벡터**(characteristic vector)라고 부르고 그 적분곡선 $\gamma(t)$를 **특성곡선**(characteristic curve)이라고 부른다. 그러므로 임의의 해의 그래프는 국소적으로는 특성곡선으로 엽층화(foliate)된다.

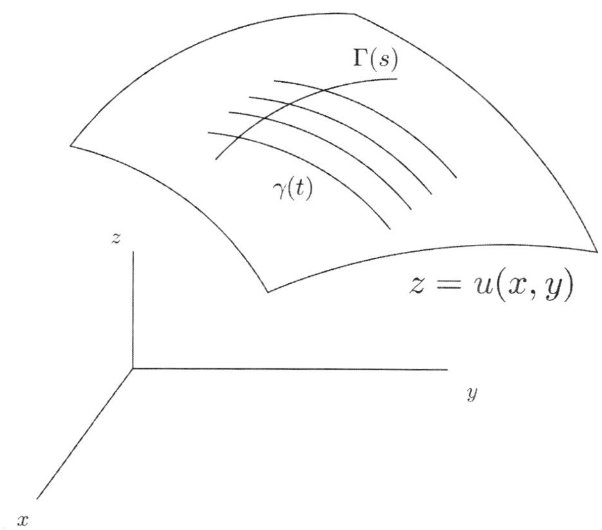

그림 4.1: 특성곡선

주어진 초기조건(코시 데이터) $\Gamma(s) = (f(s), g(s), h(s))$와 함께 연립상미방

$$
\begin{aligned}
\frac{dx}{dt} &= a(x,y,z), \quad x(0) = f(s) \\
\frac{dy}{dt} &= b(x,y,z), \quad y(0) = g(s) \\
\frac{dz}{dt} &= c(x,y,z), \quad z(0) = h(s)
\end{aligned}
\tag{4.22}
$$

을 풀어서 특성곡선들의 1-매개변수 족

$$
\begin{aligned}
x &= X(s,t) \\
y &= Y(s,t) \\
z &= Z(s,t)
\end{aligned}
\tag{4.23}
$$

을 얻는다. 역함수정리에 의하여 (4.23)의 첫 두 식으로부터 $s = S(x,y), t = T(x,y)$를 구하고, 이를 세 번째 식에 대입하여 초기치 문제의 해 $z = u(x,y)$를 얻는다. 이때 역함수정리의 가정

$$
\begin{vmatrix} \frac{\partial X}{\partial s} & \frac{\partial Y}{\partial s} \\ \frac{\partial X}{\partial t} & \frac{\partial Y}{\partial t} \end{vmatrix} = \begin{vmatrix} f' & g' \\ a & b \end{vmatrix} \neq 0 \tag{4.24}
$$

이 만족되어야 한다. 초기조건 $\Gamma = (f, g, h)$가 (4.24)를 만족할 때 **비특성적**(non-characteristic)이라고 말한다.

준선형방정식 (4.20) 에서 a, b가 u에 무관하고 c가 u에 관해 일차식, 즉

$$a(x,y)u_x + b(x,y)u_y = c(x,y)u + d(x,y) \tag{4.25}$$

꼴의 미방이 일계선형편미방이다. 이 경우에는 (4.22) 의 첫 두 방정식

$$\begin{aligned} \frac{dx}{dt} &= a(x,y), \quad x(0) = f(s) \\ \frac{dy}{dt} &= b(x,y), \quad y(0) = g(s) \end{aligned} \tag{4.26}$$

이 xy-평면에 곡선 γ_0를 정의한다. γ_0 를 **특성 사영곡선**(characteristic projection) 또는 **특성곡선**(characteristic)이라고 부른다. 3차원 (x,y,z) 공간의 모든 특성곡선은 초기조건의 (x,y) 좌표가 같은 한 같은 특성 사영곡선 (characteristic projection) γ_0 로 정사영된다. 코시 데이터 $\Gamma(s)$가 만족해야 할 비특성 (non-characteristic) 조건 (4.24) 도 z 좌표에 무관하게 (x,y) 평면에서 결정된다. (x,y) 평면의 비특성곡선 (non-characteristic curve)

$$x = f(s),\ y = g(s)$$

위에 초기조건 $h(s)$를 주면 (4.22) 의 세 번째 방정식

$$\frac{dz}{dt} = c(\gamma_0(t))z + d(\gamma_0(t)), \quad z(0) = h(s) \tag{4.27}$$

을 풀어 해 $z = u(x,y)$ 의 그래프인 곡면 (4.23) 을 얻는다.

4.2.3 선형 일계 편미방과 준선형 일계 편미방의 비교 : 보기

이 소절에서는 선형 및 준선형 일계미방의 예를 공부하고, 이들 예를 통하여 비선형 방정식에서 해의 충격 (shock) 이 어떻게 발생하는지 고찰하고 이 불연속성을 포괄하는 약해 (weak solution) 의 개념을 정의하고자 한다.

예제 4.13 다음과 같이 주어진 $u(x,y)$ 에 관한 일계선형 편미분방정식과 초기조건 :

$$\begin{aligned} u_y + cu_x &= 0, \quad (c\text{는 상수}) \\ u(s,0) &= h(s) \end{aligned} \tag{4.28}$$

을 생각하자.

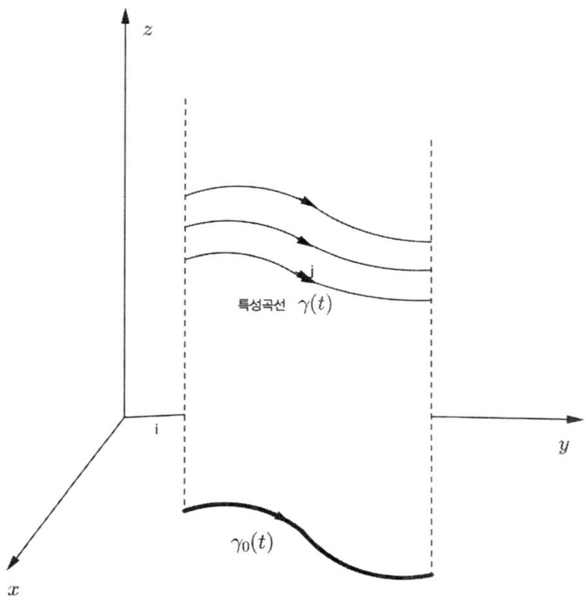

그림 4.2: 특성사영곡선

이 경우 특성곡선(characteristic curve)의 방정식은

$$\begin{aligned} \frac{dx}{dt} &= c, \quad x(0) = s \\ \frac{dy}{dt} &= 1, \quad y(0) = 0 \\ \frac{dz}{dt} &= 0, \quad z(0) = h(s) \end{aligned} \tag{4.29}$$

이 되고, 첫 두 식을 풀면 xy-평면위의 직선군

$$x = s + ct, \ y = t \tag{4.30}$$

를 얻는다. 각 s에 대하여 (4.30)은 하나의 특성곡선의 방정식이다.

(4.29)의 세 번째 방정식의 해는 $z = h(s)$이고 여기에 (4.30)으로부터 얻은 $s = x - cy$를 대입하여 $z = h(s) = h(x - cy)$가 되어 (4.28)의 해

$$u(x, y) = h(x - cy) \tag{4.31}$$

를 얻는다.

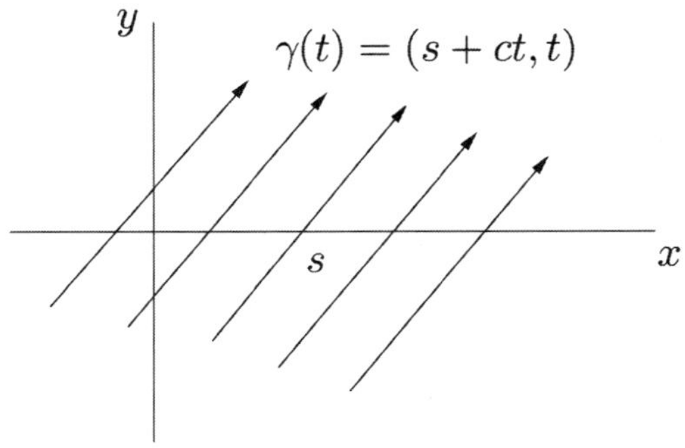

그림 4.3: 특성곡선 (4.30)

예제 4.14 $u(x,y)$ 에 관한 1계 준선형 (quasi-linear) 편미방

$$\begin{aligned} u_y + uu_x &= 0, \\ u(s,0) &= h(s) \end{aligned} \tag{4.32}$$

을 생각하자.

이 경우 특성 곡선의 방정식은

$$\begin{aligned} \frac{dx}{dt} &= z, \quad x(0) = s \\ \frac{dy}{dt} &= 1, \quad y(0) = 0 \\ \frac{dz}{dt} &= 0, \quad z(0) = h(s) \end{aligned} \tag{4.33}$$

이 되고 (4.33) 의 마지막 방정식을 풀어

$$z = h(s) \tag{4.34}$$

를 얻는다. (4.33) 의 첫 번째와 두 번째 식을 풀면 xy-평면 위의 직선군

$$x = s + zt, \quad y = t \tag{4.35}$$

를 얻고 이를 (s,t) 에 관하여 풀면 $s = x - zy, \quad t = y$를 얻는다. (4.34) 에 $s = x - zy$를 대입하여 (4.32) 의 해

$$u = h(x - uy) \tag{4.36}$$

을 얻는다. (4.36) 은 음함수적으로 (implicitly) u를 정의하고 있다. 한편 우리가 관찰하고자 하는 중요한 사실은 (4.35) 에서 s를 고정했을 때 얻는 직선 C_s는 특성 사영 (characteristic projection) 이며, 이 위에서 u의 값은 상수 $h(s)$ 이다. 이제 s의 서로 다른 두 값 s_1, s_2,

$(s_1 < s_2)$ 에 대한 특성 사영 C_{s_1} 과 C_{s_2} 의 교점의 y 좌표는

$$y = -\frac{s_2 - s_1}{h(s_2) - h(s_1)} \tag{4.37}$$

이다. y를 시간이라 하자. 만일 $h(s_2) < h(s_1)$ 이면 양의 시간에 u 의 함수값이 불연속이 된다. $u(x, y)$ 의 이와 같은 불연속점을 **충격**(shock)이라 부른다.

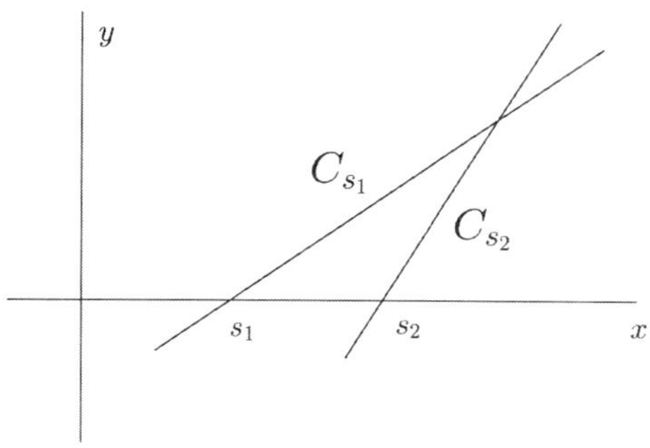

그림 4.4: 충격 (shock)

초기조건 $h(s)$ 가 항등적으로 영이 아니고 콤팩트 지지집합 (compact support) 을 가지면 $h(s_1) > h(s_2)$ 가 되는 s_1, s_2 가 존재하므로 양의 시간에 충격이 일어난다. 일반적으로 $h(s)$ 가 미분가능한 함수이면 $h'(s) < 0$ 인 점 s 에 대하여 충격이 일어나는 시간은 (4.37) 에서 $s_2 \to s_1$ 의 극한을 취하면 $-\frac{1}{h'(s)}$ 이 되리라고 추측할 수 있다. 이를 증명하기 위하여 (4.36) 을 x 변수로 미분하고 이를 C_s 위에서 읽으면

$$\begin{aligned} u_x &= h'(x - uy)(1 - u_x y) \\ &= h'(s)(1 - u_x y) \end{aligned}$$

이고, u_x 에 관해 풀어

$$u_x = \frac{h'(s)}{1 + h'(s)y} \tag{4.38}$$

을 얻는다. (4.38) 에서 분모가 영이 되면, 즉 $y = -1/h'(s)$ 이면, u_x 가 $-\infty$, 즉 충격이 발생한다.

방정식 (4.32) 에서 $u(x, y)$ 는 한 방향으로 달리는 고속도로의 위치 x, 시간 y 에서의 자동차의 속도라 해석하자. 단, 각 자동차는 같은 속도로 주행한다고 가정한다. 초기속도분포

$h(x)$가 감소하는 값에 대하여는 즉, 앞의 차가 더 느리게 주행한다면 일정시간 $(-1/h'(x))$ 후에 정체가 일어날 것이다.

일반적으로

$$R(u)_y + S(u)_x = 0 \tag{4.39}$$

형태의 편미방을 **1차원 보존률**(1-dimensional conservation law)이라고 부른다. 편미방 (4.32)는

$$(R, S) = (u, \frac{1}{2}u^2) \tag{4.40}$$

인 경우의 1차원 보존률이다. (4.39)를 x 축의 임의의 구간 (a, b)에서 x에 관해 적분하면 미적분의 기본정리와

$$\int_a^b R(u)_y dx = \frac{d}{dy}\int_a^b R(u)dx$$

라는 사실로부터

$$\frac{d}{dy}\int_a^b R(u)du + S(u(b, y)) - S(u(a, y)) = 0 \tag{4.41}$$

을 얻는다. 만일 u가 미분가능하고 임의의 구간 (a, b)에서 (4.41)을 만족하면 u는 (4.39)의 해이다. 그러나 (4.41)은 보다 넓은 범위의 함수, 예를 들면 유한개의 불연속점을 갖는 함수에 대하여도 의미를 갖는다. (4.41)을 만족하는 함수를 (4.39)의 약해(weak solution)라고 부른다. 일반적으로 (4.39)의 해에서 시간 y에 충격이 일어나는 위치가

$$x = \xi(y)$$

라 하자. 충격이 전파되는 속도 $d\xi/dy$와 충격에서 해의 도약(jump)과의 관계는 다음과 같다. 주어진 y 값에 대하여

$$x^+ := \xi(y) + \varepsilon,\ x^- := \xi(y) - \varepsilon,$$

즉 오른쪽과 왼쪽의 극한,

$$u^+ := u(x^+, y),\ u^- := u(x^-, y)$$

라 두고 $a < \xi(y) < b$인 구간 $[a, b]$에서 (4.41)을 해의 불연속점을 경계로 두 부분으로

구분하면

$$0 = \frac{d}{dy}\left(\int_a^{\xi(y)} R(u)dx + \int_{\xi(y)}^b R(u)dx\right) + S(u(b,y)) - S(u(a,y))$$

$$= \xi' R(u^-) + \int_a^{\xi} R(u)_y dx + \int_{\xi}^b R(u)_y dx - \xi' R(u^+) + S(u(b,y)) - S(u(a,y))$$

가 된다. 이 때,

$$\int_a^{\xi} R(u)_y dx = -\int_a^{\xi} S(u)_x dx = -S(u^-) + S(u(a,y))$$

이고,

$$\int_{\xi(y)}^b R(u)_y dx = -S(u(b,y)) + S(u^+)$$

이므로,

$$\xi'(R(u^-) - R(u^+)) - S(u^-) + S(u^+) = 0$$

가 된다. 따라서

$$\frac{d\xi}{dy} = \frac{S(u^+) - S(u^-)}{R(u^+) - R(u^-)} \tag{4.42}$$

을 얻는다.

연습문제 4.15

다음 초기치 문제의 해를 구하라.

a) $u_x + u_y = u^2, \quad u(x,0) = h(x)$

b) $u_u = xuu_x, \quad u(x,0) = x.$

연습문제 4.16

준선형1계미방의 초기치 문제

$$u_y + a(u)u_x = 0, \quad u(x,0) = h(x)$$

의 해는 음함수적으로

$$u = h(x - a(u)y)$$

임을 보여라. 이때 만일 $a(h(s))$가 콤팩트 지지집합(compact support)을 갖는 함수이면 반드시 양의 y 값에서 충격이 일어남을 보여라.

4.2.4 일반적인 일계 편미방

이 절에서 우리는 두 변수의 미지함수 $u(x,y)$에 관한 가장 일반적인 일계편미방

$$F(x,y,u,p,q) = 0 \tag{4.43}$$

을 공부한다. 여기에서 $p = u_x$, $q = u_y$ 이다.

먼저 곡면군은(혹은 곡선군)에 대한 포락면(혹는 포락선)에 대하여 논하겠다. $\mathbb{R}^p$에 λ를 매개변수로 하는 1-매개변수족의 초곡면

$$G(x,\lambda) = 0, \quad \text{단 } x = (x^1, \ldots, x^p) \tag{4.44}$$

을 생각하자. (4.44)의 **포락면(envelope)**이라 함은 다음 성질을 갖는 초곡면 M을 말한다:

M의 국소좌표를 $y = (y^1, \ldots, y^{p-1})$이라 하자. M의 각 점 y에서 (4.44)에 속하는 하나의 초곡면 $G(x,\lambda(y)) = 0$과 접하고 y에서 M과 접하는 초곡면의 매개변수 $\lambda(y)$는 M의 어느 열린집합에서도 상수가 되지 않는다.

포락면은 연립방정식

$$\begin{cases} G(x,\lambda) &= 0 \\ G_\lambda(x,\lambda) &= 0 \end{cases} \tag{4.45}$$

에서 λ를 소거함으로써 얻을 수 있다.

연습문제 4.17

a) 직선군 $y-\lambda^2 = 2\lambda(x-\lambda), \quad \lambda \in \mathbb{R}$ 의 포락선(envelope)을 구하라.
b) 곡면군 $(x-\lambda)^2 + y^2 + z^2 = 1$ 의 포락면을 구하라.

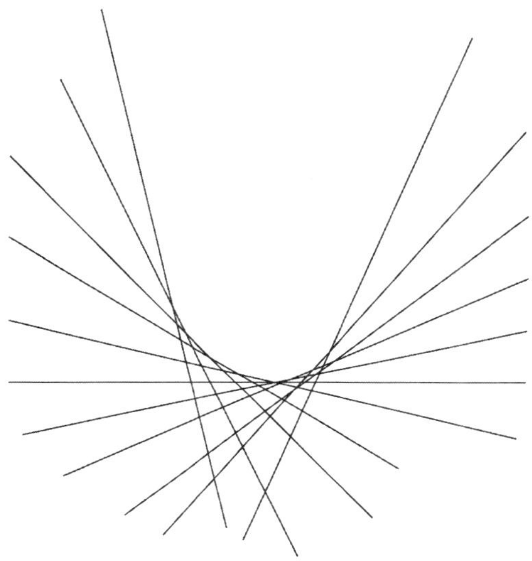

그림 4.5: 포락선

이제 (4.43)으로 돌아가서 해 $z = u(x, y)$ 의 그래프를 구하기 위하여 특성곡선의 방정식을 알아보자. 준선형 방정식에서는 $\mathbb{R}^3 = \{(x, y, z)\}$ 에서 특성 벡터장(characteristic vector field)이 존재하여 주어진 초기조건 $x = f(s), y = g(s), z = h(s)$ 의 각 s 에 대하여 유일한 특성 곡선을 구할 수 있었다. 그러나 일반적인 일계편미방에서는 xyz-공간에 특성 방향이 유일하게 결정되지 못하고 아래에 논하게 되듯이 여러 가능한 방향들이 주어진다. 이제 우리는 1-jet 공간 $\mathbb{R}^5 = \{(x, y, z, p, q)\}$ 에서 정의된 함수

$$F(x, y, z, p, q) = 0, \quad (F_p, F_q) \neq (0, 0) \tag{4.46}$$

을 생각하자. 주어진 점 (x_0, y_0, z_0) 에서 (4.46)은 모든 가능한 해 $z = u(x, y)$ 의 그래프의 접 평면

$$z - z_0 = p(x - x_0) + q(y - y_0) \tag{4.47}$$

을 준다. $F_q \neq 0$라고 가정하면

$$F(x_0, y_0, z_0, p, q) = 0 \tag{4.48}$$

를 q에 관하여 풀어 $q = q(p)$를 얻는다. (4.47)은 평면의 1-매개변수족이므로 이들의 포락면은 (4.47)을 매개변수 p에 관하여 미분한

$$0 = (x - x_0) + \frac{dq}{dp}(y - y_0) \tag{4.49}$$

을 연립하여 p에 관해 풀어 ($\frac{dq}{dp}$는 p의 함수) $p = p(x, y)$를 (4.47)에 대입하여 평면군 (4.47)의 포락면을 얻는다. 이 포락면을 **몽주 뿔(Monge cone)**이라 부른다. 따라서 해 $z = u(x, y)$의 그래프의 임의의 점에서 몽주 뿔이 접하고 있으며, 이 접촉된 방향은 특성곡선을 정의한다. 해의 그래프는 엽층화(foliate)된다.

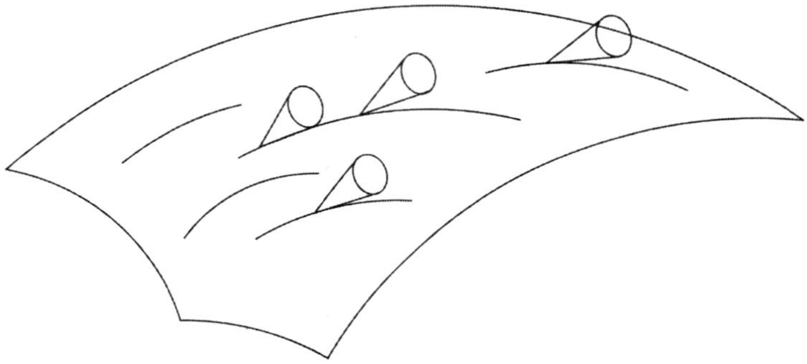

그림 4.6: 몽주 뿔(Monge cone)

이제 특성곡선을 정의하는 방정식을 구해보자. 먼저 $z = u(x, y)$을 (4.43)의 해라고 가정하고, 그 그래프의 각 점에서 몽주 뿔이 접하는 방향을 알아보자. (4.47)과 (4.49)로부터 그래프 위의 특성곡선을 따라서는

$$\begin{aligned} dz &= p\ dx + q(p)\ dy, \\ 0 &= dx + \frac{dq}{dp}(p)\ dy \end{aligned} \tag{4.50}$$

을 얻는다. 한편 (4.48)을 p로 미분하여

$$F_p + F_q \frac{dq}{dp} = 0 \tag{4.51}$$

을 얻고, 이로부터 $\frac{dq}{dp} = -F_p/F_q$을 얻어 (4.50)에 대입하면 $dx : dy = F_p : F_q$를 얻는다.

고로 특성곡선의 x와 y 좌표에 관한 방정식을

$$\begin{aligned} \frac{dx}{dt} &= F_p(x,y,z,p,q) \\ \frac{dy}{dt} &= F_q(x,y,z,p,q) \end{aligned} \tag{4.52}$$

이라 두면 (4.50)의 첫 방정식으로부터

$$\frac{dz}{dt} = pF_p(x,y,z,p,q) + qF_q(x,y,z,p,q) \tag{4.53}$$

을 얻는다. 이제 특성곡선을 정의하려면 p와 q의 변화율도 규정해야 한다. $z = u(x,y)$가 (4.43)의 해라고 가정하였으므로

$$F(x,y,u(x,y),u_x(x,y),u_y(x,y)) = 0$$

이고 이를 x와 y로 각각 미분하고 $p = u_x$, $q = u_y$라고 쓰기로 하면

$$\begin{aligned} F_x + F_z p + F_p u_{xx} + f_q u_{yx} &= 0 \\ F_y + F_z q + F_p u_{xy} + f_q u_{yy} &= 0 \end{aligned} \tag{4.54}$$

을 얻는다. 그런데 $du_x = u_{xx}dx + u_{xy}dy$이므로 $\frac{dp}{dt} = u_{xx}\frac{dx}{dt} + u_{xy}\frac{dy}{dt}$이고 (4.52)와 (4.54)에 의하여

$$\begin{aligned} \frac{dp}{dt} &= u_{xx}F_p - u_{xy}F_q \\ &= -F_x - F_z p \end{aligned} \tag{4.55}$$

이다. 같은 방법으로

$$\begin{aligned} \frac{dq}{dt} &= u_{yx}F_p - u_{yy}F_q \\ &= -F_y - F_z q \end{aligned} \tag{4.56}$$

을 얻는다. 다섯 개의 상미방 (4.52), (4.53), (4.55), (4.56)은 특성곡선을 정의한다. 이 곡선은 $xyzpq$-공간의 곡선이고 (p,q)는 xyz-공간의 평면의 방향 $(p,q,-1)$을 주는 것이므로 이 5차원의 곡선은 기하적으로 해석하면 xyz-공간의 평면들의 1-매개변수족으로 $dz = pdx + qdy$을 만족하여 물고기의 비늘처럼 하나의 곡선을 따라 곡면의 연속적인 접평면들이 될 필요조건을 갖추고 있다. 이 다섯개의 상미방의 해 $(x(t),y(t),z(t),p(t),q(t))$를 특성띠 (characteristic strip)라고 부르고, xyz-공간의 곡선 $(x(t),y(t),z(t))$를 특성띠의 지지 (support) 곡선이라 부른다.

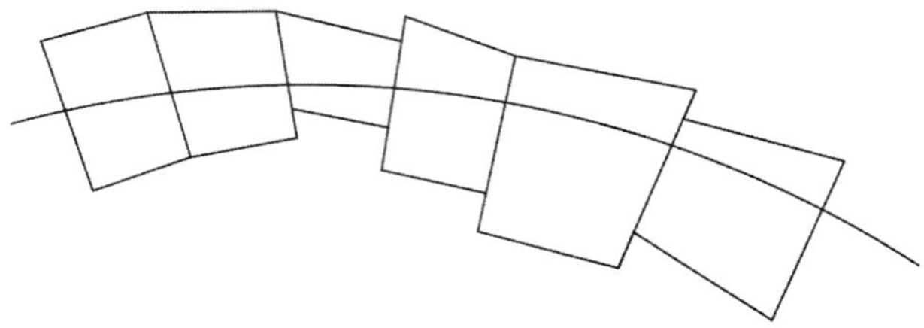

그림 4.7: 특성띠 (characteristic strip)

일반적인 일계미방 (4.43) 에 대하여 코시 데이터 (초기치) 가

$$x = f(s), y = g(s), z = h(s)$$

로 주어졌다고 하자. 이 곡선을 1-jet 공간, 즉 5차원 $xyzpq$-공간으로 끌어 올리기 위하여

$$F(f(s), g(s), h(s), p, q) = 0 \tag{4.57}$$

과 $dz = pdx + qdy$ 로부터 얻은

$$h'(s) = pf'(s) + qg'(s) \tag{4.58}$$

를 연립으로 p와 q에 관하여 풀어 $p(s), q(s)$를 얻고자 한다. 음함수정리에 의하여

$$\begin{vmatrix} F_p & F_q \\ f' & g' \end{vmatrix} \neq 0 \tag{4.59}$$

이 만족되면 가능하다. (4.59) 가 만족되면 코시 데이터가 비특성적 (non-characteristic) 이라 말한다. 초기조건 $\Gamma(s) := (x(s), y(s), z(s), p(s), q(s))$ 가 비특성적일 때 $\Gamma(s)$ 의 각 점에서부터 특성곡선 방정식의 해 $x(s,t), y(s,t), z(s,t)$ 를 얻는다. 상미방의 근본정리에 의하여 이 해가 미분가능한 곡면을 이룬다.

4.2.5 일반해 (general solution) 의 포락면으로서의 특이해 (singular solution)

일반적인 일계미방 (4.43) 에 대하여 1-매개변수족의 해

$$z = G(x, y, \lambda) = 0 \tag{4.60}$$

이 존재한다고 하자. 각 λ에 대하여 해 곡면 (4.60)을 S_λ 이라 표기하고 그 포락면(envelope)을 S라 하자. S는 각 점에서 하나의 S_λ에 접하며 (4.43)은 그래프의 접평면의 방향을 규정하는 식이므로 명백히 포락면 S도 (4.60)의 해가 된다. 다음 예에서 보듯이 상미방의 특이해도 포락선(envelope)의 한 예이다.

예제 4.18 상미방 $(y')^2 - 4y = 0$의 일반해는 $y = (x-\lambda)^2$이다. 그 포락선 $y = 0$은 특이해이다.

이제 기하적 광학에서 제기되는 아이코날 방정식(eikonal equation) $|\nabla u| = 1/c$, 즉

$$(u_x)^2 + (u_y)^2 = 1/c^2 \tag{4.61}$$

을 공부하고자 한다. xy-평면의 원점에 광원이 있다 하자. 빛의 속도를 c라 하면 점 (x,y)에 빛이 도달하는 시간 $u(x,y) = \frac{1}{c}\sqrt{x^2+y^2}$ 은 (4.61)의 해이다.

연습문제 4.19

(4.61)의 2-매개변수족의 해

$$u(x,y,\lambda,\mu) = \frac{1}{c}\sqrt{(x-\lambda)^2+(y-\mu)^2} \tag{4.62}$$

에서 1-매개변수 부분족 $\mu = a\lambda$의 포락면으로 얻어지는 해를 구하라.

연습문제 4.20

(4.61)의 2-매개변수족의 해

$$u(x,y,\lambda,\mu) = x\cos\lambda + y\sin\lambda + \mu \tag{4.63}$$

에서 1-매개변수 부분족 $\mu = 0$의 포락면으로 얻어지는 해를 구하라.

일반적으로 $u(x), x = (x^1,\ldots,x^p) \in \mathbb{R}^p$에 대한 일계미방

$$F(x,u,\nabla u) = 0, \tag{4.64}$$

을 생각하자.

정의 4.21

$a = (a^1, \ldots, a^p) \in \mathbb{R}^p$라 할 때 C^2 함수 $u(x, a)$가 각 a의 값에 대하여 (4.64)의 해이고

$$(\nabla_a u, \nabla_a u_1, \cdots, \nabla_a u_p) := \begin{bmatrix} \frac{\partial u}{\partial a^1} & \frac{\partial^2 u}{\partial x^1 \partial a^1} & \cdots & \frac{\partial^2 u}{\partial x^p \partial a^1} \\ \vdots & \vdots & \ddots & \vdots \\ \frac{\partial u}{\partial a^p} & \frac{\partial^2 u}{\partial x^1 \partial a^p} & \cdots & \frac{\partial^2 u}{\partial x^p \partial a^p} \end{bmatrix}_{p \times (p+1)} \tag{4.65}$$

의 위수(rank)가 p이면 $u(x, a)$를 (4.64)의 **완비적분(complete integral)**이라고 부른다.

위 정의의 최대위수(maximal rank)가 p라는 조건은 완비적분이 실제로는 $a_1, \ldots, a_p$에 모두 의존하고 있다는 의미이다. 만일 완비적분이 실제로 $(p-1)$개의 매개변수

$$b_k = \psi^k(a), \quad k = 1, \ldots, p-1$$

에 의존하고 있다고 가정하면 연쇄법칙에 의하여

$$u_{a_j} = \sum_{k=1}^{n-1} v_{b_k} \psi^k_{a_j}$$

$$u_{x_i a_j} = \sum_{k=1}^{n-1} v_{x_i b_k} \psi^k_{a_j}$$

이며, 이를 행렬로 표현하면

$$\begin{bmatrix} u_{a_1} & u_{x_1 a_1} & \cdots & u_{x_{n-1} a_1} \\ \vdots & \vdots & \ddots & \vdots \\ u_{a_n} & u_{x_1 a_n} & \cdots & u_{x_{n-1} a_n} \end{bmatrix}_{n \times n}$$

$$= \begin{bmatrix} \psi^1_{a_1} & \psi^2_{a_1} & \cdots & \psi^{n-1}_{a_1} \\ \vdots & \vdots & \ddots & \vdots \\ \psi^1_{a_n} & \psi^2_{a_n} & \cdots & \psi^{n-1}_{a_n} \end{bmatrix}_{n \times (n-1)} \begin{bmatrix} v_{b_1} & v_{x_1 b_1} & \cdots & v_{x_{n-1} b_1} \\ \vdots & \vdots & \ddots & \vdots \\ v_{b_{n-1}} & v_{x_1 b_{n-1}} & \cdots & u_{x_{n-1} b_{n-1}} \end{bmatrix}_{(n-1) \times n} \tag{4.66}$$

(4.66)의 우변의 두 행렬의 곱은 위수(rank)가 최대 $(n-1)$이므로 행렬식은 영이다. 같은 방법으로 (4.65)의 모든 $n \times n$ 부분행렬의 행렬식이 영이 되어 최대위수 조건과 모순된다.

연습문제 4.22

2-매개변수족 (4.63) 은 (4.61) 의 완비적분이다.

연습문제 4.23

가장 간단한 형태의 해밀턴-야코비 방정식 (Hamilton-Jacobi equation)

$$u_t + H(\nabla_x u) = 0, \quad \text{단} \ \ x \in \mathbb{R}^n, t \in \mathbb{R}, \ H : \mathbb{R}^n \to \mathbb{R} \tag{4.67}$$

에 대하여

$$u(x,t,a,b) := a \cdot x - tH(a) + b, \quad \text{단} \ \ a \in \mathbb{R}^n, t \in \mathbb{R}$$

은 완비적분이다.

이제 아이코날 방정식 (4.61) 의 초기치 문제를 논하고자 한다. xy-평면 위의 곡선 $\gamma(s) := (f(s), g(s))$ 위에 연속적인 광원이 있다면 시간 t 의 파면집합 (wave front set) 은 $\gamma(s)$ 에 평행인 곡선이 되며 (4.61) 의 해는 1-매개변수족의 해

$$u(x,y,s) = \frac{1}{c}\sqrt{(x-f(s))^2 + (y-g(s))^2} \tag{4.68}$$

의 포락면이 되리라 예상하고 특성띠 (characteristic strip) 방정식을 풀어서 이를 보이고자 한다.

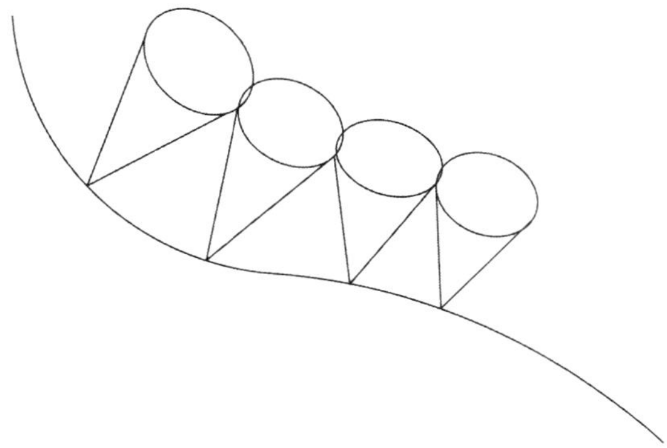

그림 4.8: 아이코날 방정식의 몽주 뿔

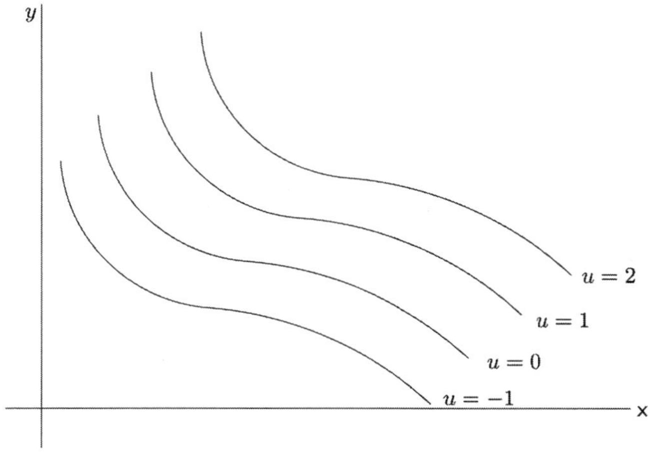

그림 4.9: 아이코날 방정식의 해의 등위선

편의상 (4.61)을

$$F(x, y, z, p, q) = \frac{1}{2}(c^2p^2 + c^2q^2 - 1) = 0 \tag{4.69}$$

이라 두면 특성곡선 방정식 (4.52), (4.53), (4.55), (4.56) 은 이 경우

$$\begin{aligned} \frac{dx}{dt} &= c^2p, \\ \frac{dy}{dt} &= c^2q, \\ \frac{dz}{dt} &= c^2(p^2 + q^2) = 1, \\ \frac{dp}{dt} &= 0, \\ \frac{dq}{dt} &= 0 \end{aligned} \tag{4.70}$$

이 된다. 일반적인 코시 데이터

$$x = f(s), \ y = g(s), \ z = h(s) \tag{4.71}$$

가 주어졌다 하자. 이를 $xyzpq$-공간으로 올리기 위하여 $p = \phi(s)$, $q = \psi(s)$라 두면 (4.61)과 (4.58)에 의하여

$$\begin{aligned} \phi(s)^2 + \psi(s)^2 &= \frac{1}{c^2} \\ \phi(s)f'(s) + \psi(s)g'(s) &= h'(s) \end{aligned} \tag{4.72}$$

이고 ϕ와 ψ에 관하여 이 연립방정식을 푼다. 이 때 이차방정식의 근의 판별식으로부터

$$(f')^2 + (g')^2 < c^2(h')^2 \tag{4.73}$$

이면 실근이 존재하지 않는다. 이 경우 코시 데이터를 **시간류(time-like)**라고 말한다. 초기치가 시간류이면 일반적으로 해가 존재하지 않는다. 한편

$$(f')^2 + (g')^2 > c^2(h')^2 \tag{4.74}$$

일 때는 코시 데이터를 **공간류(space-like)**라고 말하며 두 쌍의 실근을 갖는데 단지 부호가 다를 뿐이다. 우리의 주된 관심사인 초기조건 $h(s) = 0$은 공간류이다. 초기조건 $(f(s), g(s), 0, \phi(s), \psi(s))$에 대한 연립상미방의 초기치 문제 (4.70), (4.71), (4.72) 를 풀어서

$$\begin{aligned} &x = f(s) + c^2\phi(s)t, \quad y = g(s) + c^2\psi(s)t \\ &z = t, \quad p = \phi(s), \quad q = \psi(s) \end{aligned} \tag{4.75}$$

을 얻는다. xy-평면에서 해 $u(x,y)$의 등위선(level curve)을 보면 곡선 $(f(s), g(s))$를 $(\phi(s), \psi(s))$ 방향으로 평행이동한 곡선임을 볼 수 있다. 또한

$$\left(\frac{dx}{dt}\right)^2 + \left(\frac{dy}{dt}\right)^2 = c^4\left(\phi^2 + \psi^2\right) = c^2$$

이므로 t-곡선 즉 광선의 속도는 c임을 볼 수 있다.

⊙ 해밀턴 (William Rowan Hamilton, 1805-1865, 아일랜드) 고전역학, 광학, 대수학에 기여, 사원수를 창안함.

⊙ 야코비 (Carl Gustav Jacob Jacobi, 1804-1851, 독일) 프러시아의 유대인 가정에서 태어남.

4.3 미분방정식의 대칭성

미분방정식의 **대칭성**이란 개략적으로 말해서 해(解)를 해로 보내는 변환, 혹은 미분작용소를 말한다. 모든 의미 있는 미분방정식은 대칭성을 가지고 있다. 일별하면 알 수 있도록 드러난 대칭성이 있는가 하면 복잡한 계산을 거쳐야 그 존재를 알 수 있도록 교묘하게 숨어있는 대칭성도 있다. 독립변수 $x = (x^1, \ldots, x^p)$에 대한 종속변수 $u = (u^1, \ldots, u^q)$의 m계까지의 모든 편도함수를 $u^{(m)}$이라 표시하고 집합 $\{(x, u^{(m)})\}$을 m-제트 공간이라 부르자. 미지함수 u에 대한 m계의 연립 편미분방정식

$$\triangle_\lambda(x, u^{(m)}) = 0, \quad \lambda = 1, \ldots, \ell \tag{4.76}$$

을 생각하자. 미분방정식의 대칭성에 관하여 우리의 일차적인 관심사는 연속대칭군(continuous group of symmetries)을 계산으로 찾아내는 데 있다. 연속대칭군의 무한소생성원(infinitesimal generator, 정의 4.25 참조)을 본 절에서는 무한소대칭(infinitesimal symmetry)이라 부르겠다. 무한소대칭은 대칭군의 항등원 연결성분(identity component)을 결정한다.

그러면 미분방정식의 대칭성의 정의는 무엇인가? 다음과 같은 미분방정식의 대칭성의 개념들이 알려져 있다.

1. 점집합 대칭

0차 제트 공간, 즉 (x, u) 공간의 국소적 미분동형사상(diffeomorphism) ϕ가 (4.76)의 **점집합 대칭(point symmetry)**이라 함은 ϕ의 m번째 길이늘임(prolongation) $\phi^{(m)}$이 (4.76)에 의해 정의된 m-제트 공간의 부분다양체 $S_\triangle$를 보존할 때, 즉

$$\mathrm{pr}\phi : S_\triangle \to S_\triangle$$

일 때 ϕ를 점집합 대칭이라 부른다.

점집합 대칭은 리(Sophus Lie)가 주로 상미방에 대하여 연구한 바 있으며 오늘날도 꾸준히 연구가 이어지고 있다. 미방의 대칭군에 관한 논문과 저작물은 1874년 이후에 Lie와 그 후속 연구자들에 의하여 출판되었다. 점집합 대칭군(point symmetry group)은 다음 목적에 사용된다.

1) 상미방의 경우 적분으로 해를 구한다.
2) 하나의 해를 알면 대칭군을 작용하여 많은 해를 알 수 있다.
3) 편미방의 경우 변수의 수를 줄일 수 있다.

(x, u) 공간의 벡터장

$$V = \xi^i(x,u)\frac{\partial}{\partial x^i} + \phi_\alpha(x,u)\frac{\partial}{\partial u^\alpha} \tag{4.77}$$

가 (4.76) 의 무한소대칭일 필요충분조건은 다음과 같다.

$$(\mathrm{pr}V)\triangle = 0, \quad \mathrm{mod}\ (\triangle). \tag{4.78}$$

2. 일반화된 대칭

벡터장의 계수들이 u 의 미분에도 의존할 때, 즉

$$\tilde{V} = \xi^i(x,u^{(m)})\frac{\partial}{\partial x^i} + \phi^\alpha(x,u^{(m)})\frac{\partial}{\partial u^\alpha} \tag{4.79}$$

꼴의 표현을 **일반화된 벡터장**(generalized vector field)이라고 하고, 또한 $\tilde{V}$ 가

$$(\mathrm{pr}^{(m)}V)\ \triangle = 0, \quad \mathrm{mod} \quad (\mathrm{pr}\ \triangle), \tag{4.80}$$

을 만족할 때 $\tilde{V}$ 를 **일반화된 대칭**(generalized symmetry)이라고 부른다. 여기에서 $pr\triangle$ 은 $\triangle$ 와 연쇄법칙으로 각 독립변수 x^j 로 미분한 그들의 미분을 의미한다. 일반화된 대칭들의 집합은 역시 리대수를 이룬다. 이 개념은 20세기 초 뇌터(Emmy Noether, 1882-1935)가 창안하였다. 벡터장의 계수가 제트의 함수가 되는 형식적인 계산은 미분방정식과 관련한 불변량 계산에서 제기된다. 변분구조를 갖는 미방의 경우, 변분구조의 대칭대수의 원소로부터 이 변분구조의 오일러-라그랑주 방정식에 관한 보존률(conservation law)이 유도된다. 역으로 임의의 보존률은 변분구조의 대칭대수로부터 얻어진다. 이것이 1918년에 발표된 뇌터의 보존율 정리인데 다음 절에서 논하게 될 것이다.

3. 내재적 대칭

이 개념은 엘리 카르탕(Elie Cartan, 1869-1951)이 창안하였다. (4.76)의 **내재적 대칭**(internal symmetry)이라 함은 $S_\triangle$ 에서 자신으로 가는 국소적인 미분동형사상(diffeomorphism) 으로 접촉형식 (contact form) 을 보존하는 사상 혹은 이를 생성하는 $S_\triangle$ 위의 벡터장을 말한다.

위의 세 가지 대칭성의 개념 사이에

$$\text{점집합 대칭} \Longrightarrow \text{내재적 대칭} \Longrightarrow \text{일반화된 대칭}$$

와 같은 포함관계가 있다.

4. 작용소에 의한 대칭성

(4.76) 의 해에 미분작용소 D를 작용하였을 때 또다시 (4.76) 의 해가 되는, 즉

$$\triangle u = 0 \Longrightarrow \triangle Du = 0 \tag{4.81}$$

이 성립하는 D를 (4.76) 의 **대칭작용소** (symmetry operator)라고 부르기로 하자. D가 대칭작용소일 필요충분조건은

$$\triangle D = \delta \triangle, \tag{4.82}$$

을 만족하는 어떤 미분작용소 δ가 존재한다는 것이다. (4.76) 의 대칭작용소들의 집합은 리대수를 이룬다.

이상으로 네 가지 대칭성의 개념 외에도 앞으로 미분방정식의 대칭성에 대한 이해가 깊어짐에 따라 새로운 개념들이 등장하리라 예상한다. 우리는 이 장에서 주로 P. Olver 의 책 [123] 의 정의와 기호를 따르며 점집합 대칭만을 다루고자 한다. [123] 와 다른 점은 미분방정식의 대칭군과 무한소대칭의 정의 (정의 4.48, 정의 4.49) 에서 미방의국소적 가해성 (local solvability) 을 가정하지 않았다. 대칭군의 이론을 과결정 편미분방정식에 적용하기 위하여는 해의 존재를 가정하지 않고 대칭성을 정의하여야 하기 때문이다. 뿐만 아니라 미방의 대칭성은 해의 존재와 무관하게 접근하는 것이 보다 자연스럽다고 여겨진다.

4.3.1 국소적 리 변환군

M을 m차원의 C^∞ 다양체라 하자. 모든 우리의 논의는 국소적이므로 M을 $\mathbb{R}^m$의 열린 부분집합이라 하여도 무방하다. G를 M의 작은 열린 부분집합에서 정의된 국소적 미분동형사상(local diffeomorphism)들의 집합이라 하자.

정의 4.24

G가 다음 조건들을 만족하면 M에 작용하는 **국소적 변환군**(local group of tranformations)이라고 부른다:

i) M의 항등사상 e가 G에 포함된다.
ii) 임의의 $f \in G$에 대하여 f^{-1}이 G의 원소이다.
iii) 임의의 두 원소 $f, g \in G$에 대하여 f의 치역(image)이 g의 정의역에 포함된다면, 그들의 합성함수 $g \circ f$가 G의 원소이다.
iv) 곱이 정의되어 있는 경우 결합률 $h(gf) = (hg)f$가 성립한다.

G에 콤팩트-열린 위상(compact-open topology)을 주면 G는 위상군이 된다. 그러면 군작용

$$\begin{array}{ccc} G \times M & \rightarrow & M \\ (g, x) & \mapsto & g(x) \end{array} \tag{4.83}$$

은 연속함수이다. 이제 우리는 G의 무한소 생성원(infinitesimal generator)을 논하기로 한다. $x = (x^1, \ldots, x^m)$를 M의 좌표라 하자. M 위의 벡터장 $V = \sum_{j=1}^m a^j(x) \frac{\partial}{\partial x^j}$ 에 대한 흐름 사상(flow map)을 $\phi : M \times (-\varepsilon, \varepsilon) \to M$이라 하면

$$g_t = exp\ tV := \phi(\ , t) \tag{4.84}$$

은 M의 국소적 미분동형사상이다. C^∞ 벡터장에 대하여 흐름사상(flow map)이 존재하고 C^∞임은 상미방의 기본정리로부터 나온다 ([138] 참조).

정의 4.25

G는 다양체 M에 작용하는 국소적 변환군이고 V는 M 위의 벡터장이라 하자. 모든 t $(-\varepsilon < t < \varepsilon)$에 대하여 $exp\ tV$가 G의 원소이면 V를 G의 **무한소 생성원** (infinitesimal generator)이라고 부른다.

정의 4.26

다양체 M에 작용하는 위상군 G가 **국소적 리 변환군**(local Lie group of transformations)이라 함은 유한개의 무한소생성원 $V_1, \ldots, V_n$이 존재하여 G의 항등원 연결성분 (identity component) G_0를 생성하는 경우를 말한다.

문제 4.27

G가 국소적 리 변환군이고 $V_1, \ldots, V_n$이 그 무한소생성원이라 하면 G의 항등원 연속성분 G_0를 $n \times n$ 행렬공간 $M_{n\times n}(\mathbb{R})$ 속으로 매장(embed)시킬 수 있는가? 행렬공간으로 매장되는 경우 G는 행렬공간의 C^∞ 부분공간으로 다양체 구조를 갖게 되며 군의 연산

$$\begin{array}{rcl} G \times G & \to & G \\ (g,h) & \mapsto & gh \end{array} \tag{4.85}$$

은 C^∞ 함수가 된다.

$\mathbb{R}^3$의 등장변환군(강체변환군) $E(3)$을 예로 들어보자. 3차원 유클리드 공간에서 거리를 보존하는 변환을 **유클리드 운동**(euclidean motion), 혹은 **강체운동**(rigid motion)이라고 부른다. 3차원 공간의 유클리드 운동의 집합을 $E(3)$이라고 표기하자. 국소적 사상

$$u = (u^1(x), u^2(x), u^3(x)) : \mathbb{R}^3 \to \mathbb{R}^3$$

이 유클리드 운동이 되기 위한 필요충분 조건은

$$\sum_{\alpha=1}^{3} u_i^\alpha u_j^\alpha = \delta_{ij} \quad \text{(Kronecker delta)}, \quad \forall i,j = 1,2,3 \tag{4.86}$$

이다. 여기에서 $u_j^\alpha = \frac{\partial u^\alpha}{\partial x^j}$이다.

연습문제 4.28

등장변환 u^α $(\alpha = 1, 2, 3)$ 의 2계 편도함수는 모두 영임을 보이라.
힌트: (4.86) 을 x^k 에 대하여 미분한 식을 (ijk) 라고 할 때 $(ijk) + (jki) - (kij)$ 를 계산하라. $u(x)$ 가 미분동형사상이므로 (u^j_k) 가 가역행렬이다.

연습문제 4.29

등장변환은 $u^\alpha(x) = \sum_{j=1}^3 a^\alpha_j x^j + b^\alpha$ $(\alpha = 1, 2, 3)$ 꼴의 일차함수이며 계수들의 행렬 $A = (a^\alpha_j)$ 는 직교행렬, 즉, $A^t A = I$ 임을 보여라.

임의의 직교행렬 A 에 대하여 $\det A = \pm 1$ 이다. 직교행렬들의 군 (직교군, orthogonal group) 을 $O(n)$ 이라 표기하고, 그 부분군 $\{A \in O(n) : \det A = 1\}$ 을 $SO(n)$ 이라 표기한다. $SO(n)$ 은 $O(n)$ 의 항등원 연결성분이다.

연습문제 4.30

$u(x)$ 가 유클리드 운동이면 $u = A\mathbf{x} + \mathbf{b}$, 즉

$$\begin{bmatrix} u^1(x) \\ u^2(x) \\ u^3(x) \\ 1 \end{bmatrix} = \begin{bmatrix} a^1_1 & a^1_2 & a^1_3 & b^1 \\ a^2_1 & a^2_2 & a^2_3 & b^2 \\ a^3_1 & a^3_2 & a^3_3 & b^3 \\ 0 & 0 & 0 & 1 \end{bmatrix} \begin{bmatrix} x^1 \\ x^2 \\ x^3 \\ 1 \end{bmatrix}$$

이라 쓸 수 있고 따라서 $E(3)$ 은

$$\begin{bmatrix} A_{3\times 3} & \mathbf{b} \\ \mathbb{O} & 1 \end{bmatrix}_{4\times 4}, \qquad A \in O(3) \tag{4.87}$$

꼴의 행렬군으로 표현된다. 단, $\mathbf{b} = (b^1, b^2, b^3)^t$, $\mathbb{O} = (0, 0, 0)$ 이다. 따라서 $E(3)$ 은 $\mathbb{R}^3$ 에 작용하는 6차원 리 변환군이다.

(4.87) 에서 $A \in O(3)$ 는 $\mathbb{R}^3$ 에서의 회전을, $\mathbf{b}$ 는 평행이동을 나타내고 있다.

명제 4.31

$E(3) = O(3) \propto \mathbb{R}^3$, 즉 강체운동은 회전과 평행이동의 합성이다.

$E(3)$ 의 항등원은 $\begin{bmatrix} I_3 & \mathbb{O}^t \\ \mathbb{O} & 1 \end{bmatrix}$ 이고 $E(3)$ 의 항등원 연결성분 (identity component) 은

$$\begin{bmatrix} A_{3\times 3} & \mathbf{b} \\ \mathbb{O} & 1 \end{bmatrix}, \qquad A \in SO(3) \tag{4.88}$$

꼴의 행렬군이다.

연습문제 4.32

$E(3)$ 의 무한소 생성원은

$$\begin{aligned} X_j &= \frac{\partial}{\partial x^j}, \quad j = 1, 2, 3 \\ V_1 &= -x^3 \frac{\partial}{\partial x^2} + x^2 \frac{\partial}{\partial x^3} \\ V_2 &= -x^1 \frac{\partial}{\partial x^3} + x^3 \frac{\partial}{\partial x^1} \\ V_3 &= -x^2 \frac{\partial}{\partial x^1} + x^1 \frac{\partial}{\partial x^2} \end{aligned} \tag{4.89}$$

임을 보여라.

(4.89) 에서 X_j $(j = 1, 2, 3)$ 은 평행이동을, V_1 은 x^1-축을 회전축으로 하는 회전을, V_2, V_3 은 각각 x^2-축, x^3-축을 회전축으로 하는 회전을 생성한다. 이 여섯 개의 벡터장들의 상계수 선형펼침 (linear span) $\mathcal{E}(3)$ 은 괄호연산 (bracket) 에 관하여 닫혀 있어 리 대수를 이룬다.

연습문제 4.33

$\mathcal{E}(3)$ 의 리 대수 구조, 즉 괄호연산(bracket)의 연산표를 구하라.

X_j, V_j $(j = 1, 2, 3)$ 와 같이 계수가 일차함수인 벡터장 혹은 그들의 흐름사상(flow map)을 **선형 흐름**(linear flow)이라 부른다. 이들 무한소 생성원에 대한 행렬 표현을 이제 논하고자 한다. 먼저 $o(n)$ 을 $n \times n$ 꼬인 대칭(skew-symmetric) 인 실수의 행렬의 집합이라 하자.

연습문제 4.34

$O(n)$ 의 리 대수는 $o(n)$ 이다. 즉

a) $O(n)$ 의 항등원에서의 접평면은 $o(n)$ 이다.

b) $A \in o(n)$ 이면 $exp\ tA := \sum_{k=0}^{\infty} \frac{1}{k!} t^k A^k$ 는 $O(n)$ 의 원소이다.

이제 $\mathcal{E}(3)$ 의 행렬 표현을 논하기로 한다. $\mathbb{R}^3$ 의 위치벡터를 $(x^1, x^2, x^3, 1)^t$ 라고 하면 선형흐름 (4.89) 는

$$\begin{bmatrix} x^1 \\ x^2 \\ x^3 \\ 1 \end{bmatrix}' = \begin{bmatrix} A & \mathbf{b}^t \\ \mathcal{O} & 0 \end{bmatrix} \begin{bmatrix} x^1 \\ x^2 \\ x^3 \\ 1 \end{bmatrix}, \tag{4.90}$$

여기에서 $A \in o(3)$, 즉 꼬인 대칭 (skew symmetric) 이 된다. 즉 X_j 와 V_j, $(j = 1, 2, 3)$ 은 각각 행렬

$$X_1 = \begin{bmatrix} 0 & 0 & 0 & 1 \\ 0 & 0 & 0 & 0 \\ 0 & 0 & 0 & 0 \\ 0 & 0 & 0 & 0 \end{bmatrix}, \qquad X_2 = \begin{bmatrix} 0 & 0 & 0 & 0 \\ 0 & 0 & 0 & 1 \\ 0 & 0 & 0 & 0 \\ 0 & 0 & 0 & 0 \end{bmatrix}, \qquad X_3 = \begin{bmatrix} 0 & 0 & 0 & 0 \\ 0 & 0 & 0 & 0 \\ 0 & 0 & 0 & 1 \\ 0 & 0 & 0 & 0 \end{bmatrix}$$
$$V_1 = \begin{bmatrix} 0 & 0 & 0 & 0 \\ 0 & 0 & -1 & 0 \\ 0 & 1 & 0 & 0 \\ 0 & 0 & 0 & 0 \end{bmatrix}, \qquad V_2 = \begin{bmatrix} 0 & 0 & 1 & 0 \\ 0 & 0 & 0 & 0 \\ -1 & 0 & 0 & 0 \\ 0 & 0 & 0 & 0 \end{bmatrix}, \qquad V_3 = \begin{bmatrix} 0 & -1 & 0 & 0 \\ 1 & 0 & 0 & 0 \\ 0 & 0 & 0 & 0 \\ 0 & 0 & 0 & 0 \end{bmatrix} \tag{4.91}$$

로 표현된다.

연습문제 4.35

여섯 개의 행렬 (4.91) 로 생성되는 리 대수와 $\mathcal{E}(3)$ 은 동형 (isomorphic) 이다.

4.3.2 벡터장에 대한 불변 집합

M^m 이 미분다양체 혹은 $\mathbb{R}^m$ 의 열린 부분집합이라 하자. 먼저 국소적 해석기하의 기본적인 사실들을 살펴보기로 한다.

정의 4.36

실함수들의 집합 $\rho = (\rho^1, \ldots, \rho^d)$ 가 $d\rho^1 \wedge \cdots \wedge d\rho^d \neq 0$ 을 만족하면 ρ 는 **비퇴화** (non-degenerate)라고 부른다.

실함수의 집합 ρ 가 비퇴화이면 ρ 의 공통 영집합 $\mathcal{S}_\rho := \{\rho^1 = \cdots = \rho^d = 0\}$ 는 M 의 부분다양체이다. 이제 M 에서 정의된 C^∞ 실함수들 전체의 집합을 $C^\infty(M)$ 이라 표기하자. $C^\infty(M)$ 은 가환환 (commutative ring) 이고 ρ 가 생성하는 아이디얼, 즉 $\sum_{j=1}^d a^j \rho^j$, $a^j \in C^\infty(M)$ 꼴의 실함수들의 집합을 $\mathcal{I}(\rho)$, 혹은 (ρ) 라고 표기하기로 한다. 임의의 두

실함수 $f, g \in C^\infty(M)$에 대하여 $f - g$가 아이디얼 $\mathcal{I}(\rho)$에 속하면

$$f \equiv g, \quad \mod (\rho)$$

이라 쓴다.

정리 4.37 (비퇴화함수의 공통 영집합)

$f \in C^\infty(M)$가 비퇴화된 실함수 $\rho = (\rho^1, \ldots, \rho^d)$의 공통 영집합 $\mathcal{S}_\rho$에서 영이 되기 위한 필요충분조건은 $f \equiv 0$, mod (ρ), 즉 어떤 $a^j \in C^\infty$, $j = 1, \ldots, d$가 존재하여

$$f = \sum_{j=1}^{d} a^j \rho^j$$

꼴로 표현되는 것이다.

[증명] $\rho^1, \ldots, \rho^d$가 비퇴화이므로 좌표변환하여 이들을 처음 d개의 좌표 $x^1, \ldots, x^d$라고 가정할 수 있다. 이제 M의 좌표계를

$$(x, y) = (x^1, \ldots, x^d, y^1, \ldots, y^p), \quad d + p = m,$$

라 두면

$$f(x, y) = f(0, y) + \sum_{j=1}^{d} \int_0^{x^j} f_j(x^1, \ldots, x^{j-1}, t, 0, \ldots, 0, y) dt$$

가 되는데, 각 $j = 1, \ldots, d$에 대하여 $t = x^j s$로 변수변환하면

$$f(x, y) = \sum_{j=1}^{d} x^j \int_0^{1} f_j(x^1, \ldots, x^{j-1}, x^j s, 0, \ldots, 0, y) ds \tag{4.92}$$

을 얻는다. 여기에서 $f_j = \frac{\partial f}{\partial x^j}$이다. 그런데, (4.92)에서 각 적분은 (x, y)에 관해 C^∞ 함수이므로 증명이 완료되었다. □

이제 M 위의 아무 곳에서도 영이 아닌 벡터장 V가 주어졌을 때 그에 대한 불변 부분집합을 논하기로 한다.

정의 4.38 (불변부분집합, invariant subset)

M의 아무 곳에서도 영이 아닌 벡터장 V에 대하여 부분집합 $S \subset M$가 불변이라 함은 모든 흐름(flow), 즉

$$g_t := exp\ (tV), \quad -\varepsilon < t < \varepsilon$$

가 S의 점을 S의 점으로 보냄을 의미한다.

다음 두 명제들은 자명하다.

명제 4.39

실함수 ρ가 V의 제일적분이면 ρ의 모든 등위집합(level set)은 V의 불변 부분집합이다.

명제 4.40

$S \subset M$이 C^∞ 부분다양체이면 S가 벡터장 V의 불변 부분집합일 필요충분조건은 V가 S에 접한다는 것이다.

또한 정리 4.37과 명제 4.40에 의하여 다음 정리를 얻는다.

정리 4.41

$\rho = (\rho^1, \ldots, \rho^d)$가 비퇴화된 C^∞ 실함수의 집합이라 하자. 이들의 공통 영집합 $\mathcal{S}_\rho$가 아무 곳에서도 영이 아닌 벡터장 V에 대한 불변 부분집합이 될 필요충분조건은

$$V\rho^j \equiv 0, \qquad \text{mod}\ (\rho) \tag{4.93}$$

이다.

연습문제 4.42

유클리드 3차원 공간 $\{(x, y, z)\}$ 의 벡터장

$$V = -y\frac{\partial}{\partial x} + x\frac{\partial}{\partial y} + (1+z^2)\frac{\partial}{\partial z} \tag{4.94}$$

에 대하여

a) $x^2 + y^2$ 과 $\frac{xz-y}{x+yz}$ 는 두 개의 독립인 제일적분이다.

b) $\rho^1(x,y,z) = x,\ \rho^2(x,y,z) = y$ 는 V 의 제일적분이 아니다. 그러나 $\rho = (\rho^1, \rho^2)$ 의 공통영집합 $\mathcal{S}_\rho$ 는 V 의 불변 부분집합이다.

c) $\rho^1(x,y,z) = x^2(1+z^2) - 1$ 과 $\rho^2(x,y,z) = xz - y$ 에 대하여도 b) 와 같은 질문으로 이들은 제일적분인가? 이들의 영점은 불변 부분집합인가?

4.3.3 벡터장의 길이늘임 공식 (prolongation formula)

열린집합 $X \subset \mathbb{R}^p$ 를 독립변수 $x = (x^1, \ldots, x^p)$ 의 영역이라 하고, 열린집합 $U \subset \mathbb{R}^q$ 를 종속변수 $u = (u^1, \ldots, u^q)$ 의 영역이라 하자. 그리고 정수 $n = 0, 1, 2, \ldots$ 에 대하여 n 계 이하의 편미분들의 공간 $J^n(X, U) := \{(x, u^{(n)}\}$ 을 n **번째 제트 공간**이라 부르자. 이제 $J^0(X, U) = X \times U$ 의 국소적 미분동형사상 g 에 대하여 n **번째 길이늘임**(prolongation)

$$pr^{(n)}g : J^n(X, U) \to J^n(X, U)$$

를 다음과 같이 정의한다. 임의의 $(x, u^{(n)}) \in J^n(X, U)$ 에 대하여 $f^{(n)}(x) = u^{(n)}$ 이 되는 함수 $u = f(x)$ 를 선택한다. 그리고, $(\tilde{x}, \tilde{u}) = g(x, u) := (\Xi(x, u), \Phi(x, u))$ 라 하자. f 의 그래프 $(x, f(x))$ 를 g 로 보낸 이미지를 $\tilde{u} = \tilde{f}(\tilde{x})$ 의 그래프라 하자. 그러면

$$pr^{(n)}g(x, u^{(n)}) := (\tilde{x}, \tilde{f}^{(n)}(\tilde{x}))$$

라고 정의한다. 즉,

$$\tilde{f}(\tilde{x}) := \Phi \circ (\mathbf{1} \times f) \circ [\Xi \circ (\mathbf{1} \times f)]^{-1}(\tilde{x}) \tag{4.95}$$

라고 정의하고 위와 같이 이 함수의 n 번째 제트 $(\tilde{x}, \tilde{f}^{(n)}(\tilde{x}))$ 을 $pr^{(n)}g$ 의 함수값으로 정의하고 있다. 여기에서 $(\mathbf{1} \times f)(x) := (x, f(x))$ 을 의미한다.

우리는 이 절에서 반복되는 지표에 대하여 합산관례 (summation convention) 를 사용하겠다. 지표는 $i, j, k = 1, \ldots, p$ 이고 $\alpha, \beta, \gamma = 1, \ldots, q$ 이며 다중지표 J 에 대하여는 $|J| \le n$

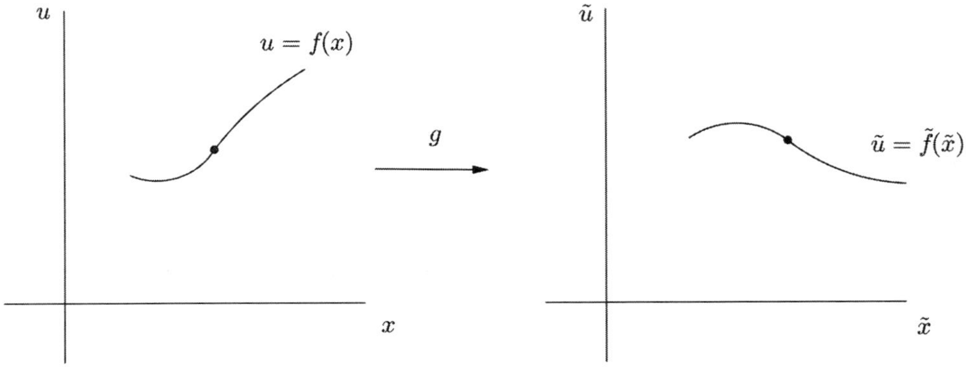

그림 4.10: 그래프의 변환

의 범위이다. 이제 $X \times U$ 위의 벡터장

$$V = \xi^i(x,u)\frac{\partial}{\partial x^i} + \phi_\alpha(x,u)\frac{\partial}{\partial u^\alpha} \tag{4.96}$$

의 길이늘임 (prolongation) 을 다음과 같이 정의한다.

정의 4.43 (길이늘임, prolongation)

$pr^{(n)}V$ 는 $J^n(X,U)$ 위의 벡터장

$$pr^{(n)}V \text{ at } (x,u^{(n)}) = \left.\frac{d}{d\varepsilon}\right|_{\varepsilon=0} pr^{(n)}(exp\ \varepsilon V)(x,u^{(n)})$$

을 말한다.

정리 4.44

$X \times U$ 위의 벡터장 (4.96)에 대하여

$$pr^{(n)}V = V + \phi_\alpha^J(x, u^{(n)})\frac{\partial}{\partial u_J^\alpha}$$

꼴이며, 이때

$$\phi_\alpha^J = D_J(\phi_\alpha - \xi^i u_i^\alpha) + \xi^i u_{Ji}^\alpha \tag{4.97}$$

이고

$$\phi_\alpha^{Jk} = D_k\phi_\alpha^J - (D_k\xi^i)u_{Ji}^\alpha \tag{4.98}$$

이다.

여기에서 D_k는 x^k에 관한 전미분(total derivative)이라 부르고 연쇄법칙을 사용하여 x^k에 관하여 미분하라는 뜻이다. 예를 들면 $f(x,u)$에 적용하게 되면

$$D_k f(x,u) = \frac{\partial f}{\partial x^k} + \frac{\partial f}{\partial u^\alpha}u_k^\alpha \tag{4.99}$$

이다.

정리 4.44의 증명 : n-제트 공간의 임의의 점 $(x, u^{(n)})$에서 그 점을 지나며 ε을 매개변수로 하는 곡선

$$pr^{(n)}\ exp\ \varepsilon V(x, u^{(n)})$$

을 생각하자. 이 곡선의 점 $(x, u^{(n)})$에서의 초기속도벡터가 $pr^{(n)}V$이다. 정리를 n에 관한 귀납법으로 증명하고자 한다.

$n = 1$일 때 : $(\tilde{x}, \tilde{u})$를

$$(\tilde{x}, \tilde{u}) = (exp\ \varepsilon V)(x, u) := (\Xi_\varepsilon(x,u), \Phi_\varepsilon(x,u))$$

라 두자. 임의의 $(x, u^{(1)}) \in J^1(X, U)$에 대하여 함수 $f(x)$를 $f^{(1)}(x) = u^{(1)}$가 되도록 선택하자. 그러면

$$\begin{aligned}\tilde{u} &= \tilde{f}(\tilde{x}) \\ &= (\Phi_\varepsilon \circ (\mathbf{1} \times f)) \circ [\Xi_\varepsilon \circ (\mathbf{1} \times f)]^{-1}(\tilde{x})\end{aligned} \tag{4.100}$$

을 얻는다. 이제

$$\phi_\alpha^k(x, u^{(1)}) = \frac{d}{d\varepsilon}\bigg|_{\varepsilon=0} \frac{\partial \tilde{u}^\alpha}{\partial \tilde{x}^k} \tag{4.101}$$

이므로 먼저 $\tilde{u}(\tilde{x})$의 야코비안을 구하면 (4.100)으로부터

$$\begin{aligned}\left[\frac{\partial \tilde{u}^\alpha}{\partial \tilde{x}^k}\right] &= J[\tilde{u}] \\ &= J[\Phi_\varepsilon(x, f(x))](J[\Xi_\varepsilon(x, f(x))])^{-1}\end{aligned} \tag{4.102}$$

을 얻는다. (4.102)에 $\frac{d}{d\varepsilon}|_{\varepsilon=0}$를 시행하고, 역행렬의 미분

$$(M^{-1})' = -M^{-1}M'M^{-1}$$

임을 이용하면 (4.101)로부터 다음을 얻는다. 먼저

$$\phi = (\phi^1, \cdots, \phi^q),\ \xi = (\xi^1, \cdots, \xi^p)$$

라고 표기하기로 하면

$$\left[\phi_\alpha^k(x, u^{(1)})\right]_{q\times p} = J[\phi(x, f(x))]_{q\times p} \cdot I_p - J[f(x)]_{q\times p} \cdot J[\xi(x, f(x))]_{p\times p} \tag{4.103}$$

을 얻는다. 한편

$$D_k\phi(x, u) = \frac{\partial \phi}{\partial x^k} + \frac{\partial \phi}{\partial u^\alpha}u_k^\alpha$$

이므로 (4.103)으로부터 $\alpha = 1, \ldots, q,\ k = 1, \ldots, p$에 대하여

$$\begin{aligned}\left[\phi_\alpha^k(x, u^{(1)})\right]_{q\times p} &= [D_k\phi_\alpha] - [u_i^\alpha][D_k\xi^i] \\ &= [D_k(\phi_\alpha - \xi^i u_i^\alpha) + \xi^i u_{ik}^\alpha]_{q\times p}\end{aligned} \tag{4.104}$$

을 얻어 $n = 1$일 때 정리는 참이다. 이제 n에 관한 귀납법을 사용하기 위하여 먼저

$$J^n(X, U) \subset J^1(X, U^{(n-1)})$$

임을 관찰하자. 예를 들면 $p = 2, q = 1, n = 2$인 경우

$$J^2(X, U) = \{(x, y, u, u_x, u_y, u_{xx}, u_{xy}, u_{yy})\} = \mathbb{R}^8$$

이다. 한편 $u_x = v, u_y = w$라고 두면

$$J^1(X, U^{(1)}) = \{(x, y, u, v, w, u_x, u_y, v_x, v_y, w_x, w_y)\} = \mathbb{R}^{11}$$

이고 부분집합 $v = u_x, w = u_y, v_y = w_x$은 $J^2(X, U)$와 동일하다.

한편,

$$pr^{(n-1)}V = V + \phi_\alpha^J \frac{\partial}{\partial u_J^\alpha}, \quad |J| \le n-1$$

이라 두면, $n=1$ 인 경우의 정리에 의하여

$$pr^{(1)}pr^{(n-1)}V = pr^{(n-1)}V + \phi_\alpha^{Jk}\frac{\partial}{\partial u_{Jk}^\alpha},$$

꼴이며, 이 때 귀납법의 가정에 의하여

$$\begin{aligned}\phi_\alpha^{Jk} &= D_k\phi_\alpha^J - (D_k\xi^i)\cdot u_{Ji}^\alpha \\ &= D_k[D_J(\phi_\alpha - \xi^i u_i^\alpha) + \xi^i u_{Ji}^\alpha] - (D_k\xi^i)\cdot u_{Ji}^\alpha \\ &= D_{Jk}(\phi_\alpha - \xi^i u_i^\alpha) + (D_k\xi^i)u_{Ji}^\alpha + \xi^i u_{Jik}^\alpha - (D_k\xi^i)\cdot u_{Ji}^\alpha \\ &= D_{Jk}(\phi_\alpha - \xi^i u_i^\alpha) + \xi^i u_{Jik}^\alpha\end{aligned} \tag{4.105}$$

을 얻어 증명이 완료되었다.

연습문제 4.45 (벡터장의 특성형)

V를 (4.96)의 벡터장이라 하고, 각 $\alpha = 1, \ldots, q$에 대하여

$$V_Q := \sum_{\alpha=1}^q Q_\alpha \frac{\partial}{\partial u^\alpha}, \quad \text{단 } Q_\alpha = \phi_\alpha - \sum_{i=1}^p \xi^i u_i^\alpha, \quad Q = (Q_1, \ldots, Q_q) \tag{4.106}$$

이라 두면

$$\text{pr } V_Q = \sum_{J,\alpha}(D_J Q_\alpha)\frac{\partial}{\partial u_J^\alpha} \tag{4.107}$$

와

$$\text{pr } V = \text{pr } V_Q + \sum_{i=1}^p \xi^i D_i \tag{4.108}$$

이 성립한다. V_Q를 벡터장 V의 특성형 (characteristic form), Q를 V의 특성식 (characteristic) 이라 부른다.

힌트 : 미분의 곱의 공식과 (4.97)과 (4.98)을 사용한다.

예제 4.46 $p = q = 1$인 경우, $J^0(X, U) = \{(x, u)\} = \mathbb{R}^2$ 위의 벡터장

$$V = -u\frac{\partial}{\partial x} + x\frac{\partial}{\partial u}$$

은 변환군 $O(2)$의 단위원 연결성분 (identity component) $SO(2)$를 생성한다. 이제 $pr^{(1)}V$

를 구해보자. $J^1(X,U)=\{(x,u,u_x)\}$ 위의 벡터장

$$pr^{(1)}V = V + \phi^x(x,u,u_x)\frac{\partial}{\partial u_x}$$

의 계수를 구하면

$$\begin{aligned}\phi^x &= D_x\phi - D_x\xi\cdot u_x\\ &= D_x x - D_x(-u)\cdot u_x\\ &= 1+u_x^2\end{aligned}$$

이 된다. 따라서

$$pr^{(1)}V = -u\frac{\partial}{\partial x} + x\frac{\partial}{\partial u} + (1+{u_x}^2)\frac{\partial}{\partial u_x} \tag{4.109}$$

이다. 같은 방법으로

$$\begin{aligned}\phi^{xx} &= D_x(1+{u_x}^2) + u_x u_{xx}\\ &= 3u_x u_{xx}\end{aligned}$$

이므로

$$pr^{(2)}V = V + (1+u_x^2)\frac{\partial}{\partial u_x} + 3u_x u_{xx}\frac{\partial}{\partial u_{xx}} \tag{4.110}$$

을 얻는다.

4.3.4 미분방정식의 무한소 대칭과 미분 불변량

이 소절에서는 두 개의 기본적인 개념, 즉 미분방정식 (4.76) 에 대한 무한소대칭 (infinitesimal symmetry) 과 $J^0(X,U) = X\times U$ 위에 주어진 벡터장 (4.96) 에 대한 미분불변량을 논하고자 한다. 우리는 항상 (4.76) 이 비퇴화이고 x 가 독립변수임을 가정한다. 즉, $\Delta=(\Delta_1,\ldots,\Delta_\ell)$ 이 비퇴화이고, 따라서 $\mathcal{S}_\Delta$ 가 C^∞ 다양체이며 $\mathcal{S}_\Delta$ 에서 $dx^1\wedge\cdots\wedge dx^p\neq 0$ 이라 가정한다.

정의 4.47

$\mathcal{S}_\Delta$ 의 임의의 점에 대하여 그 점을 지나는 해의 제트 그래프 $(x, f^{(m)})$ 이 존재하면 (4.76) 은 **국소적으로 풀 수 있다 (locally solvable)** 고 말한다.

정의 4.48

$X \times U$ 에 작용하는 국소적 변환군 G에 대하여 $\mathcal{S}_\Delta$ 가 불변집합이면 G는 (4.76)의 대칭군이라 말한다.

대칭군 G의 임의의 원소 g는 해를 해로 보낸다. 즉, $g(x,u) = (\Xi(x,u), \Phi(x,u))$ 라고 두었을 때 $u = f(x)$가 해이면 $\tilde{f}(\tilde{x}) := \Phi \circ (\mathbf{1} \times f) \circ [\Xi \circ (\mathbf{1} \times f)]^{-1}(\tilde{x})$ 도 해가 된다.

정의 4.49

$X \times U$ 의 벡터장 (4.96)이 다음의 동치조건 중 하나를 만족하면 **무한소대칭**(infinitesimal symmetry)이라 부른다.

a) $\mathcal{S}_\Delta$ 에서 $(pr^{(m)}V)\Delta = 0$ 이다.
b) $(pr^{(m)}V)\Delta \equiv 0 \bmod (\Delta)$ 이다.
c) $pr^{(m)}V$ 가 $\mathcal{S}_\Delta$ 에 접한다.

V가 (4.76)의 무한소대칭이면 $exp \ \ \varepsilon V$는 ε을 매개변수로하는 1-매개변수 대칭군이다.

예제 4.50 보기 4.46에서와 같이 $p = q = 1$일 때 $X \times U = \mathbb{R}^2$의 벡터장

$$V = -u\frac{\partial}{\partial x} + x\frac{\partial}{\partial u}$$

의 2차 길이늘임 (4.110)을 u_{xx}에 작용하면 $3u_x u_{xx}$이고, 이는 아이디얼 (u_{xx})에 속하므로 V는 2계 상미방

$$u_{xx} = 0$$

의 무한소대칭이다.

2계 상미방 $u_{xx} = 0$의 해는 모든 1차함수(직선)이므로 평면의 회전운동은 명백히 직선을 직선으로 보낸다.

정의 4.51

G가 $J^0(X,U) = X \times U$에 작용하는 국소적 변환군이라 하자. $J^{(n)} = (X, U^{(n)})$에서 정의된 실함수 $a(x, u^{(n)})$이

$$a \circ pr^{(n)} g = a, \quad \forall g \in G$$

을 만족하면 a는 변환군 G에 대한 n계의 **미분불변량(differential invariant)**이라 부른다.

정의 4.52

$X \times U$의 벡터장 (4.96)에 대하여 $pr^{(n)}V$의 제일적분을 V에 대한 n계의 **미분불변량**이라 부른다.

예제 4.53 $p = q = 1$인 경우 $g_\varepsilon(x,u) := (x, u+\varepsilon)$이라 할 때 $\mathbb{R}^2 = \{(x,u)\}$에 작용하는 1-매개변수 변환군 $\{g_\varepsilon : \varepsilon \in \mathbb{R}\}$에 대하여 $J^1(X,U)$의 임의의 $a(x, u_x)$ 꼴의 함수는 1계 미분불변량이다.

예제 4.54 보기 4.46의 회전운동을 생성하는 벡터장 V의 2차 길이늘임(second prolongation) (4.110)으로부터 $J^2(X,U) = \{(x, u, u_x, u_{xx})\}$에서의 제일적분을 구해보자. u, u_x, u_{xx}를 의미하는 새 변수 y, z, w를 사용하여 $\mathbb{R}^4 = \{(x,y,z,w)\}$의 벡터장

$$V = -y\frac{\partial}{\partial x} + x\frac{\partial}{\partial y} + (1+z^2)\frac{\partial}{\partial z} + 3zw\frac{\partial}{\partial w} \tag{4.111}$$

의 제일적분은

$$\frac{dx}{-y} = \frac{dy}{x} = \frac{dz}{1+z^2} = \frac{dw}{3zw} \tag{4.112}$$

으로부터 얻는다. 첫 번째 등식에서

$$x^2 + y^2 = \text{상수} := r^2 \tag{4.113}$$

을 얻는다. $x = \sqrt{r^2 - y^2}$을 두 번째 등식에 대입하여 $\dfrac{dy}{\sqrt{r^2 - y^2}} = \dfrac{dz}{1 + z^2}$을 얻고 양변을 적분하여

$$d(Tan^{-1}z) - d(Sin^{-1}\frac{y}{r}) = 0$$

을 얻는다. 즉

$$Tan^{-1}z - Sin^{-1}\frac{y}{r} = \text{상수} \tag{4.114}$$

를 얻는다. $Sin^{-1}\frac{y}{r} = Tan^{-1}\frac{y}{x}$이므로 $Tan^{-1}z - Tan^{-1}\frac{y}{x} =$ 상수 이고 양변에 탄젠트를 취하면 합의 공식에 의하여

$$\frac{xz - y}{x + yz} = \text{상수} \tag{4.115}$$

을 얻는다. (4.112)의 세 번째 등식으로부터

$$\frac{3zdz}{1 + z^2} = \frac{dw}{w}$$

를 얻고 이를 적분하여 $\log w - \frac{3}{2}\log(1 + z^2) =$ 상수 , 즉

$$\frac{w}{(1 + z^2)^{3/2}} = \text{상수} \tag{4.116}$$

를 얻는다. 이제 (4.113), (4.114), (4.116)을 원래의 변수 $y = u, z = u_x, w = u_{xx}$로 표현하면

$$\begin{aligned} & x^2 + u^2 = \text{상수} \\ & Tan^{-1}u_x - Tan^{-1}\frac{u}{x} = \text{상수} \\ & \frac{u_{xx}}{(1 + u_x^2)^{3/2}} = \text{상수} \end{aligned} \tag{4.117}$$

가 된다.

위 세 개의 미분불변량이 V에 대한 불변량의 완비계(complete set of differential invariants)이다. 첫 번째 불변량은 $\mathbb{R}^2 = \{(x, u)\}$의 원점으로부터의 거리이며, 두 번째 불변량은 그림 4.11에서 보는 것처럼 $u = f(x)$의 접선과 벡터 (x, u) 사이의 각도 α이며, 세 번째 불변량은 그래프 $u = f(x)$의 곡률이다. 명백히 이들은 회전운동에 대하여 불변하는 양이다.

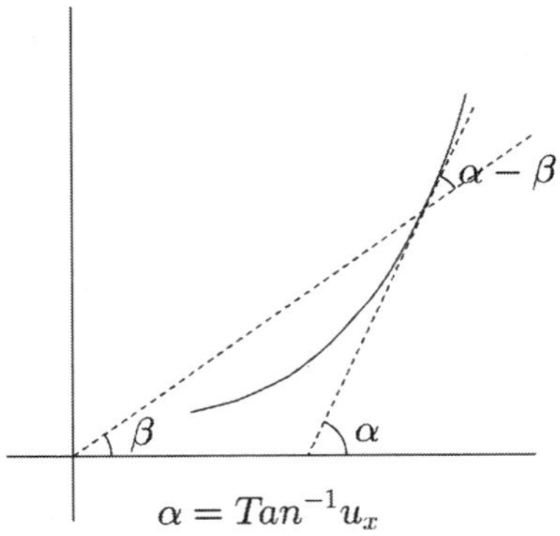

$$\alpha = Tan^{-1} u_x$$

$$\beta = Tan^{-1} \frac{u}{x}$$

그림 4.11: 회전운동의 미분불변량

4.3.5 무한소 대칭의 성질

정리 4.55

$J^0(X, U) = X \times U$ 위의 두 벡터장 V, W에 대하여 다음이 성립한다.

a) 임의의 상수 a, b에 대하여 $pr^{(n)}(aV + bW) = a\, pr^{(n)}V + b\, pr^{(n)}W$

b) $pr^{(n)}[V, W] = [pr^{(n)}V, pr^{(n)}W]$

[증명] a)의 증명은 쉽다. b)는 정리 4.44을 이용하여 직접 보일 수 있다. 그러나 변환군에 관하여 다음 사실들을 관찰하자.

i) $X \times U$에 작용하는 어떤 변환군의 두 원소 g, h에 대하여

$$pr^{(n)}(g \cdot h) = pr^{(n)}g \cdot pr^{(n)}h \tag{4.118}$$

가 성립한다.

ii) $X \times U$의 벡터장 V에 대하여

$$pr^{(n)}(exp\ \varepsilon V) = exp\ \varepsilon(pr^{(n)}V) \tag{4.119}$$

가 성립한다.

iii) $X \times U$의 국소적 미분동형사상들의 1-매개변수족 $\{g_\varepsilon\}$에 대하여

$$\left.\frac{d}{d\varepsilon}\right|_{\varepsilon=0} pr^{(n)}g_\varepsilon = pr^{(n)} \left.\frac{d}{d\varepsilon}\right|_{\varepsilon=0} g_\varepsilon$$

가 성립한다.

연습문제 4.56

위의 i), ii), iii) 을 증명하라.

위의 관찰 i), ii), iii) 을 이용하여 $[prV, prW]$ 를 계산하면 정의에 의하여

$$\left.\frac{d}{d\varepsilon}\right|_{\varepsilon=0} exp(-\sqrt{\varepsilon}\ pr\ W) \circ exp(-\sqrt{\varepsilon}\ pr\ V) \circ exp(\sqrt{\varepsilon}\ pr\ W) \circ exp(\sqrt{\varepsilon}\ pr\ V)$$
$$= \left.\frac{d}{d\varepsilon}\right|_{\varepsilon=0} pr\ \{exp(-\sqrt{\varepsilon}W) \circ exp(-\sqrt{\varepsilon}V) \circ exp\sqrt{\varepsilon}W) \circ exp\sqrt{\varepsilon}V\}$$
$$= pr\ \left.\frac{d}{d\varepsilon}\right|_{\varepsilon=0} \{exp(-\sqrt{\varepsilon}W) \circ exp(-\sqrt{\varepsilon}V) \circ exp\sqrt{\varepsilon}W) \circ exp\sqrt{\varepsilon}V\}$$
$$= pr\ [V, W]$$

을 얻는다. 여기에서 $pr := pr^{(n)}$ (n 은 임의의 양의 정수) 를 말한다. □

따름정리 4.57

미분방정식 (4.76) 의 무한소대칭은 리 대수를 이룬다. 무한소대칭의 리 대수가 유한차원이면 (4.76) 의 대칭군은 $X \times U$ 에 작용하는 국소적 리 변환군이다.

정리 4.44에서 보는 바와 같이 미분방정식의 무한소대칭을 계산하는데 자주 사용되는 $J^1(X, U) = X \times U$ 의 실함수

$$Q_\alpha = \phi_\alpha(x, u) - \xi^i(x, u)u_i^\alpha, \quad \alpha = 1, \cdots, q \tag{4.120}$$

를 생각해보자. 정리 4.44에 의하여

$$\phi_\alpha^J = D_J Q_\alpha + \xi^i u_{Ji}^\alpha$$

이므로

$$\begin{aligned} pr^{(n)}V &= \xi^i \frac{\partial}{\partial x^i} + \phi_\alpha \frac{\partial}{\partial u^\alpha} + \sum_{|J|\geq 1} \phi_\alpha^J \frac{\partial}{\partial u_J^\alpha} \\ &= \sum_{|J|\geq 0} (D_J Q_\alpha) \frac{\partial}{\partial u_J^\alpha} + \xi^i u_i^\alpha \frac{\partial}{\partial u^\alpha} + \xi^i \frac{\partial}{\partial x^i} + \xi^i u_{Ji}^\alpha \frac{\partial}{\partial u_J^\alpha} \\ &= \sum_{|J|\geq 0} (D_J Q_\alpha) \frac{\partial}{\partial u_J^\alpha} + \xi^i D_i \end{aligned}$$

을 얻는다. 위의 결과를 정리하여

$$pr^{(n)}V = pr^{(n)}V_Q + \xi^i D_i \tag{4.121}$$

을 얻는다. 단, $pr^{(n)}V_Q := \sum_{|J|\geq 0} (D_J Q_\alpha) \frac{\partial}{\partial u_J^\alpha}$ 로 정의한다.

본 절에서 취급한 벡터장의 길이늘임과 불변량이론은 미분방정식의 대칭성과 보존률에 관한 입문서 [123]을 따랐다. 우리는 여기에서 1절에서 공부한 (4.76)-(4.78) 으로 잠시 되돌아가 본다. 벡터장 V가 m계의 미분방정식 $\Delta = 0$, 단 $\Delta = (\Delta_1, \ldots, \Delta_\ell)$ 의 무한소대칭 (infinitesimal symmetry) 이라 함은 각 $\lambda = 1, \ldots, \ell$에 대하여

$$(pr^{(m)}V)\Delta_\lambda \equiv 0, \quad \text{mod } (\Delta_1, \ldots, \Delta_\ell) \tag{4.122}$$

을 의미한다. 즉 m-제트 공간에서 $pr^{(m)}V$가 $\Delta = 0$에 접함을 의미한다.

4.4 보존률 이론

이 절에서는 변분문제 (variational problem) 와 오일러-라그랑주 방정식의 보존률에 관한 뇌터 (E. Noether) 의 정리와 특성 코호몰로지 (characteristic cohomology) 개념으로 일반적으로 정의한 보존률, 그리고 여러 개의 벡터장에 관한 제일적분의 개념 등을 간략하게 소개하고자 한다. 본 절에서도 반복되는 첨자에 대한 합산관례 (summation convention) 를 따른다.

⊙ 라그랑주 (Joseph-Louis Lagrange, 1736-1813): 이탈리아 태생, 프랑스에서 활동하였으며 해석학, 수론, 천체역학 등에 업적을 남긴 18세기 후반을 대표하는 수학자, 저서로는 ≪해석역학≫ 이 있다.

4.4.1 고전역학의 보존률

공간곡선

$$\mathbf{q}(t), \quad \mathbf{q} = (q^1, q^2, q^3)$$

의 작용 (action) 이라 함은

$$I = \int_{-\infty}^{\infty} L(\mathbf{q}, \dot{\mathbf{q}}, t)dt \tag{4.123}$$

꼴의 적분을 말한다. 다음과 같은 운동의 원리들이 있다.

a) 운동은 작용을 최소로 하도록 일어난다 (라그랑주의 최소작용원리)
b) 물리적인 실제 운동경로는 $\mathbf{q}(t)$ 의 미소 변분 (infinitesimal variation) 에 불변하도록 일어난다 (해밀턴의 원리).

각 $\alpha = 1, 2, 3$ 에 대하여 $q^\alpha(t)$ 를 미소하게 변화시켰을 때 작용 (4.123) 이 어떻게 변화는가 그 변화율을 계산해 보자. 유한 구간에서 콤팩트 지지집합 (compact support) 을 갖는 임의의 실함수 $\eta(t)$ 를 잡고 $q^\alpha(t)$ 를 $(q^\alpha + \varepsilon\eta)(t)$ 로 변화시켰을 때 (4.123) 을 ε 에 대하여

미분하면 다음을 얻는다.

$$\begin{aligned}\left.\frac{d}{d\varepsilon}\right|_{\varepsilon=0}\int_{-\infty}^{\infty} L(\mathbf{q}+\varepsilon\eta, \dot{\mathbf{q}}+\varepsilon\dot{\eta}, t)dt &= \int_{-\infty}^{\infty}\left(\frac{\partial L}{\partial q^\alpha}\eta^\alpha + \frac{\partial L}{\partial \dot{q}^\alpha}\dot{\eta}^\alpha\right)dt \\ &= \int_{-\infty}^{\infty}\left(\frac{\partial L}{\partial q^\alpha} - D_t\left(\frac{\partial L}{\partial \dot{q}^\alpha}\right)\right)\eta^\alpha dt.\end{aligned} \tag{4.124}$$

해밀턴의 원리에 의하여 물리적인 운동경로 $\mathbf{q}(t)$는 모든 $\eta(t)$에 대하여 (4.124)가 영이어야 하므로 각 $\alpha = 1, 2, 3$에 대하여

$$\begin{aligned}E_\alpha L &:= \frac{\partial L}{\partial q^\alpha} - D_t\left(\frac{\partial L}{\partial \dot{q}^\alpha}\right) \\ &= 0\end{aligned} \tag{4.125}$$

을 만족한다. 운동경로 $\mathbf{q}(t)$에 관한 이 경우의 운동방정식 (4.125)를 일반적으로 변분문제 (4.123)의 **오일러-라그랑주 방정식**이라 부른다. 그리고 피적분함수 L을 변분문제 (4.123)의 라그랑즈안(Lagrangean)이라 부른다. 대표적인 예로 위치에너지 $U(\mathbf{q})$가 주어진 공간에는 단위질량의 입자 $\mathbf{q}(t)$의 작용(action)은

$$S[\mathbf{q}] = \int_{-\infty}^{\infty}\underbrace{\left(\frac{1}{2}\dot{\mathbf{q}}\circ\dot{\mathbf{q}} - U(\mathbf{q})\right)}_{L}dt \tag{4.126}$$

로 주어진다. 라그랑주 원리는 이 적분을 최소화하도록 운동이 일어난다는 것이며 해밀턴의 원리는 좀 더 일반적으로 물리적인 운동경로는 변분문제 (4.126)의 임계점(critical point)이 된다는 것이다. 실제로 (4.126)의 라그랑주 방정식을 구해보면 바로 뉴턴의 운동방정식

$$\ddot{\mathbf{x}} = -\nabla U(\mathbf{x}) \tag{4.127}$$

임을 알 수 있다.

정의 4.58

시공간 $\{(\mathbf{q}, t)\}$의 벡터장 V가 변분문제 (4.123)의 **무한소대칭(infinitesimal symmetry)**이라 함은 V의 흐름(flow)으로 변수변환하여도 라그랑즈안 L이 불변함을 말한다.

변분문제 (4.126)의 경우 일별하여 알 수 있는 무한소대칭으로는 시간 t의 평행이동 $t \mapsto t+c$을 생성하는 벡터장 $\frac{\partial}{\partial t}$이 있다. 일반적으로 변분문제의 무한소대칭 하나에

오일러-라그랑주 방정식의 보존률 하나가 대응된다. 이 경우에는 $\mathbf{q}(t)$가 갖는 총 에너지

$$E = U(\mathbf{q}) + \frac{1}{2}\dot{\mathbf{q}} \circ \dot{\mathbf{q}}$$

이 보존된다. 실제로 시간에 대한 미분 $\dot{E}$를 계산해 보면 (4.127) 로부터

$$\begin{aligned} \dot{E} &= \nabla U(\mathbf{q}) \circ \dot{\mathbf{q}} + \ddot{\mathbf{q}} \circ \dot{\mathbf{q}} \\ &= 0 \end{aligned} \tag{4.128}$$

임을 볼 수 있다. 특별히 위치에너지 U가 회전에 관해 대칭인 함수 $U(|\mathbf{q}|)$라고 가정하면 공간 $\{\mathbf{q}\}$의 회전은 (4.126) 의 무한소대칭이며

$$\nabla U = |\nabla U| \frac{\mathbf{q}}{|\mathbf{q}|} \tag{4.129}$$

이다. 이 경우에 각 운동량

$$\mathbf{A} := \mathbf{q} \times \dot{\mathbf{q}}$$

이 보존된다. 실제로 시간에 대한 미분 $\dot{\mathbf{A}}$를 (4.127)과 (4.129)를 이용하여 계산해 보면

$$\begin{aligned} \dot{\mathbf{A}} &= \dot{\mathbf{q}} \times \dot{\mathbf{q}} + \mathbf{q} \times \ddot{\mathbf{q}} \\ &= 0 \end{aligned} \tag{4.130}$$

임을 볼 수 있다. 여기에서 우리는 가장 대표적인 보존률, 즉 고전역학의 에너지 보존법칙과 각운동량 보존법칙이 각각 t 변수의 평행이동과 $\mathbf{q}$ 공간의 회전이라는 변분문제 (4.123) 의 무한소 대칭에 대응함을 관찰하였다. 우리가 다음 소절에서 공부할 뇌터의 정리는 위에서 설명한 두 가지 고전적인 예를 포함하여 물리적인 현상을 기술하는 여러가지 보존률들이 변분구조의 대칭성으로부터 나옴을 통일적으로 설명하고 있다. 뇌터의 정리를 개략적으로 서술하면 다음과 같다.

정리 4.59

변분문제의 무한소 대칭과 오일러-라그랑주 방정식의 보존률과 일대일 대응관계에 있다.

4.4.2 뇌터의 정리

정리 4.59을 좀 더 정확히 서술하기 위하여 가장 일반적인 상황 (4.76) 으로 돌아가자. 제트 변수에 관한 p-중 (p-tuple) 함수

$$\mathbf{P}(x, u^{(*)}) = (P^1, \ldots, P^p), \qquad \text{단 } u^{(*)} \text{ 는 불특정 계수(order)의 제트,}$$

에 대하여

$$\text{Div } \mathbf{P} := D_1 P^1 + \cdots + D_p P^p$$

를 $\mathbf{P}$ 의 발산 (divergence) 이라 부른다. 여기에서 D_j 는 (4.99) 에서 정의한 x^k 에 관한 전미분이다. 보존률, 또는 (4.76) 의 보존률이라 함은

$$\text{Div } \mathbf{P} \equiv 0, \qquad \text{mod } (pr\ \Delta), \tag{4.131}$$

꼴의 미분방정식을 의미한다. 단, 여기에서 Δ 는 (4.76) 에서와 같다.

이제 독립변수 x 의 영역 $\Omega \subset \mathbb{R}^p$ 가 조각조각 매끄러운 (piecewise smooth) 영역이라 하자. 발산정리에 의하여

$$\int_{\Omega} \text{Div}\mathbf{P}(x, u^{(*)}) dx = \int_{b\Omega} \mathbf{P}(x, u^{(*)}) \cdot d\sigma \tag{4.132}$$

를 얻는다. 단, $d\sigma$ 는 외향 단위 법벡터 (outward unit normal vector) 에 경계면의 측도를 곱한 것을 의미한다. 만일 $u(x)$ 가 (4.76) 의 해라고 하면, (4.131) 에 의하여 (4.132) 의 적분값은 영이 된다. 독립변수 중 하나가 시간 t 인 경우에는 $\mathbf{P}$ 의 t-성분을 특별히 $T(x, t, u^{(*)})$ 라고 표기하자. 나머지 공간변수를 $x = (x^1, \ldots, x^p)$ 라고 하면 (4.131) 은

$$D_t T + \text{Div } \mathbf{P} \equiv 0, \qquad \text{mod } (pr\ \triangle) \tag{4.133}$$

이 된다. 이제 영역 공간변수 x 의 영역 $\Omega \subset \mathbb{R}^p$ 과 t 축의 폐구간 $[a, b]$ 의 곱에 (4.132) 를 적용하면

$$\begin{aligned} \int_a^b \int_{\Omega} (D_t T + \text{ Div } \mathbf{P}) dx \ \ dt = \int_{\Omega \times \{b\}} T dx - \int_{\Omega \times \{a\}} T dx \\ + \int_a^b \int_{b\Omega} \mathbf{P} \cdot d\sigma \ \ dt \end{aligned} \tag{4.134}$$

을 얻는다.

만일 $u(x, t)$ 가 (4.76) 의 해이면 (4.133) 에 의하여 (4.134) 의 좌변이 영이 되어

$$\int_{\Omega \times \{b\}} T dx - \int_{\Omega \times \{a\}} T dx = \int_a^b \int_{b\Omega} \mathbf{P} \cdot d\sigma \ \ dt \tag{4.135}$$

을 얻는다. 이 경우에 T를 밀도함수, 그리고 $\mathbf{P}$를 유출(flux)이라 부른다. 특히 $\mathbf{P}$의 값이 $b\Omega$에서 영이면 (4.135)의 우변이 영이 되어

$$\int_\Omega T dx$$

은 t에 관하여 불변이다. 이제 독립변수 $x = (x^1, \ldots, x^p)$와 종속변수 $u = (u^1, \ldots, u^q)$에 관한 일반적인 형태의 변분문제

$$\int L(x, u^{(*)})dx \tag{4.136}$$

을 생각하자.

연습문제 4.60 (무한소대칭 방정식)

(x, u)의 공간 $X \times U \subset \mathbb{R}^p \times \mathbb{R}^q$에 정의된 벡터장 (4.96)이 변분문제 (4.136)의 무한소대칭이 될 필요충분조건은

$$pr\ V(L) + L\mathrm{Div}\ \xi = 0 \tag{4.137}$$

이다. 여기에서

$$pr\ V = V + \sum_{J,a} \phi_\alpha^J(x, u^{(n)}) \frac{\partial}{\partial u_J^\alpha}$$

은 정리 4.44에서와 같다.

힌트: 무한소 대칭 V의 흐름(flow)을

$$\exp \varepsilon V(x, u) = (\tilde{x}, \tilde{u})$$

이라 하자. 변수 $(\tilde{x}, \tilde{u})$로 변수변환하여 적분 (4.136)을 표현할 때

$$\det \partial\tilde{x}/\partial x = \ \mathrm{Div}\ \xi$$

이다 ([123]의 4장 참조).

연습문제 4.61 (오일러-라그랑주 방정식)

변분문제 (4.136)의 임계점 (critical point) $u(x)$는 각 $\alpha = 1, \ldots, q$에 대하여

$$E_\alpha L := \frac{\partial L}{\partial u^\alpha} + \sum_J (D)_J \frac{\partial L}{\partial u_J^\alpha} = 0 \tag{4.138}$$

을 만족한다. 이 방정식을 오일러-라그랑주 방정식이라고 한다.

힌트 : (4.124)에서와 같이 변분문제 (4.136)을 ε에 관하여 미분하고 부분적분을 사용하라.

연습문제 4.62 (영 라그랑즈안, null Lagrangian)

변분문제 (4.136)의 L이 영 라그랑즈안이라 함은 모든 $\alpha = 1, \ldots, q$에 대하여 항등적으로

$$E_\alpha L = 0$$

임을 의미한다. L이 영 라그랑즈안일 필요충분조건은 제트 변수의 어떤 p-중 함수 $\mathbf{P} = (P^1, \ldots, P^p)$가 존재하여

$$L = \text{ Div } \mathbf{P}$$

인 것이다.

연습문제 4.63 (표준형의 보존률, 보존률의 특성식)

$\mathbf{P} = (P^1, \ldots, P^p)$와 $\triangle = (\triangle_1, \ldots, \triangle_\ell)$이 보존률의 정의 (4.131)에서와 같다고 하자. 그러면 제트 변수의 p-중 함수 $\mathbf{R} = (R^1, \ldots, R^p)$과 ℓ-중 함수 $\mathbf{Q} = (Q_1, \ldots, Q_\ell)$이 존재하여

$$\text{Div } P = \text{ Div } R + \sum_{\lambda=1}^{\ell} Q_\lambda \triangle_\lambda \tag{4.139}$$

이 된다.

힌트 : 보존률의 정의 (4.131)로부터 Div $\mathbf{P}$는 $\sum_{J,\lambda} A_{J,\lambda}(D_J \Delta_\lambda)$ 꼴로 표현할 수 있으며, 여기에 미분의 곱의 공식

$$A(D_j \Delta_\lambda) = D_j(A\Delta_\lambda) - (D_j A)\Delta_\lambda$$

을 반복 적용한다.

(4.139)를 보존률의 표준형이라 부르고 이때 $Q_1, \ldots Q_\ell$을 보존률 (4.131)의 특성식 (characteristic)이라 부른다. 다음 정리는 점집합 대칭 (point symmetry)에 관한 뇌터의 정리이다.

정리 4.64 (뇌터 의 정리, 1918, [109])

변분문제 (4.136)에 대하여 (4.96)의 벡터장 V가 무한소 대칭이라 하자.

$$Q_\alpha(x,u) = \phi_\alpha - \sum_{i=1}^{p} \xi^i u_i^\alpha, \quad \alpha = 1, \ldots, q$$

을 무한소 대칭 V의 특성식이라 하면

$$\mathbf{Q} = (Q_1, \ldots, Q_q)$$

는 오일러-라그랑주 방정식

$$E_\alpha L = 0, \quad \alpha = 1, \ldots, q$$

의 특성식이다. 즉 제트 변수의 p-중 함수 $\mathbf{P} = (P_1, \ldots, P_p)$가 존재하여

$$\text{Div } \mathbf{P} = \sum_{\alpha}^{q} Q_\alpha(E_\alpha L)$$

이 된다.

[증명] V가 변분문제 (4.136)의 무한소대칭이므로 (4.137)에서 보는 바와 같이

$$\begin{aligned} 0 &= (\text{pr } V)L + L\text{Div } \xi \quad \text{이고 (4.108)에 의하여} \\ &= (\text{pr } V_Q)L + \sum_{i=1}^{p} \xi^i (D_i L) + L \text{ Div } \xi \qquad (4.140) \\ &= (\text{pr } V_Q)L + \text{Div } (L\xi) \end{aligned}$$

을 얻는다. 위의 첫 번째 항은 (4.107)에 의하여

$$\begin{aligned} (\text{pr } V_Q)L &= \sum_{J,\alpha} (D_J Q_\alpha) \frac{\partial L}{\partial u_J^\alpha} \\ &= \sum_{J,\alpha} Q_\alpha (-D)_J \frac{\partial L}{\partial U_J^\alpha} + \text{Div } A, \end{aligned} \qquad (4.141)$$

이 된다. 단, 여기에서 $A = (A_1, \ldots, A_p)$는 미분의 곱의 공식을 거듭사용하여 발생

되는 항들의 합으로 유일하게 결정되지는 않는다. (4.140)과 (4.141)로부터

$$\sum_{J,\alpha} Q_\alpha \underbrace{(-D)_J \frac{\partial L}{\partial u_J^\alpha}}_{E_\alpha L} + \text{Div }(A + L\xi) = 0$$

을 얻고 $\mathbf{P} = -(\mathbf{A} + L\xi)$라 두면 Div $\mathbf{P} = \sum_{\alpha=1}^{q} Q_\alpha(E_\alpha L)$임을 볼 수 있다. □

4.4.3 특성 코호몰로지 류로서의 보존률

우리는 1절에서 미분방정식의 해를 구하는 것은 제트 공간에서 파피안 시스템에 관한 특정한 차원의 적분다양체(integral manifold)의 존재를 보이는 문제와 같음을 언급하였다. 이런 관점에서 코호몰로지 류로 보존률을 정의한 논문 [26] 중에서 일부를 소개하고자 한다. M^m을 차원이 m인 매끄러운(C^∞) 미분다양체라 하자. 우리의 관점은 국소적인 것이므로 M을 유클리드 공간의 원점의 부근이라 생각해도 무관하다. M 위의 실함수의 집합을 $\Omega^0(M)$이라 하고 $k = 1, \ldots, m$에 대하여 $\Omega^k(M)$을 k-형식들의 집합이라 하자. $\Omega^k(M)$은 가환환(commutative ring) $\Omega^0(M)$ 위의 모듈이다. 이들의 직합(direct sum)

$$\Omega^* = \Omega^*(M) = \bigoplus_{k=0}^{m} \Omega^k$$

에 벡터 합, 스칼라 곱($\Omega^0(M)$의 원소와의 곱), 쐐기 곱 연산으로 대수(algebra) 구조를 가지며 그 위에 외미분 연산자 d를 추가하여 외대수(exterior algebra)를 이룬다. $\Omega^k(M)$에서 혼동의 위험이 없으면 M을 생략하여 Ω^k로 표기한다.

정의 4.65 (외대수의 아이디얼, 대수적 아이디얼)

$\Omega^*(M)$의 부분대수 I가 다음 두 가지 조건을 만족할 때 **아이디얼(ideal)**이라 부른다. 미분 아이디얼(differential ideal)과 구별하기 위하여 **대수적 아이디얼(algebraic ideal)**이라고 부르기도 한다.

i) $I \wedge \Omega^* \subset I$

ii) 임의의 원소 $\phi \in I$를 성분별로 분해하여

$$\phi = \sum_{k=0}^{m} \phi_k, \quad 단 \quad \phi_k \in \Omega^k$$

이면 각 ϕ_k는 I의 원소이다 (동질성 조건, homogeneity condition).

위의 두 번째 조건으로부터 대수적 아이디얼은 양방 아이디얼, 즉 $\Omega^* \wedge I \subset I$이다. 아이디얼 I는

$$I = \bigoplus_{k=0}^{m} I^k, \quad \text{단} \quad I^k := I \cap \Omega^k \tag{4.142}$$

와 같이 직합으로 표현된다.

정의 4.66 (미분 아이디얼, 닫힌 아이디얼)

아이디얼 $I = \bigoplus_{k=0}^{m} I^k$가

$$dI \subset I, \quad \text{즉} \quad dI^k \subset I^{k+1}, \quad k = 0, \ldots, m-1$$

을 만족하면 **닫힌(closed) 아이디얼**, 혹은 **미분 아이디얼(differential ideal)**이라 부른다.

I를 닫힌 아이디얼이라 하자. $d(I^k) \subset I^{k+1}$이므로 다음의 d-복합체 (d-complex)

$$\cdots \longrightarrow \Omega^{k-1}/I^{k-1} \longrightarrow \Omega^k/I^k \longrightarrow \Omega^{k+1}/I^{k+1} \longrightarrow \cdots$$

가 잘 정의된다. 닫힌 아이디얼 I에 대한 k번째 코호몰로지는

$$H^k(M, I) = \{[\phi] : \phi \in \Omega^k : d\phi \in I^{k+1}\}$$

으로 정의한다. 여기에서 $[\phi]$는 동치관계

$$\phi \sim \psi \Longleftrightarrow \phi - \psi \in \{d\Omega^{k-1}\text{과 } I^k\text{가 생성하는 } \Omega^k\text{의 부분 모듈}\}$$

에 의한 동치류이다. $H^k(M, I)$의 원소를 k차의 보존률(conservation law of degree k)이라 부르기도 한다.

예제 4.67 (에너지 보존률)

보존역학계(conserved force system) $\mathbf{x}$는 3차원 벡터일 때, 방정식

$$\ddot{\mathbf{x}} = -\nabla U(\mathbf{x})$$

을 생각해 보자. 각 $j = 1, 2, 3$에 대하여

$$\frac{dx^j}{dt} = \dot{x}^j, \qquad \frac{d\dot{x}^j}{dt} = -\frac{\partial U}{\partial x^j},$$

$$\text{즉} \quad \underbrace{dx^j - \dot{x}^j dt}_{\theta^j} = 0, \quad \underbrace{d\dot{x}^j + \frac{\partial U}{\partial x^j} dt}_{\omega^j} = 0$$

이므로, $\{(t, \mathbf{x}, \dot{\mathbf{x}})\} = \mathbb{R}^7$ 에서 파피안 시스템

$$(\theta, \omega), \qquad \text{단 } \theta = (\theta^1, \theta^2, \theta^3), \quad \omega = (\omega^1, \omega^2, \omega^3)$$

을 생각하자. 그러면 $E := U(\mathbf{x}) + \frac{1}{2}\dot{\mathbf{x}} \circ \dot{\mathbf{x}}$ 라고 하면,

$$\begin{aligned} dE &= dU + d\left\{\frac{1}{2}\sum_{J=1}^{3}(\dot{x}^j)^2\right\} \\ &= \frac{\partial U}{\partial x^j} dx^j + \dot{x}^j d\dot{x}^j \\ &\equiv \left\{\frac{\partial U}{\partial x^j}\dot{x}^j + \dot{x}^j(-\frac{\partial U}{\partial x^j})\right\} dt, \quad \mod (\theta, \omega) \\ &= 0 \end{aligned}$$

이므로, (θ, ω)가 생성하는 닫힌 아이디얼을 I라 할 때 $dE \in I^1$이다. 따라서, E는 영차의 보존률임을 알 수 있다.

예제 4.68 (열방정식 [137]) 독립변수 (t, x, y)와 종속변수 $u = u(t, x, y)$에 대한 열방정식

$$u_t = u_{xx} + u_{yy}$$

을 생각하자. 이를 외미분계로 표현하기 위하여 2계의 제트 공간

$$\mathbb{R}^{13} = \{(t, x, y, u, u_t, u_x, u_y, u_{tt}, u_{tx}, u_{ty}, u_{xx}, u_{xy}, u_{yy})\}$$

에서 함수 (0-형식) $u_t - u_{xx} - u_{yy}$와 4개의 1-형식

$$\theta^0 = du - u_t\, dt - u_x\, dx - u_y\, dy$$

$$\theta^1 = du_t - u_{tt}\, dt - u_{tx}\, dx - u_{ty}\, dy$$

$$\theta^2 = du_x - u_{xt}\, dt - \cdots$$

$$\theta^3 = du_y - \cdots$$

으로 생성된 닫힌 아이디얼을 I라 하자. 그러면,

$$\phi := u\, dx \wedge dy - u_x\, dy \wedge dt - u_y\, dt \wedge dx.$$

라 두면

$$d\phi = (u_t - u_{xx} - u_{yy})\ dt \wedge dx \wedge dy \in I^3$$

이므로 ϕ는 2차의 보존률임을 볼 수 있다. ϕ의 물리적인 의미를 보기 위하여 xy-평면의 큰 정사각형 $\mathcal{R} = [-R, R] \times [-R, R]$과 t-축의 폐구간 $[t_1, t_2]$를 잡고 이들의 데카르트 곱에서 (4.134)와 같은 적분계산을 하면 스토크스 정리에 의하여

$$\begin{aligned} 0 &= \int_{[t_1\ t_2]} \iint_{\mathcal{R}} d\phi \\ &= \iint_{\text{top } \mathcal{R}} \phi - \iint_{\text{bottom } \mathcal{R}} \phi + \iint_{bR\times[t_1\ t_2]} \phi \end{aligned} \tag{4.143}$$

을 얻는다. (4.143)의 마지막 항은 바깥쪽으로 흘러나간 총 열량이고, 첫 두 항은 영역 $\mathcal{R}$의 시간 t_1과 t_2에서의 열량의 차이이다.

4.4.4 다수의 벡터장에 대한 제일 적분

m차원의 미분다양체 혹은 $\mathbb{R}^m$의 원점의 작은 근방에서 독립인 벡터장들

$$X_1, \ldots, X_p, \quad 1 \le p < m \tag{4.144}$$

이 주어졌다고 하자. 이들 벡터장의 흐름(flow)에 불변인 실함수를 제일적분(first integral)이라고 부른다. 제일적분 ρ를 정의하는 방정식은

$$X_j\rho = 0,\ j = 1, \ldots, p \tag{4.145}$$

이다. 2절에서 다룬 것처럼 $p = 1$일 때, 즉 하나의 벡터장에 대하여는 $(m-1)$개의 비퇴화된 제일적분이 존재한다. 그러나 $p \ge 2$일 경우 연립 일계 편미분방정식 (4.145)는 과결정이어서 일반적으로 해가 존재하지 않는다. 해가 가장 많이 존재하는 경우는 프로베니우스의 적분가능성 조건

$$[X_j, X_j] \equiv 0, \qquad \text{mod } \langle X_1, \ldots, X_p \rangle \tag{4.146}$$

을 만족할 때이다. 이 경우에 $(m-p)$개의 제일적분이 존재한다. 여기에서 $\langle X_1, \ldots, X_p \rangle$은 이들 벡터들의 일차결합을 의미한다. 프로베니우스 조건이 만족되지 않을 때는 (4.144)에 벡터를 더해서 프로베니우스 조건을 만족하는 최소의 시스템을 만들려면 몇 개의 벡터를 더해야 하는가를 생각하자. 계산상의 편의를 위해 벡터장과 그들 사이의 괄호연산(bracket)

을 계산하는 것과 쌍대적(dual)으로 동치인 미분 1-형식과 그들의 외미분으로 이 문제를 접근한다. 벡터장 (4.144)를 영으로 하는 독립인 1-형식들

$$\theta := (\theta^1, \ldots, \theta^s), \quad s = m - p \tag{4.147}$$

를 생각하자. 프로베니우스의 적분가능성 조건 (4.146)은

$$d\theta^\alpha \equiv 0, \quad \mathrm{mod} \ \ (\theta) \tag{4.148}$$

와 동치이다. 실함수 ρ가

$$d\rho \in (\theta) \tag{4.149}$$

을 만족하면 ρ는 파피안 시스템 (4.147)의 제일적분이라 부른다. (4.149)와 (4.145)는 동치임을 주목하자. 과결정 일계 편미분방정식 (4.145)는 19세기 초에 제기되었다. 과결정 편미분방정식의 모든 양립조건(compatibility)을 찾아 대합성(involutivity)을 결정하는 문제이었다. 오늘날 우리가 프로베니우스 적분가능성 조건이라 부르는 (4.146)은 F. Deahna([43], 1840)가 처음 발견하였다. 이 조건하에서 연립 선형 편미분방정식 (4.145)의 $(m - p)$개의 해가 존재함을 A. Clebsch([34], 1866)가 최초로 증명하였다. Clebsch의 증명은 오늘날 [138]에서 보듯이 상미방의 기본정리로 증명하는 흐름상자(flow box)를 이용하는 증명과는 다른 접근을 하고 있다. 연립 일계 선형미방의 해를 귀납적으로 구하고 있다. 연립 일계선형편미방 (4.145)는 다음 문제와 연관되어 있다.

문제 4.69 (파프 문제, Pfaff problem)

변수 $x = (x^1, \ldots, x^m)$의 함수 $a_\alpha(x)$가 주어졌을 때

$$a_1(x)dx^1 + \cdots + a_m(x)dx^m = 0 \tag{4.150}$$

을 만족하는 곡면의 최대차원을 결정하라.

문제 1.4를 현대적으로 말하면 (4.150)의 좌변을 θ라고 할 때 파피안 시스템 θ의 적분다양체(integral manifold)의 최대차원을 결정하라는 것이다. 보다 일반적으로 여러 개의 1-형식

$$\theta := (\theta^1, \ldots, \theta^s), \quad 1 \leq s < m \tag{4.151}$$

에 대하여도 같은 질문을 할 수 있다. 적분다양체의 존재에 관한 최선의 경우는 모든 점에서 $m - s$ 차원의 적분다양체가 존재하는 경우이다. (4.151)를 영으로 하는 벡터장을

$$X_1, \ldots, X_p, \quad p = m - s$$

라 두었을 때 (4.145)가 언제 s개의 제일적분을 갖겠는가 하는 문제와 동치이다. 오늘날 우리가 프로베니우스 정리라 부르는 정리에 프로베니우스 자신이 공헌한 바는 Deahna와 Clebsch가 발견한 정리를 [55]에서 미분형식을 써서 다시 표현한 것이다. 그는 이 논문에서 외미분 d를 미분형식에 작용하는 작용소의 의미로 처음으로 사용하여 오늘날 외미분계의 기본개념으로 사용되고 있다.

정리 4.70 (프로베니우스 정리 [55])

미분다양체 M^m의 열린부분집합에서 정의된 독립인 1-형식

$$\theta := (\theta^1, \ldots, \theta^s)$$

가 조건 (4.148)을 만족하면 (4.149)를 만족하는 s개의 실함수

$$\rho = (\rho^1, \ldots, \rho^s)$$

가 존재한다.

증명의 개요 : 상미방의 기본정리를 이용하여 흐름상자(flow box) 정리를 증명하고 이를 이용하여 제일적분의 존재를 보인다 [25, 138].

이제 프로베니우스 정리를 일반화하여 부분적 적분가능성(partial integrability)과 제일적분의 계수 사이의 관계를 규명한 가드너 [57]의 이론을 소개하고자 한다. 먼저 (4.147)에 의해 생성된 대수적 아이디얼 (θ)를 혼란의 우려가 없는 한, 경우에 따라 Ω^1의 부분모듈(submodule)로, 혹은 여접 다발(cotangent bundle)의 부분다발로 보기로 하며 I로 표기하겠다. 외미분 연산자 $d : I \to \Omega^*$와 사영(projection) $\pi : \Omega^* \to \Omega^*/I$을 생각하자. 그러면,

$$\delta = \pi \circ d : I \to \Omega^2/I \tag{4.152}$$

은 모듈 준동형(module homomorphism)이다. 이제

$$I^{(1)} := \text{Ker} \ \ \delta \subset I$$

라 놓으면

$$0 \longrightarrow I^{(1)} \longrightarrow I \xrightarrow{\delta} dI/I \longrightarrow 0$$

은 완전열(exact sequence)이다. $I^{(1)}$을 **첫 번째 유도시스템(first derived system)**이라 부른다. 귀납적으로, $I^{(r-1)}$의 차원(rank)이 일정하다고, 즉 $I^{(r-1)}$이 여접 다발의 부분다발이라 가정하고 우리는 r-번째 유도시스템을

$$0 \longrightarrow I^{(r)} \longrightarrow I^{(r-1)} \xrightarrow{\delta} dI^{(r-1)}/I^{(r-1)} \longrightarrow 0$$

의 완전열(exact sequence)임으로 정의한다. 매 단계마다 차원이 감소하므로 어느 단계에는 차원이 같아지는, 즉 $I^{(\nu+1)} = I^{(\nu)}$이 성립하는 정수 ν가 존재한다. 그리하여 여접 다발(cotangent bundle)의 부분다발의 열

$$I = I^{(0)} \supset I^{(1)} \supset I^{(2)} \supset \cdots \supset I^{(\nu-1)} \supset I^{(\nu)}$$

을 얻는다. 이를 부분다발(혹은 대수적 아이디얼)을 I의 **유도된 기(derived flag)**라고 부르고 음이 아닌 정수 ν를 파피안 시스템 θ의 **유도된 길이(derived length)**라고 부른다. I에 포함된 프로베니우스 적분가능한 최대의 부분 파피안 시스템이 $I^{(\nu)}$라는 사실에 주목하라. [57]의 핵심적인 관찰은 ρ가 제일적분일 필요충분조건은

$$d\rho \in I^{(\nu)}$$

라는 것이다. 만일 $I^{(\nu)}$의 차원(rank, 독립인 1-형식의 개수)이 q라면 프로베니우스 정리에 의하여 q개의 비퇴화된 제일적분이 존재하게 된다. 이 때, 파피안 시스템 θ는 (ν, q)-타입이라고 말한다.

⊙ 프로베니우스 (Ferdinand Georg Frobenius, 1849-1917, 독일)

⊙ 파프 (Johann Friedrich Pfaff, 1765-1825, 독일) 슈투트가르트에서 출생, 괴팅겐 대학 졸, 당대 독일 최대 수학자라 인정받음, 가우스와 뫼비우스의 공식적인 지도교수

⊙ 카르탕 (Elie Cartan, 1869-1951, 프랑스) 프랑스 남부 돌로뮤에서 출생, 앙리 카르탕 (Henri Cartan, 1904-2008)은 그의 아들이다.

⊙ 가드너 (Robert Gardner, 1939-1998, 미국) 1965년에 UC 버클리에서 천(S. S. Chern)의 지도로 박사학위를 받음. U. of North Carolina - Chapel Hill 교수 역임

4.5 과결정 편미분방정식

과결정 편미분방정식은 광대한 미개척의 영역이다. 연립 편미분방정식이 **과결정**(over-determined)이라 함은 미지함수의 개수보다 방정식의 개수가 많은 경우를 말한다. 이 경우 조건들이 과다하여 서로 맞지 않아서 일반적으로는 해가 존재하지 않는다. 따라서 과결정 편미분방정식의 문제에는 크게 두 가지가 있다고 생각된다. 첫째는 해가 존재하기 위한 필요조건, 즉 방정식들 사이에 상충되지 않음(compatibility)을 보이고 해의 존재여부를 밝히는 것이다. 대합성(involutiveness)이란 방정식들 사이의 상충됨이 없어 해의 자유도가 최대인 경우를 말한다. 프로베니우스 타입 (정의 4.74)의 과결정 편미분방정식에서는 제트 공간의 파피안 시스템에서 1차원 적분 곡선으로부터 출발하여 한 차원씩 적분 다양체의 차원을 높여 나갈 때 확장 방향의 선택에 결과가 무관하다는 것이 대합성이며 이 조건은 바로 프로베니우스 적분가능성과 동일하다. 엘리 카르탕의 외미분계 이론은 주어진 시스템이 대합성을 갖는(involutive) 시스템으로 환원할 수 있겠는가를 판정하는 것이며, 해석적인 (analytic) 범주에서는 해의 존재를 말해준다. 우리는 이 절에서 일반화된 프로베니우스 정리를 사용하여 비해석적 범주에서 해의 존재를 다루게 될 것이다. 두 번째 종류의 문제는 해는 존재하지 않지만 가장 합리적인 근사해가 무엇인가 또 해가 존재하도록 가장 합리적으로 계수를 변화시키는 방법을 구하는 제어공학적인 문제이다. 이 두 문제 모두 많은 응용이 있을 수 있는 중요한 문제이겠으나 우리는 첫 번째 종류의 문제만을 다루겠다.

가장 잘 알려진 과결정 편미분방정식은 다변수에 관한 코시-리만 방정식이다. 그러나 이는 많은 대칭성을 가지고 있고 따라서 많은 해를 갖는 특수한 경우이다. 그러나, 복소공간의 두 실초곡면 사이에 CR 사상이 존재할가 하는 문제는 과결정 편미방의 하나의 대표적인 예가 된다. 예를 들어 $\mathbb{C}^2 = \{(z, w)\}$의 $r = 0$으로 정의된 실초곡면 M에서 단위구면으로의 사상 $F = (f^1, f^2)$가 CR 사상이 될 조건은

$$\begin{aligned} r_{\bar{w}} \frac{\partial f^j}{\partial \bar{z}} - r_{\bar{z}} \frac{\partial f^j}{\partial \bar{w}} &= 0, \quad j = 1, 2 \\ f^1 \bar{f}^1 + f^2 \bar{f}^2 &= 1 \end{aligned} \tag{4.153}$$

이다. (4.153)의 첫 번째 방정식은 1장에서 정의한 접 코시-리만 방정식(tangential Cauchy-Riemann equation)이다. 이는 실초곡면 $r = 0$에 국한시킨 코시-리만 방정식이다. $\mathbb{C}^2$의 정칙함수는 물론 첫 번째 방정식을 만족한다. 그러나 두 번째 방정식이 미지함수들 사이의

비선형적 관계를 부여하고 있어 양립성 (compatibility) 을 보이는 문제가 매우 복잡하다. 실제로 (4.153) 은 4개의 실함수에 대하여 하나의 대수방정식과 4개의 미분방정식으로 구성된 과결정 편미분방정식이며 일반적으로 해는 존재하지 않는다. 해가 존재하려면 r 이 특별한 조건을 만족하여야 하는데, 이 조건은 CR 곡률이 영이라는 기하학의 개념으로 표현된다. 실제로 기하학의 문제들이 국소적으로 혹은 대역적으로 과결정 편미분방정식의 해의 존재문제인 경우가 많다. 국소적 문제의 대표적인 예로 리만 다양체 (M^n, g) 를 $\mathbb{R}^N$ 으로 등장매장 (isometric embedding) 하는 문제가 있다. 사상

$$u = (u^1, \ldots, u^N) : M \longrightarrow \mathbb{R}^N$$

이 등장매장임을 정의하는 방정식은

$$\sum_{\alpha=1}^{N} \frac{\partial u^\alpha}{\partial x^i}\frac{\partial u^\alpha}{\partial x^j} = g_{ij}, \quad i, j = 1, \ldots, n \tag{4.154}$$

이다. 여기에서 g_{ij} 는 리만측도이다. $g_{ij} = g_{ji}$ 이므로 (4.154) 는 N 개의 미지함수에 대한 $\frac{1}{2}n(n+1)$ 개의 방정식이다. 따라서

$$\frac{1}{2}n(n+1) > N$$

일 때 과결정이다. 편미분방정식은 물리적인 현상을 기술하는 방정식이 주로 연구되어 왔다. 이 영역에서는 해가 항상 존재하고 초기조건 혹은 경계치 조건을 적절히 부과하였을 때 해가 유일하게 결정되며 이들 부대 조건들을 연속적으로 변화시켰을 때 해가 연속적으로 변화하는 이른바 '타당한 (well-posed)' 경우의 해법이 연구되어 왔다. 그러나 시간 t-변수를 포함하는 미분방정식의 과결정성이 불연속적인 자연현상을 설명하는 단서를 제공하리라 생각한다. 미분부등식은 제트 공간의 영역으로 표현된다. 과결정 미분방정식은 제트 공간의 영역의 경계면, 혹은 그 경계면의 부분다양체를 의미한다. 다변수복소함수론에서 쉴로프 (Shilov) 경계면과 같이 경계면의 어떤 부분다양체가 영역전체의 함수론적 성질을 결정하듯이 과결정 편미분방정식은 연립 미분부등식에서 유사한 역할을 하리라 생각한다. 급작히 발생하는 자연현상, 예컨데 돌연변이, 기후변화, 산불의 발생, 주식가격의 폭등과 폭락, 부패한 정권의 몰락 등의 현상은 연립 미분부등식의 경계면의 어느 특수한 부분다양체에 그 정보가 들어있다고 볼 수 있을 것이다. 이런 맥락에서 과결정편미분방정식은 불연속적인 자연현상, 사회현상을 설명하고 예측하는 수학적방법으로 사용될 수 있으리라 본다.

본 절에서는 과결정 연립편미분방정식 중에서 완비계 (complete system) 로 길이늘임

(prolong) 되는 경우와 준선형 일계미방의 경우, 이 두가지 경우에 관한 몇가지 연구결과들을 간략히 소개한다. 먼저 우리의 주된 방법론으로 사용되고 있는 외미문계의 적분가능성 (integrability) 에 관한 프로베니우스 정리의 일반화, 그리고 파피안 시스템의 축약 (reduction) 에 대하여 설명하고자 한다.

4.5.1 파피안 시스템의 축약

다양체 M^m 혹은 $\mathbb{R}^m$ 의 원점의 작은 근방에서 **파피안 시스템**이란 독립인 1-형식들

$$\theta := (\theta^1, \ldots, \theta^s) \tag{4.155}$$

을 말한다. 파피안 시스템의 문제는 주어진 조건을 만족하는 주어진 차원 p $(p \le m-s)$ 의 적분다양체를 구하는 것이다. 우리가 이 문제를 부분다양체 $N \subset M$ 의 문제로 바꾸어 놓을 수 있다면 변수의 개수가 줄어서 문제가 간단해진다. 이런 부분다양체 N 의 여차원이 d 이면 N 에 한정했을 때 θ 는 d 만큼 독립성을 잃는다. 즉 부분다양체

$$i : N^{m-d} \hookrightarrow M^m$$

에 대하여 $i^*(\theta)$ 의 rank는 $(s-d)$ 이다. $\tilde{\theta} := (\theta^1, \ldots, \theta^{s-d})$ 가 N 에 한정했을 때 독립이라 가정하면

$$(N, \tilde{\theta})$$

를 파피안 시스템 (θ) 의 **축약(reduction)**이라고 한다. 축약을 구하는 방법은 다음과 같다.

$$X_1, \ldots, X_p, \quad p = m - s \tag{4.156}$$

을 θ 에 작용하였을 때 영이 되는 독립인 벡터장들이라 하자. 우리는 이 벡터들이 모두 접하는 최소 차원의 부분다양체 N 을 찾고자 한다. 이 N 에 한정시킨 θ 가 주어진 파피안 시스템의 축약이다. N 을 (4.156) 의 **불변 부분다양체(invariant submanifold)**라고 부른다. 불변 부분다양체 N 을 구하기 위해 우선 관찰할 사실은 이들 벡터장 (4.156) 들의 괄호연산 (bracket) 도 N 에 접한다는 것이다. 따라서 N 위에서는 비틀림 (torsion) 이 영이 된다. N 을 정의하는 비퇴화된 실함수

$$\rho := (\rho^1, \ldots, \rho^d) \tag{4.157}$$

는 비틀림 (torsion) 의 각 계수를 인수분해하여 그 인수들로부터 얻을 수 있다. 여기에서 우리는 C^∞ 혹은 그보다 더 넓은 범주에서 논의하기 때문에 인수분해가 유일하지 않다는 점에 유의하여야 한다. 그러나 이들 실함수의 공통 영점만이 관심의 대상이므로 대부분의 국소적 문제에서는 인수분해의 유일하지 않음은 심각한 문제를 제기하지 않는다.

실함수 (4.157) 을 정의하는 방정식을 미분형식 (θ) 로 표현하면

$$d\rho^\alpha \in (\theta, \rho), \quad \rho = 1, \ldots, d \tag{4.158}$$

이다. 이때 비틀림 (torsion) 은 $d\theta \mod (\theta)$ 이다. 그리고 (4.158) 를 만족하는 실함수 ρ 를 일반화된 제일적분 (generalized first integral) 이라 불렀다 ([67], [68] 참고).

예제 4.71 (벡터장들의 불변 부분다양체)

$M = \mathbb{R}^3$ 위의 두 벡터장

$$X = \frac{\partial}{\partial x}, \quad Y = \frac{\partial}{\partial y} + xz\frac{\partial}{\partial z}$$

를 생각하자. X 와 Y 에 작용했을 때 영이 되는 1-형식은

$$\theta = dz - xzdy$$

이므로 비틀림을 구하기 위해 $d\theta \mod \theta$ 를 계산해 보면

$$\begin{aligned} d\theta &= -zdx \wedge dy - xdz \wedge dy \\ &\equiv -zdx \wedge dy \quad \mod \{\theta\} \\ &= \mathcal{T}\ dx \wedge dy \quad \mod \{\theta\}, \quad \text{단 } \mathcal{T}(x,y,z) = -z \end{aligned}$$

이므로 비틀림은 $-z$ 이고 그 인수인 $\rho(x,y,z) = z$ 는 일반화된 제일적분이 될 유일한 후보이다. 이제 이 함수 ρ 가 과연 일반화된 제일적분인가 알기 위해서는 (4.158) 가 성립하는지 확인해 보면 된다. 실제로

$$\begin{aligned} d\rho &= dz \\ &\equiv \theta, \quad \mod \{\rho\} \end{aligned}$$

이므로 불변 부분다양체는 xy-평면, 즉 $z = 0$ 이다.

프로베니우스 정리의 일반화에 관하여는 [67, 68] 를, 파피안 시스템의 축약에 관하여는 [10, 79] 를 참조할 수 있다.

4.5.2 미분 완비계

미분 완비계 (complete differential system, 혹은 complete system) 는 과결정성의 극단적인 경우로 편미분방정식이 어떤 의미에서 가장 심하게 과결정인 경우이다. 독립변수 $x = (x^1, \ldots, x^p)$ 와 종속함수 $u := (u^1, \ldots, u^q)$ 에 관한 m 계의 미분방정식

$$\Delta_\lambda(x, u^{(m)}) = 0, \quad \lambda = 1, \ldots, \ell \tag{4.159}$$

에서 최고차의 미분, 즉 u 의 모든 m-계의 미분 u_J, $|J| = m$ 에 관하여 풀 수 있도록 음함수정리의 조건이 만족되면 모든 다중지표 J, $|J| = m$, 에 대하여

$$u_J^\alpha = A_J^\alpha(x, u^{(m-1)}), \quad \forall \alpha = 1, \ldots, q \tag{4.160}$$

꼴로 표현할 수 있다. 이 때, (4.160) 을 m-**계의 완비계 (complete system)**, 또는 m-**계의 닫힌 시스템 (closed system)** 이라고 부른다. 만일 (4.159) 에서 음함수정리의 조건이 만족되지 않아 (4.160) 꼴로 표현되지 않더라도 (4.159) 가 충분히 과결정이면 미분하고 대수적인 연산을 시행하여 m 계 혹은 그 이상의 어느 고계 (higher order) 의 미분에 관하여 음함수정리의 조건을 만족하게 되어 고계의 완비계를 얻게 되는 경우도 있다. 이 경우에 (4.159) 는 고계의 완비계로 길이늘임 (prolong) 된다고 말한다. 일반적으로 m-계의 완비계의 해를 구하는 문제는 $(m-1)$-제트 공간의 파피안 시스템의 최고차원의 적분 다양체를 구하는 문제로 귀착된다. 따라서 완비계의 해의 존재를 밝히는 문제에 일반화된 프로베니우스 정리, 파피안 시스템의 축약 등의 방법이 사용된다. 예를 들면 다음의 예제를 생각할 수 있다.

예제 4.72 (두 변수의 함수 하나에 대한 1계의 완비계)
두 개의 실변수의 함수 $u(x, y)$ 에 대한 1-계의 완비계는

$$\begin{aligned} u_x &= A(x, y, u) \\ u_y &= B(x, y, u) \end{aligned} \tag{4.161}$$

꼴의 과결정 편미분방정식을 말한다. 이제 우리는 (4.161) 을 0-제트 공간 $\{(x, y, u)\} = \mathbb{R}^3$ 의 파피안 시스템으로 아래와 같이 표현한다. 즉 임의의 미분가능 함수 u 의 전미분이 $du = u_x dx + u_y dy$ 인데 특별히 (4.161) 을 만족하는 함수 u 에 대하여는 $du = Adx + Bdy$ 가 만족되므로 우리가 찾는 (4.161) 의 해 $u(x, y)$ 의 그래프 $(x, y, u(x, y))$ 는 0-제트공간의

1-형식

$$\theta := du - Adx - Bdy$$

의 적분 다양체가 되며 (x, y)는 독립변수이므로 이 그래프 위에서는

$$dx \wedge dy \neq 0 \quad \text{(독립조건, independence condition)} \tag{4.162}$$

을 만족한다.

다음은 $u(x, y)$ 에 대한 2-계의 완비계를 보자.

예제 4.73 (두 변수 함수에 대한 2-계의 완비계) $u(x, y)$의 모든 2-계의 편도함수가 1-계 이하로 표현된 경우를 말한다. 즉

$$\begin{aligned} u_{xx} &= A(x, y, u, u_x, u_y) \\ u_{xy} &= B(x, y, u, u_x, u_y) \\ u_{yy} &= C(x, y, u, u_x, u_y) \end{aligned} \tag{4.163}$$

꼴의 2계 미방이다. 이제 u_x를 p로, u_y를 q로 표기하면 보기 4.72에서와 같이 (4.163)의 해의 1-제트 그래프 $(x, y, u(x, y), u_x(x, y), u_y(x, y))$는

$$\mathbb{R}^5 = \{(x, y, u, p, q)$$

에서 다음 파피안 시스템의 2-차원 적분 다양체이다.

$$\begin{aligned} \theta^0 &:= du - pdx - qdy \\ \theta^1 &:= dp - Adx - Bdy \\ \theta^2 &:= dq - Bdx - Cdy \end{aligned} \tag{4.164}$$

$$dx \wedge dy \neq 0, \quad \text{(독립조건)}.$$

일반적으로 다양체 M^m 위에서 독립조건을 갖는 파피안 시스템이란

$$\begin{aligned} &\theta^\alpha = 0, \quad \alpha = 1, \ldots, s \\ &\omega^1 \wedge \cdots \wedge \omega^p \neq 0 \end{aligned} \tag{4.165}$$

꼴의 표현을 말한다. p-차원 부분다양체 $i : N^p \hookrightarrow M^m$이 파피안 시스템 (4.165)의 해

(solution)라 함은

$$i^*\theta^\alpha = 0, \quad \alpha = 1, \ldots, s$$
$$i^*(\omega^1 \wedge \cdots \wedge \omega^q) \neq 0 \tag{4.166}$$

이 성립함을 의미한다. 여기에서 일반적으로

$$s + p \leq m \tag{4.167}$$

임을 주목하자.

정의 4.74 (프로베니우스형 파피안 시스템)

독립조건을 갖는 파피안 시스템 (4.165)에서

$$(\theta^1, \ldots, \theta^s,\ \omega^1, \ldots, \omega^p)$$

이 $T^*(M^m)$의 기저(coframe)가 될 때, 즉 $s+p=m$일 때 **프로베니우스형(Frobenius type)**이라 부른다.

k계의 미분 완비계는 $k = 1, 2$인 경우 위에서 예시한 바와 같이 $(k-1)$-제트 공간의 부분다양체에서의 프로베니우스형 파피안 시스템을 정의한다. 프로베니우스형 파피안 시스템에 관하여는 [67, 70]를 참조할 수 있다.

카르탕-켈러 이론은 독립조건을 갖는 파피안 시스템의 적분다양체의 존재에 관한 이론이다. 대합성(involutiveness) 개념과 길이늘임(prolongation)이란 개념을 사용하여 파피안 시스템 (4.165)의 해의 존재와 해의 자유도를 설명하고 있다. 외미분계에 관한 기본 참고서인 [25]와 [84]에서 잘 설명해 주고 있다. 카르탕-켈러 이론은 1차원에서 시작하여 한 차원씩 올려가며 귀납적으로 적분다양체(integral manifold)를 구성하되 이전 단계에서 구한 적분다양체를 초기조건으로 하여 다음 차원의 적분다양체를 구성해 나가는 모든 가능한 경우의 수를 말해 주고 있다. 계수가 해석적(analytic)일 때는 코시-코발레브시키 정리에 의해서 존재가 증명되고 해석적이 아닌 경우일지라도 해가 존재할 모든 가능성, 즉 해의 자유도를 완전하게 기술하고 있다. 완비계를 포함하여 프로베니우스 타입의 파피안 시스템에서는 길이늘임의 과정이 불필요하기 때문에 일반적인 파피안 시스템의 경우보다 훨씬 간단하여 일반적인 카르탕-켈러 알고리듬을 따르기보다는 파피안 시스템의 축약 방법을 사용하는 것이 편리하다. 특히, 프로베니우스 타입에서는 파피안 시스템의 축약을 사용하여 해석적이 아닌 더 약한 미분가능성(regularity)의 조건하에서 존재와 경직성(rigidity)을 포함한 해의 자유도, 그리고 해의 미분가능성(regularity) 등을 증명할 수 있다. 여러 기하 구조에서 제기된 과결정방정식을 완비계로 길이늘임과 축약방법으로 해의 성질을 규명한 연구결과로는 [30, 31, 52, 71, 75, 80, 88] 등이 있다.

4.5.3 연립 준선형 방정식

우리는 2절에서 준선형 편미분방정식의 해법을 공부하였다. n개의 독립변수의 미지함수 $u(x^1, \ldots, x^n)$에 관한 준선형 방정식

$$a^1(x,u)\frac{\partial u}{\partial x^1} + \cdots + a^n(x,u)\frac{\partial u}{\partial x^n} = b(x,u)$$

꼴의 방정식의 해를 구하기 위하여

$$\{(x,u)\} = \mathbb{R}^{n+1}$$

위에서 벡터장

$$X := a^1(x,u)\frac{\partial}{\partial x^1} + \cdots + a^n(x,u)\frac{\partial}{\partial x^n} + b(x,u)\frac{\partial}{\partial u}$$

의 제일적분 $\rho := (\rho^1, \ldots, \rho^n)$을 구하고, 초기치 조건(코시-데이터) Γ에서 제일적분들 사이에 $F(\rho^1, \ldots, \rho^n) = 0$란 관계가 있으면 초기치 문제의 음함수 해(implicit solution)는

$$(F \circ \rho)(x,u) = 0$$

로 주어진다는 사실을 공부하였다. 연립 준선형 편미분방정식의 경우에는 여러 개의 벡터장에 관한 제일적분을 구하고 초기치 문제에도 유사한 추론을 할 수 있다. 여기에 프로베니우스 정리의 일반화와 파피안 시스템의 축약의 방법을 사용할 수 있다.

위에서 언급한 준선형 편미분방정식은 복소변수의 경우와 때로는 유사성이 있다. 먼저 $\mathbb{C}^n$의 열린 부분집합에서 정의된 함수값이 영에 가까운 복소함수 A^α_β, $\alpha, \beta = 1, \ldots, n$가 주어졌다 하자. 그러면 복소 1-형식

$$\theta^\alpha := dz^\alpha + \sum_{\beta=1}^{n} A^\alpha_\beta d\bar{z}^\beta, \quad \alpha = 1, \ldots, n, \tag{4.168}$$

을 $(1,0)$-타입의 형식으로 갖는 준복소구조 J가 유일하게 정의된다. 준복소구조에 관한 기본적인 사항은 부록 B에 요약하였다. 복소함수 f가 J-정칙함수(J-holomorphic function),

또는 의사 정칙함수(pseudo-holomorphic function)라 함은 df가 $(1,0)$-타입, 즉

$$df \in (\theta^1, \ldots, \theta^n)$$

을 만족한다는 것이다. $(1,0)$-형식의 적분가능조건에 관해서도 프로베니우스 정리와 유사한 뉴랜더-니렌버그 정리(부록 준복소구조 참조)가 있다.

[57]에서 프로베니우스 정리 4.70을 확장한 것과 유사한 방법으로 준복소구조의 부분적 적분가능성의 조건을 연구한 [73]의 결과를 이용하여 코시-리만 방정식의 준선형 섭동에 따른 해의 존재를 [76]에서 다루고 있다. 준복소구조의 부분적 적분가능성과 관련된 연구결과로는 [98, 99, 74] 등이 있다.

부록

A. 반단순 리 대수

B. 준복소구조

A 반단순 리 대수

정의 A.1

L을 벡터 공간이라고 하자. L의 임의의 두 원소 x, y에 대해서 이항 연산

$$(x, y) \mapsto [xy]$$

이 있다고 하자. 이 때, 이항 연산이 세 조건

(i) 각 변수에 대해서 쌍대칭(bilinear)이다.

(ii) 임의의 $x \in L$에 대해서, $[xx] = 0$이다.

(iii) 임의의 $x, y, z \in L$에 대해서, $[x[yz]] + [y[zx]] + [z[]xy] = 0$이다.

를 만족하면, 쌍 $(L, [\cdot\cdot])$을 **리 대수(Lie algebra)**라고 한다.

이 때, (iii)에 있는 항등식은 **야코비 항등식(Jacobi identity)**라고 부르는데, 이는 요르단 대수의 조건과 비교할 수 있다.

V가 유한차원의 벡터 공간일 때, V에서 V로 대응되는 선형 작용소(linear transformation)들의 모임을 $End\ V$라고 쓰자. 이 때, $[xy] = xy - yx$라고 정의하면, V는 리 대수가 된다. 이를 특별하게, $\mathfrak{gl}(V)$라고 하고, 이를 일반선형대수(general linear algebra)라고 한다.

예제 A.2 F를 표수(characteristic)가 2가 아닌 체(field)라고 하자. 이 때, 차원이 $\ell + 1$인 벡터 공간 V의 선형 작용소 중에서 자취(trace)가 0인 작용소들의 모임을 $\mathfrak{sl}(\ell + 1, F)$라고 한다. 이는 리 대수가 되는데, 특수선형대수(special linear algebra)라고 부른다.

정의 A.3

L을 리 대수라고 하자.

(i) L의 부분 공간 I가 있을 때, 임의의 $x \in L$와 $y \in I$에 대해서, $[xy] \in I$를 만족하면, I는 L의 **아이디얼(ideal)**이라고 부른다.

(ii) 가환(abelian)이 아닌 L에 대해서, $\{0\}$과 L 이외의 다른 아이디얼을 갖지 않으면, L은 **단순 리 대수(simple Lie algebra)**라고 한다.

연습문제 A.4

$\mathfrak{sl}(2, F)$가 단순 리 대수임을 보여라.

예제 A.5 두 개의 중요한 아이디얼을 설명한다.

(i) 리 대수 L에 대해서,

$$Z(L) := \{z \in L \ : \ \text{모든 } x \in L \text{ 에 대해서 } [xz] = 0\}$$

라고 정의할 때, $Z(L)$은 L의 아이디얼이 되는데, 이를 중심(center)이라고 부른다.

(ii) 리 대수 L에 대해서,

$$[LL] := \{[xy]\text{의 모든 일차 결합}\}$$

으로 정의할 때, $[LL]$은 L의 아이디얼이 되는데, 이를 L의 유도 대수(derived algebra)라고 부른다.

리 대수 L이 가환적인 것과 $Z(L) = L$인 것과 동치이다. 또한, $[LL] = 0$도 동치임을 쉽게 보일 수 있다.

정의 A.6

임의의 $x \in L$에 대해서, 작용소 $ad\ x$는 $ad\ x(y) = [xy]$로 정의한다. 특히, 적당한 자연수 k에 대해서, $(ad\ x)^k = 0$이면, $ad\ x$가 **멱영 작용소**(nilpotent operator)라고 한다.

정의 A.7

L을 리 대수라고 하자.

(i) $L^{(0)} = L$, $L^{(1)} = [LL]$, $L^{(2)} = [L^{(1)}L^{(1)}]$, $\cdots$, $L^{(k)} = [L^{(k-1)}L^{(k-1)}]$라고 정의하자. 이 때, 적당한 자연수 n에 대해서, $L^{(n)} = 0$이면, L이 **가해적(solvable)**이라고 한다.

(ii) $L^0 = L$, $L^1 = [LL]$, $L^2 = [LL^1]$, $\cdots$, $L^k = [LL^{k-1}]$라고 정의하자. 이 때, 적당한 자연수 n에 대해서, $L^n = 0$이면, L 이 **멱영(nilpotent)**이라고 한다.

(iii) 극대 가해적 아이디얼(maximal solvable ideal)을 L의 **라디칼(radical)**이라고 하고, 이를 $Rad\ L$이라고 쓴다.

(iv) 0이 아닌 리 대수 L의 라디칼이 0이면, L을 **반단순(semisimple)**이라고 한다.

모든 가환 리 대수 L은 $[LL] = 0$이므로, 가해적(solvable)이고 멱영(nilpotent)이다. 임의의 자연수 k에 대해서, $L^{(k)} \subset L^k$이므로, 모든 멱영인 리 대수는 가해적이다. 또한, 모든 단순 리 대수는 반단순 리 대수가 된다.

리 대수를 공부하는 데에 중요한 역할을 하는 것이 킬링 형식(Killing form)이다. 리 대수 L의 원소 x, y에 대해서,

$$k(x, y) = Tr(ad\ x, ad\ y)$$

로 정의되는 쌍대칭선형사상(symmetric bilinear form) k를 **킬링 형식**이라고 부른다. 이는

$$k([x, y], z) = k(x, [y, z])$$

를 만족한다. 킬링 형식은 주어진 리 대수가 반단순인지 확인하는 데에 다음과 같이 쓰인다.

정리 A.8 (카르탕-킬링 판정법)

리 대수 L이 반단순일 필요충분조건은 대응되는 킬링 형식이 비퇴화(non-degenerate)인 것이다.

정리 A.9

$x \in L$이 다음과 같이 표현된다.

(i) $x = s + n$

(ii) $[sn] = 0$

(iii) $ad\ s$는 반단순(semisimple)이고, $ad\ n$은 멱영(nilpotent)이다.

이 때, $s = x_s$는 x의 반단순 부분(semisimple part)이라고 하고, $n = x_n$는 x의 멱영 부분(nilpotent part)이라고 한다.

정의 A.10

리 대수 L의 부분 리 대수 H가

(i) H가 멱영이다.

(ii) $H = N_L(H)$이다.

를 만족하면, H를 **카르탕 부분 리 대수**(Cartan subalgebra)라고 한다.

L은 반단순 리 대수이고, H를 L의 카르탕 부분 리 대수라고 하자. 이 때, $\alpha \in H^*$에 대해서, L의 부분 공간

$$L_\alpha := \{x \in L : \text{모든 } x\text{에 대해서 } [hx] = \alpha(h)x\}$$

라고 정의하면, L은 L_α들의 직교합으로 표현된다. 물론, L_0은 $C_L(H) := \{x \in L : \text{모든 } x\text{에 대해서 } [hx] = 0\}$가 되는데, $C_L(H) = H$가 성립한다.

정의 A.11

$L_\alpha \neq 0$인 $\alpha \in H^*$를 루트(root)라고 하고, 루트들의 집합인 루트 공간(root space)을 Φ라고 쓴다. 즉,

$$L = H \oplus \sum_{\alpha \in \Phi} L_\alpha$$

가 성립하는데, 이를 **루트 분해**(root decomposition)라고 한다.

이 때, L_α들은 다음과 같은 성질을 갖는다.

명제 A.12

임의의 $\alpha, \beta \in H^*$에 대해서, $[L_\alpha, L_\beta] \subset L_{\alpha+\beta}$가 성립한다. 그리고, $\alpha + \beta \neq 0$인 $\alpha, \beta \in H^*$에 대해서 L_α와 L_β는 서로 수직이다. 즉, 임의의 $x \in L_\alpha$와 $y \in L_\beta$에 대해서, $k(x, y) = 0$이다.

정리 A.8에 따르면, 킬링 형식 k는 비퇴화적이다. 명제 A.12에 의해서, 임의의 $\alpha \in \Phi$에 대해서, L_0은 L_α와 수직이다. 따라서, k를 L_0에 제한하더라도 여전히 비퇴화적이다. 즉, $k|_H$ 역시 비퇴화적이다.

따라서, 임의의 $\alpha \in H^*$가 주어져 있을 때, 임의의 $h \in H$에 대해서,

$$\alpha(h) = k(t_\alpha, h)$$

가 성립하는 $t_\alpha \in H$가 유일하게 존재한다.

명제 A.13

루트 공간 Φ는 다음의 성질을 만족한다.

(i) Φ는 H^*를 생성(span)한다.
(ii) $\alpha \in \Phi$이면 항상 $-\alpha \in \Phi$이다.
(iii) $\alpha(t_\alpha) = k(t_\alpha, t_\alpha)$이다.

벡터 공간 V에 내적 $(\cdot, \cdot)$가 정의되어 있다고 하자. 이 때, 원소 α와 V의 자기동형사상 σ_α에 대해서, $\sigma_\alpha(\alpha) = -\alpha$이고, σ_α에 의해 보존되는 V의 원소들의 집합 H_α가 V의 초평면(hyperplane)이 되면, σ_α는 α에 대한 대칭사상(symmetry)이라고 부른다. 그러면, 대칭사상은

$$\sigma_\alpha(\beta) := \beta - \frac{2(\beta, \alpha)}{(\alpha, \alpha)}\alpha$$

로 표현되고, 이에 의해 보존되는 평면 H는

$$H = \{\beta \in V \ : \ (\beta, \alpha) = 0\}$$

으로 표현된다.

정의 A.14

유클리드 공간 V의 유한 부분 집합 Φ가 다음을 만족하면, **루트 시스템**(root system)이라고 한다.

(i) Φ가 E를 생성하고, $0 \notin V$이다.
(ii) 임의의 $\alpha \in \Phi$에 대해서, $k\alpha \in \Phi$이면, $k = \pm 1$이다.
(iii) σ_α는 Φ를 보존한다.
(iv) 임의의 $\alpha, \beta \in \Phi$에 대해서, $\langle \beta, \alpha \rangle := \frac{2(\beta,\alpha)}{(\alpha,\alpha)} \in \mathbb{Z}$이다.

유한 차원 공간 V의 차원을 ℓ이라고 하자. $\ell = 1$이면, 다음의 경우뿐이다.

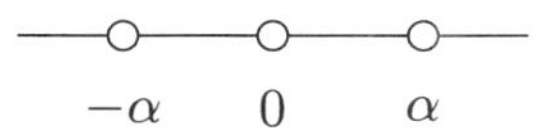

정의 A.14의 (ii)와 (iv)를 이용하면, $\ell \geq 2$인 경우에도, 루트 시스템의 원소들 사이의 관계를 얻을 수 있다. 루트 시스템 Φ의 두 원소 α, β를 생각하자. α와 β 사이의 각을 θ라고 하면,

$$\langle \beta, \alpha \rangle = \frac{2(\beta, \alpha)}{(\alpha, \alpha)} = \frac{2\|\beta\|\|\alpha\| \cos\theta}{\|\alpha\|^2} = \frac{2\|\beta\| \cos\theta}{\|\alpha\|}$$

이므로,

$$\langle \beta, \alpha \rangle \langle \alpha, \beta \rangle = 4\cos^2\theta$$

이다. 따라서,

$$0 \leq \langle \beta, \alpha \rangle \langle \alpha, \beta \rangle \leq 4 \tag{A.1}$$

이고, 정의 A.14의 (iv)에 따르면, $\langle \beta, \alpha \rangle$와 $\langle \alpha, \beta \rangle$ 모두 정수이다.

예제 A.15 ($\ell = 2$인 루트 시스템) $\ell = 2$인 루트 시스템의 서로 평행이 아닌 두 원소를 α, β라고 하면, 식 (A.1)을 만족한다. $\|\alpha\| \leq \|\beta\|$라고 하자. 그러면, 다음의 일곱 가지의 경우뿐이다.

(i) $\langle \alpha, \beta \rangle = 0$인 경우 : $\theta = \frac{\pi}{2}$이고, α와 $\|\beta\|$의 크기는 비교할 수 없다.
(ii) $\langle \alpha, \beta \rangle = 1$, $\langle \beta, \alpha \rangle = 1$인 경우 : $\theta = \frac{\pi}{3}$이고, $\|\beta\| = \|\alpha\|$이다.
(iii) $\langle \alpha, \beta \rangle = -1$, $\langle \beta, \alpha \rangle = -1$인 경우 : $\theta = \frac{2\pi}{3}$이고, $\|\beta\| = \|\alpha\|$이다.

(iv) $\langle \alpha, \beta \rangle = 1$, $\langle \beta, \alpha \rangle = 2$인 경우 : $\theta = \frac{\pi}{4}$이고, $\|\beta\| = \sqrt{2}\|\alpha\|$이다.

(v) $\langle \alpha, \beta \rangle = -1$, $\langle \beta, \alpha \rangle = -2$인 경우 : $\theta = \frac{3\pi}{4}$이고, $\|\beta\| = \sqrt{2}\|\alpha\|$이다.

(vi) $\langle \alpha, \beta \rangle = 1$, $\langle \beta, \alpha \rangle = 3$인 경우 : $\theta = \frac{\pi}{6}$이고, $\|\beta\| = \sqrt{3}\|\alpha\|$이다.

(vii) $\langle \alpha, \beta \rangle = -1$, $\langle \beta, \alpha \rangle = -3$인 경우 : $\theta = \frac{5\pi}{6}$이고, $\|\beta\| = \sqrt{3}\|\alpha\|$이다.

이를 다음과 같이 그림으로 나타낼 수 있는데, (ii)와 (iii), (iv)와 (v), (vi)과 (vii)는 같은 그림으로 표현된다.

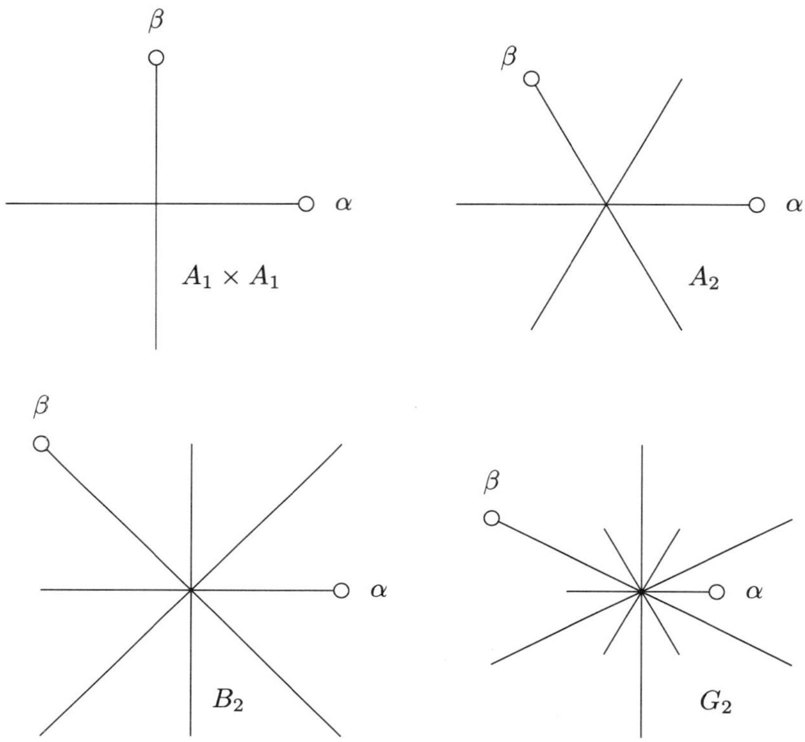

$A_1 \times A_1$은 경우 (i), A_2는 경우 (iii), B_2는 경우 (iv), G_2는 경우 (vii)에 각각 대응된다.

정의 A.16

Φ의 부분 집합 Δ가 다음을 만족하면, **기저(base)**라고 한다.

(i) Δ는 E의 기저(basis)이다.

(ii) 임의의 루트 β는

$$\beta = \sum_{\alpha \in \Delta} k_\alpha \alpha$$

로 표현이 되는데, 이 때 k_α는 항상 음수가 아니거나 양수가 아니다.

이 때, Δ의 원소 루트를 단순(simple)이라고 한다. 그리고, $k_\alpha \geq 0$인 원소 β는 양의 루트(positive root)라고 하고, 그들의 집합을 Φ^+라고 한다. 마찬가지로, 음의 루트(negative root)들의 집합 Φ^-를 정의한다. 서로 직교(orthogonal)가 되는 두 부분집합의 합으로 표현할 수 없는 루트 시스템을 나눌 수 없는(irreducible) 루트 시스템이라고 한다.

단순 루트 $\{\alpha_1, \ldots, \alpha_l\}$에 대해서, (i, j)의 원소가 $\langle \alpha_i, \alpha_j \rangle$인 행렬을 Φ의 카르탕 행렬(Cartan matrix)이라고 한다. 이 때, l개의 점을 갖고, 각 점들 사이에 $\langle \alpha_i, \alpha_j \alpha_j, \alpha_i \rangle$개의 선을 갖는 그래프를 콕세터 그래프(Coxeter graph)라고 한다. 두 개 이상의 선으로 연결된 두 점이 있을 때, 큰 루트에서 작은 루트로 향하는 화살표를 포함하는 그래프를 딘킨 다이어그램(Dynkin diagram)이라고 한다.

명제 A.17

모든 루트 시스템 Φ는 나눌 수 없는 루트 시스템들의 직교합으로 표현된다.

정리 A.18

계수가 ℓ인 나눌 수 없는 루트 시스템 Φ에 대응되는 딘킨 다이어그램은 다음 중의 하나이다.

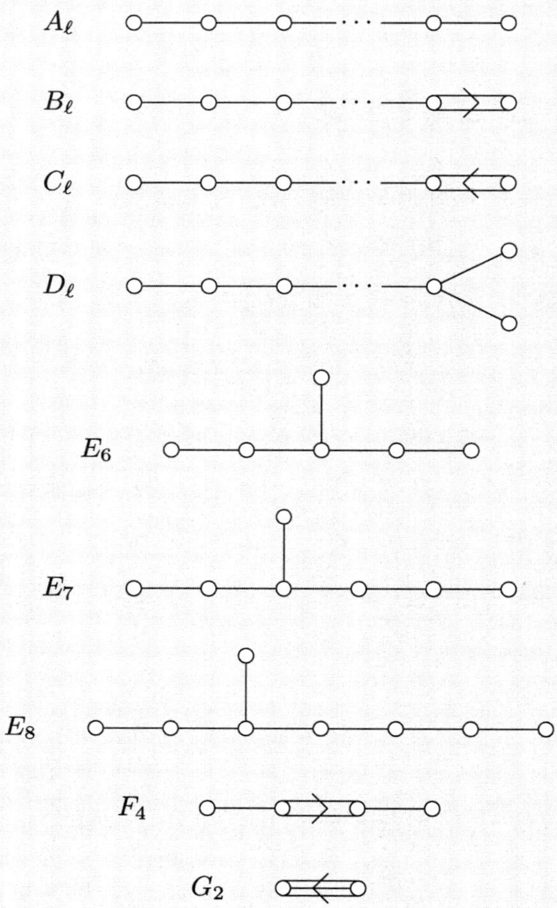

B 준복소구조

M이 $2n$차원의 매끄러운 (C^∞) 미분다양체라 하자. M의 접다발(tangent bundle) TM의 다발동형사상(bundle isomorphism) J가 있어서 다이어그램

$$\begin{array}{ccc} TM & \xrightarrow{\quad J \quad} & TM \\ & {\scriptstyle\pi}\searrow \quad \swarrow{\scriptstyle\pi} & \\ & M & \end{array}$$

이 경로무관(commute)하며

$$J^2 = -I \tag{B.1}$$

을 만족하면 J를 M 상의 **준복소구조**(almost complex structure)라고 부른다. 국소좌표 $x = (x^1, \ldots, x^{2n})$를 사용하여

$$J = a_\alpha^\beta dx^\alpha \otimes \frac{\partial}{\partial x^\beta}, \quad a_\alpha^\beta \in C^\infty \quad (\alpha, \beta = 1, \ldots, 2n\text{에 관한 합산관례})$$

라 표현하면 (B.1)은

$$a_\lambda^\beta a_\gamma^\lambda = -\delta_\gamma^\beta, \quad (\text{합산관례})$$

라 쓸 수 있다. J를 복소화된 접다발(complexified tangent bundle) $T_{\mathbb{C}}M$으로 확장하면 복소화된 접다발은

$$T_{\mathbb{C}}M := \mathbb{C} \otimes_{\mathbb{R}} TM = T^{1,0}M \oplus T^{0,1}M, \tag{B.2}$$

와 같이 J의 고유공간(eigen-space)으로 분해된다. 단, 여기에서 $T^{1,0}M$과 $T^{0,1}M$은 각각 J의 고유치 i와 $-i$에 상응하는 고유 공간이다. 따라서 임의의 $X \in T_{\mathbb{C}}M$은

$$X = X^{1,0} + X^{0,1}$$

와 같이 분해된다. 위와 같은 성분별 표현방법은 유일하다. 실제로

$$\begin{aligned} X^{1,0} &= \frac{1}{2}(X - iJX) \\ X^{0,1} &= \frac{1}{2}(X + iJX) \end{aligned} \tag{B.3}$$

임을 알 수 있다. 마찬가지로 복소화된 여접다발(complexified cotangent bundle) $T_{\mathbb{C}}^*M$은

$$J^* : T^*M \to T^*M$$

의 고유 벡터공간으로

$$T_{\mathbb{C}}^*M := \mathbb{C} \otimes_{\mathbb{R}} T^*M = T_{1,0}^*M \oplus T_{0,1}^*M, \tag{B.4}$$

와 같이 분해된다. 단, 여기에서 $T_{1,0}^*M(T_{0,1}^*M)$은 J^*의 고유치 $i(-i)$에 상응하는 고유공간이다. 임의의 여벡터(covector) $\omega \in T_{\mathbb{C}}^*M$은

$$\omega = \omega_{1,0} + \omega_{0,1}$$

와 같이 분해된다. 여기서

$$\begin{aligned} \omega_{1,0} &= \frac{1}{2}(\omega - iJ^*\omega) \\ \omega_{0,1} &= \frac{1}{2}(\omega + iJ^*\omega) \end{aligned} \tag{B.5}$$

이다. 이제 임의의 $X \in T_{\mathbb{C}}M$와 임의의 $\omega \in T_{\mathbb{C}}^*M$에 대하여

$$\begin{aligned} &\omega_{1,0}(X) = \omega(X^{1,0}), \quad \omega_{0,1}(X) = \omega(X^{0,1}) \\ &\omega_{1,0}(X^{0,1}) = \omega_{0,1}(X^{1,0}) = 0 \end{aligned} \tag{B.6}$$

임을 관찰하자. $T_{\mathbb{C}}M$과 $T_{\mathbb{C}}^*M$의 국소적 기저(local basis)를 다음과 같이 잡으면 편리하다. 즉, 실벡터 X_j와 실 1-형식 ω^j, $j = 1, \dots, n$,를 적절히 잡으면

$$X_1, \dots, X_n, JX_1, \dots, JX_n$$

이 TM을 펼치고(span)

$$\omega^1, \dots, \omega^n, -J^*\omega^1, \dots, -J^*\omega^n$$

이 이들의 쌍대(dual) 1-형식이 되어 T^*M을 펼치게 할 수 있다. 이제 각 $k = 1, \dots, n$에 대하여

$$\begin{aligned} Z_k &:= \frac{1}{2}(X_k - iJX_k) \\ \theta^k &:= \omega^k - iJ^*\omega^k \end{aligned} \tag{B.7}$$

이라 정의하자. 국소적으로

$$Z_1, \dots, Z_n$$

은 $T^{1,0}M$의 기저를 이루고 이들의 복소켤레벡터

$$\bar{Z}_1, \dots, \bar{Z}_n$$

는 $T^{0,1}M$의 기저를 이룬다. 마찬가지로

$$\theta^1, \dots, \theta^n$$

은 $T^*_{1,0}M$의 기저를, 그들의 복소켤레 1-형식

$$\bar{\theta}^1, \dots, \bar{\theta}^n$$

은 $T^*_{0,1}M$의 기저를 각각 이룬다. 그리고 모든 $j, k = 1, \dots, n$에 대하여

$$\theta^j(\bar{Z}_k) = \bar{\theta}^j(Z_k) = 0 \tag{B.8}$$

이며 뿐만 아니라 $(\theta^1, \dots, \theta^n, \bar{\theta}^1, \dots, \bar{\theta}^n)$은 $(Z_1, \dots, Z_n, \bar{Z}_1, \dots, \bar{Z}_n)$의 쌍대 1-형식(dual 1-form)임을 쉽게 확인 할 수 있다. 이제 $I = (i_1 < \cdots < i_p)$가 자연수 $\{1, \dots, m\}$의 수열일 때 $|I| = p$라 하고

$$\theta^I := \theta^{i_1} \wedge \cdots \wedge \theta^{i_p}$$

라 정의하자. 정수 $p, q = 0, 1, \dots, n$에 대하여 매끄러운 복소함수를 계수로

$$\theta^I \wedge \bar{\theta}^K, \quad |I| = p, \quad |K| = q$$

들의 일차결합을 (p,q)-형식이라 부른다. 모든 (p,q)-형식들의 집합을 $\Omega^{p,q}(M)$라고 표시하고, M 위의 모든 매끄러운 복소함수들의 집합을 $\Omega^0(M)$이라고 표시하면 $\Omega^{p,q}(M)$은 가환환 $\Omega^0(M)$ 위의 모듈이다. 그리고, 매끄러운 복소계수를 갖는 모든 r-형식의 집합을 $\Omega^r(M)$ $(r = 1, \dots, 2n)$이라 하면

$$\Omega^r(M) = \bigoplus_{p+q=r} \Omega^{p,q}(M)$$

이고, 복소계수를 갖는 M 의 외미분계는

$$\Omega^*(M) := \bigoplus_{r=0}^{2n} \Omega^r(M)$$

이다.

각 (p,q)에 대하여 정사영

$$\Pi_{p,q} : \Omega^r(M) \to \Omega^{p,q}(M)$$

을 생각하자. 임의의 (p,q)-형식 ϕ에 대하여

$$\partial\phi := \Pi_{p+1,q}d\phi$$
$$\bar{\partial}\phi = \Pi_{p,q+1}d\phi$$

이라고 정의하자. 그러면,

$$\begin{aligned}\overline{\Omega^{p,q}} &= \Omega^{q,p} \\ \Pi^{p,q}(\omega) &= \overline{\Pi^{q,p}(\bar{\omega})} \qquad \text{(B.9)} \\ \bar{\partial}\omega &= \overline{\partial\bar{\omega}}, \qquad \forall\omega \in \Omega^*(M).\end{aligned}$$

가 성립함을 쉽게 확인할 수 있다.

1장의 명제 1.11에서와 같이 d가 역미분(anti-derivation) 임과 미분형식의 타입을 비교하여 ∂와 $\bar{\partial}$가 각각 역미분임을 보일 수 있다. 즉 임의의 $\omega, \eta \in \Omega^{p,q}$에 대하여

$$\bar{\partial}(\omega \wedge \eta) = \bar{\partial}\omega \wedge \eta + (-1)^{p+q}\omega \wedge \bar{\partial}\eta \tag{B.10}$$

이고, ∂에 대하여도 같은 식이 성립함을 볼 수 있다.

정의 A.19

준복소다양체 (M,J)에서 정의된 복소함수 f가 **정칙**(holomorphic), 혹은 **의사정칙**(psuedo-holomorphic)이라 함은 임의의 $(0,1)$-벡터장 $\bar{Z}$에 관하여

$$\bar{Z}f = 0 \tag{B.11}$$

임을, 또는 이와 동치인 조건으로

$$df \equiv 0, \quad \text{mod } (\theta) \tag{B.12}$$

을 만족함을 뜻한다. 여기에서 $\theta = (\theta^1, \ldots, \theta^n)$은 (B.7)에서와 같이 $(1,0)$-형식을 의미한다.

예제 A.20 ($\mathbb{C}^n$ 의 표준 복소구조 J_{st})

$\mathbb{C}^n = (z^1, \ldots, z^n)$, $z^\alpha = x^\alpha + iy^\alpha$, $\alpha = 1, \ldots, n,$이라 하자. 표준 복소구조 J_{st}는 선형변환

$$J_{st}\left(\frac{\partial}{\partial x^\alpha}\right) = \frac{\partial}{\partial y^\alpha}, \quad J_{st}\left(\frac{\partial}{\partial y^\alpha}\right) = -\frac{\partial}{\partial x^\alpha}$$

을 의미한다. 따라서

$$J_{st}^*dx^\alpha = -dy^\alpha, \quad J_{st}^*dy^\alpha = dx^\alpha$$

이다.

$T_{1,0}^*(\mathbb{C}^n)$ 과 $T_{0,1}^*(\mathbb{C}^n)$ 은 각각 dz^α 와 $d\bar{z}^\alpha, \alpha = 1, \ldots, n$, 에 의하여 생성된다. 그리고 $(1,0)$ 벡터, $(0,1)$ 벡터, ∂, $\bar{\partial}$ 등은 1장에서 정의한 바와 같다.

이제 준복소구조의 형식적 적분가능성을 정의하겠다. 주어진 준복소 다양체 (M^{2n}, J) 가 $\mathbb{C}^n$ 의 표준 복소구조 J_{st} 와 얼마나 다른지를 측정하는 개념이 비틀림(토전, torsion)이다. 우리는 토전의 몇 가지 다른 버전을 소개하고 이들 토전이 영이라는 사실이 모두 동치임을 보이겠다. 준복소구조 J 의 토전이 영이면 J 는 형식적 적분가능하다(formally integrable)라고 말한다. 먼저 임의의 실 접벡터장 X, Y 에 대하여 **니엔호이스 텐서(Nijenhuis tensor)** 는

$$N(X,Y) := [X,Y] + J[JX,Y] + J[X,JY] - [JX,JY] \tag{B.13}$$

로 정의한다. 니엔호이스 본인의 유명한 공저 논문 [107] 에서는 이 개념이 [44] 에서 이미 사용되었다고 언급하고 있다. 니엔호이스 텐서의 다음 성질들은 쉽게 보일 수 있다.

i) $N(X,Y) = -N(Y,X)$,
ii) $N(X,JY) = N(JX,Y) = -JN(X,Y)$,
iii) N 을 복소접벡터 $T_{\mathbb{C}}M$ 으로 복소선형적으로 확장하면

$$N(X^{1,0}, Y^{1,0}) = N(X,Y)^{0,1},$$

단 $X^{1,0}$ 등은 (B.3) 에서 정의한 바와 같다.

외미분계(exterior differential system)에서는 임의의 파피안 시스템 θ 에 대하여 $d\theta$, mod (θ) 를 일반적으로 토전이라 부른다. 즉

$$d\theta^\alpha \equiv T_{\lambda\mu}^\alpha \bar{\theta}^\lambda \wedge \bar{\theta}^\mu, \quad \text{mod } (\theta) \quad (\text{합산관례}), \tag{B.14}$$

의 우변 $T_{\lambda\mu}^\alpha \bar{\theta}^\lambda \wedge \bar{\theta}^\mu$ 이 토전이다. $T_{\lambda\mu}^\alpha$ 와 니엔호이스 텐서 N 과의 관계는 다음과 같음을 쉽게 보일 수 있다.

$$N(\bar{Z}_\lambda, \bar{Z}_\mu) = -4T_{\lambda\mu}^\alpha Z_\alpha \quad (\text{합산관례}).$$

[90] 에서 토전은 아래와 같이 정의한다.

$$T(X,Y) := [X^{0,1}, Y^{0,1}]^{1,0} + [X^{1,0}, Y^{1,0}]^{0,1} \tag{B.15}$$

연습문제 A.21

$n = 1$의 경우에는 적분가능조건은 자명하게 만족된다. $n \geq 2$일 때 위에서 정의한 토전이 영이 된다는 사실을 모두 동치이다. 즉 다음은 동치이다.

i) $T^{1,0}$은 괄호연산(Lie bracket)에 닫혀있다. 즉,

$$[T^{1,0}, T^{1,0}] \subset T^{1,0}, \tag{B.16}$$

즉, 임의의 매끈한 (1,0)-타입의 벡터장 Z와 Z'에 대하여 그들의 괄호연산 (bracket) $[Z, Z']$ 역시 (1,0) 타입의 벡터장이 된다.

ii) 니엔호이스 텐서는 항등적으로 영이다.

iii) (B.14)의 모든 $T^{\alpha}_{\lambda\mu}$가 항등적으로 영이다. 즉

$$d\theta \equiv 0, \quad \mathrm{mod}(\theta). \tag{B.17}$$

iv) (B.15)에서 정의한 T가 항등적으로 영이다.

힌트:

i) $\Longleftrightarrow$ ii): 임의의 실 벡터장 X, Y에 대하여 $Z := X - iJX$와 $Z' = Y - iJY$의 괄호연산 (bracket)의 타입을 생각하라.

i) $\Longleftrightarrow$ iii): 항등식

$$d\theta(\bar{Z}_j, \bar{Z}_k) = \bar{Z}_j(\theta(\bar{Z}_k)) - \bar{Z}_k(\theta(\bar{Z}_j)) - \theta([\bar{Z}_j, \bar{Z}_k])$$

를 이용하라.

정의 A.22 (준복소구조의 형식적 적분가능성)

(M^{2n}, J)가 위의 4가지 동치조건 중 어느 하나를 만족하면 준복소구조 J는 형식적으로 적분가능(formally integrable)하다고 말한다. 때로는 적분가능(integrable)하다고 용어를 혼용하기도 한다.

명제 A.23 (적분가능성과 동치조건)

준복소구조 J에 관한 다음 성질들은 동치이다.

i) J는 형식적 적분가능하다;

ii) $\bar{\partial}^2 = 0$;

iii) $\partial^2 = 0$;

iv) $d = \partial + \bar{\partial}$.

[증명] ii)와 iii)이 동치임은 자명하다. $d^2 = 0$이라는 사실과 미분형식의 타입을 비교하여 iv)로부터 ii)와 iii)을 보일 수 있다.

i)$\Longrightarrow$ iv): 함수 f에 대하여

$$df = df(Z_j)\theta^j + df(\bar{Z}_j)\bar{\theta}^j, \quad \text{(합산관례)}$$

이므로 함수, 즉 0-형식에 관하여는 iv)가 성립한다.

다음은 $(1,0)$-형식 ϕ에 대하여 $d\phi$가 $(0,2)$-성분이 영임을 보이겠다. 적분가능성으로부터 $[\bar{Z}_j, \bar{Z}_k]$은 다시 $(0,1)$ 벡터이므로

$$d\phi(\bar{Z}_j, \bar{Z}_k) = \bar{Z}_j\phi(\bar{Z}_k) - \bar{Z}_k\phi(\bar{Z}_k) - \phi([\bar{Z}_j, \bar{Z}_k]) \tag{B.18}$$

에서 우변이 항등적으로 영이다. 그러므로 $d\phi = \partial\phi + \bar{\partial}\phi$이다. 같은 방법으로 $(0,1)$-형식에 대하여도 iv)가 성립함을 보일 수 있다. 임의의 미분형식은 0-형식과 1-형식으로 생성되므로 역미분 공식 (B.10) 등에 의하여 모든 미분형식에 대하여 iv)가 성립한다.

iv) $\Longrightarrow$ i): $(0,1)$-타입의 임의의 두 벡터장 $\bar{Z}$와 $\bar{Z}'$에 대하여 그들의 괄호연산 $[Z, \bar{Z}']$이 다시 $(1,0)$-타입임을 보이기 위하여 임의의 $(1,0)$-형식 ϕ를 취하여 $\phi([Z, \bar{Z}'])$이 영임을 보이자. 가정에서

$$d\phi = \partial\phi + \bar{\partial}\phi$$

는 $(2,0)$-형식과 $(1,1)$-형식의 합이므로

$$\begin{aligned} 0 &= d\phi(\bar{Z}, \bar{Z}') \\ &= \bar{Z}\phi(\bar{Z}') - \bar{Z}'\phi(\bar{Z}) - \phi([\bar{Z}, \bar{Z}']) \end{aligned}$$

$$= -\phi([\bar{Z}, \bar{Z}']).$$

ii) $\Longrightarrow$ i): 임의의 $(1,0)$-벡터장 Z, Z'과 임의의 함수 f에 대하여 $\bar{\partial} f([Z, Z']) = 0$을 보이면 충분하다. $\bar{\partial}^2 = 0$이므로 $d\bar{\partial} f = \partial\bar{\partial} f$이고 따라서 여기에 (Z, Z')을 작용하면

$$0 = d\bar{\partial} f(Z, Z') = Z\bar{\partial} f(Z') - Z'\bar{\partial} f(Z) - \bar{\partial} f([Z, Z']) = 0$$

이다. 우변의 첫 두 항은 영이므로 $\bar{\partial} f([Z, Z']) = 0$이다. □

다음은 준복소다양체 (M^{2n}, J) 위에 독립인 n개의 의사정칙함수의 존재성 여부에 관해서 생각해 보자. n개의 의사정칙함수

$$\zeta = (\zeta^1, \ldots, \zeta^n) \tag{B.19}$$

가 독립이라 함은

$$d\zeta^1 \wedge \cdots \wedge d\zeta^n \neq 0$$

임을 의미한다. 만일 존재한다면

$$\zeta : M \longrightarrow \mathbb{C}^n$$

을 국소좌표로 하여 국소적으로

$$T^*_{0,1}(M) = \langle d\zeta^1, \ldots, d\zeta^n \rangle$$

이고, M 위의 임의의 복소함수 $f(\zeta, \bar{\zeta})$가 의사정칙일 필요충분조건은

$$df \in \langle d\zeta^1, \ldots, d\zeta^n \rangle \tag{B.20}$$

이다. (B.20)는

$$\frac{\partial f}{\partial \bar{\zeta}^\alpha} = 0$$

임을, 즉 $f(\zeta)$가 정칙임을 의미한다. M 위의 의사정칙 좌표 (B.19)가 존재하면 이를 M의 복소구조라 부른다. M이 복소구조를 가지면 형식적 적분가능조건 (B.17)이 성립함을 쉽게 볼 수 있다. 역으로 (M, J)가 형식적 적분가능하면 복소구조를 갖는다는 것이 뉴란더-니렌버그 정리 [106] (정리 A.24) 이다. 임의의 준복소구조는 국소적으로 $\mathbb{C}^n$의 표준복소구조 J_{st}의 섭동(perturbation)으로 얻을 수 있다. 즉, $\mathbb{C}^n$의 원점부근에서 정의되고

원점에서의 값이 영인 복소함수 $a_j^k,\ j,k=1,\ldots,n$ 에 대하여 벡터장

$$\bar{Z}_j := \frac{\partial}{\partial \bar{z}^j} - a_j^k \frac{\partial}{\partial z^k} \quad (\text{합산관례}) \tag{B.21}$$

를 $(0,1)$-벡터로 갖는, 혹은 이와 동치조건으로

$$dz^k + a_j^k d\bar{z}^j \quad (\text{합산관례})$$

을 $(1,0)$-형식으로 하는 유일한 준복소구조가 존재한다. 이 경우 형식적 적분가능조건은 모든 $j,k,\ell=1,\ldots,n$ 에 대하여

$$\frac{\partial a_j^k}{\partial \bar{z}^\ell} - a_\ell^p \frac{\partial a_j^k}{\partial z^p} = \frac{\partial a_\ell^k}{\partial \bar{z}^j} - a_j^p \frac{\partial a_\ell^k}{\partial z^p} \quad (\text{합산관례}) \tag{B.22}$$

로 표현된다. 이제 조건 (B.22) 이 만족되면

$$\bar{Z}_j w = 0, \quad j=1,\ldots,n \tag{B.23}$$

이 n 개의 독립인 해를 갖는다는 것이 뉴란더-니렌버그 정리의 내용이다.

정리 A.24 (뉴란더-니렌버그 정리, Newlander-Nirenberg [106])

$\mathbb{C}^n$ 의 원점의 근방에서 (B.21) 의 계수 a_j^k 가 C^{2n}-범주의 미분가능이고 형식적 적분가능 조건 (B.22) 을 만족하면 (B.23) 의 독립인 해 $\zeta=(\zeta^1,\ldots,\zeta^n)$ 이 존재한다. 그리하여 (B.22) 은 코시-리만 방정식

$$\frac{\partial w}{\partial \bar{\zeta}^j} = 0, \quad j=1,\ldots,n$$

로 변환된다. ζ 는 임의의 양수 $\beta<1$ 에 대하여 미분가능성 범주 $C^{2n+\beta}$ 에 속한다. 뿐만 아니라 $k \ge 2n,\ 0<\alpha<1$ 에 대하여 계수 a_i^j 가 범주 $C^{k+\alpha}$ 이면 ζ 는 범주 $C^{k+1+\alpha}$ 이다.

$n=1$ 인 경우는 임의의 2차원 리만 다양체가 등온좌표 (isothermal coordinates) 를 갖는다는 고전적인 정리이다. 가우스는 해석적인 곡면은 평면과 국소적으로 등각동치 (conformally equivalent) 임을 보였다. 해석적이 아닌 경우는 등온좌표의 존재에 관한 코른-리히텐슈타인 (Korn-Lichtenstein) 정리 [93, 96, 28] 가 있다. 따라서 모든 2차원 리만다양체는 복소1차원 다양체, 즉 리만곡면이다. 이때 정칙 (holomorphic) 사상은 리만 측도에 대한 등각 (conformal) 사상이다.

준복소 구조라는 개념은 1950년 에레스만(C. Ehresmann)이 정의하였다. 그는 같은 논문에서 준복소구조가 해석적일 때는 해석적 프로베니우스 정리로부터 복소정칙 좌표계가 존재함을 보였다.

뉴란더-니렌버그 정리 증명의 개요 :

증명은 포텐셜 이론의 방법을 사용하고 있다. 비동차(inhomogeneous) 코시-리만 방정식의 역연산을 위한 적분 연산자의 반복시행(iteration)의 극한으로 해의 존재를 보인다. 역연산을 위한 적분으로는 일변수에 관한 코시 적분 연산자를 사용하고 있다. 홀더 노름에 관한 추정으로 적분가능성과 반복시행의 수렴성을 보인다. 먼저 (B.23)를 비동차(inhomogeneous) 코시-리만 방정식

$$\frac{\partial w}{\partial \bar{z}^j} = a_j^k \frac{\partial w}{\partial z^k} \quad (\text{합산관례}) \tag{B.24}$$

꼴로 표현하자.

$n = 1$의 경우의 코른-리히텐스타인-천 [28]의 증명에서는 비동차 코시-리만 방정식의 역연산자를 이용하였다. 복소 일변수의 함수 $f(z)$에 대하여

$$w = Tf(z) := \frac{1}{2\pi i}\int_{|z|<r} \frac{f(\tau)d\bar{\tau}\wedge d\tau}{z-\tau}$$

는 f가 홀더 조건을 만족하면

$$\frac{\partial w}{\partial \bar{z}} = f$$

의 해이다. $n = 1$일 때 (B.24) 즉

$$\frac{\partial w}{\partial \bar{z}} = a(z,\bar{z})\frac{\partial w}{\partial z}, \quad a(0) = 0, \quad |z| < r \tag{B.25}$$

의 해를 구하기 위하여 적분방정식

$$w = T\left(a\frac{\partial w}{\partial z}\right) \; + \; z$$

를 $w_1 = 0$으로 시작하여 반복시행하여

$$w_{n+1} = T\left(a\frac{\partial w_n}{\partial z}\right) \; + \; z$$

라 할 때 $\{w_n\}$의 수렴성을 보임으로 증명하였다. 수렴성의 증명에는 지수 α의 홀더 노름을

$$H_\alpha[f] := \sup_{|z|<\alpha} \frac{|f(z)-f(\bar{z})|}{|z-\bar{z}|^\alpha}$$

라 할 때 적분 연산자 T는

$$\begin{aligned}\|Tf\| :=& \|Tf\|_\infty + r\|DTf\|_\infty + r^{1+\alpha}H_\alpha[DTf] \\ \le& \text{상수}\ r(\|f\|_\infty + r^\alpha H_\alpha[f])\end{aligned} \tag{B.26}$$

을 만족한다는 사실을 이용한다 . 단 상수는 α 에만 의존하며 D는 미분 $\frac{\partial}{\partial z}$ 혹은 $\frac{\partial}{\partial \bar{z}}$ 를 의미한다.

이제 $n \ge 2$의 경우에 $j, k, \ell = 1, \ldots, n,$ 에 대한 합산공식을 사용하겠다. 각 $j = 1, \ldots, n$과 고정된 $r > 0$에 대하여 적분연산자

$$T^j f(z) := \frac{1}{2\pi i}\iint_{|\tau|<r} f(z^1, \cdots, z^{j-1}, \tau, z^{j+1}, \cdots, z^n)\frac{d\bar{\tau}d\tau}{z^j - \tau} \tag{B.27}$$

를 생각하자. T^j 사이에는 서로 교환가능하고 T^j 와 $\frac{\partial}{\partial z^k}$, $\frac{\partial}{\partial \bar{z}^k}$, $j \ne k$ 는 교환가능하다. 그리고 수렴성 증명없이 형식적으로

$$\frac{\partial(T^j f)}{\partial \bar{z}^j} = f \quad (\text{합산공식 아님}) \tag{B.28}$$

이 성립한다. 비동차 코시-리만 방정식

$$\frac{\partial w}{\partial \bar{z}^j} = f_j, \quad j = 1, \ldots, n, \tag{B.29}$$

의 해는 $\mathbf{F} := (f_1, \ldots, f_n)$이 양립조건(compatibility conditions)

$$\frac{\partial f_j}{\partial \bar{z}^k} = \frac{\partial f_k}{\partial \bar{z}^j} \tag{B.30}$$

을 만족하며 충분히 미분가능하다고 가정할 때, 다음과 같이 T^j를 사용하여 쓸 수 있다.

$$w = \mathbf{T}F := \sum_{s=0}^{n-1}\frac{(-1)^s}{(s+1)!}{\sum}' T^{j_1}(\partial/\partial\bar{z}^{j_1})\cdots T^{j_s}(\partial/\partial\bar{z}^{j_S})T^k f_k. \tag{B.31}$$

여기서 $\sum'$은 양의 정수 $1, \ldots, n$ 중 $(j_1, \ldots, j_s, k)$가 모두 다른 모든 $(s+1)$ 개수의 조합을 의미한다. (B.31)를 미분하면

$$\frac{\partial w}{\partial \bar{z}^j} - f_j = \sum_{s=0}^{n-2}\frac{(-1)^s}{(s+2)!}{\sum}^j T^{j_1}(\partial/\partial\bar{z}^{j_1})\cdots T^{j_s}(\partial/\partial\bar{z}^{j_s})T^k(\partial f_k/\partial\bar{z}^j - \partial f_j/\partial\bar{z}_k), \tag{B.32}$$

단 $\sum^j$는 양의 정수 $1, \ldots, n$ 중 j가 아닌 서로 다른 모든 $(s+1)$개의 수 $(j_1, \ldots, j_s, k)$에 대한 합이다. 우변이 양립조건 (B.30)이 성립하면 (B.32)는 영이 되어 w가 (B.29)의 해임을 알 수 있다. 그러면 $n = 1$의 경우와 같이 적분방정식

$$w = \mathbf{T}F[w] + (z^1, \ldots, z^n)\text{에 관한 복소정칙함수},$$

단 $F[w]$는 j번째 성분이 $\sum a_j^k \frac{\partial w}{\partial z^k}$인 벡터 함수를 $w_1 = 0$으로부터 반복시행하여 그 극한으로 해 얻기를 시도하려 할 것이다. 그러나 F에는 모든 $\partial w/\partial z^k$ 미분이 포함되어 있으며 적분연산자 T^j는 z^j 변수로만 적분하기 때문에 $n = 1$의 경우와 같이 반복시행의 수렴성을 보일 수 없다. 그래서 다른 방법으로 접근하여야 한다. (B.24)의 해 $\zeta^1, \ldots, \zeta^n$을 새로운 좌표로 선택한다는 것과 관점을 달리하여 $z^1, \ldots, z^n$ 을 $\zeta^1, \ldots, \zeta^n$과 $\bar{\zeta}^1, \ldots, \bar{\zeta}^n$의 함수로 보자. 그러면 (B.24) 에 의하여 $\frac{\partial w}{\partial \bar{z}^\ell} = a_\ell^k \frac{\partial w}{\partial z^k}$ 이므로,

$$\begin{aligned}\frac{\partial w}{\partial \bar{\zeta}^j} &= \frac{\partial w}{\partial z^k}\frac{\partial z^k}{\partial \bar{\zeta}^j} + \frac{\partial w}{\partial \bar{z}^\ell}\frac{\partial \bar{z}^\ell}{\partial \bar{\zeta}^j} \\ &= \frac{\partial w}{\partial z^k}\left(\frac{\partial z^k}{\partial \bar{\zeta}^j} + a_\ell^k \frac{\partial \bar{z}^\ell}{\partial \bar{\zeta}^j}\right)\end{aligned}$$

을 얻는다. 그러므로 만일 $z = (z^1, \ldots, z^n)$이 비선형 연립방정식

$$\frac{\partial z^k}{\partial \bar{\zeta}^j} + a_\ell^k(z, \bar{z})\frac{\partial \bar{z}^\ell}{\partial \bar{\zeta}^j} = 0 \tag{B.33}$$

을 만족하면

$$\frac{\partial w}{\partial \bar{\zeta}^j} = \frac{\partial \bar{z}^k}{\partial \bar{\zeta}^j}\left(\frac{\partial w}{\partial \bar{z}^k} - a_k^\ell \frac{\partial w}{\partial z^\ell}\right)$$

이 된다. 그러므로 z가 (B.33)을 만족하면 코시-리만 방정식 $\partial w/\partial\bar{\zeta} = 0$는 (B.24)와 동치이다. (B.33)은 비선형이지만 한 방정식에는 하나의 변수 ζ^j에 대한 미분만 나오기 때문에 (B.24)보다 다루기 편리하다. 하나의 j를 고정하면 (B.33)은 ζ^j 방향의 ($\zeta^k =$ 상수, $k \neq j$) "특성곡선"(characteristic) 방정식이라 볼 수 있다. 이제 (B.33)에 해당하는 적분방정식의 반복시행의 극한으로 (B.33)의 해를 얻고자 한다. 이제 r을 고정하고 T^j와 $\mathbf{T}$를 각각 (B.27)과 (B.31)에서 독립변수 z 대신 ζ를 사용하여 정의하자.

이제

$$f_j^i(z) := -a_\ell^i \frac{\partial \bar{z}^\ell}{\partial \bar{\zeta}^j}, \quad F^i = (f_1^i, \ldots, f_n^i) \tag{B.34}$$

이라 두면 (B.33)에 해당하는 비선형 연립 적분방정식은

$$z^i = \zeta^i + \mathbf{T}F^i(z) - z_0^i(z), \quad \text{혹은 줄여서 } z = T(z) \tag{B.35}$$

꼴이 된다. 여기서 $z_0^i(z)$는 $\zeta = 0$에서의 $\mathbf{T}F^i(z)$의 값이다. r이 충분히 작으면 (B.35)를 원판곱 $|\zeta^j| < r$, $j = 1, \ldots, n$, 에서 반복시행으로 풀 수 있다. 이제

$$g_j^i := \frac{\partial z^i}{\partial \bar{\zeta}^j} + a_\ell^i \frac{\partial \bar{z}^\ell}{\partial \bar{\zeta}^j} \tag{B.36}$$

이 항등적으로 영임을 보이기 위하여 (B.35)를 $\bar{\zeta}^j$에 관하여 미분하면 (B.32)에 의하여

$$\begin{aligned} g_j^i &= \frac{\partial z^i}{\partial \bar{\zeta}^j} + a_\ell^i \frac{\partial \bar{z}^\ell}{\partial \bar{\zeta}^j} \\ &= \sum_{s=0}^{n-2} \frac{(-1)^s}{(s+2)!} \sum^j T^{j_1}(\partial/\partial\bar{\zeta}^{j_1}) \cdots T^{j_s}(\partial/\partial\bar{\zeta}^{j_s}) T^k \left(\frac{\partial f_k^i}{\partial \bar{\zeta}^j} - \frac{\partial f_j^i}{\partial \bar{\zeta}^k} \right) \end{aligned} \tag{B.37}$$

을 얻는다. 이제 $\bar{\zeta}$에 관한 $\bar{z}^\ell$의 2차 적분이 순서에 무관하므로 상쇄되어 적분가능성 조건 (B.22)와 (B.36)을 이용하여

$$\begin{aligned} \frac{\partial f_k^i}{\partial \bar{\zeta}^j} - \frac{\partial f_j^i}{\partial \bar{\zeta}^k} &= \frac{\partial a_\ell^i}{\partial \bar{\zeta}^k} \frac{\partial \bar{z}^\ell}{\partial \bar{\zeta}^j} - \frac{\partial a_\ell^i}{\partial \bar{\zeta}^j} \frac{\partial \bar{z}^\ell}{\partial \bar{\zeta}^k} \\ &= \frac{\partial a_\ell^i}{\partial z^p} \frac{\partial z^p}{\partial \bar{\zeta}^k} \frac{\partial \bar{z}^\ell}{\partial \bar{\zeta}^j} + \frac{\partial a_\ell^i}{\partial \bar{z}^p} \frac{\partial \bar{z}^p}{\partial \bar{\zeta}^k} \frac{\partial \bar{z}^\ell}{\partial \bar{\zeta}^j} - \frac{\partial a_\ell^i}{\partial z^p} \frac{\partial z^p}{\partial \bar{\zeta}^j} \frac{\partial \bar{z}^\ell}{\partial \bar{\zeta}^k} - \frac{\partial a_\ell^i}{\partial \bar{z}^p} \frac{\partial \bar{z}^p}{\partial \bar{\zeta}^j} \frac{\partial \bar{z}^\ell}{\partial \bar{\zeta}^k} \\ &= \frac{\partial a_\ell^i}{\partial z^p} \left(\frac{\partial \bar{z}^\ell}{\partial \bar{\zeta}^j} g_k^p - \frac{\partial \bar{z}^\ell}{\partial \bar{\zeta}^k} g_j^p \right) \end{aligned}$$

을 얻고 이를 (B.37)에 대입하여

$$g_j^i = \sum_{s=0}^{n-2} \frac{(-1)^s}{(s+2)!} \sum^j T^{j_1}(\partial/\partial\bar{\zeta}^{j_1}) \cdots T^{j_s}(\partial/\partial\bar{\zeta}^{j_s}) T^k \left[\frac{\partial a_\ell^i}{\partial z^p} \left(\frac{\partial \bar{z}^\ell}{\partial \bar{\zeta}^j} g_k^p - \frac{\partial \bar{z}^\ell}{\partial \bar{\zeta}^k} g_j^p \right) \right] \tag{B.38}$$

을 얻는다. g_j^i에 관한 선형 적분방정식 (B.38)은 r이 작을 때 해의 유일성을 보여서 영밖에 해가 없다는 결론에 이른다.

위에서 개괄한 증명에서는 두 가지 특징이 있다. 첫째는 다변수 미분을 포함하는 선형 방정식 (B.24)을 하나의 변수에 대한 미분만을 포함하는 비선형 방정식 (B.33)으로 바꾸는 것이고, 둘째는 일계미분을 포함하는 g_j^k, 즉 (B.33)의 좌변에 관한 선형 적분방정식 (B.38)의 해의 유일성을 보이는 것이다. 두 번째 과정에서 준복소구조 a_j^k의 미분가능성 C^{2n} 혹은 n에 의존하는 미분가능성을 가정하여야 하였다. 그러나, 1960년대 이후에 나온 적분표현론, KAM 수렴성 이론([103] 참조)을 이용하여 웹스터(S. Webster)는 이 결과를 다음과 같이 개선하였다.

정리 A.25

준복소구조 a^i_j가 $C^{k+\alpha}$의 범주라 하자. 단
(i) $n \geq 2$인 경우에는 $0 < \alpha < 1,\ k \geq 1$,
(ii) $n = 1$인 경우에는 $k \geq 0$
라고 하자. 그러면 각 점의 작은 근방에서 $C^{k+1+\alpha}$의 범주의 정칙좌표 $\zeta = (\zeta^1, \ldots, \zeta^n)$이 존재한다. 만일 a^i_j가 C^∞의 범주이면 ζ는 C^∞ 범주이다.

뉴란더-니렌버그 정리의 또 다른 증명으로 선형 미방의 범주에서 스펜서-콘(Spencer - Kohn)의 $\bar{\partial}$-노이만 문제의 해를 이용한 증명 [90]이 있고 훼르만더(L. Hörmander)는 이 선형 증명 방법을 그의 $\bar{\partial}$-문제에 적용하였다.

뉴란더-니렌버그 정리는 의사정칙사상

$$z = z(\zeta) : (\mathbb{C}^n, J_{st}) \longrightarrow (M^{2n}, J)$$

의 존재 증명이었다. 같은 방법을 사용하여 니엔호이스-울프(Nijenhuis-Woolf) [107]에서는 정리 A.24의 미분가능성에 대한 조건을 완화하는 한편 다음 정리를 증명하였다.

정리 A.26 (니엔호이스-울프 정리, Nijenhuis-Woolf, [107])

$\mathbb{C}^n$의 원판곱에서 정의된 n^2개의 복소함수 a^j_ℓ이 범주 $C^{k+\alpha}$ (k는 음이 아닌 정수)에 속하며 원점에서의 함수값이 영이라 하고, $\mathbb{C}$의 복소 정칙좌표를 ζ라 하자. 복소평면 $\mathbb{C}$의 원판 D에서 $\mathbb{C}^n$의 원반곱으로의 사상 $z(\zeta) = (z^1(\zeta), \ldots, z^n(\zeta))$에 대한 미분방정식

$$\frac{\partial z^j}{\partial \bar{\zeta}} + \sum_{\ell=1}^{n} a^j_\ell \frac{\partial \bar{z}^\ell}{\partial \bar{\zeta}} = 0 \tag{B.39}$$

에 대하여 초기조건 $z(0) = 0$과 임의의 주어진 $(\partial z^i/\partial \zeta)(0)$을 만족하는 $C^{k+\alpha}$ 범주의 해 $z(\zeta)$가 원점의 작은 근방에서 존재한다. 이 해는 실제로 $C^{k+1+\alpha}$ 범주에 속한다.

정리 A.26 의 기하적인 서술은 다음과 같다.

정리 A.27

C^∞ 미분다양체 M^{2n} 위에 범주 $C^{k+\alpha}$ (k 는 정수, $k \geq 0$)의 준복소구조 J가 주어져 있다고 하자. 그러면 M 위의 임의의 점 P에서 임의의 복소벡터 $v := V - iJV$, $V \in T_PM$, 에 대하여 범주 $C^{k+\alpha}$의 의사정칙 곡선

$$z(\zeta) = (z^1(\zeta), \ldots, z^n(\zeta))$$

가 존재하여 $z(0) = P$, $z'(0) = v$를 만족한다. 실제로 이 복소곡선 $z(\zeta)$는 범주 $C^{k+1+\alpha}$에 속한다.

마지막으로 뉴란더-니렌버그 정리를 타원형 벡터다발로 확장한 트레브스 (F. Treves [136])의 정리를 소개하고자 한다. M^N을 C^∞ 미분다양체라 하고 $T_{\mathbb{C}}M$, $T^*_{\mathbb{C}}M$을 각각 복소화된 접다발(tangent bundle)과 복소화된 여접다발(cotangent bundle)이라고 하자. 부분다발의 올(fibre)의 차원을 부분다발의 계수(rank)라고 부르기로 하자.

정의 A.28

부분다발 $T' \subset T^*_{\mathbb{C}}M$이

$$dT' \subset (T')$$

를 만족한다고 하자. 다시 말하면 T'의 기저 $\phi = (\phi^1, \ldots, \phi^m)$를 선택하였을 때 임의의 T'의 절단(section) ϕ에 대하여

$$d\phi = \psi_1 \wedge \phi^1 + \cdots + \psi_m \wedge \phi^m$$

이 되는 1-형식 $\psi_1, \ldots, \psi_m$이 존재할 때, T'은 닫혀있다(closed)라고 말한다.

부분다발 $T' \subset T^*_{\mathbb{C}}M$에 대하여

$$T'^{\perp} := \{v \in T_{\mathbb{C}}M : \phi(v) = 0, \quad \forall \phi \in T'\}$$

은 계수 $n := N - m$의 부분다발이 된다.

명제 A.29

부분다발 $T' \subset T^*_{\mathbb{C}}M$ 에 대하여 다음은 동치이다.

i) T' 이 닫혀있다.

ii) $T'^{\perp}$ 의 임의의 두 절단 L_1, L_2 에 대하여 $[L_1, L_2]$ 가 $T'^{\perp}$ 의 절단이 된다.

증명은 연습문제 A.21과 같은 방법으로 한다.

정의 A.30

계수 m 의 부분다발 $T' \subset T^*_{\mathbb{C}}M$ 이 **국소적으로 적분가능하다** (locally integrable)라고 함은 국소적으로 복소함수 $\zeta^1, \ldots, \zeta^m$ 이 존재하여

$$T' = \langle d\zeta^1, \ldots, d\zeta^m \rangle,$$

즉 T' 이 $d\zeta^1, \ldots, d\zeta^m$ 의 일차결합임을 의미한다.

복소부분다발 $T' \subset T^*_{\mathbb{C}}M$ 과 실여접벡터 T^*M 과의 공통부분을 T^0 로 표시하자. 즉

$$T^0 := T' \cap T^*M$$

이라 하면 T^0 는 부분다발이 되지 않을 수 있다. 즉 계수가 상수가 아닐 수 있다. 그리고

$$T' \cap \overline{T'} = T^0 \otimes_{\mathbb{R}} \mathbb{C} \tag{B.40}$$

임을 주목하자. 닫힌 부분다발 $T' \subset T^*_{\mathbb{C}}M$ 에 대하여 $T'^{\perp}$ 의 모든 절단들의 집합을 $\mathcal{L}(M)$ 이라 표시하면 명제 A.29 에 의하여 $\mathcal{L}(M)$ 은 괄호 (bracket) 연산에 관하여 리 대수를 이룬다.

정의 A.31

닫힌 부분다발 $T' \subset T^*_{\mathbb{C}}M$ 이

i) $T' \cap \overline{T'} = 0$ 이면 T' 는 **타원형**(elliptic)이라 부른다.

ii) $T' = \overline{T'}$ 이면 T' 은 **본질적 실다발**(essentially real)이라 부른다.

T' 의 계수(rank)가 m 이고 타원형이면 $n = N - m$ 이라 할 때

$$m \leq \frac{1}{2}N \leq n \tag{B.41}$$

임을 알 수 있다.

명제 A.32

본질적 실다발 T' 은 국소적 적분가능하다.

위의 명제 A.32은 프로베니우스 정리의 다른 서술에 불과하다. 다음은 뉴란더-니렌버그 정리를 타원형 다발로 확장한 결과이다. 아래의 정리 역시 국소적 정리이므로 다양체 M 은 기준점 $O \in M$ 의 작은 근방으로 이해하기로 한다.

정리 A.33 (트레브스, F. Treves, [136])

부분 다발 $T' \subset T^*_{\mathbb{C}}M$ 이 타원형이면 T' 은 국소적 적분가능하다.

[증명] T' 의 계수를 m 이라 하고 $n = N - m$ 이라 두자. (B.41) 에 의하여 $m \leq n$ 이다. $m = n$ 의 경우는 뉴란더-니렌버그 정리이다. 이제 $n > m$ 라고 가정하자. $T' \cap \overline{T'} = 0$ 이므로 $T' + \overline{T'}$ 는 계수(rank) $2m$ 의 부분다발이다. 따라서,

$$(T' + \overline{T'})^{\perp} = T'^{\perp} \cap \overline{T'}^{\perp} \tag{B.42}$$

은 계수 $N - 2m = n - m$ 의 부분다발이다. 이 부분다발 (B.42) 와 실여접다발(real cotangent bundle) TM 과의 공통부분을 T_0 라고 표시하면 부분다발 (B.42) 는 복소켤레 연산에 닫혀 있으므로 T_0 에 의해 생성됨을 볼 수 있다. 즉 T_0 는 실여접다발

TM 의 계수 $(n-m)$ 부분다발이다. 그리고 T_0 에는 다음과 같은 이유로 프로베니우스 정리를 적용할 수 있다.

X_1, X_2 를 T_0 의 임의의 절단이라 하자. $[X_1, X_2]$ 는 $T'^{\perp}$ 와 $\overline{T'}^{\perp}$ 에 대하여도 각각 절단이 되므로 프로베니우스 정리에 의하여 M 의 실좌표계 $x^1, \ldots, x^{m+n}$ 이 존재하여

$$T_0 = \langle \partial/\partial x^{2m+1}, \ldots, \partial/\partial x^{m+n} \rangle \tag{B.43}$$

이 성립한다. 이제 계수 n 부분다발 $T'^{\perp}$ 안에서 계수 $(n-m)$ 부분다발 $T'^{\perp} \cap \overline{T'}^{\perp}$ 의 여차원을 생성하는 벡터장 $L_1, \ldots, L_m$ 을 잡으면

$$L_j = \sum_{k=1}^{2m} a_j^k \frac{\partial}{\partial x^k}, \quad j = 1, \ldots, m$$

꼴이다. 이제 L_j $(j = 1, \ldots, m)$ 을 다시 일차결합하여 $\mathcal{L}_1, \ldots, \mathcal{L}_m$ 을

$$\mathcal{L}_i = \frac{\partial}{\partial x^i} + \sum_{j=m+1}^{2m} b_i^j \frac{\partial}{\partial x^j}, \quad i = 1, \ldots, m \tag{B.44}$$

꼴로 얻을 수 있다. T' 이 닫혀있다는 가정으로부터

$$[\mathcal{L}_i, \mathcal{L}_j], \quad [\mathcal{L}_i, \partial/\partial x^{2m+k}], \quad i, j = 1, \ldots, m, \quad k = 1, \ldots, n-m \tag{B.45}$$

은 $\mathcal{L}_i$ 들과 $\partial/\partial x^{2m+k}$ 들의 일차결합이다. 그러나 이들 괄호연산(bracket)에는 (B.44)에 의하여 $\frac{\partial}{\partial x^j}$, $j = m+1, \ldots, 2m$, 성분만 나오게 되어 있으므로 (B.45)의 이들 괄호연산은 모두 항등적으로 영이다. 특히

$$\partial b_i^j / \partial x^{2m+k} = 0, \quad 1 \le i \le m, \quad m+1 \le j \le 2m, \quad 1 \le k \le n-m \tag{B.46}$$

임을 볼 수 있다. 이제 부분다양체

$$x^{2m+k} = 0, \quad k = 1, \ldots, n-m$$

를 S^{2m} 이라 두면 벡터장

$$\mathcal{L}_1, \mathcal{L}_m, \bar{\mathcal{L}}_1, \ldots, \bar{\mathcal{L}}_m$$

는 S 에 접하고 일차독립이다.

M 전체에서 $[\mathcal{L}_i, \mathcal{L}_j] \equiv 0$ 이므로 S 위에서 뉴란더-니렌버그 정리를 적용하면 S

위에 복소함수 $\zeta := (\zeta^1, \ldots, \zeta^m)$ 이 존재하여

$$\bar{\mathcal{L}}_j \zeta^k = 0, \quad j, k = 1, \ldots, m \tag{B.47}$$

이 성립한다. (B.46) 과 (B.47) 은 M 전체에서 참이다. 즉 ζ 는 (B.43) 에 작용하면 영이 된다. 그리고 S 위에서

$$d\zeta^1 \wedge \cdots \wedge d\zeta^m \neq 0 \tag{B.48}$$

이므로 S 의 작은 근방, 즉 M 에서도 $d\zeta^1, \ldots, d\zeta^m$ 은 T' 을 생성한다. □

참고문헌

[1] L. Hörmander, *An introduction to complex analysis in several variables,* North Holland Publ., New York, 1973

이 책은 이 시대 (20세기 말 - 21세기 초) 다변수 복소함수론 분야의 표준적인 교과서이다.

[2] 금종해, 대수기하학, *What is algebraic geometry?* 과학의 지평 37호, 고등과학원, 2008

[3] 이우영, 신항균 공역, 수학사, 경문사, 1995, Original text: An Introduction to the History of Mathematics, by H. Eves, Saunders College Pub., 1990

[4] 양영오, 조윤동 공역, 수학의 역사. 하, 경문사, 2000, Original text: A history of Mathematics, by C. B. Boyer and U. C. Merzbach, John Wiley and Sons, 1991

[5] 최재경, 수학과 물리학의 작용 반작용, 과학의 지평 50호 (2014) 3–14

[6] 한종규, 엘리 카르탕의 생애와 업적, 대한수학회소식 142호 (2012) 16–24

[7] 황준묵, 복소기하학, 전공소개, 대한수학회소식 63호 (1999) 22–26

[8] J. Agler and N. J. Young, *The hyperbolic geometry of the symmetrized bidisc,* J. Geom. Anal. 14 (2004), no. 3, 375–403

[9] L. Ahlfors, *Complex Analysis,* McGraw-Hill International, Singapore, 1979

[10] H. Ahn and C.-K. Han, *Local geometry of Levi-forms associated with the existence of complex submanifolds and the minimality of generic CR manifolds,* J. Geom. Anal., **22** (2012), 561–582

[11] H. Ahn and C.-K. Han, *Invariant submanifolds for systems of vector fields of constant rank,* Science China Mathematics (2016)

[12] A. A. Albert, *A structure theory of Jordan algebras,* Ann. of Math. (2) 48, (1947), 546–567

[13] P. Appell and J. Kampé de Fériet, *Fonctions hypergéométrigues et hypersphériques,* Gauthier-Villars Paris, 1926

[14] Nachman Aronszajn, *Theory of reproducing kernels,* Transactions of the American Mathematical Society 68 (3) (1950), 337–404

[15] H. Behnke and P. Thullen, *Theorie der Funktionen mehrerer komplexer Veränderlichen,* Springer-Verlag, Heidelberg, 1st Edition 1934, 12nd Edition 1970

[16] S. R. Bell, *Proper holomorphic mappings and the Bergman projection,* Duke Math. J. 48 (1981), no. 1, 167–175

[17] S. Bell and E. Ligocka, *A simplification and extension of Fefferman's theorem on biholomorphic mappings,* Invent. Math. 57 (1980), no. 3, 283–289

[18] H. Behnke and K. Stein, *Konvergente Folgen von Regularitätsbereichen und die Meromorphiekonvexität,* Math. Ann. 116 (1939), 204–216

[19] S. Bergman, *Zur Theorie von pseudokonformen Abbildungen,* Mat. Sb. (N.S.) **1** (43) (1936), 79–96

[20] H. P. Boas, *Counterexample to the Lu Qi-Keng conjecture,* Proc. Amer. Math. Soc. 97 (1986), no. 2, 374–375

[21] H. P. Boas, *The Lu Qi-Keng conjecture fails generically,* Proc. Amer. Math. Soc. 124 (1996), no. 7, 2021–2027

[22] H. P. Boas, S. Fu and E. J. Straube, *The Bergman kernel function: explicit formulas and zeroes,* Proc. Amer. Math. Soc. **127** (1999), no 3, 805–811

[23] S. Bochner, *Analytic and meromorphic continuation by means of Green's formula,* Ann. of Math. (2) 44, (1943), 652–673

[24] H. Bremermann, *Über die Äquivalenz der pseudokonvexen Gebiete und der Holomorphiegebiete im Raum von n komplexen Veränderlichen,* Math. Ann. 128 (1954), 63–91

[25] R. Bryant, S. S. Chern, R. Gardner, H. Goldschmidt and P. Griffiths, *Exterior differential systems,* Springer-Verlag, New-York, 1986

[26] R. Bryant and P. Griffiths, *Characteristic cohomology of differential systems I,* J. Amer. Math. Soc. (1995), 507–596

[27] H. Cartan and P. Thullen, *Zur Theorie der Singularitäten der Funktionen mehrerer komplexen Veränderlichen. Regularitäts und Konvergenzbereiche,* Math. Ann. 106 (1932), 617–647

[28] S. S. Chern, *An elementary proof of the existecnce of isothermal parameters on a surface,* Proc. Amer. Math. Soc., Vol. 6, No. 5 (1955), 771–782

[29] S. S. Chern and J. K. Moser, *Real hypersurfaces in complex manifolds,* Acta Math. 133 (1974), 219–271

[30] C.-K. Cho and C.-K. Han, *Compatibility equations for isometric embeddings of Riemannian manifolds,* Rocky Mt. J. of Math. **23** (1993), 1231–1252

[31] C.-K. Cho and C.-K. Han, *Finiteness of infinitesimal deformations of isometric embeddings and conformal embeddings,* Rocky Mt. J. of Math. **35** (2005), 695–708

[32] J.-S. Cho, *An algebraic version of subelliptic multipliers,* Michigan Math. J. **54** (2006), 411–426

[33] R. Chorlay, *From Poblems to Structures: the Cousin Problems and the Emergence of the Sheaf Concept,* preprint from renaud-chorlay@noos.fr

[34] A. Clebsch, *Über die simultane Integration linearer partieller Differentialgleichungen,* J. Reine und Angew. Math. (Crelle) 65 (1866), 257–268

[35] E.A. Coddington and N. Levinson, *Theory of ordinary differential equations,* McGraw-Hill, New York, 1955

[36] B. Conrad, *Impossibility theorems for elementary integration,* Clay Mathematics Institute 2005 Academy Colloquium Series

[37] R. Cotes, *Logometrie,* Philos. Trans. Ro. Soc. London 29 (1714), 5–45

[38] R. Courant and D. Hilbert, *Methods of mathematical physics,* Vol. I, Springer-Verlag, New-York, 1953

[39] P. Cousin, *Sur les fonctions de n variables complexes,* Acta Math. 19 (1895), 1–62

[40] J. P. D'Angelo, *A note on the Bergman kernel,* Duke Math. J. **45** (1978), 259–265

[41] J. P. D'Angelo, *Several Complex Variables and the Geometry of Real Hypersurfaces,* CRC Press, Boca Raton, Florida, 1992

[42] J. P. D'Angelo, *An explicit computation of the Bergman kernel function,* J. Geom. Anal. **4** (1994), 23–34

[43] F. Deahna, *Über die Bedingungen der Integrabilitat,* J. Reine und Angew. Math. 20 (1840), 340–350

[44] B. Eckmann and A. Frölicher, *Sur l'intégrabilité des structures presque complexes,* C. R. Acad. Sci. Paris, 232 (1951), 2284–2286

[45] A. Edigarian and W. Zwonek, *Geometry of the symmetrized polydisc,* Arch. Math. (Basel) 84 (2005), no. 4, 364–374

[46] *Encyclopedic Dictionary of Mathematics,* Math. Soc. Japan, English version by MIT Press, Toppan Company Ltd. Singapore, 1993

[47] *Encylopaedia of Mathematics, English translation of Soviet Mathematical Encylopaedia,* Kluwer Academic Publishers, Dordrecht, Netherlands, 1990

[48] J. Faraut and A. Korányi, *Analysis on symmetric cones,* Oxford Mathematical Monographs. Oxford Science Publications. The Clarendon Press, Oxford University Press, New York, 1994. xii+382 pp.

[49] J. Faraut, S. Kaneyuki, A. Korányi, Q.-K. Lu, and G. Roos, *Analysis and geometry on complex homogeneous domains,* Progress in Mathematics, 185. Birkhäuser Boston, Inc., Boston, MA, 2000. xviii+540 pp.

[50] C. Fefferman, *The Bergman kernel and biholomorphic mappings of pseudoconvex domains,* Invent. Math. 26 (1974), 1–65

[51] G.B. Folland, *Introduction to partial differential equations,* Princeton U. Press, Princeton, NJ, 1995

[52] R. Foote, C.-K. Han and Jongwon Oh, *Infinitesimal isometries along curves and generalized Jacobi equations,* J. Geom. Anal. **23** (2013), 377–394

[53] G. Francsics and N. Hanges, *The Bergman kernel of complex ovals and multivariable hypergeometric functions,* J. Func. Anal. **142** (1996), 494–510

[54] G. Francsics and N. Hanges, *Asymptotic behavior of the Bergman kernel and hypergeometric functions,* Multidimensional complex analysis and partial differential equations (SÃ£o Carlos, 1995), 79– 92, Contemp. Math., 205, Amer. Math. Soc., Providence, RI, 1997

[55] G. Frobenius, *Über das Pfaffsche probleme,* J. Reine und Angew. Math. 82 (1877), 230–315

[56] P. Garabedian, *Partial differential equations,* John Wiley and Sons, New York, NY, 1964

[57] R. Gardner, *Invariants of Pfaffian systems,* Trans. Amer. Math. Soc. **126** (1967), 514–533

[58] S. G. Gindikin, *Analysis in homogeneous domain,* Russian Math. Surveys. **19** (1964) 1–89

[59] P. Griffiths and J. Harris, *Principles of Algebraic Geometry*, John Wiley and Sons, New York, NY, 1978

[60] R. E. Greene, Kang-Tae Kim and S. G. Krantz, *The Geometry of Complex Domains,* Birkhäuser, New York, 2011

[61] I. S. Gradshteyn and I. M. Ryzhik, *Table of Integrals,* translated from Russian, Elsevier/Academic Press, Amsterdam, 2007

[62] G. Green, *Essay on the Application of Mathematical Analysis to the Theory of Electricity and Magnets,* Notingham, 1828

[63] M. Gromov, *Partial differential relations,* Springer-Verlag, Berlin, 1986

[64] M. Gromov, *Oka's principle for holomorpic sections of elliptic bundles,* J. Amer. Math. Soc. 2 (1989), 851–897

[65] Robert C. Gunning, *Introduction to holomorphic functions of several variables,* Vol I, II, III, Wadsworth and Brooks/Cole, Belmont, CA, 1990

[66] K. T. Hahn and P. Pflug, *On a minimal complex norm that extends the real Euclidean norm,* Monatsh. Math. 105 (1988), no. 2, 107–112

[67] C.-K. Han, *Pfaffian systems of Frobenius type and solvability of generic overdetermined PDE systems,* Symmetries and overdetermined systems of partial differential equations, IMA Vol. Math. Appl., vol. 144, Springer, New York (2008), 421–429

[68] C.-K. Han, *Generalization of the Frobenius theorem on involutivity,* J. Korean Math. Soc. 46 (2009), 1087–1103

[69] C.-K. Han, *Foliations associated with Pfaffian systems,* Bull. Korean Math. Soc. **46** (2009), 931–940

[70] C.-K. Han, *Overdetermined PDE systems of generic type,* SNU-RIM Lecture notes **53**, 2007

[71] C.-K. Han, *Regularity of mappings of G-structures of Frobenius type,* Proc. Amer. Math. Soc. 105 (1989), 127–137

[72] C.-K. Han and Sungyeon Kim, *Symmetry of the tangential Cauchy-Riemann equations and scalar CR invariants,* Osaka J. Math. 38 (2001), 851–867

[73] C.-K. Han and Hyeseon Kim, *Holomorphic functions on almost complex manifolds,* J. Korean Math. Soc. **49** (2012), 379–394

[74] C.-K. Han and K.-H. Lee, *Integrable submanifolds in almost complex manifolds,* J. Geom. Anal. **20** (2010), 177–192

[75] C.-K. Han, Jongwon Oh and G. Schmalz, *Symmetry algebra for multi-contact structures given by $2n$ vector fields in R^{2n+1},* Math. Ann. **341** (2008), 529–542

[76] C.-K. Han and Jong-Do Park, *Partial integrability of almost complex structures and the local solvability of quasi-linear Cauchy-Riemann equations,* Pacific J. Math. 265-1 (2013), 59–84

[77] C.-K. Han and J.-D. Park, *Method of characterization and first integral for systems of quasi-linear partial differential equations of first order*, Sci. China Math. 58 (8) (2015), 1665–1676

[78] C.-K. Han and J.-D. Park, *Quasi-linear systems of PDE of first order with Cauchy data of higher codimensions*, J. Math. Anal. Appl. 430 (2015), 390–402

[79] C.-K. Han and G. Tomassini, *Complex submanifolds in real hypersurfaces,* J. Korean Math. Soc. , 47 (2010), 1001–1015

[80] C.-K. Han and J.-N. Yoo, *Symmetry and local invariants of isometric embeddings of Riemannian manifolds,* Hokkaido Math. J. 26 (1997), 125–139

[81] F. Hartogs, *Zur Theorie der analytischen Functionen mehrerer unabhangiger Veränderlichen insbesondere über die Darstellung derselben durch Reihen, welche nach Potenzen einer Veränderlichen fortschreiten,* Math. Ann. 62(1906), 1–88

[82] L. Hörmander, *L^2 estimates and existence theorems for the $\bar{\partial}$ opertator,* Acta Math. 113 (1965), 89–152

[83] L. Hörmander, *A history of existence theorems for the Cauchy-Riemann complex in L^2 spaces,* J. Geom. Anal. 13 (2003), 329–357

[84] T. A. Ivey and J. M. Landsberg, *Cartan for beginners,* Amer. Math. Soc. , Providence, RI, 2003

[85] F. John, *Partial differential equations,* Springer-Verlag, New-York, 1981

[86] P. Jordan, J. von Neumann, and E. Wigner, *On an algebraic generalization of the quantum mechanical formalism,* Ann. of Math. (2) 35 (1934), 29–64

[87] Hyeseom Kim, *Partial integrability and symmetry algebra of almost complex structures*, Ph. D. Thesis, Seoul National University (2010).

[88] Hyeseon Kim and K.-H. Lee, *Complete prolongation for infinitesimal automorphisms on almost complex manifolds,* Math. Z. **264** (2010), 913–925

[89] J. J. Kohn, *Harmonic integrals on strongly pseudo-convex manifolds,* I. Ann. of Math. (2) 78 1963 112–148.

[90] J. J. Kohn, *The Neumann problem for the Cauchy-Riemann complex,* Princeton University Press, Princeton, NJ, 1972

[91] J. J. Kohn, *Subellipticity of the $\bar{\partial}$-Neumann problem on pseudo-convex domains: Sufficient conditions,* Acta Math. **142** (1979), 79–122

[92] J. J. Kohn and D. C. Spencer, *Complex Neumann problems,* Ann. of Math. **66** (1957), 89–140

[93] A. Korn, *Zwei Anwendungen der Methode der sukzessiven Annäherungen,* Schwarz Festschrift (1914), 215–229

[94] S. G. Krantz, *Function theory of Several Complex Variables,* Wadsworth and Brooks/Cole, Pacific Grove, CA, 1992

[95] H. Lewy, *An example of a smooth linear partial differential equation without solution,* Ann. Math. 66 (1957), 155–158

[96] L. Lichtenstein, *Zur Theorie der konformen Abbildung. Konforme Abbildung nichtanalytischer, singularitätenfreier Flächenstücke auf ebene Gebiete,* Bull. Int. del'Acad. Sci. Cracovie, ser. A (1916), 192–217

[97] Qi-keng Lu, *On Kähler manifolds with constant curvature,* Acta Math. Sinica 16 (1966), 269–281 = Chinese Math. Acta 8 (1966), 283–298

[98] O. Muškarov, *Almost complex manifolds without almost holomorphic functions,* C. R. Acad. Bulg. Sci. **9** (1981), 1225–1228

[99] O. Muškarov, *Existence of holomorphic functions on almost complex manifolds,* Math. Z., **192** (1986), 283–295

[100] E. Martinelli, *Alcuni teoremi integrali per le funzioni analitiche di più variabili complesse,* Mem. della R. Accad. d'Italia 9 (1938), 269–283

[101] N. Mok, *Metric Rigidity Theorems on Hermitian Locally Symmetric Manifolds,* World Scientific, Singapore, 1989

[102] M. Morimoto and K. Fujita, *Between Lie norm and dual Lie norm,* Tokyo J. Math. 24 (2001), no. 2, 499–507

[103] J. K. Moser, *A rapidly convergent iteration method and nonlinear differential equations II,* Ann. Scuola Norm. Sup. Pisa 20 (1966), 499–535

[104] A. M. Nadel, *Multiplier ideal sheaves and Káhler-Einstein metrics of positive scalar curvature,* Proc. Nat. Acad. Sci. USA, 86 (1989), 7299-7300 and Ann. of Math., 132 (1990), 549–596

[105] T. Nishino, *Mathematics of Professor Oka - a landscape in his mind,* in Complex Analysis in Several Variables - Memorial Conference of Kioshi Oka's Centennial Birthday Kyoto/Nara 2001, Advanced Studies in Pure Mathematics 42 (2004), 17–30

[106] A. Newlander and L. Nirenberg, *Complex analytic coordinates in almost complex manifolds,* Ann. of Math. Vol. 65 (1957) 391–404

[107] A. Nijenhuis and W. B. Woolf, *Some integration problems in almost-complex and complex manifolds,* Ann. of Math. Vol. 77 (1963) 424–489

[108] N. Nikolov and W. Zwonek, *The Bergman kernel of the symmetrized polydisc in higher dimensions has zeros,* Arch. Math. (Basel) 87 (2006), no. 5, 412–416

[109] E. Noether, *Invariante Variationsprobleme,* Nachr. König. Gesell. Wissen. Göttingen, Math.-phus. Kl.(1918), 235-257, English translation: Transport Theory and Stat. Phys. 1 (1971) 186–207

[110] F. Norguet, *Sur les domaines d'holomorphie des fonctions uniformes de plusieurs variables complexes,* Bull. Soc. Math. France, 82 (1954), 137–159

[111] K. Oeljeklaus, P. Pflug, and E. H. Youssfi, *The Bergman kernel of the minimal ball and applications,* Ann. Inst. Fourier (Grenoble) **47** (1997), 915–928

[112] K. Oka, *Kiyoahi Oka Collected Papers, translated from French by R. Narasimhan, with commentaries by H. Cartan,* edited by R. Remmert, Springer-Verlag, Berlin, 1984

[113] K. Oka, *Sur les fonctions analytiques des plusierurs variables I: Domaines convexes par rapport aux fonctions rationelles* J. Sci. of Hiroshima U. 6 (1936) 245–255, English translation [112] Rationally convex domains

[114] K. Oka, *Sur les fonctions analytiques des plusierurs variables II: Domaines pseudoconvexes,* Tohoku Math. J. Vol 49 (1937), 15-52, English translation [112] Domains of Holomorphy

[115] K. Oka, *Sur les fonctions des plusieurs variables III: Deuxi'eme probl'eme de Cousin,* J. Sc. Hiroshima Univ. 9 (1939), 7–19, English translation [112] The second Cousin problem

[116] K. Oka, *Sur les fonctions analytiques des plusierurs variables IV: Domaines d'holomorphie et domaines rationnellement convexes,* Japanese J. of Math. 17 (1941) 517-521, English translation [112] Domains of holomorphy and rationally convex domains

[117] K. Oka, *Sur les fonctions analytiques des plusierurs variables V: L'intégrale de Cauchy,* Japanese J. of Math. 17 (1941) 523-531, English translation [112] The Cauchy integral

[118] K. Oka, *Sur les fonctions analytiques des plusierurs variables VI: Domaines pseudoconvexes,* Tohoku Math. J. 49 (1942) 15-52, English translation [112] Pseudoconvex domains

[119] K. Oka, *Sur les fonctions analytiques des plusierurs variables VII: Sur quelques notions arithmétiques,* Bull. Soc. Math. de France 78 (1950) 1-27, English translation [112] On some arithmetical notions

[120] K. Oka, *Sur les fonctions analytiques des plusierurs variables VIII: Lemme fondamental,* J. Math. Soc. Japan 3 (1951) 204-214; 259-278, English translation [112] Fundamental lemma

[121] K. Oka, *Sur les fonctions analytiques des plusierurs variables IX, Domaines finis sans points critiques intérieurs,* Japanese J. Math. 27 (1953) 97-155, English translation [112] Unramified domains without points at infinity

[122] K. Oka, *Une mode nouvelle engendrant les domaines pseudoconvexes X,* Japanese J. Math. 32 (1962) 1-12, English translation [112] A new method of generating pseudoconvex domains

[123] P. Olver, *Applications of Lie Groups to Differential Equations,* Springer-Verlag, New York, 1993

[124] J.-D. Park, *New formulas of the Bergman kernels for complex ellipsoids in* $\mathbb{C}^2$*,* Proc. Amer. Math. Soc. 136 (2008), 4211–4221

[125] P. Pflug and E. H. Youssfi, *The Lu Qi-Keng conjecture fails for strongly convex algebraic domains,* Arch. MAth. (Basel) 71 (1998), no 3, 240–245

[126] I. I. Piatetski-Shapiro, *On a problem proposed by E. Cartan. (Russian),* Dokl. Akad. Nauk SSSR 124 (1959), 272–273

[127] H. Poincaré, *Les fonctions analytiques de deux variables et la representation conforme,* Rend. Corc. Mat. Palermo. Vol. 23 (1907) 185–220

[128] R. M. Range, *Holomorphic Functions and Integral Representations in Several Complex Variables,* Springer Verlag, Berlin, 1986

[129] P. Rosenthal, *On the zeros of the Bergman function in doubly-connected domains,* Proc. Amer. Math. Soc. 21 (1969), 33–35.

[130] W. Rudin, *Functional Analysis,* McGraw-Hill, INc., New York, 1991

[131] J. Siciak, *Extremal plurisubharmonic functions in* $\mathbb{C}^n$*,* Ann. Pol. Math. **39**, (1981), 175–211

[132] Y.-T. Siu, *Multiplier ideal sheaves in complex and algebraic geometry,* Science in China Ser. A Mathematics Vol. 48 (2005) 1–31

[133] E. Selder and K. Spindler, *A geometric approach to Euler's addition formular,* Springer-Verlag, Online 2011

[134] M. Skwarczynski, *The invariant distance in the theory of pseudoconformal transformations and the Lu Qi-Keng conjecture,* Proc. Amer. Math. Soc. 22 (1969), 305–310

[135] N. Suita and A. Yamada, *On the Lu Qi-Keng conjecture,* Proc. Amer. Math. Soc. 59 (2), (1976), 222–224

[136] F. Treves, *Approximation and representation of functions and distributions annihilated by a system of complex vector fields,* Lecture note of Ecole Polytechnique-Centre de Mathématiques, 1981

[137] S.-H. Wang, *Conservation laws from EDS point of view,* Seminar talks in Seoul National University, 2007

[138] F. Warner, *Foundations of differentiable manifolds and Lie groups,* Scott, Foresman and Co., Glenview, IL, 1971

[139] S. M. Webster, *A new proof of the Newlander-Nirenberg theorem,* Math. Z. 201 (1989), 303–316

[140] H. Weyl, *The method of orthogonal projections in potential theory,* Duke Math. J., 7 (1940), 411–444

[141] S. Zaremba, *Zarys pierwszych zasad teoryi liczb całkowitych,* (in Polish). Kraków: Akademia Umiejętności (1907)

[142] E. I. Zel'manov, *Primary Jordan algebras. (Russian),* Algebra i Logika, 18 (1979), no. 2, 162–175

[143] E. I. Zel'manov, *Jordan division algebras. (Russian),* Algebra i Logika, 18 (1979), no. 3, 286–310

찾아보기

한종규
서울대 수학과 명예교수

박종도
경희대학교 수학과 교수

다변수 복소함수론

유계 대칭 영역 및 과결정 일계 미방 입문

지은이 한종규·박종도
펴낸이 조경희
펴낸곳 경문사
펴낸날 2016년 9월 1일 1판 1쇄
등 록 1979년 11월 9일 제313-1979-23호
주 소 04057, 서울특별시 마포구 와우산로 174
전 화 (02)332-2004 팩스 (02)336-5193
이메일 kyungmoon@kyungmoon.com
facebook facebook.com/kyungmoonsa

값 26,000원

ISBN 978-89-6105-991-6

★ 경문사 홈페이지에 오시면 즐거운 일이 생깁니다.
http://www.kyungmoon.com

한국과학기술출판협회 회원사